机械制造基础

（及金工实习）

主　编　陈长生

副主编　方海生　吴　兴

参　编　华钱锋　葛建华

主　审　黄兴红

ZHEJIANG UNIVERSITY PRESS

浙江大学出版社

图书在版编目（CIP）数据

机械制造基础/陈长生主编. —杭州：浙江大学
出版社，2012.10（2019.6重印）
ISBN 978-7-308-10162-2

Ⅰ.①机… Ⅱ.①陈… Ⅲ.①机械制造 Ⅳ.①TH

中国版本图书馆 CIP 数据核字（2012）第 141539 号

内容简介

本书是根据高职高专机械类专业机械基础课的基本要求组织编写的。全书共分三篇 17 章。第一篇
为机械工程材料，介绍了金属材料的性能，钢铁材料及其热处理，其他工程材料，机械零件的选材；第二篇
为毛坯成形方法，介绍了铸造，锻压，焊接，非金属材料成型，毛坯选择；第三篇为金属切削加工，介绍了金
属切削加工基础，车削加工，铣削加工，刨磨镗拉，钳工，其他机械制造技术，机械制造工艺，生产技术管理
知识等。

全书由长期从事教学一线的骨干教师编写。内容选取上体现机械制造的全过程，通过"基础知识、基
本方法、典型工艺、教学实习、综合应用"，构成知识、能力结构链，便于教学实施。特别注意"做中学、做中
教"的工艺教学特点，将课堂教学与实习训练进行了有机整合。

本书可作为高职高专机械类专业、机电结合专业或其他近机类专业机械基础课程的教材，也可供继续
教育和工程技术人员学习参考。

机械制造基础

陈长生　主编

责任编辑	杜希武
封面设计	刘依群
出版发行	浙江大学出版社
	（杭州市天目山路 148 号　邮政编码 310007）
	（网址：http://www.zjupress.com）
排　　版	杭州好友排版工作室
印　　刷	杭州杭新印务有限公司
开　　本	787mm×1092mm　1/16
印　　张	23.25
字　　数	565 千
版 印 次	2012 年 10 月第 1 版　2019 年 6 月第 2 次印刷
书　　号	ISBN 978-7-308-10162-2
定　　价	48.00 元

前　言

　　《机械制造基础》课程是高职教育工科院校进行产品的制造工艺教育的一门重要的技术基础课程，着重阐述常用工程材料及主要加工方法的基本原理和工艺特点，全面介绍机械零件常用材料的选用、毛坯的生产、机械加工所涉及的知识、方法。课程兼有基础性、实用性、知识性、实践性等特点。制造技术是现代科学技术的重要组成部分。离开高度发达的制造技术，就没有现今社会丰富的物质基础。作为技术应用性人才的高职高专学生，了解机械制造过程、掌握制造技术基础知识与方法，提高自己的技术文化素养，无论对于后续课程的学习，还是对于今后的工作和发展都是至关重要的。

　　本教材在内容的选择和编写上有如下特点：

　　1. 全书对从原材料到产品的机械制造全过程进行了全面地、概述性地介绍，虽不求对某一方面内容作深入探讨，但还是尽量列举生产现场的典型案例进行叙述，力求教学内容充实，以便于不同教学要求时的选择。

　　2. 根据课程的特点组织编排内容，通过"基础知识—基本方法—典型工艺—教学实习—综合应用"组织各篇的章节，构成一个符合认知规律的知识、能力结构链，不仅内容精练有序，而且便于教学操作。

　　3. 运用"做中学、做中教"的工艺教学理念，对课程的理论教学与实习训练进行了整合。试图通过在实习期间进行课堂教学的形式，让学生不仅从书本上认识材料、工具、设备，而且在实习中接触感受。在实习中进行理论教学，让学生的知识、能力再得以进一步的扩展。避免简单项目教学所造成的知识狭窄、实际动手能力弱的问题。

　　此外，我们发现，无论是用于自学还是用于教学，现有教材所配套的教学资源库都远远无法满足用户的需求。主要表现在：1）一般仅在随书光盘中附以少量的视频演示、练习素材、PPT文档等，内容少且资源结构不完整。2）难以灵活组合和修改，不能适应个性化的教学需求，灵活性和通用性较差。为此，本书特别配套开发了一种全新的教学资源：立体词典。所谓"立体"，是指资源结构的多样性和完整性，包括视频、电子教材、印刷教材、PPT、练习、试题库、教学辅助软件、自动组卷系统、教学计划等等。所谓"词典"，是指资源组织方式。即把一个个知识点、软件功能、实例等作为独立的教学单元，就像词典中的单词。并围绕教学单元制作、组织和管理教学资源，可灵活组合出各种个性化的教学套餐，从而适应各种不同的教学需求。实践证明，立体词典可大幅度提升教学效率和效果，是广大教师和学生的得力助手。

全书共分为三篇,第一篇为机械工程材料,第二篇为毛坯成形方法,第三篇为金属切削加工。本书由长期从事技术教学的一线教师承担编写。参加本书编写的有浙江机电职业技术学院陈长生(绪论、第1、2、3、4章)、华钱锋(第5、7章)、方海生(第6、10、11、13、15、16章)、吴兴(第8、9、12、17章)、葛建华(第14章)。全书由陈长生任主编并统稿,方海生、吴兴任副主编。浙江机电职业技术学院黄兴红任主审。

限于编写时间和编者的水平,书中必然会存在需要进一步改进和提高的地方。我们十分期望读者及专业人士提出宝贵意见与建议,以便今后不断加以完善。请通过以下方式与我们交流:

- 网站:http://www.51cax.com
- Email:book@51cax.com,market01@51cax.com
- 致电:0571-28852522,0571-87952303

杭州浙大旭日科技开发有限公司为本书配套提供立体教学资源库、教学软件及相关协助。在全书的编写和出版过程中受到浙江省高等职业教育机械设计制造类专业教学指导委员会的指导与帮助,承蒙秘书长来建良教授的专门过问与指点;浙江大学出版社给予了大力支持;编写过程中还承蒙许多专家和同行提供了许多宝贵意见和建议。编者在此一并致以衷心的感谢。

编　者
2012年10月于杭州

目　　录

第二篇　毛坯成形方法

第三篇　金属切削加工

绪　论

0.1　机械制造的概念

人们在社会生产和日常生活中,使用着大量的机械,如各种机器、仪器和工具。机械是由一定形状和尺寸的零件所组成的,机械制造就是生产零件并将它们装配成机器、仪器和工具,以满足社会需求的活动。

任何社会,物质财富都是人类生存和发展的基础,制造是人类创造物质财富最基本、最重要的手段,尤其在我国这样一个工业化过程尚未完成的发展中大国里,制造业更是社会物质财富的主要来源。制造业是实体经济的核心产业。目前,我国工业在国民经济中所占比例超过 50%,其中的制造业产值占工业总产值近一半。以 2001 年为例,我国制造业直接创造国民生产总值的 1/3,占整个工业生产的 4/5。为国家财政提供 1/3 以上的收入。

制造业是工业经济时代国家经济增长的"发动机"。制造业一方面创造价值,生产物质财富和新的知识,另一方面为国民经济各部门包括国防和科学技术的进步和发展提供各种先进的手段和装备。20 世纪兴起的核技术、空间技术、信息技术、生物学技术等高新技术无一不是通过制造业的发展而产生并转化为规模生产力的。其直接结果是导致诸如集成电路、电子计算机、智能机器人、生物反应器、医疗仪器、核电站、人造卫星、航天飞机等产品的问世,并由此形成了机械制造业中的高新技术产业,使人类社会的生活方式、生产方式、企业与社会的组织结构与经营管理模式,乃至人们思维方式都产生了深刻变化。机械制造业成为所有高新技术得以发展的载体和规模生产力转化的基础和桥梁。

0.1.1　机械制造系统

用系统的观点看,机械制造企业可以描述为一个输入各种制造资源,输出市场所需产品的输入输出系统。是一个为有效完成机械产品制造任务所组成的生产系统。

如图 0.1.1 所示,在制造系统运行过程中,伴随物料、信息流和能量流等三流的运动。

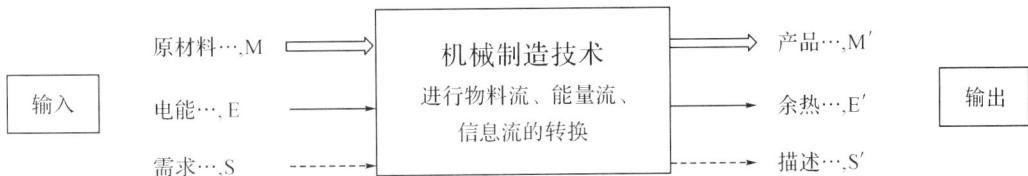

图 0.1.1　机械制造系统

（1）物料流　系统输入原材料或坯料，以及相应的工艺辅料等，经输送、熔化、加压、切削、检验等过程输出半成品或成品，这种制造中物料的输入、输出的动态过程便是物料流。

（2）信息流　制造中所集成的市场需求、法律法规、加工任务、技术要求、设备状态、质量指标、工艺参数、产品特性等所有静态与动态信息的交换和处理过程构成制造中的信息系统，信息系统通过与制造中各状态进行信息交换，有效控制制造中的效率与质量。该信息在制造中的作用过程便是信息流。

（3）能量流　能量流是一切运动的基础，制造中维持各运动时，所需要的电、气、煤、油等。系统中能量的传递、转换、消耗等能量运动便是能量流。

任何制造中均存在这基本"三流"，"三流"之间互相联系、影响，形成不一可分割的有机整体。

0.1.2　机械制造的过程

从运作过程看，机械制造系统可看成是产品的生命周期全过程，包括市场分析、产品设计、工艺编制、生产准备、毛坯制造、零件加工、装配、检验、产品销售及售后服务等各环节，通过整体的计划、协调使系统内各环节有序运作，以获得最佳的生产效果，如图0.1.2所示。作为系统中的各个环节是相互影响的，不仅应重视将原材料转变为产品的各种工艺过程及其设备，而且还应重视市场分析、产品设计，以及原材料与元器件的产地、质量、供应状况等前期环节，重视产品运输、销售、售后服务等后期环节，并将上述所有环节及其相关部门组成一个信息共享、密切配合的系统。同时，产品设计应充分注意后续环节的具体情况，零件的材料、结构、精度等都应与后续加工相适应。

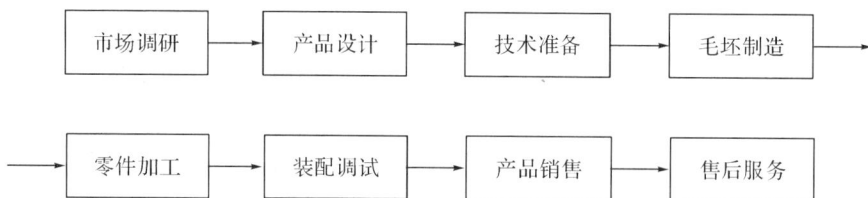

图0.1.2　机械制造系统运作过程

如果仅从生产对象的形状、尺寸、相对位置和内在性质的改变去观察产品的制造过程，人们可以更多地注意到涉及制造技术相关的基本内容。如图0.1.2中的技术准备、毛坯制造、零件加工、装配调试等基本环节，就是人们通常所说的机械制造基本内容，这也是狭义的机械制造概念所包含的内容。

0.1.3　机械制造的基本环节

（1）技术准备

零件或产品投产前，必须作各项技术准备工作，主要包括工艺和生产两个方面。首先要制定工艺文件，包括各类制造工艺规程、工艺图、成品验收规范等，这是指导各项技术操作的重要文件。此外，原材料的采购，工装、辅具的配备，专用设备和检测仪器的准备，生产作业计划制定等，都要在技术准备阶段安排就绪。

（2）毛坯制造

毛坯是原材料加工成零件过程中的中间产物，是特意制成的供进一步加工用的生产对象。合理选择毛坯的制造方法,可显著提高生产效率、改善内在性能、降低制造成本。常用的毛坯制造方法有:铸造、锻压和焊接。铸造利用金属的流动性进行液态成形;锻压借助金属的塑性完成变形加工;焊接依靠金属原子间的结合力实现固定连接。铸造、锻压和焊接通常也称为热加工。对于外形简单的零件也可以直接选择型材作为毛坯。

(3)零件加工

金属切削加工是零件加工的主要方法。它是用切削刀具将毛坯或工件上的多余材料切除,以获得零件所要求的尺寸、几何精度和表面质量的加工方法。根据刀具与工件间的相对运动形式及使用设备的不同,切削加工有车、钻、刨、铣、磨以及锯、锉、铰、刮、研等。金属切削加工通常也称为冷加工。

(4)产品检验和装配

每个零件按其在机器中的作用不同,都有一定的精度、表面粗糙度等相关技术要求,而零件在加工过程中,不可避免地会产生加工误差。因此,必须设定检验环节,以对加工过程产生的尺寸、几何形状误差等进行检验。此外,对于承受重载或高温、高压条件下工作的零件还应进行性能检验,如缺陷检验、力学性能或金相组织检验等。只有当质量检验全面合格后零件才能使用。

装配是指按规定的技术要求将零件或部件进行组配和连接,使之成为产品的工艺过程。装配过程中必须严格遵守技术条件的规定,如零件的清洗、装配顺序、装配方法、工具使用、结合面修磨、润滑剂施加及运转跑合、油漆和包装等,只有这样才能最终得到满足要求的合格产品。

0.2　机械制造业的发展趋势

机械制造业特别是装备制造业是国家的战略性产业,是衡量国家国际竞争力的重要标志,在经济全球化进程中也是决定国家在国际分工地位的关键。因此,无论是发达国家还是新兴工业国家,都把机械制造业的发展作为提高竞争力、振兴国民经济的重要战略手段。

0.2.1　机械制造技术发展史

大约50万年前,人类学会了用火,逐渐开始用火烧制陶器,第一次对材料的加工超出了仅仅改变材料几何形状的范围,开始能够改变材料的物理和化学性能,通过复杂的工艺过程,利用了火这种自然力创造出自然界所没有的人工材料。人类在烧制陶器的过程中发明了冶铜术,后来又发现把锡矿石加到红铜中一起冶炼,制成了更加坚韧耐磨的青铜,从而使人类于公元前5000年进入青铜器时代。

大约在公元前1200年左右,人类进入铁器时代。最先掌握的是铸铁冶炼术,后来炼钢工业迅速发展,成为18世纪产业革命的重要内容和物质基础。1775年,英国人威尔肯逊为了制造瓦特发明的蒸汽机而制造了气缸镗床,标志着人类用机器代替手工的机械化进入了新的发展时期。随后相继出现了各种类型的金属切削机床和刀具,以及自动线、加工中心、数控系统和无人化全自动工厂。

古老的中华民族在机械制造技术方面也做出了辉煌的成就。在夏(公元前2140年开始)以前就掌握了青铜冶炼术,到距今3000多年前的殷商、西周时期,我国的青铜冶炼技术已达到当时世界领先水平,青铜已广泛用于制造各种工具、兵器、食器和祭器等。1980年在陕西临渔秦始皇陵墓附近出土的2000多年前的大型彩绘铜车马,结构精致,形态逼真,由3400多个零部件组成,材料以青铜为主,并配有金银饰品,综合了铸造、焊接、凿削、研磨、抛光以及各类联接等多种工艺;其加工工艺之复杂,制作技术之精湛,充分反映了我国劳动人民对古代人类文明所做的巨大贡献。

我国金属切削加工技术可追溯到青铜器时代。在湖南衡阳出土的东汉时期的人字齿轮,形状尺寸相当精致,说明在汉朝就有了金属机件。至明朝已经有了简单的切削加工设备,公元1668年,我国的切削加工已发展到使用直径近6.6m的嵌齿铣刀,由牲畜牵动旋转,来铣削天文仪上的铜环。明朝宋应星所著《天工开物》一书,详细记载有冶铁、炼钢、铸造、锻造、焊接(锡焊和银焊)、热处理(淬火等)等各种金属加工方法,是世界上最早的机械制造方面的科学著作。

0.2.2 我国机械制造业的现状

虽然我国在机械制造的许多方面,都曾经处于世界领先地位。但是,在18世纪以后,特别是从1840年鸦片战争以后,我国的科学技术水平已处于落后的状态。直至新中国成立以后,特别是经过最近几十年的奋斗,我国在机械制造领域开始有了突飞猛进的发展。机械产品无论从品种、数量和质量方面,都基本满足了国防和工农业生产的需要。机械制造的新材料、新技术、新工艺和新设备层出不穷,计算机技术也已广泛应用于机械制造过程中,许多机械制造企业正在朝着生产过程自动化的方向发展,与世界先进水平的差距正在逐步缩小,中国制造业正在成为全球制造和供应基地。

我国是制造业大国,但远不是制造业强国。在机械加工方面,我国已大量使用涂层高速钢刀具和涂层硬质合金可转位刀具,普遍采用了$50\sim500\mathrm{m/s}$的切削速度。但与工业发达国家相比,差距在于涂层硬质合金刀具的品种还不能满足需要,超硬刀具应用所占比例很小。近年来在高速磨削、强力磨削、成形磨削和砂带磨削方面,在应用超硬磨料砂轮磨削方面,都有较大发展,但高速磨削和大切深磨削在生产中应用不广,磨削效率与国外相差很大。我国自主开发了大型、五轴联动数控机床以及精密及超精密数控机床和一些成套生产线。但与国外相比,所生产的机床还不成系列,尤其是高性能的数控特种加工机床生产较少,在国际上缺乏竞争力。在精密加工和超精加工方面,我国一般工厂能稳定达到$10\sim1\mu\mathrm{m}$,但与国外发达国家相比,仍有相当大的差距。现在超精加工正在向纳米(nm)级($1\mathrm{nm}=10^{-3}$ $\mu\mathrm{m}$)进军。在测试技术方面,我国的长度计量标准检定设备已接近工业发达国家水平,三坐标测量机的测量精度接近工业发达国家水平。与国外相比,差距在于现场测试装置和仪器的精度低、稳定性差、寿命短、在线检测以及微机控制和数据处理的测试仪器少等。

0.2.3 机械制造技术发展趋势

在进入新世纪以来,微电子、信息、新材料、系统科学等为代表的新一代科学技术的发展对机械制造业产生着深刻的影响。多种多样的金属材料、高分子材料、无机非金属材料和复合材料给社会生产和人们生活带来了巨大的变化。各种特种加工和特种处理工艺方法也日益繁多。传统的机械制造正在发生变化,如铸造、压力加工、焊接、热处理、胶接、切削加工、表面处理等生产环节采用高效专用设备和先进工艺,普遍实行工艺专业化和机械生产自动化;为适应产品更新换代周期短、品种规格多样化的需要,高效柔性加工系统获得迅速发展;

计算机集成制造系统把计算机辅助设计系统(CAD)、计算机辅助制造(CAM)系统与生产管理信息系统(MIS)综合成一个有机整体,实现了机械制造过程高度自动化,极大地提高了劳动生产率和社会经济效益。

主要技术特征表现在以下几个方面:

(1)传统机械制造技术在不断吸收电子、信息、材料、能源和现代管理等方面成果的基础上形成了先进制造技术,并将其综合应用于机械产品设计、制造、检测、管理、销售、使用、服务的机械产品制造全过程。以实现优质、高效、低耗、清洁、灵活的生产。提高对动态多变的市场的适应能力和竞争能力。

(2)机械产品加工制造的精密化、快速化。制造过程的网络化、全球化得到很大的发展,涌现出 CIMS、并行工程、敏捷制造、绿色制造、网络制造、虚拟制造、智能制造、大规模定制等先进生产模式,制造装备和制造系统的柔性与可重组已成为 21 世纪制造技术的显著特征。

(3)机械工程的理论基础不再局限于力学,制造过程的基础也不只是设计与制造经验及技艺的总结。今天的机械工程学科比以往任何时候都更紧密地依赖诸如现代数学、材料科学、微电子技术、计算机信息科学、生命科学、系统论与控制论等多门学科及其最新成就。

0.3 本课程的任务

机械制造基础是一门研究机械制造的综合性技术基础课,主要介绍常用机械工程材料和机械制造所涉及的基础知识、基本方法、工艺特点、加工过程和结构工艺性等。通过本课程的学习,可以获得机械制造工艺过程的基本概念;熟悉常用工程材料性能及用途;初步掌握和选用毛坯或零件的成形方法及机械零件表面加工方法;了解特种加工、先进制造技术的概念和应用场合。

0.3.1 课程的教学形式

(1)理论教学:主线是工程材料→毛坯制造基础→切削加工基础→机械加工工艺。

(2)金工实习:包括热处理、铸工、锻工、焊工、车工、钳工、铣刨磨工等工种实习。

通过把金工实习的实践性教学环节和机械制造基础的理论性教学环节相结合的教学,使学生参与体会机器生产的过程,增强学生的工程实践能力,提高综合素质,培养创新精神和创新能力。同时初步建立起市场、信息、产品、生产、管理、质量、成本、安全、环保等大工程意识。

0.3.2 课程的特点与教学建议

本课程具有涉及的知识面宽、综合性强的特点,学习时应注意抓住本质。对于各类制造方法的学习,首先应从基础知识着手,通过对金属性能和工艺基础的研究,揭示各类工艺的内在规律,明确保证加工质量的途径和措施。然后以此为立足点,深入分析其基本方法、常规工艺过程和对零件结构的要求等。作为联系实际的一种尝试,努力培养自己解决实际零件加工工艺问题的能力,最后,再通过对同类加工中其他方法的了解与综合,使自己的认知得以深化和扩展。学习中还应注意比较不同类型的加工方法,认清它们的特点和联系。

本课程又具有技术性和实践性强的特点。在整个学习过程中必须注意密切联系实际，认真参加实习训练，使理论学习和技能掌握紧密结合起来。对于没有冷、热加工实习条件的学校，一定要多参观机械制造厂的铸造、锻压、焊接、切削加工和装配车间。仔细观察各类加工的工艺过程、使用的设备和工具等，以便在学习中起到更好的效果。

课程教学建议

(1)理论与实践紧密结合。对机械制造基本知识、方法的教学，采用课堂教学、现场教学、电化教学、座谈讨论等多种形式。对金工实习的教学，可在实习车间由指导教师通过实例进行操作示范、巡回指导、学生加工、现场总结等形式来开展。实习教学与基础理论教学进度基本同步，有助于从理论上建立基本概念的同时，在实践中获得感性认识。既可以用基本理论知识指导操作训练，也可以通过实践操作中所见所闻与切身体会加深理解和强化理论知识。这是一个"有机结合、相辅相成"的学习过程，从而实现理论知识和实践技能互动式增长提高。

(2)切实地学习各工种的操作技能。机械制造的实践能力是工科学生的基本素质之一，掌握各工种的设备、工具的使用，完成基本零件的制作是实习的任务。金工实习中所要求完成的加工任务，集中了多项机械制造基本操作技能的训练，应认真努力完成。在实践中不断体会、不断改进、不断提高。

(3)贯彻"科学主导工程"的思想。现代工程技术的背后都有严密的科学理论来主导工程系统的行为，许多所谓经验知识的取得，最终都要归结到普遍的科学原理。在实践过程中，要勤于思考，善于总结，自始至终都要和指导教师保持密切的交流，使他们的经验和收获都能为拓展自己的认识提供帮助。

0.3.3　实习安全

必须严格遵守安全操作规程。实习前先要接受安全教育，认识冷、热加工实习中的各类危险及防止措施，在安全操作规程的指导下开展实习活动。自觉遵守实习车间的劳动纪律，工作前必须穿好工作服，戴好防护用品；坚守工作岗位，不擅自离岗。

必须严格遵守工艺操作规程。实习中要开动生产设备，使用各种工具，制作多种零件，期间会接触到加热炉、熔炼炉、压力机、焊机、机床、砂轮机等。按工艺要求操作各种设备和工具完成实习任务，避免触电、机械伤害、爆炸、烫伤和中毒等工伤事故的发生。

文明生产，培养良好习惯。实习中使用过的实习设备，做到用后擦拭干净，摆放整齐。自觉打扫周围环境，做好交接班工作，做到整洁有序，创造一个安全有效的实习环境。特别注意保持实习场地运输通道的畅行无阻，防止物料运输、金属液浇注、工件热处理等过程中，出现人距离危险物过近的现象。

第一篇 机械工程材料

材料是现代文明的三大支柱之一,也是发展国民经济和机械工业的重要物质基础。材料作为生产活动的基本投入之一,对生产力的发展有着深远的影响。人们曾把当时使用的材料,当作历史发展的里程碑,如"石器时代"、"青铜器时代"、"铁器时代"等。我国是世界上最早发现和使用金属的国家之一。周朝是青铜器的极盛时期,到春秋战国时代,已普遍应用铁器。直到19世纪中叶,大规模炼钢工业兴起,钢铁才成为最主要的工程材料。

机械工程使用的材料称为机械工程材料,机械工程材料有金属材料和非金属材料,目前金属材料是机械工程中使用最广泛的材料。科学技术的进步,推动了新材料的不断涌现。今天,机械工程材料已经包括金属材料、有机高分子材料和无机非金属材料三大系列的全材料范围。

第 1 章　金属材料的性能

　　各种工程材料,依据其性能的不同,可以用于制造不同的工程构件、机械零件、工具等。材料的性能直接关系到机械产品的质量、使用寿命和加工成本,是产品选材和拟订加工方案的重要依据。为了能正确、合理地使用和加工材料,应充分了解和掌握材料的性能。

　　材料的性能包括工艺性能和使用性能两方面。工艺性能是指材料在各种加工过程中表现出来的性能,包括铸造性能、压力加工性能、焊接性能、热处理性能及切削加工性能等。在设计零件和选择加工方法时,都要考虑材料的工艺性能。工艺性能将在以后有关章节中分别进行讨论。使用性能是材料在使用过程中表现出来的性能,主要有物理性能、化学性能和力学性能等。在一般机械设备及工具的设计制造中大都选用金属材料,并以力学性能作为主要的依据,因此,熟悉和掌握金属材料的力学性能更显重要。

　　力学性能是指金属材料在载荷作用下所表现出来的性能,是评定金属材料质量的主要依据,也是零件设计中选材和强度计算的主要依据。

　　根据作用性质的不同,载荷分静载荷和动载荷两类。下面分别讨论金属材料在静载荷和动载荷作用下的力学性能及其指标。

1.1　材料的静态力学性能

　　静载荷是指随时间变化非常缓慢的载荷。最常用的静载荷试验有拉伸、压缩、压入、弯曲、扭转等,利用这些试验,可测得材料的力学性能指标。工程领域应用最为广泛的静态力学性能有:强度、塑性和硬度。

1.1.1　强度与塑性

　　强度是指金属抵抗塑性变形和断裂的能力,强度大小通常用应力来表示。根据载荷作用方式的不同,强度可分为抗拉强度 σ_b、抗压强度 σ_{by}、抗弯强度 σ_{bb}、抗剪强度 τ_t 等,一般情况下多以抗拉强度作为判别材料强度高低的指标。塑性是衡量材料在载荷作用下产生塑性变形而不断裂的能力。抗拉强度和塑性都是由标准试样在万能试验机上进行拉伸试验测定的。

1. 拉伸试样

　　进行拉伸试验时,预先将金属材料按规定加工成一定形状和尺寸的标准试样,常用的试样断面为圆形,称为圆形拉伸试样,如图 1.1.1 所示。图中 d_0 称为试样的原始直径,L_0 称为标距长度。所谓标距长度,是指试样计算时的有效长度。拉伸试样有长试样和短试样两种,长试样 $L_0=10d_0$,短试样 $L_0=5d_0$。在试验中常采用的 d_0 为 10mm。

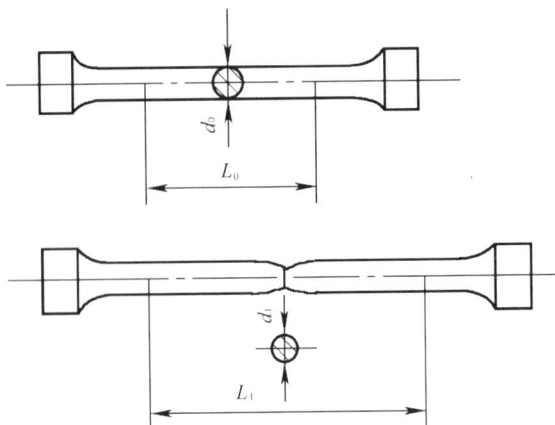

图 1.1.1　拉伸试样

2. 拉伸试验与拉伸曲线

拉伸试验通常是将加工好的标准试样装夹在拉伸试验机上,然后对试样逐渐施加拉伸载荷缓慢进行拉伸,直至把试样拉断为止。试验机自动记录装置可将整个拉伸过程中的拉伸力和伸长量描绘在以拉伸力 F 为纵坐标、伸长量 ΔL 为横坐标的坐标图纸上,即得到力—伸长量曲线。此曲线就叫拉伸曲线。退火低碳钢的拉伸曲线最具代表性,如图 1.1.2 所示,此曲线明确地反映出下面几个变形阶段。

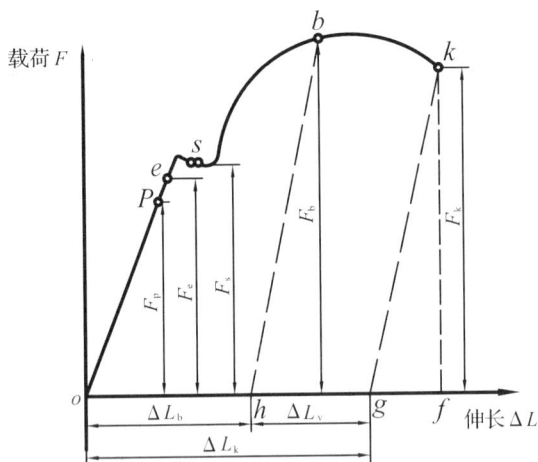

图 1.1.2　低碳钢的拉伸曲线

(1)弹性变形阶段(oe 段)　当拉伸力不超过 F_P 时,拉伸曲线为一直线,即试样的伸长从与拉伸力成正比增加,完全符合胡克定律,试样处于弹性变形阶段。此时如果卸载,试样的变形将完全消失。拉伸力在 F_P 和 F_e 之间时,试样的伸长量与拉伸力已不再成正比关系,拉伸曲线不呈直线,但试样仍处于弹性变形阶段。F_e 为试样产生弹性变形所承受的最大拉伸力。

（2）弹塑性变形阶段（es 段，屈服阶段）　在此阶段试样的伸长量不再成比例地增加,卸载后试样也不能完全恢复到原来的形状和尺寸。此时试样除弹性变形外,还产生了塑性变形。拉伸力增加至 F_s,曲线上出现水平或锯齿形线段,表示拉伸力不再增加而试样继续伸长,这种现象称为"屈服",F_s 称为"屈服载荷"。

（3）强化阶段（sb 段）　当拉伸力超过 F_s 后,试样开始产生明显而均匀的塑性变形,欲使试样继续变形,必须加大拉伸力。随着塑性变形的增加。试样变形抗力也逐渐增加,这种现象称为形变强化。F_b 为试样拉伸试验的最大载荷。

（4）断裂阶段（bk 段,缩颈阶段）　拉伸力达到最大值 F_b 后,试样局部直径开始急剧缩小,出现"缩颈"现象,试样变形所需的拉伸力也随之降低,k 点时试样发生断裂。

工程上使用的金属材料,并不是都有 4 个阶段,多数没有明显的屈服现象。有些脆性材料,不仅没有屈服现象,而且也不产生缩颈,如铸铁、高碳钢等。图 1.1.3（a）为铸铁的拉伸曲线,图 1.1.3（b）为中碳钢、高碳钢的拉伸曲线。

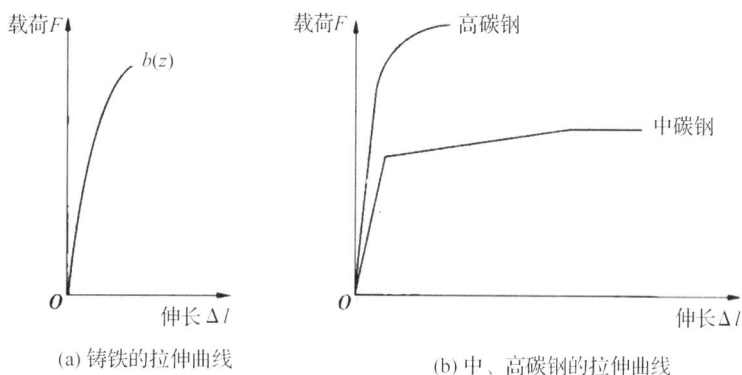

(a) 铸铁的拉伸曲线　　　　(b) 中、高碳钢的拉伸曲线

图 1.1.3　铸铁和碳钢的拉伸曲线

3. 强度指标

金属材料受外力作用时,其内部产生与外部相抗衡的内部抗力,这种内部抗力称为内力,单位面积上的内力称为应力,用 σ 表示。金属的强度指标用应力来度量。常用的强度指标有屈服强度和抗拉强度。

（1）屈服强度　屈服强度是指试样在拉伸试验过程中拉伸力不增加（保持恒定）试样仍然能继续伸长（变形）时的最小应力值。屈服强度也称屈服点,用 σ_s 表示,单位为 MPa。屈服强度 σ_s 的值可用下式计算:

$$\sigma_s = \frac{F_s}{S_0}$$

式中　F_s——试样屈服时的拉伸力（N）;

S_0——试样原始横截面积（mm²）。

高碳钢、铸铁等在进行拉伸试验时屈服现象不明显,也不会产生缩颈现象,测定很困难,因此规定一个相当于屈服强度的强度指标。国家标准规定此类材料以产生 0.2% 塑性变形量时的应力值为屈服强度,称为"条件屈服强度",用 $\sigma_{0.2}$ 表示。

一般机械零件不仅是在破断时失效,而且往往是在发生少量的塑性变形后,零件的精度降低或与其他零件的相对配合受到影响时就已经失效。因此,机械零件在工作中一般是不允许产生塑性变形的,所以屈服强度σ_s($\sigma_{0.2}$)是机械零件设计和选材的重要依据,也是工程技术上极为重要的力学性能指标之一。

(2)抗拉强度(强度极限) 抗拉强度是指试样断裂前能承受的最大应力值,用符号σ_b表示,单位为 MPa。σ_b可用下式计算:

$$\sigma_b = \frac{F_b}{S_0}$$

式中 F_b——试样承受的最大拉伸力(N);

  S_0——试样原始横截面积(mm^2)。

抗拉强度σ_b表示材料抵抗塑性变形和断裂的最大能力,测试数据较准确,因此,有关手册和资料提供的设计、选材的强度指标往往是抗拉强度σ_b。

4. 塑性指标

金属的塑性指标用拉伸试样断裂时的最大相对变形量来表示。常用的塑性指标有断后伸长率和断面收缩率。

(1)断后伸长率 断后伸长率是拉伸试样拉断后的标距伸长量与原始标距的百分比,用符号δ表示。δ值可用下式计算:

$$\delta = \frac{L_1 - L_0}{L_0} \times 100\%$$

式中 L_1——拉断试样对接后测出的标距长度(mm);

  L_0——试样原始标距(mm)。

试样分为长试样和短试样。使用长试样测定的断后伸长率用符号δ_{10}表示,通常写成δ,使用短试样测定的断后伸长率用符号δ_5表示。同一种材料的断后伸长率δ_{10}和δ_5数值是不相同的,一般短试样δ_5都大于长试样δ_{10}。不同材料进行比较时,必须是相同标准试样测定的数值才有意义。

(2)断面收缩率 断面收缩率是指试样拉断后横截面积的最大缩减量与原始横截面积的百分比,用符号ψ表示。ψ值可用下式计算:

$$\psi = \frac{S_0 - S_1}{S_0} \times 100\%$$

式中 S_0——试样原始横截面积(mm^2);

  S_1——试样断裂处的最小横截面积(mm^2)。

显然,金属的断后伸长率和断面收缩率的数值越大,表示金属材料的塑性变形能力越大,塑性越好。塑性指标通常不直接用于工程设计计算,但任何零件都要求材料具有一定的塑性。虽然零件在工作中不允许发生塑性变形,但在使用过程中难免过载,塑性好的零件过载时会发生一定量的塑性变形,而不至于像脆性材料那样突然断裂。同时,塑性变形还有缓和应力集中、消减应力峰的作用,在一定程度上保证了零件的工作安全。此外,各种成型加工(如锻压、轧制、冷冲压等)都要求材料具有较好的塑性。铸铁、陶瓷等脆性材料,塑性极低,拉伸时几乎不产生明显的塑性变形,超载时会突然断裂,使用时必须注意。

1.1.2 硬度

硬度是指材料抵抗局部变形,尤其是塑性变形、划痕或压痕的能力,是衡量材料软硬程度的力学性能指标。硬度能够反映出金属材料在化学成分、内部组织和热处理方面的差异，在一定程度上反映了材料的综合力学性能，是检验产品质量、研制新材料和确定合理的加工工艺需要的检测性能之一。硬度通过硬度试验测得。硬度试验可直接在半成品或成品上进行试验而不损坏被测件，因此，硬度试验应用十分广泛。

硬度试验方法很多，有压入法、刻划法（如莫氏硬度）、回跳法（如肖氏硬度）等。在机械工程中，最常用的是压入法。试验时，用载荷将压头（硬质球、金刚石圆锥体等）压入试样表层，根据压入程度来测量其硬度值。不同材料的试样在相同的试验条件下，如果压入深度（或压痕面积）越大，则该材料的硬度越低；反之，则硬度越高。因此，压入法测定的硬度表示材料抵抗压头压入引起塑性变形的能力。常用的硬度指标有布氏硬度、洛氏硬度和维氏硬度。

1. 布氏硬度

布氏硬度的测定原理如图 1.1.4 所示。用规定的载荷 F 将直径为 D 的硬质合金球压头压入试样表面，卸除载荷后试样表面出现球面压痕，此压痕单位面积上所承受的载荷再乘以一常数后即为布氏硬度值。

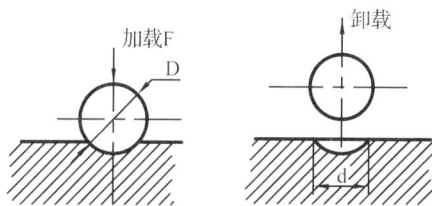

图 1.1.4　布氏硬度试验原理图

布氏硬度值的计算公式如下：

$$HBW = 0.102 \times \frac{2F}{\pi D(D - \sqrt{D^2 - d^2})} \ (\text{N/mm}^2)$$

式中　　HBW——布氏硬度符号；

　　　　F——试验力（N）；

　　　　S——球面压痕表面积（mm²）；

　　　　D——压头球体直径（mm）；

　　　　d——压痕直径（mm）。

在实际应用中，布氏硬度值无须计算，用读数显微镜测出压痕平均直径 d，然后根据 d 值查布氏硬度表，即可得相应的硬度值。布氏硬度值可用数字＋HBW 来表示，如 350HBW 表示材料的布氏硬度值为 350。

布氏硬度试验的优点是压痕面积较大，能反映出较大范围内材料的平均硬度，测得结果较准确、稳定，适用于测试组织粗大、不均匀的材料，如灰铸铁等的硬度。缺点是测试较麻烦，另外由于压痕较大，不适用于成品件或薄试样的检验。在进行高硬度材料试验时，由于球体本身的变形会使测量结果不准确，因此布氏硬度主要用于测定硬度不是很高的材料。布氏硬度多用于铸铁、有色金属、滑动轴承合金以及退火、正火和调质处理的钢材的硬度测定。

2. 洛氏硬度

洛氏硬度通过测量压痕深度来确定材料的硬度值。

洛氏硬度的测试原理是采用顶角为120°的金刚石圆锥体或淬火钢球作压头,在初试验力和主试验力的先后作用下,将压头压入金属表面,经规定保持时间后卸除主试验力,测量压痕深度,计算洛氏硬度值。

如图 1.1.5 所示,加初试验力后,压入深度为 h_1,加初试验力是为避免由于试样表面不平整而影响试验结果的精确性;然后再加主试验力,在总试验力的作用下压头压入深度为 h_2;卸除主试验力后由于被测金属的弹性变形恢复,而使压头回升到3-3位置。这时,压头实际压入的深度为 h_3。故由主试验力引起的实际塑性压痕深度为 $h=h_3-h_1$。显然 h 愈大,被测金属的硬度愈低;反之,则愈高。为照顾"数值愈大硬度愈高"的习惯,采用一个常数 k 减去 h 来表示硬度大小,并用每 0.002mm 的压痕深度为一个硬度单位,由此获得的硬度值称为洛氏硬度位,用符号 HR 表示,即

$$HR=\frac{k-h}{0.02}$$

式中 k 为常数,用金刚石圆锥体作压头时,$k=0.2mm$;用钢球作压头时,$k=0.26mm$。

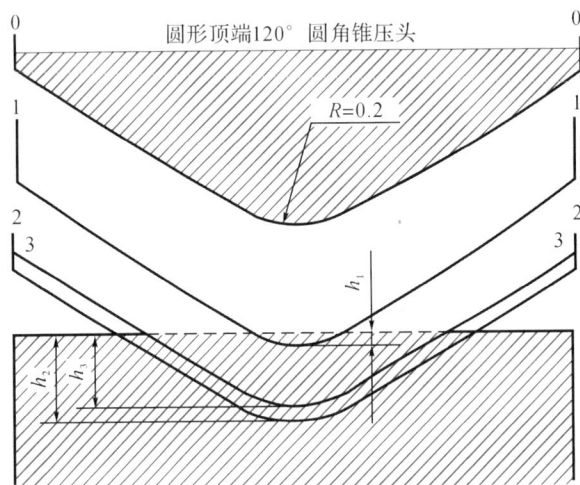

图 1.1.5　洛氏硬度试验原理图

为了能用同一硬度计测定从软到硬的材料的硬度,可采用不同的压头和载荷,组成几种不同的洛氏硬度标尺,其中最常用的标尺有 A,B,C 三种,分别记为 HRA,HRB,HRC。

洛氏硬度没有单位,采用 HR 的左边为硬度值,HR 的右边为标尺记号来表示。例如:55HRC 表示用 C 标尺测定的洛氏硬度值为 55。在实际测试时,洛氏硬度值一般由硬度计的刻度盘直接读出。

洛氏硬度试验的优点是压痕较小,可用于成品零件及较薄工件的质量检验,测试的硬度范围大,适用于多种材料,并且测试效率较高。缺点是由于压痕小,对于内部组织和硬度不均匀的材料,硬度值不够准确,一般同一试件应测试三个点以上,取平均值。另外不同标尺(由于载荷、压头不同)测得的硬度值彼此没有联系,相互之间不存在换算关系,不可直接进行比较。洛氏硬度的三种标尺中,C 标尺应用最多,大量用于淬火及回火钢件的硬度测试。

3. 维氏硬度

布氏硬度不适于检测较高硬度的材料,洛氏硬度虽可检测不同硬度的材料,但不同标尺的硬度值相互间没有简单的换算关系,使用上不方便。为了能在同一种硬度标尺上,测定从极软到极硬的材料的硬度值,特制定了维氏硬度试验法。

维氏硬度的试验原理与布氏硬度相似。如图 1.1.6 所示,用一个顶角为 136° 的金刚石正四棱锥体压头,在规定载荷 F 作用下,压入试件表面,保持一定时间后卸除载荷,然后再测量压痕两对角线的平均长度 d,进而计算出压痕的表面积 S,最后求出压痕表面积上的平均压力,以此作为被测试金属的硬度值,称为维氏硬度,用符号 HV 表示。计算公式如下:

$$HV = \frac{F}{S} = 0.1891\frac{F}{d^2}$$

式中　F——试验力(N);

　　　d——压痕两对角线长度算术平均数(mm)。

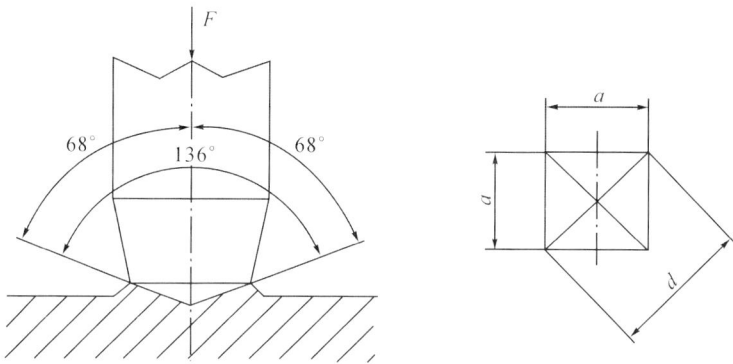

图 1.1.6　维氏硬度试验原理图

维氏硬度值在实际工作中不用计算,而是根据压痕对角线长度,从维氏硬度表中直接查出。维氏硬度试验,所用的载荷有 6 种。试验时,载荷 F 根据试样的硬度与厚度来选择。一般在试样厚度允许的情况下尽可能选用较大载荷,以获得较大压痕,提高测量精度。

与布氏硬度一样,维氏硬度也不标出单位,其表示方法也与布氏硬度相同。例如 600HV 表示被测材料的维氏硬度值为 600。

维氏硬度的优点是试验时所加载荷小,压入深度浅,故适用于测试零件表面淬硬层及化学热处理的表面层(如渗碳层、渗氮层等);同时维氏硬度是一个连续一致的标尺,试验时载荷可任意选择,而不影响其硬度值的大小,因此可测定从很软到很硬的各种材料的硬度,且准确性高。缺点是操作慢,且对试件表面质量要求较高,故不适用于成批生产的常规检验。

1.2　金属材料的动态力学性能

动载荷是指随时间急剧变化或作周期性变化的载荷。机械零件在工作中承受的冲击、振动、循环应力作用等,都属于动载荷。对于在动载荷条件下工作的零件或工具,若单纯用静载力学性能指标来衡量其性能是不全面的,需要同时考虑材料的动态力学性能。

1.2.1 冲击韧度

机器在启动、加速、换挡、制动时,传动零件都会受到冲击载荷的作用,冲击载荷作用时,外力是瞬间起作用的,材料的应力增加速度快,变形速度也快,这使原来一些强度较高的材料或静拉伸时表现为塑性较好的材料,也往往会发生脆断。所以,对于承受冲击载荷的零件和结构,除了应保证足够的静载力学性能外,还必须有足够的抵抗冲击动载的能力。

金属材料在冲击载荷作用下抵抗变形、断裂破坏的能力称为冲击韧度,又叫冲击韧性或者韧性。材料的冲击韧性是材料塑性和强度的综合表现。材料韧性最普通的测量方法是摆锤式冲击试验。

冲击试验方法如图 1.2.1 所示,按规定将金属材料制成一定形状和尺寸的试样,将试样放在冲击试验机的机座上,放置时试样缺口应背向摆锤的冲击方向。把重量为 G 的摆锤从高度为 H_1 处自由下摆,若摆锤冲断试样后又升至高度 H_2 处。则摆锤冲断试样所失去的能量即为试样在被冲断过程中吸收的功,称为冲击吸收功,用 A_k 表示。断口处单位面积上所消耗的冲击吸收功(A_k)即为材料的冲击韧度值,用 a_k 表示,即

$$a_k = \frac{A_k}{S} = \frac{G(H_1 - H_2)}{S}$$

式中 a_k ——冲击韧度值(J/cm^2);

S——试样缺口处的横截面积(cm^2);

A_k——冲击吸收功(J);

G——摆锤重力(N);

H_1——摆锤初始高度(m);

H_2——摆锤冲断试样后上升的高度(m)。

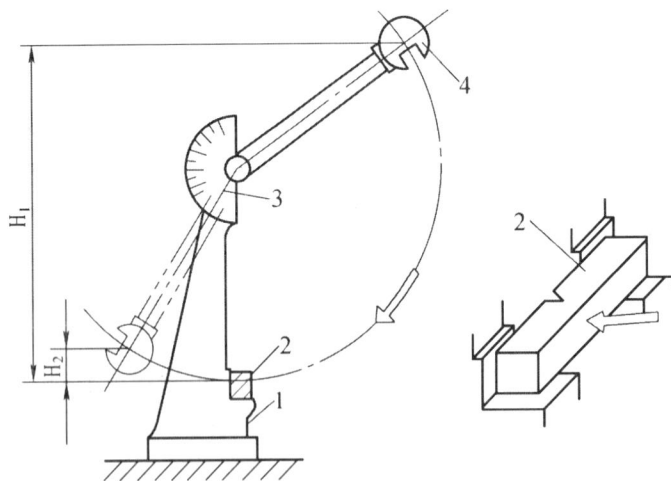

1-支座;2-试样;3-指针;4-摆锤

图 1.2.1 冲击试验原理

一般情况下,冲击韧度值越大,材料的韧性越好;反之,韧性越差,则脆性越大。

冲击韧度值的大小与试验的温度有关。有些材料在室温 20℃ 左右试验时并不显示脆性,而在低温下则可能发生脆断,这一现象称为冷脆现象。为了测定金属材料开始发生这种

冷脆现象的温度,可在不同温度下进行一系列冲击试验,测出材料的冲击韧度值随温度的变化关系。试验表明,冲击韧度值 a_k 随温度的降低而减少,在某一温度范围内,冲击韧度值显著降低,使试样呈现脆性,这个温度范围称为韧脆转变温度范围。韧脆转变温度是金属材料质量指标之一,韧脆转变温度越低,材料的低温冲击韧性越好。这对于在寒冷地区和低温下工作的机械和工程结构(如运输机械、地面建筑、输送管道等)尤为重要,由于它们的工作环境温度可能在 $-50 \sim +50 ℃$ 之间变化,所以必须有更低的韧脆转变温度,才能保证工作的正常运行。

另外,长期的生产实践证明,A_k 或 a_k 值对材料的内部结构、组织缺陷等十分敏感,很容易揭示出材料中某些物理现象,如晶粒粗化、冷脆、回火脆性及夹渣、气泡、偏析等。故目前常用冲击试验来检验冶炼、热处理及各种热加工工艺和产品的质量。

1.2.2 材料的疲劳强度

许多机械零件,如轴、齿轮、轴承、叶片、弹簧等,在工作过程中截面上的应力往往随时间作周期性的变化,这种随时间作周期性变化的应力称为交变应力(也称循环应力)。在交变应力作用下,虽然零件所承受的应力远低于材料的屈服点,但在长期使用过程中往往会产生裂纹或突然发生完全断裂,这种破坏过程称为疲劳断裂。

疲劳断裂与静载荷作用下的失效不同,不管是脆性材料还是韧性材料,疲劳断裂都是突然发生的,事先均无明显的塑性变形的预兆,也属低应力脆断,因此具有很大的危险性,常常造成严重的事故。据统计,80%以上损坏的机械零件都是因金属疲劳造成的。因此,工程上十分重视疲劳规律的研究,疲劳现象对于正确使用材料、合理设计零件具有重要意义。

工程中规定,无裂纹材料的疲劳性能指标有疲劳强度(也叫疲劳极限)和疲劳缺口敏感度等。通常材料疲劳性能指标的测定是在旋转弯曲疲劳试验机上进行的。在交变载荷下,金属材料承受的交变应力(σ)和材料断裂时承受交变应力的循环次数(N)之间的关系,通常用疲劳曲线来描述,如图 1.2.2 所示。金属材料承受的交变应力 σ 越大,则断裂时应力循环次数 N 越小;反之 σ 越小,则 N 越大。当应力低于某值时,应力循环无数次也不会发生疲劳断裂,此应力称为材料的疲劳强度(亦称疲劳极限),用 σ_D 表示。也就是说疲劳极限是金属材料在无限次交变应力作用下而不破坏的最大应力。当交变应力为对称循环时(如图1.2.3所示),其疲劳极限用符号 σ_{-1} 表示。

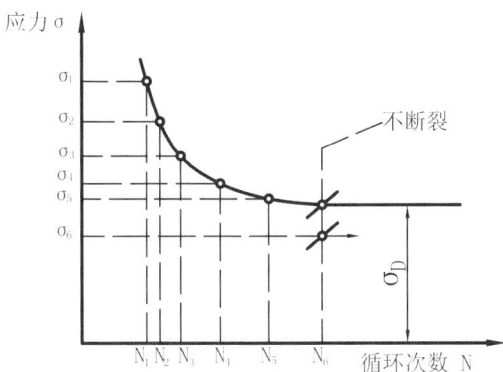

图 1.2.2　疲劳曲线示意图　　　　　　　图 1.2.3　对称循环应力图

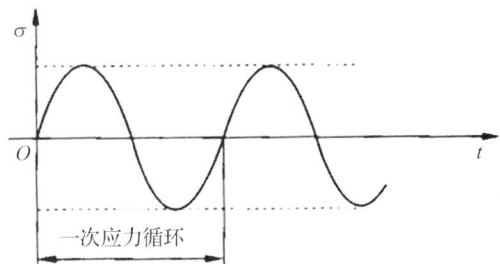

常用钢铁材料的疲劳曲线有明显的水平部分。而一般有色金属、高强度钢及腐蚀介质作用下的钢铁材料的疲劳曲线不存在水平部分，在这种情况下，要根据零件的工作条件和使用寿命，规定一个疲劳极限循环基数 N_0，并以循环次数 N_0 断裂时所对应的应力作为"条件疲劳极限"，以 σ_N 表示。一般规定常用钢铁材料疲劳极限循环基数 N_0 取 10^7 次，有色金属、不锈钢等取 10^8 次，腐蚀介质作用下取 10^6 次。

由于疲劳断裂通常是在机件最薄弱的部位或缺陷造成的应力集中处发生，因此疲劳失效对许多因素很敏感，如零件外形、循环应力特性、环境介质、温度、机件表面状态、内部组织缺陷等。这些因素会导致疲劳裂纹的产生或加速裂纹扩展而降低材料的疲劳抗力。

为了提高机件的抗疲劳能力，防止疲劳断裂事故的发生，在进行机件设计和加工时，应选择合理的结构形状，防止表面损伤，避免应力集中。由于金属表面是疲劳裂纹易于产生的地方，而实际零件大部分都承受交变弯曲或交变扭转载荷，表面应力最大。因此，表面强化处理是提高疲劳强度的有效途径。合理设计零件结构，避免应力集中，降低表面粗糙度值，进行表面滚压、喷丸处理、表面热处理等，均可以提高工件的疲劳强度。

1.3 影响金属材料性能的因素

不同的材料具有不同的性能，即使是同一种材料在不同的条件下其性能也是不同的。工程材料性能的差异，从本质上说，是由其内部组织结构所决定的。因此，掌握材料的内部结构及其对性能的影响，对于选材和材料的加工，具有非常重要的意义。

1.3.1 金属的晶体结构

金属在固态时一般都是晶体，其内部原子排列是有规律的。晶体中最简单的原子排列情况，如图 1.3.1(a)所示。为了便于理解和描述，晶体中原子排列的情况可用图 1.3.1(b)所示的晶格来表示。由于晶体中原子排列具有周期性的特点，通常只从晶体中选取一个能够完全反映晶格特征的、最小的几何单元即晶胞来分析晶体中原子排列的规律，如图 1.3.1(c)所示。实际上整个晶格就是由许多大小、形状和位向相同的晶胞在空间重复堆积而成的。

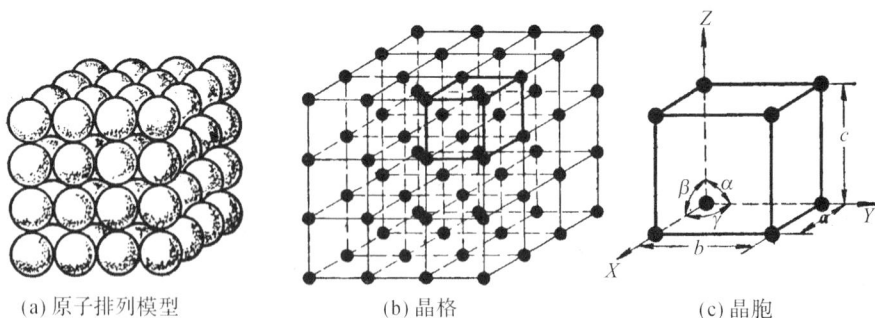

(a) 原子排列模型   (b) 晶格   (c) 晶胞

图 1.3.1 简单立方晶体结构示意图

1. 三种常见晶格类型

由于金属原子间的结合力较强，使金属原子总是趋于紧密排列的倾向，故大多数金属都属于以下三种晶格类型。

(1)体心立方晶格 如图 1.3.2(a)所示,体心立方晶格的晶胞是一个立方体,在立方体的八个角上和立方体的中心各有一个原子。属于这种晶格类型的金属有:铬(Cr)、钨(W)、钼(Mo)、钒(V)及 912℃ 以下的纯铁(α-Fe)等。

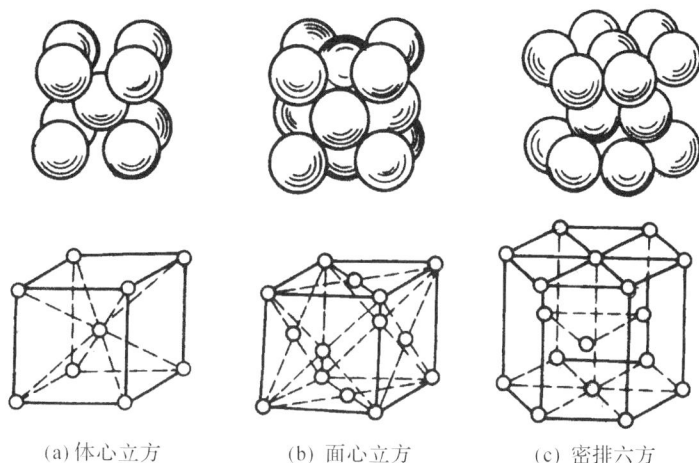

| (a)体心立方 | (b)面心立方 | (c)密排六方 |

图 1.3.2 常见晶格结构

(2)面心立方晶格 如图 1.3.2(b)所示,面心立方晶格的晶胞也是一个立方体,在立方体的八个角上和六个面的中心各有一个原子。属于这种晶格类型的金属有:铝(Al)、铜(Cu)、镍(Ni)、金(Au)、银(Ag)、铅(Pb)及温度在 1394~912℃ 之间的纯铁(γ-Fe)等。

(3)密排六方晶格 如图 1.3.2(c)所示,密排六方晶格的晶胞是一个正六方柱体,在正六方柱体的十二个角上及上、下底面的中心各有一个原子,在上下底面之间还有三个原子。其晶格常数常用六方底面边长 a 和上下两底面间距离 c 来表示。属于这种晶体类型的金属有:铍(Be)、镁(Mg)、锌(Zn)等。

金属的晶格类型不同,其性能也不同。例如,具有面心立方晶格的金属材料通常有较好的塑性;密排六方晶格的金属材料通常较脆等。

2. 金属的晶体缺陷

在实际金属中,晶体内部由于结晶条件或加工等方面的影响,使原子排列规则受到破坏,表现出原子排列的不完整性,称为晶体缺陷。按照缺陷的几何特征一般分为以下三类:

(1)点缺陷 在晶体中,原子并非像前面所假设的那样静止不动,而是在其平衡位置上作热振动,当温度升高时,原子振幅增大,有可能脱离其平衡位置,这样,在晶格中便出现了空的结点,这种空着的晶格结点称为晶格空位。与此同时,又有可能在个别晶格空隙处出现多余原子。这种不占据正常晶格位置而处在晶格空隙中的原子,称为间隙原子,如图 1.3.3 所示。空位和间隙原子均称为晶体的点缺陷。另外,晶体中存在的杂质原子也是一种点缺陷。

点缺陷的附近会产生晶格畸变,产生应力场,使金属的

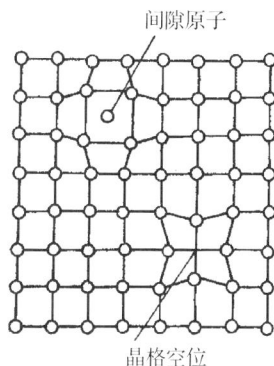

图 1.3.3 晶格空位和间隙原子

变形抗力增加。点缺陷在晶体中是不断地运动着的,这也是产生扩散的原因。

(2)线缺陷　线缺陷是指在晶体中呈线状分布的缺陷。其特征是在晶体空间两个方向上尺寸很小,而第三方向的尺寸很大。属于这一类的主要是各种类型的位错。

位错是一种很重要的晶体缺陷,是指晶体中某处有一列或若干列原子发生有规律的错排现象。刃型位错是金属晶体中最常见的位错。当晶体中有一个原子平面中断在晶体内部时,这个原子平面就像一把刀插在一个完整的晶体内,原子平面中断处的边缘(称为位错线)就像刀刃,这种位错称为刃型位错,如图 1.3.4 所示,由于原子的错排,在位错线周围引起了晶格畸变,从而产生了应力场。

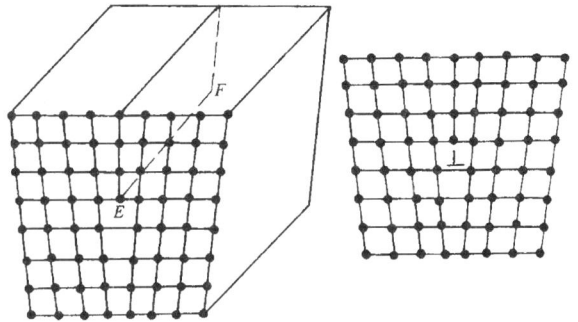

图 1.3.4　刃形位错示意图

晶体中的位错密度变化,以及位错在晶体内的运动,对金属的性能、塑性变形及组织转变等都有着极为重要的影响。大量增加或减少位错密度都能有效地提高金属的强度。比如冷塑性变形能使位错密度明显增加,因此带来加工硬化现象;而目前工业中制成的极细的金属晶须,由于位错密度极低,其强度可明显提高 5 倍左右。

(3)面缺陷　面缺陷的特征是在一个方向上尺寸很小,而另两个方向上尺寸很大,主要指晶界和亚晶界。

多晶体晶界上原子的排列是不规则的,并受到相邻晶粒位向的影响而取折中位置,如图 1.3.5 所示。由于晶界上存在大量的晶格畸变,因而在室温下会对材料的塑性变形起着阻碍作用,使金属材料具有更高的硬度和强度。显然,晶粒越小,金属材料的强度和硬度就越高。因此,对于在较低温度下使用的金属材料,一般总是希望得到较细小的晶粒。同时,由于晶界能的存在,使晶界的熔点低于晶粒内部,且易于腐蚀和氧化。晶界上的空位、位错等缺陷较多,因此原子的扩散速度较快,在发生结构转变时,新晶核往往首先在晶界形成。

亚晶界实际上是由一系列刃型位错所形成的小角度晶界,如图 1.3.6 所示。由于亚晶界处原子排列同样要产生晶格畸变,因而亚晶界对金属性能有着与晶界相似的影响。例如,在晶粒大小一定时,亚结构越细,金属的屈服强度就越高。

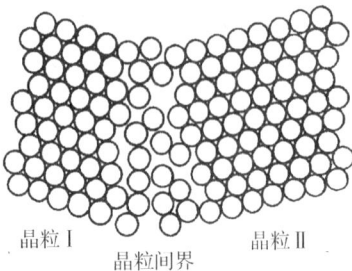

图 1.3.5　晶界结构示意

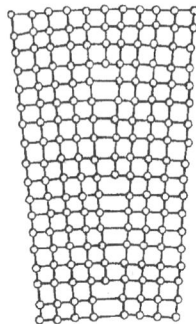

图 1.3.6　亚晶界结构示意

1.3.2 合金的晶体结构

1. 合金的概念

由于纯金属的力学性能较差,所以工程上应用最广泛的是各种合金。合金是由两种或两种以上的金属元素,或金属和非金属元素熔合而成的具有金属性质的物质。如黄铜是铜和锌的合金,钢和铸铁是铁和碳的合金等。对合金而言,其结构及影响性能的因素更为复杂。

组成合金的最基本的独立物质称为组元。组元可以是金属元素、非金属元素和稳定的化合物。通常,组元就是组成合金的元素,例如铁碳合金的组元是铁和 Fe_3C。当组元不变,而元素比例发生变化时,可以得到一系列不同成分的合金,称为合金系。根据组元数量的多少,可分为二元合金、三元合金等。

所谓相是金属或合金中具有相同成分、相同结构并以界面相互分开的均匀部分。若合金是由成分、结构都相同的同一种晶体构成的,则各晶粒虽有界面分开,却属于同一种相;若合金是由成分、结构互不相同的几种晶粒所构成,它们将属于不同的几种相。例如,在铁碳合金中 α-Fe 为一个相,Fe_3C 为一个相。金属与合金的一种相在一定条件下可以转变为另一种相,叫做相变。

2. 合金的相结构

由于合金中各组元间相互作用不同,固态合金的相结构可分为固溶体和金属化合物两大类。

(1)固溶体 合金在固态下,组元间互相溶解,形成的某一组元晶格中包含有其他组元的相称为固溶体。固溶体中,晶格类型与固溶体相同的组元称为溶剂,其他组元称为溶质。

如图 1.3.7 所示,当溶质原子嵌于溶剂晶格的空隙时,形成间隙固溶体。溶质原子代替溶剂原子占据溶剂晶格的结点位置时,形成置换固溶体。

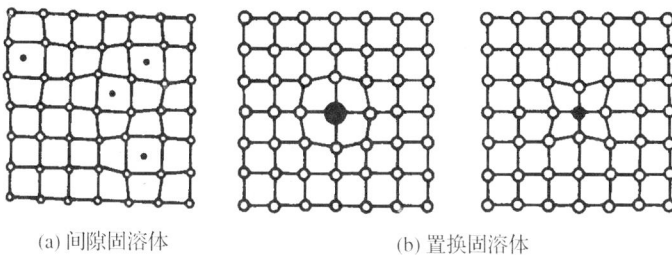

(a) 间隙固溶体   (b) 置换固溶体

图 1.3.7 固溶体的两种基本类型

在固溶体晶格中,由于异类原子的溶入,都将使固溶体晶格发生畸变,增加位错运动的阻力,使合金的强度、硬度提高。这种通过溶入溶质原子形成固溶体,从而使合金强度、硬度升高的现象称为固溶强化。固溶强化是强化金属材料的重要途径之一。实践表明,适当控制固溶体中的溶质含量,可以在显著提高金属材料强度、硬度的同时,保持相当好的塑性和韧性。因此,对综合力学性能要求较高的结构材料,都是以固溶体为基体的合金。

(2)金属化合物 金属化合物是组成合金的组元相互作用,形成的具有金属特性的化合物相。金属化合物通常具有不同于组元的复杂晶格结构。例如,铁碳合金中,碳的含量超过铁的溶解能力时,多余的碳就与铁相互作用形成金属化合物 Fe_3C。

金属化合物一般具有较高的熔点、硬度和脆性,但塑性、韧性极差。当合金中存在金属化合物时,通常能提高合金的强度、硬度和耐磨性,但同时会降低塑性和韧性。因此,金属化合物一般不直接用作合金的基体,通常用来作为各类合金的重要强化相。

当金属化合物细小均匀地分布在固溶体基体上时,能显著提高合金的强度、硬度和耐磨性,这种现象称为弥散强化。金属化合物通常是碳钢、合金钢、硬质合金和有色金属的重要组成相及强化相。

1.3.3 合金的组织

所谓组织,泛指用金相观察方法在金属及合金内部看到的,材料组成相的种类、大小、形状、数量、分布及相互间结合状态。用适当方法(如侵蚀)处理后的金属试样磨面或用适当方法制成的薄膜置于光学显微镜或电子显微镜下观察到的组织称为显微组织。金属试样磨面经处理后用肉眼或放大镜观察到的组织称为宏观组织。显微组织中,各组成相本身的结构性能及各相组合情况,对合金的性能起决定性作用。只有一种相组成的组织为单相组织;由两种或两种以上相组成的组织为多相组织。

(1)结晶晶粒 金属与合金自液态冷却转变为固态的过程,是原子由不规则排列的非晶体状态过渡到原子作规则排列的晶体状态的结晶过程。如图1.3.8所示,金属与合金的结晶从形成晶核开始,晶核吸附周围液态中的原子不断长大,直到液态金属全部消失为止。

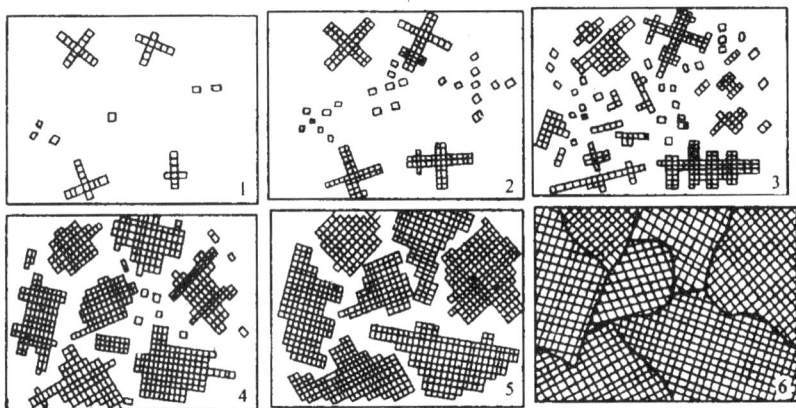

图1.3.8 金属结晶过程示意图

由同一晶核长大而成的小晶体称为晶粒。由于不同方位形成的晶粒与周围晶粒的相互接触,使得晶粒呈不规则的颗粒状。

金属结晶后的晶粒大小对其力学性能的影响很大。在室温下,晶粒越细小,金属的强度、硬度越高,塑性、韧性越好。这是因为晶粒越细小,材料受力变形可以更均匀的分散在各个区域进行,减少了局部变形引起的应力集中;同时,晶粒越细则晶界就越多、越曲折,不仅阻碍了位错的移动,而且晶粒与晶粒之间相互咬合的机会也越多,减少了裂纹的传播和发展,增强了彼此间的结合力。这种通过细化晶粒来强化金属的方法称为细晶强化,它是强化金属材料的基本途径之一。

(2)机械混合物 虽然固溶体较纯金属强度提高了,但是单相的固溶体组织其强度还是不能满足要求。多数合金是由固溶体和少量金属化合物组成的机械混合物。人们可以通过调整固溶体的溶解度和分布于其中的金属化合物的形状、数量、大小、分布来调整合金性能，以满足不同的需要。

对于两相机械混合物由基体相与第二相组成，其性能既取决于组成它的各个相的性能，同时与第二相在基体上的分布特征有着密切的关系。当第二相以连续网状分布在基体晶粒的边界上时，位错的滑移只能限于基体晶粒内部，塑性变形时在脆性第二相的网络处将产生严重的应力集中而引起过早地断裂。这样，随着第二相数量的增加，合金的强度和塑性都下降；当第二相以弥散的质点（或细粒）状分布在基体晶粒内部时，一方面在相界面处增加了周围晶格的畸变，同时第二相质点本身又将成为位错移动的障碍物，材料塑性变形的抗力提高。由于弥散分布不影响基体相的连续性，不会造成明显的应力集中，对合金塑性、韧性影响较小。所以第二相的弥散分布将使材料的强度和塑性均提高；当第二相在基体相晶体内部呈层片状分布时，它对材料性能的影响介于上述两种情况之间。

由上可见，对综合力学性能要求较高的结构材料，其组织多是由固溶体和金属化合物组成的机械混合物。通过固溶强化、细晶强化等手段提高基体相的力学性能；再采取适当的工艺方法，使一定数量的金属化合物呈细粒、弥散、均匀、稳定地分布于基体上，那么整个组织的性能就会得到进一步的提高。这就是材料工程中采用合金化和热处理的主要目的。

思考与练习题

1.1 什么是金属的力学性能？力学性能主要包括哪些指标？低碳钢拉伸曲线可分为几个变形阶段？这些阶段各具有什么明显特征？

1.2 由拉伸试验可以得出哪些力学性能指标？分别用什么符号表示？

1.3 国标规定 15 钢的力学性能指标应不低于下列数值：$\sigma_b \geqslant 375$ MPa，$\sigma_s \geqslant 225$ MPa，$\delta_5 \geqslant 27\%$、$\psi \geqslant 55\%$。现将购进的 15 钢制成 $d_o = 10$mm 的圆形截面短试样，经拉伸试验测得 $F_b = 33.81$ kN，$F_s = 20.68$ kN，$L_1 = 65$mm，$d_1 = 6$mm，试问这批 15 钢的力学性能是否合格？

1.4 什么叫硬度？常用的硬度有哪几种？各用什么符号表示？

1.5 布氏硬度和洛氏硬度在试验原理上有何不同？HRC 适合测定哪些材料的硬度？

1.6 下列情况应采用什么方法测定硬度？写出硬度符号。

(1)钳工用锤子的锤头；(2)机床床身铸铁毛坯；

(3)硬质合金刀片；(4)机床尾座上的淬火顶尖；

(5)铝合金缸体；(6)钢件表面很薄的硬化层。

1.7 在生产中，冲击试验有何重要作用？如何衡量材料的韧性好坏？

1.8 金属疲劳断裂是怎样产生的？如何提高零件的疲劳极限？

1.9 分析下列现象哪些性能指标不符合要求？

(1)紧固螺栓使用后变形伸长；

(2)某轴颈磨损速度极快；

(3)某杆状零件使用时突然发生断裂现象。

1.10 如何区分晶体和非晶体？

1.11　常见的晶格类型有哪几种？它们的原子排列各有什么特点？

1.12　α-Fe、γ-Fe、Al、Cu、Ni、Pb、Cr、V、Mg、Zn 各属何种晶体结构？

1.13　实际金属的晶体结构有什么特点？为什么单晶体具有"各向异性"，而多晶体具有"各向同性"？

1.14　在实际金属中存在哪几种晶体缺陷？这些缺陷对金属的力学性能有何影响？

1.15　合金的结构与纯金属的结构有什么不同？合金的力学性能为什么优于纯金属？

1.16　晶粒大小对金属力学性能有何影响？细化晶粒的方法有哪几种？

1.17　影响金属材料性能的因素有哪些？请指出几种强化金属材料性能的方法。

第 2 章　钢铁材料及其热处理

钢铁材料是人类使用最为广泛、最为重要的结构材料之一。铁在地壳中的丰度(相对含量)约为 5%,仅次于氧(49%)、硅(26%)和铝(7%),其资源十分丰富。铁矿的开采和钢铁的冶炼生产均非常方便,生产成本及销售价格相当低廉。同时钢铁材料具有各种优良的性能,特别是力学性能,可以充分满足人类生产和生活对结构材料的性能需要。因此,自从 3000 年以前人类逐步进入铁器时代以来,钢铁材料在人类的生产和生活中一直扮演着最为重要的结构材料的角色,我们目前乃至今后相当长的一段时间仍将处于"铁器时代"。铁碳合金是以铁和碳为基本组元的合金,是钢和铸铁的统称。

2.1　铁碳合金基础

2.1.1　铁碳合金的基本组织

根据铁和碳的相互作用形式不同,铁碳合金的基本组织有固溶体、化合物及由固溶体和化合物形成的机械混合物。具体组织名称、符号、特点及力学性能如表 2.1.1 所示。

表 2.1.1　铁碳合金基本组织

组织名称	符号	组织特点	含碳量	力学性能
铁素体	F	铁素体是碳溶于 α-Fe 中形成的间隙固溶体,保持 α-Fe 的体心立方晶格。	≤0.0218%	含碳量低,强度、硬度低,塑性、韧性好。
奥氏体	A	碳溶于 γ-Fe 中形成的间隙固溶体,保持 γ-Fe 的面心立方晶格。是存在于 727℃ 以上的高温相。	≤2.11%	与溶碳量有关,A 的硬度不高,而塑性、韧性较好。
渗碳体	Fe₃C	铁与碳的化合物,具有复杂的晶格结构。	6.69%	硬而脆,塑性几乎等于零。主要用作强化相,它的数量、形态及分布,对钢的性能有很大的影响。
珠光体	P	奥氏体共析反应时所形成的机械混合物,显微镜下呈现出 F 与 Fe₃C 呈片状交替排列的特征。	0.77%	性能介于 F 和 Fe₃C 之间,强度、硬度较高,具有一定的塑性和韧性,综合力学性能较好。
莱氏体	Ld Ld′	金属液共晶反应时所得到的 A 与 Fe₃C 的机械混合物。冷却至 727℃ 时,其中的奥氏体转变为 P。	4.3%	性能与 Fe₃C 相似,硬度很高,塑性、韧性极差。

2.1.2　铁碳合金状态图

铁碳合金状态图是表示在缓慢冷却(加热)条件下,不同成分的铁碳合金在不同温度下所具有的组织(平衡组织)或状态的一种图形。它清楚地反映了铁碳合金的成分、温度、组织之间的关系,是研究钢和铸铁及其加工处理(铸、锻、焊、热处理等加工工艺)的重要理论基础。当 $w_c=6.69\%$ 时,铁与碳形成渗碳体,所以实用的铁碳合金状态图是 Fe-Fe$_3$C 状态图这一部分,如图 2.1.1 所示。

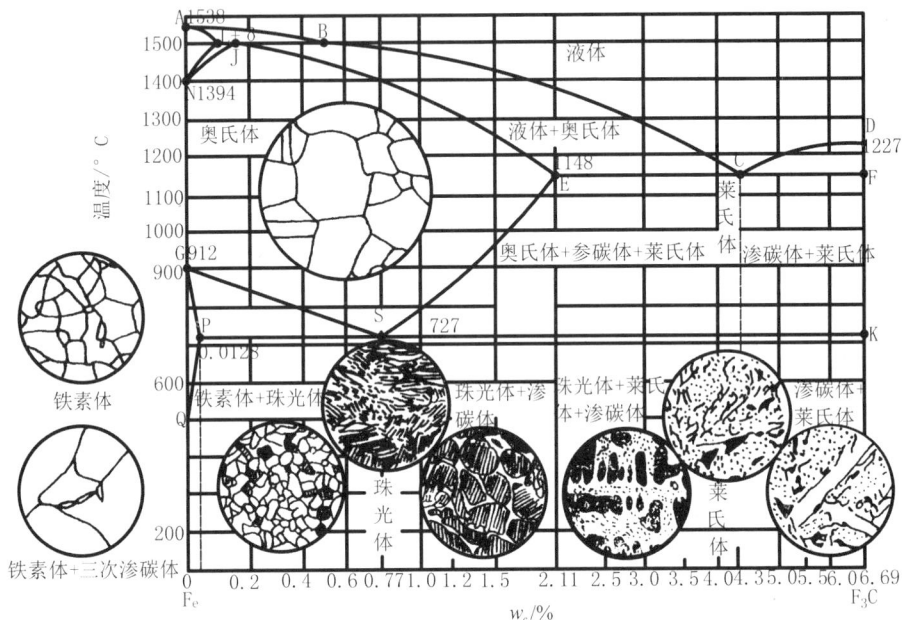

图 2.1.1　Fe-Fe$_3$C 状态图

图中纵坐标是温度,横坐标是碳的质量分数 w_c(含碳量)。横坐标的左端表示含碳量为零,即 100% 的纯铁,右端,即 100% 的 Fe$_3$C。横坐标上和任何一点,均表示一种成分的铁碳合金。

铁碳合金状态图各相区的平衡组织如图 2.1.1 所示。根据对图中主要特征点、线和相区组织的分析,铁碳合金按含碳量及室温组织的不同,可分为以下三大类:

(1)工业纯铁　成分在 P 点以左,碳的质量分数小于 0.0218%,其显微组织为单相铁素体。

(2)钢　成分在 P 点与 E 点之间。碳的质量分数 0.0218%~2.11%,高温固态组织为奥氏体。根据室温组织的特点,以 S 点为界又可分为:

1)亚共析钢　碳的质量分数为 0.0218%~0.77%,室温组织为铁素体+珠光体。

2)共析钢　碳的质量分数为 0.77%,室温组织为珠光体

3)过共析钢　碳的质量分数为 0.77%~2.11%,室温组织为珠光体+渗碳体。

(3)白口铸铁　成分在 E 点和 F 点之间,碳的质量分数为 2.11%~6.69%。白口铸铁与钢的根本区别是前者组织中有莱氏体,而后者没有。

利用铁碳合金状态图,可以了解不同成分、不同温度下合金的组织状态,包括基本组织

及其相对数量。下面以 $w_c = 0.45\%$ 的亚共析钢为例,介绍利用状态图了解不同温度下合金组成相的变化过程(图 2.1.2)。

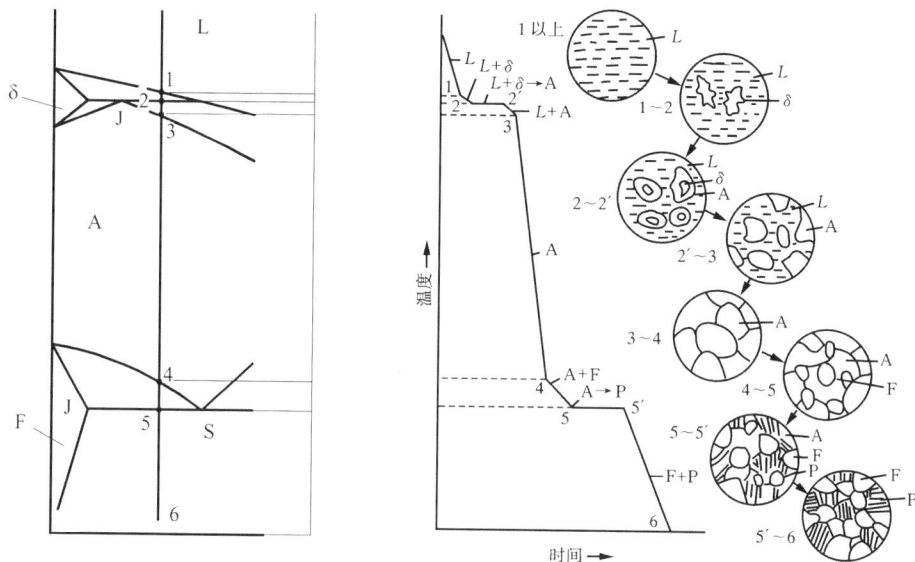

图 2.1.2　$w_c = 0.45\%$ 的铁碳合金结晶过程

当合金由高温液相开始缓慢冷却时:

在 1 点温度开始结晶析出 δ 铁素体,在 2 点温度时,发生包晶转变,即部分液体与 δ 铁素体转成奥氏体 A,此时 δ 相消失,但仍留有过剩的液体相 L。剩余液体在继续冷却过程中,结晶生成奥氏体 A,至 3 点温度,得到单相的奥氏体 A,直至 4 点;在 4 点温度时,开始在晶界位置处有铁素体 F 析出,继续降低温度,铁素体 F 不断增多;在 5 点温度,剩余的奥氏体 A 成分变到 S 点,发生共析反应生成铁素体 F 与奥氏体 A 的机械混合物珠光体 P。所以亚共析钢的室温平衡组织是先共析铁素体 F 和共析珠光体 P。

利用金相分析中的杠杆定律,可以计算出组织中的先共析铁素体和珠光体的相对量。对于 $w_c = 0.45\%$ 的亚共析钢共析反应后:

$$P(\%) = \frac{0.45 - 0.02}{0.77 - 0.02} \times 100\% = 57\%$$

$$F(\%) = 1 - 57\% = 43\%$$

2.1.3　含碳量对铁碳合金平衡组织和性能的影响

随着含碳量的增加,合金的室温组织中不仅渗碳体的数量增加,其形态、分布也有变化,从而造成合金的力学性能也相应发生变化。铁碳合金的成分、组织、力学性能等变化规律如图 2.1.3 所示。

当钢中 $w_c < 0.9\%$ 时,随着含碳量的增加,钢的强度、硬度上升,而塑性、韧性不断降低。这是因为随着钢中含碳量的增加,组织中作为强化相的渗碳体数量增多的缘故。钢中渗碳体的数量越多,分布越均匀,钢的强度越高。当钢中 $w_c > 0.9\%$ 以后,由于渗碳体呈明显的网状分布于晶界处或以粗大片状存在于基体中,不仅使钢的塑性、韧性进一步降低,而且强度也明显下降。为了保证工业上使用的钢具有足够的强度,同时又具有一定的塑性和韧性,

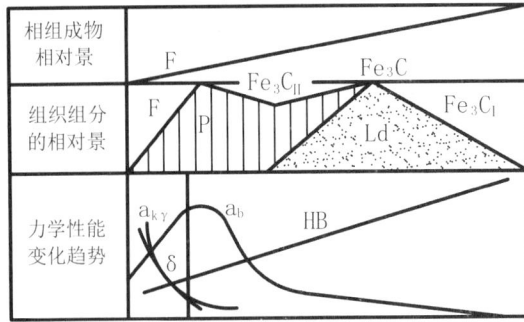

图 2.1.3　铁碳合金的成分、组织及性能的变化规律

钢中碳的质量分数一般都不超过 $1.3\% \sim 1.4\%$；碳的质量分数大于 2.11% 的白口铸铁,因组织中存在大量的渗碳体,既硬又脆,难以切削加工,故在一般机械制造工业中应用较少。

2.1.4　铁碳合金状态图的应用

（1）在选材方面的应用　由 $Fe-Fe_3C$ 状态图可见,铁碳合金中随着含碳量的不同,其平衡组织各不相同,从而导致其力学性能不同。因此,我们就可以根据零件的不同性能要求来合理地选择材料。例如,桥梁、车辆、船舶、各种建筑结构等,都需要强度较高、塑性及韧性好、焊接性能好的材料,故应选用碳含量较低的钢材；各种机器零件需要强度、塑性、韧性等综合性能较好的材料,应选用碳含量适中的钢；各类工具、刃具、量具、模具要求硬度高、耐磨性好的材料,则可选用碳含量较高的钢。

（2）在制定工艺规范方面的应用 $Fe-Fe_3C$ 状态图直观地反映了钢铁材料的组织随成分和温度变化的规律,这就为在工程上选材及制订铸、锻、焊、热处理等热加工工艺提供了重要的理论依据,如图 2.1.4 所示。

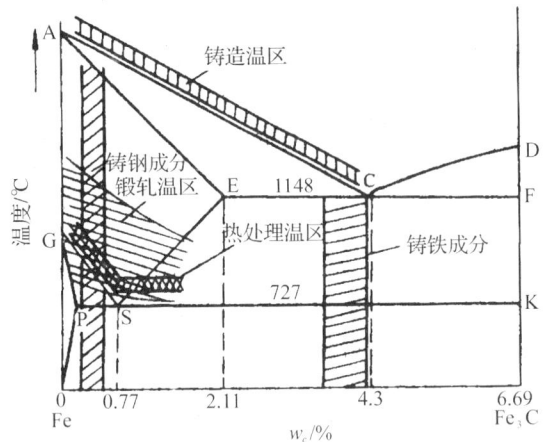

图 2.1.4　$Fe-Fe_3C$ 状态图的应用

1）在铸造生产上的应用　根据 $Fe-Fe_3C$ 状态图的液相线,可以找出不同成分的铁碳合金的熔点,从而确定合金的熔化浇注温度（温度一般在液相线以上 $50 \sim 100{}^\circ C$）。从 $Fe-Fe_3C$ 状态图中还可以看出,靠近共晶成分的铁碳合金不仅熔点低,而且结晶温度区间也较小,故具有良好的铸造性能。因此生产上总是将铸铁的成分选在共晶成分附近。

2）在锻压工艺方面的应用　根据 $Fe-Fe_3C$ 状态图可以选择钢材的锻造或热轧温度范围。通常锻、轧温度选在单相奥氏体区内,这是因为钢处于奥氏体状态时,强度较低,塑性较好,便于成形加工。一般始锻（或始轧）温度控制在固相线以下 $100 \sim 200{}^\circ C$ 范围内,温度不宜太高,以免钢材氧化严重；终锻（或终轧）温度取决于钢材成分,一般亚共析钢控制在稍高于

GS 线,过共析钢控制在稍高于 PSK 线,温度不能太低,以免钢材塑性变差,导致产生裂纹。

3)在热处理方面的应用 Fe-Fe₃C 状态图对于制订热处理工艺有着特别重要的意义。各种热处理工艺的加热温度都是依据 Fe-Fe₃C 状态图选定的。

2.2 钢的热处理

钢的热处理是指将钢在固态下进行加热、保温和冷却,改变内部组织,以获得所需性能的工艺。热处理是改善钢材性能的重要工艺措施,它不仅可提高机械零件的使用性能,还可用于改善钢材的工艺性能。因此,热处理在机械制造中占有十分重要的地位。

根据加热和冷却方法不同,常用的热处理方法及分类如下:

$$
\text{热处理}
\begin{cases}
\text{普通热处理:退火、正火、淬火、回火} \\
\text{表面热处理}
\begin{cases}
\text{表面淬火}
\begin{cases}
\text{感应加热表面淬火} \\
\text{火焰加热表面淬火} \\
\text{激光加热表面淬火}
\end{cases} \\
\text{化学热处理}
\begin{cases}
\text{渗碳} \\
\text{渗氮} \\
\text{碳氮共渗等}
\end{cases}
\end{cases}
\end{cases}
$$

2.2.1 钢的热处理基础

热处理的方法虽然很多,但其工艺都是由加热,保温和冷却三个阶段组成,只是工艺要素(温度、时间)上有区别。因此,热处理工艺通常用图 2.2.1 所示的温度—时间为坐标的工艺曲线来表示。

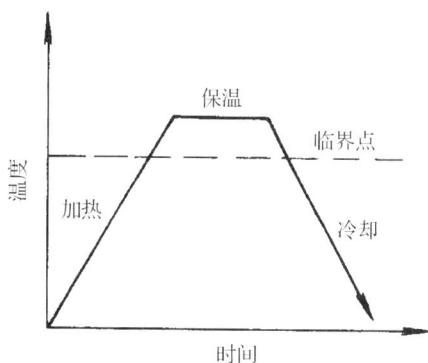

图 2.2.1 热处理工艺曲线

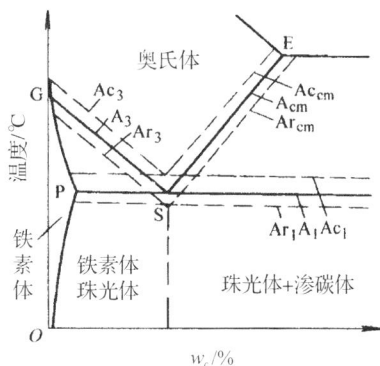

图 2.2.2 钢在加热(冷却)时的相变临界点

1. 钢在加热时的转变

钢的加热是热处理的第一道工序,其主要目的是使钢转变成预期的平衡组织,为后续冷却转变作好组织准备。为了防止加热过程中工件开裂、晶粒粗大和组织转变不完全,应制定热处理工艺规范来确定加热时间、临界温度和保温时间等工艺要素。图 2.2.2 表示了不同成分的钢在加热与冷却时相变临界点的位置。图中,A₁、A₃、A_cm 是平衡时的转变温度,称为临界点。在实际生产中由于加热速度都比较快,因此相变的临界点要高些,分别以 A_{c_1}、A_{c_3}、$A_{c_{cm}}$ 表示;相反,在冷却时,冷却速度也较平衡状态时快,因而相应的临界点下降,分别以 A_{r_1}、A_{r_3}、$A_{r_{cm}}$ 表示。

将共析钢加热到 A_{c_1} 时便发生珠光体向奥氏体转变。其奥氏体的形成过程大致可分为 4 个阶段:奥氏体晶核的形成、奥氏体晶核的长大、残余渗碳体的溶解、奥氏体成分的均匀化,如图 2.2.3 所示。

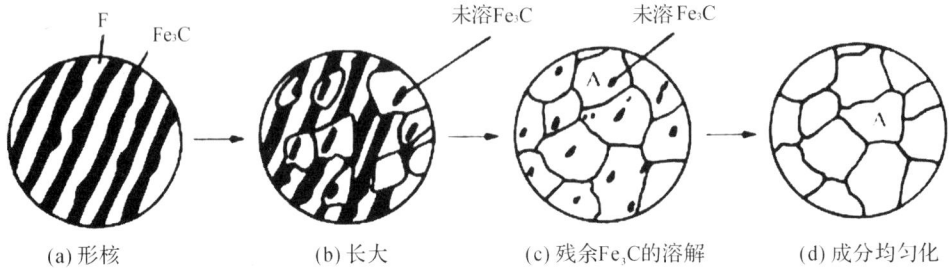

(a) 形核　　　　(b) 长大　　　　(c) 残余Fe₃C的溶解　　　　(d) 成分均匀化

图 2.2.3　共析钢加热时奥氏体的形成过程示意图

亚共析碳钢和过共析碳钢的加热转化过程与共析钢相类似,首先是珠光体转变为奥氏体,然后是铁素体或渗碳体继续向奥氏体转变或溶解,最后得到单相奥氏体组织。

保温的目的是要保证工件表面与心部温度均匀,从而使加热后的组织转变均匀。保温时间和介质的选择与工件的尺寸和材质有直接的关系。一般工件越大、导热性越差,保温时间就越长。由于粗大的奥氏体晶粒会使热处理后钢的晶粒粗大,强度和韧性降低。所以钢加热时应获得较为细小均匀的奥氏体组织。为此,应合理选择加热温度和保温时间、选用含有一定合金元素的钢材、控制钢的原始组织,以获得较细小的奥氏体晶粒。

2. 钢在热处理冷却时的转变

冷却是热处理的关键工序。钢经加热奥氏体化后,在不同的冷却条件下可使钢获得不同的力学性能,见表 2.2.1。因此,必须掌握钢在冷却时的组织转变规律。

表 2.2.1　不同冷却条件对 45 钢力学性能的影响(加热温度 840℃)

冷却方法	力 学 性 能				HRC
	σ_b/MPa	σ_s/MPa	δ/%	ψ/%	
随炉冷却	519	272	32.5	49	15～18
空气冷却	657～706	333	15～18	45～50	18～24
油冷却	882	608	18～20	48	40～50
水冷却	1078	706	7～8	12～14	52～60
15%盐水冷却	—	—	—	—	57～62

生产中采用的冷却方式有等温冷却和连续冷却两种,如图 2.2.4 所示。

(1)过冷奥氏体的等温转变。奥氏体在相变点 A_1 以上是稳定相,冷却至 A_1 下就成了不稳定相,具有发生转变的倾向。在 A_1 温度以下暂时存在的不稳定奥氏体称为过冷奥氏体。

过冷奥氏体等温冷却时组织转变的规律可用奥氏体等温转变转变曲线来表示。因该曲线形状与字母"C"形状相似,所以又称为 C 曲线。奥氏体等温转变曲线是用实验方法建立

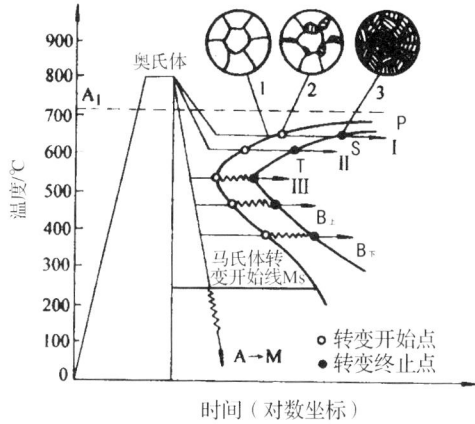

的。图 2.2.5 表示了共析钢过冷奥氏体等温转变曲线的建立过程。将共析钢制成一定尺寸的试样若干,在相同条件下,加热至 A_1 温度以上使其奥氏体化,然后分别迅速投入到 A_1 温度以下不同温度的等温槽中等温冷却。测出各试样过冷奥氏体转变开始和转变终了的时间,并把它们描绘在温度—时间坐标图上,再用光滑曲线分别连接各转变开始点和转变终了点,便得到如图中所示的曲线图。

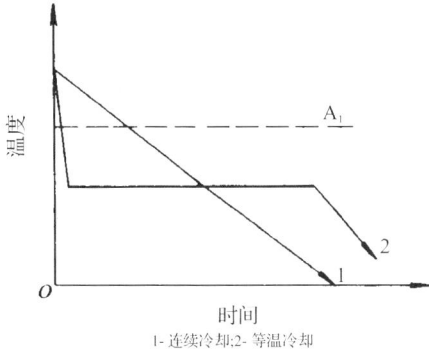

图 2.2.4　两种冷却方式示意图　　图 2.2.5　共析钢奥氏体等温转变曲线的建立

图中 A_1 为奥氏体向珠光体转变的相变点,A_1 以上区域为稳定奥氏体区。两条 C 形曲线中,左边的曲线为转变开始线,该线以左区域为过冷奥氏体区;右边的曲线为转变终了线,该线以右区域为转变产物区;两条 C 形曲线之间的区域为过冷奥氏体与转变产物共存区。水平线 M_s 为马氏体转变开始温度,约 230℃;M_f 为马氏体转变转变终止温度线,约为 −50℃。C 曲线上弯折处俗称为"鼻尖"。

从 C 曲线可知,随过冷奥氏体等温转变温度的不同,其转变产物的组织也不同。过冷奥氏体在等温过程中,可发生二种不同的转变。

1)珠光体型转变　过冷奥氏体在 A_1～550℃ 温度范围等温时,将发生珠光体型转变。由于转变温度较高,原子具有较强的扩散力,转变产物为铁素体薄层和渗碳体薄层交替重叠的层状组织,即珠光体型组织。等温温度越低,铁素体层和渗碳体层越薄,为区别起见,将这些层间距不同的珠光体型组织分别称为珠光体(P)、索氏体(S)、托氏体(T)。

2)贝氏体型转变　过冷奥氏体在 550℃～M_s 温度范围内等温时,将发生贝氏体型转变。由于转变温度较低,原子扩散能力较差,渗碳体已经很难聚集长大呈层状。因此,转变产物为由含碳过饱和的铁素体和弥散分布的渗碳体组成的组织,即贝氏体组织。等温温度不同,贝氏体的形态也不同,分为上贝氏体(B 上)和下贝氏体(B 下)两种形态,上贝氏体的形成温度范围为 550～350℃,下贝氏体的形成温度范围为 350℃～M_s。下贝氏体较上贝氏体有较高的硬度和强度,塑性和韧性也较好,即具有良好的综合力学性能。

过冷奥氏体等温转变产物的组织、性能特点见表 2.2.2。

表 2.2.2　共析钢过冷奥氏体等温转变温度与转变组织及硬度的关系

转变温度范围/℃	过冷程度	转变产物	符号	组织形态	层片间距/μm	硬度/HRC
A₁~650	小	珠光体	P	粗层状	约 0.3	<25
约 650~600	中	索氏体	S	细层状	约 0.1~0.3	25~35
约 600~550	较大	托氏体	T	极细针状	约 0.1	35~40
约 550~350	大	上贝氏体	$B_上$	羽毛状	——	40~45
约 350~Ms	更大	下贝氏体	$B_下$	黑色针状	——	45~55

（2）过冷奥氏体的连续冷却转变　在实际热处理生产中，钢经奥氏体化后，大多是在连续冷却条件下进行转变的。共析钢在连续冷却条件下的组织转变与等温条件有所不同，图 2.2.6 中有两种冷却条件下的 C 曲线。从图中可看出，共析钢连续冷却曲线的组织转变开始线和终止线都要滞后，向右下移动；没有中温区的贝氏体转变；当冷却速度足够大时，冷却的过程中将发生马氏体转变。

马氏体转变　当急速过冷到 Ms 以下时，奥氏体在冷却的过程中就不断向马氏体（M）转变。由于转变温度低，只发生 γ-Fe

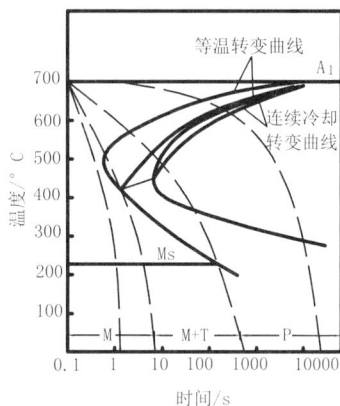

图 2.2.6　共析钢的过冷奥氏体连续冷却转变曲线

向 α-Fe 晶格的转变，碳原子已不能进行扩散，故奥氏体中原有的碳被迫全部过量地存在于 α-Fe 晶格中。所以说，马氏体是碳在 α-Fe 中的过饱和固溶体。根据奥氏体中含碳量的高低，马氏体的形态有板条状和针片状两种。当奥氏体中 $w_c<0.20\%$ 时，得到的马氏体形态基本为板条状，又称为低碳马氏体；当奥氏体中 $w_c>1\%$ 时，得到的马氏体形态为针片状，又称为高碳马氏体。

由于碳处于过饱和状态，所以马氏体比前面任何一种组织的硬度都要高。低碳马氏体具有良好综合力学性能，较高的硬度、强度与较好的塑性、韧性相配合。高碳马氏体具有比低碳马氏体更高的硬度，但脆性较大，塑性和韧性较差。

借用等温转变曲线可以定性地、近似地分析奥氏体连续冷却转变产物的组织和性能。图 2.2.7 就是用共析钢的等温转变曲线估计连续冷却时的转变情况。根据各冷却速度所在位置，就可大致估计过冷奥氏体的转变组织，见表 2.2.3。图中，冷却速度 Vc 与 C 曲线鼻尖相切，表示过冷奥氏体在连续冷却途中不发生转变，而全部过冷到 M_s 线以下。这种只发生马氏体转变的最小冷却速度 Vc，称为临界冷却速度。

过冷奥氏体的连续冷却转变是在一个温度范围内进行的，转变产物可以出现由几

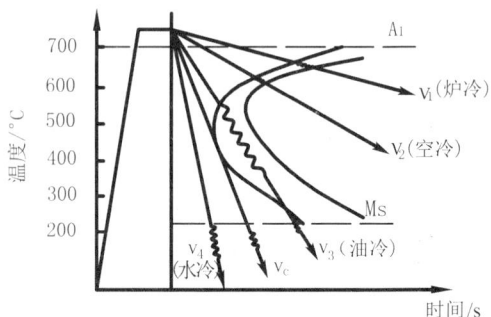

图 2.2.7　共析钢连续冷却转变产物估计

种产物组织的混合组织。

表 2.2.3　共析钢过冷奥氏体连续冷却转变产物的组织和性能

冷却速度	冷却方法	转变产物	符　号	硬　度
v_1	随炉冷却	珠光体	P	170～220HBW
v_2	空气冷却	索氏体	S	25～35HRC
v_3	油中冷却	托氏体+马氏体	T+M	45～55HRC
v_4	水中冷却	马氏体+残余奥氏体	M+AR	55～65HRC

2.2.2　钢的常用热处理方法

常用热处理工艺可分为两类:预先热处理和最终热处理。预先热处理是消除坯料、半成品中的某些缺陷,为后续的冷加工和最终热处理作组织准备。最终热处理是使工件获得所要求的性能。

1. 钢的退火与正火

退火与正火主要用于钢的预先热处理,其目的是为了消除和改善前一道工序(铸、锻、焊)所造成的某些组织缺陷及内应力,也为随后的切削加工及热处理做好组织和性能上准备。退火与正火除经常作预先热处理工序外,对一般铸件、焊接件以及一些性能要求不高的工件,也可作最终热处理。各种退火与正火的温度与工艺示意见图 2.2.8。

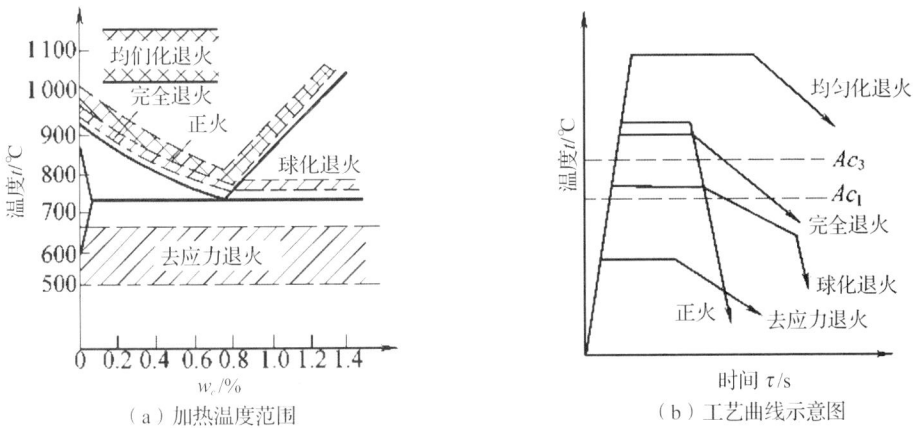

（a）加热温度范围　　　　　　　（b）工艺曲线示意图

图 2.2.8　各种退火与正火的温度与工艺示意

退火是将钢加热到适当温度,保温一定时间,然后缓慢冷却的热处理工艺称为退火。退火工艺主要特点是缓慢冷却。正火是把工件加热到 A_{c_3} 或 $A_{c_{cm}}$ 以上 30～50℃,然后在空气中冷却的工艺。与退火相比,正火冷却速度稍快,过冷度较大,因此正火后的组织比较细,强度、硬度比退火高一些。退火、正火的种类及应用见表 2.2.4。

表 2.2.4　退火、正火的种类及应用

名称	方法	热处理后的组织	应用场合
完全退火	将亚共析钢加热到 A_{c_3} 以上 30～50℃保温后随炉冷到 600℃以下,再出炉空气冷却	得到平衡组织铁素体＋珠光体	用于亚共析钢和合金钢的铸、锻件,目的是细化晶粒,消除应力,软化钢
等温退火	将亚共析钢加热到 A_{c_3} 以上,共析钢加热到 A_1 以上 20～30℃,保温后快速冷却到稍低于 A_{r_1} 的温度,再进行等温处理使 A 转变为 P 后,然后在空气中冷却	得到平衡组织铁素体＋珠光体,组织较为均匀	主要用于奥氏体较为稳定的合金工具钢和高合余钢,与完全退火相比。可大大缩短整个退火时间
球化退火	将过共析钢加热到 A_{c_1} 以上 20～30℃,保温后随炉冷到 700℃左右,再出炉空气冷却	在铁素体基体上均匀分布着球状渗碳体组织	用于共析和过共析成分的碳钢和合金钢,能降低硬度,改善切削加工性能
去应力退火	将钢加热到 500～550℃,保温后随炉冷却	无组织变化	消除铸、锻、焊、机加工件的残余应力
正火	将钢加热到 A_{c_3}(或 A_{c_m})以上 30～550℃,保温后在空气中冷却	可细化普通结构钢晶粒;使共析钢获得索氏体组织;对过共析钢,可以消除二次渗碳体网状结构	低、中碳钢的预备热处理;为球化退火作准备;普通结构零件的最终热处理

2. 钢的淬火与回火

淬火是将钢件加热到临界温度 A_{c_3} 或 A_{c_1} 以上 30～50℃,保温一定时间,然后快速冷却,获得马氏体(或下贝氏体)组织的热处理工艺。回火是将淬火后的钢重新加热到 A_1 以下某一温度,保温一定时间后冷却到室温的热处理工艺,它是紧接淬火的热处理工艺。

(1)淬火方法及其应用

为了保证钢淬火后得到马氏体,同时又防止工件产生变形和开裂,应选择合适的淬火方法。常用淬火方法如图 2.2.9 所示,图中 M_S 是指马氏体开始转变温度(约为 230℃)。

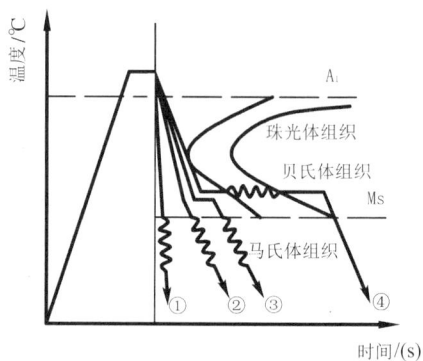

①单液淬火;②双液淬火;③分级淬火;④等温淬火
图 2.2.9　常用淬火方法示意图

1)单液淬火　将已加热至奥氏体的工件在一种冷却介质中冷却淬火。例如碳钢在水中淬火;合金钢及尺寸很小的碳钢件(直径小于 3～5cm)在油中淬火。

单液淬火操作简单,易实现机械化,应用广泛。缺点是水淬变形开裂倾向大;油淬冷却速度小,容易产生硬度不足或硬度不均匀现象。

2)双液淬火　将已奥氏体均匀化的工件先淬入一种冷却能力较强的介质中,冷却到稍高于 Ms 温度,再立即转入另一冷却能力较弱的介质中,使之发生马氏转变的淬火称双液淬火。例如碳钢通常采用先水淬后油冷，合金钢通常采用先油淬后空冷。

双液淬火法的优点在于能把两种不同的冷却能力介质的长处结合起来，既保证获得马氏体组织，又减小了淬火应力，防止工件的变形与开裂。双液淬火的关键是要准确控制工件由第一种介质转入第二种介质时的温度。

3）分级淬火　将已奥氏体均匀化的工件先投入温度在 Ms 附近的盐浴或碱浴中，停留适当时间，然后取出空冷，以获得马氏体组织的淬火，称为马氏体分级淬火。这种工艺特点是在工件内外温差基本一致时，使过冷奥氏体在缓冷条件下转变成马氏体，从而减少变形。主要用于形状复杂、尺寸较小的零件。

4）等温淬火　将已奥氏体均匀化的工件快速淬入温度稍高于 Ms 点的硝盐浴（或碱浴）中，保持足够长的时间，直至过冷奥氏体完全转变为下贝氏体，然后在空气中冷却。下贝氏体的硬度略低于马氏体，但塑性和韧性较好，即具有良好的综合力学性能。等温淬火内应力很小，不易变形与开裂。常用于形状复杂，尺寸要求精确，强度、韧性要求较高的小型钢件，如各种模具、成型刀具和弹簧等。

5）局部淬火　对于有些工件，如果只是局部要求高硬度，可对工件全部加热后进行局部淬火。为了避免工件其他部分产生变形和开裂。也可进行局部加热淬火。

（2）回火的方法及应用　钢回火的目的是稳定组织，消除淬火应力，防止工件在加工和使用过程中变形和开裂；调整组织，消除脆性，以获得工件所需要的使用性能。根据回火温度的不同，将回火方法分为低温、中温及高温回火三种，见表 2.2.5。

表 2.2.5　回火的种类及应用

名称	方　　法	热处理后的组织	应用场合
高温回火	淬火后，加热到 500～650℃，保温后在空气中冷却	回火索氏体，由细粒状渗碳体和多边形铁素体组成，硬度：25～35HRC	重要零件如轴、齿轮等
中温回火	淬火后，加热到 350～500℃，保温后在空气中冷却	回火屈氏体，由极细粒状渗碳体和针状铁素体组成、硬度：35～45HRC	各种弹簧
低温回火	淬火后加热到 150～250℃，降低应力和脆性	回火马氏体，高硬度：58～62 HRC，耐磨性好	各种工模具及渗碳或表面淬火的工件

通常把钢件淬火及高温回火的复合热处理工艺称为调质处理。调质是机械中承载零件最常用的热处理。

（3）钢的淬透性与淬硬性

1）钢的淬透性

通常淬火的目的是为了获得马氏体组织，如果工件整个截面都能得到马氏体，说明工件已淬透。但有时工件的表层为马氏体，而心部为非马氏体组织，这是因为工件表面的冷却速度大，接近截面中心冷却速度小，当冷却速度小于临界冷却速度时就不能得到马氏体了。

钢的淬透性是指在规定条件下，钢在淬火时获得马氏体组织的难易程度。它反映了钢材淬火后淬硬深度和截面硬度分布的特性。

影响淬透性的主要因素是过冷奥氏体的稳定性，即临界冷却速度的大小。过冷奥氏体越稳定,临界冷却速度越小,则钢的淬透性越好。因此,凡是增加过冷奥氏体稳定性、降低临界冷却速度的因素,都能提高钢的淬透注。如钢的化学成分中,含有合金元素(Co除外)的钢,淬透性比碳钢好。这是因为合金元素的加入,增加了过冷奥氏体的稳定性,使临界冷却速度降低的缘故。

钢的淬透性是选择材料和确定热处理工艺的重要依据。若工件淬透了,经回火后,由表及里均可得到较高的力学性能,从而充分发挥材料的潜力;反之,若工件没淬透,经回火后,心部的强韧性则显著低于表面。因此,对于承受较大负荷、特别是截面应力均匀分布的结构零件,都应选用淬透性较好的钢。此外,钢的淬透性好,在淬火冷却时可采用比较缓和的淬火介质,以减小淬火应力,减少变形和开裂的倾向。

2)钢的淬硬性

钢的淬硬性是指钢在理想条件下进行淬火硬化所能达到的最高硬度的能力。淬硬性的高低主要取决于钢中含碳量。钢中含碳量越高,淬硬性越好,可以提高零件的耐磨性。但是,淬硬性与淬透性没有直接的联系。如碳素工具钢淬火后的硬度虽然很高(淬硬性好),但淬透性却很低;而某些低碳成分的合金钢,淬火后的硬度虽然不高,但淬透性却很好。

3. 钢的表面热处理

在生产中有些零件,如齿轮、花键轴、活塞销等表面要求高的硬度和耐磨性,而心部却要求一定的强度和足够的韧性。采用一般淬火、回火工艺无法达到这种要求,这时需要进行表面热处理,以达到强化表面的目的。

表面热处理又分为两类:一类是只改变表面组织而不改变表面化学成分的热处理,称为表面淬火。另一类是同时改变表面化学成分及组织的热处理,称为化学热处理。

(1)钢的表面淬火

表面淬火是仅对工件表层进行淬火的热处理工艺。它是利用快速加热使钢件表面奥氏体化,而中心尚处于较低温度即迅速予以冷却,表层被淬硬为马氏体,而中心仍保持原来的退火、正火或调质状态的组织。

表面淬火一般适用于中碳钢和中碳低合金钢,也可用于高碳工具钢、低合金工具钢和球墨铸铁等。常用的表面淬火方法有感应加热表面淬火和火焰加热表面淬火。

1)感应加热表面淬火 感应加热表面淬火的工作原理为:在一个感应圈中通过一定频率的交流电,在感应圈周围就产生一个频率相同的交变磁场,将工件置于磁场中,它就会产生与感应圈频率相同、方向相反的封闭的感应电流,这个电流叫做涡流,它主要集中分布在工件表面。依靠感应电流的热效应,使工件表层在几秒钟内快速加热到淬火温度,然后立即冷却,达到表面淬火目的。

与普通加热淬火相比,感应加热表面淬火有以下优点:因加热速度快,淬火组织为细小片状马氏体,表层硬度比普通淬火的高2~3HRC,且有较好的耐磨性和较低的脆性,不易氧化、脱碳、变形小;生产效率高,易实现机械化和自动化,适宜批量生产。

根据电流频率不同,感应加热分为高频加热、中频加热、工频加热及超音频加热等。频率越高,感应电流集中工件的表面层越浅,则淬硬层愈薄。在生产中常依据工件要求的淬硬层深度及尺寸大小来选用(参见表2.2.6)。

表 2.2.6　感应加热表面淬火的应用

分　类	常用频率范围	淬硬深度/mm	适　用　范　围
高频加热	200～300kHz	0.5～2	中小型轴、销、套等圆柱形零件，小模数齿轮
中频加热	2500～8000Hz	2～10	尺寸较大的轴类，大模数齿轮
工频加热	50Hz	10～20	大型(>Φ300mm)零件表面淬火或棒料穿透加热(如轧辊、火车车轮等的表面淬火)

2)火焰加热表面淬火　火焰加热表面淬火是应用氧-乙炔或其他可燃气的火焰，对工件表面进行加热，然后快冷的淬火工艺。

火焰加热表面淬火的操作简便，不需要特殊设备，成本低；淬硬层深度一般为 2～6mm。适用于大型、异型、单件或小批量工件的表面淬火，如大模数齿轮、小孔、顶尖、凿子等等，但因火焰温度高，若操作不当工件表面容易过热或加热不匀，造成硬度不均匀，淬火质量难以控制。

(2)钢的化学热处理　化学热处理是将工件置于一定温度的活性介质中保温，使一种或几种元素渗入钢的表层，以改变工件表层的化学成分、组织和性能的热处理工艺。与表面淬火相比，化学热处理不仅改变了钢件表层的组织，而且表层的化学成分也发生了变化。在制造业中，最常用的化学热处理有渗碳、渗氮和碳氮共渗。

1)钢的渗碳　渗碳是将工件置于渗碳介质中加热并保温，使碳原子渗入表层的热处理工艺。其目的是为了增加工件表面碳的质量分数。经淬火、低温回火后，工件表层具有高硬度(58～64HRC)、高耐磨性及疲劳强度；心部具有高的塑性、韧性和足够强度，以满足某些机械零件"表硬内韧"的性能要求。如汽车发动机的变速齿轮、变速轴、活塞销等。

渗碳用钢一般选用 $w_C=0.10\%\sim0.25\%$ 的碳钢或低合金钢；渗碳温度一般为 900～950℃；渗碳时间根据工件所要求的渗碳层深度来确定(0.5～2.5mm 渗碳层，约 0.2～0.25mm/h)。渗碳后需进行淬火和低温回火。

2)钢的渗氮　渗氮是在一定温度下使活性氮原子渗入工件表面的化学热处理工艺。渗氮又叫氮化，其目的是提高工件表层的硬度、耐磨性、疲劳强度和耐蚀性。

与渗碳相比较，渗氮的温度低(500～600℃)，渗氮后不需淬火，因此，工件变形小，氮化表层具有更高的硬度(950～1200HV，相当于 68～72HRC)，且具有抗蚀性，工件的疲劳强度高。但氮化层薄而脆，不能承受冲击；同时由于生产周期长(0.3～0.5mm 渗氮层，约 30～50h)、设备和氮化用钢价格高，故生产成本高。

渗氮主要适用于表面要求耐磨、抗疲劳、耐腐蚀的精密结构零件，如精密齿轮、精密机床主轴、气缸套、阀门等。

3)钢的碳氮共渗　碳氮共渗是碳、氮原子同时渗入工件表面的一种化学热处理工艺。这种工艺是渗碳与渗氮的综合，兼有二者的优点。目前生产中应用较广的有碳氮共渗(以渗碳为主)和氮碳共渗(以渗氮为主)两种方法。前者主要用于低碳及中碳结构钢零件，如汽车和机床上的各种齿轮、蜗轮、蜗杆和轴类零件等；后者常用于模具、量具、刃具和小型轴类零件。

2.3　工业用钢

钢是碳的质量分数在 2.11% 以下，并含有其他元素的铁碳合金。钢是应用最广泛的机械工程材料，在工业生产中起着十分重要的作用。

钢的种类很多,为了便于管理和选用,从不同角度把它们分成若干类别。

按化学成分可把钢分为碳素钢和合金钢二大类。碳素钢(简称碳钢)是指碳的质量分数在 2.11% 以下,并含有少量的锰、硅、硫、磷等常存杂质元素的铁碳合金。合金钢是指在碳钢基础上,为提高钢的强度、硬度、淬透性、耐蚀性、加工性等,有目的地加入某些元素(称为合金元素)而得到的钢种。

(1)碳素钢 按含碳量又可分为低碳钢($w_C < 0.25\%$);中碳钢($w_C = 0.25\% \sim 0.6\%$);高碳钢($w_C > 0.6\%$)。

(2)合金钢 按合金元素含量又可分为低合金钢($w_{Me} < 5\%$);中合金钢($w_{Me} = 5\% \sim 10\%$);高合金钢($w_{Me} > 10\%$)。另外,还根据钢中所含主要合金元素种类不同来分类,锰钢、铬钢、铬镍钢、铬锰钢、铬锰钛钢等。

按用途可把钢分为结构钢、工具钢、特殊性能钢三大类。

(1)结构钢

1)工程结构用钢 主要有碳素结构钢、低合金高强度结构钢等。

2)机械结构用钢 主要有优质碳素结构钢、合金结构钢、弹簧钢及滚动轴承钢等。

(2)工具钢 根据用途不同,可分为刃具钢、模具钢与量具钢。

(3)特殊性能钢 主要有不锈钢、耐热钢、耐磨钢等。

按钢的冶金质量和钢中有害元素磷、硫含量,可分为:

(1)普通质量钢($w_p \leq 0.035\% \sim 0.045\%$、$w_S \leq 0.035\% \sim 0.050\%$)

(2)优质钢(w_p、w_S 均 $\leq 0.035\%$)

(3)高级优质钢(w_p、$w_S \leq 0.025\%$,牌号后加"A"表示)

钢厂在给钢的产品命名时,往往将用途、成分、质量这三种分类方法结合起来。如优质碳素结构钢、碳素工具钢、高级优质合金结构钢、合金工具钢等。

2.3.1 结构钢

结构钢的种类非常多。对于普通质量的结构钢常在供货状态下使用,而优质结构钢一般要进行热处理。由于含碳量范围相当宽,结构钢的热处理方法应根据力学性能要求进行选择。结构钢的分类、牌号编制、典型牌号、性能特点及应用见表 2.3.1。

表 2.3.1 结构钢的牌号与应用

类别	牌号编制	典型牌号	性能特点	应用举例
碳素结构钢	Q+屈服点数值、质量等级(A、B、C、D、E)及脱氧方法等组成。质量 A 等级最低,S、P 含量最高;脱氧 F、b、Z、TZ 分别表示沸腾钢、半镇静钢、镇静钢及特殊镇静钢,Z、TZ 可省略。例如 Q235－AF,表示 $\sigma_s \geq 235$Mpa,质量等级为 A 级的碳素结构钢(属沸腾钢)。	Q215、Q235、Q225、Q275	w_c $0.06\% \sim 0.38\%$ 范围内,含有害杂质和非金属夹杂物较多。性能可满足一般工程结构及普通零件的要求,因而应用较广。	用于制作薄板、中板、钢筋、各种型材、一般工程构件、受力不大的机器零件,如小轴、螺母、螺栓、连杆等
低合金结构钢		Q295、Q345、Q390	碳素结构钢的基础上加入少量合金元素($w_{Me} \geq 3\%$)而成。具有高的屈服强度与良好的塑性和韧性,良好的焊接性,较好的耐蚀性。	油罐、桥梁、船舶、车辆、压力容器、建筑结构等

类别		牌号编制	典型牌号	性能特点	应用举例
优质结构钢	优质碳素结构钢	用两位数字组成,表示钢中平均碳质量分数的万倍。属于沸腾钢的在数字后加标F,末标F的都是镇静钢。例如:45 表示 w_c =0.45%的镇静钢;08F 表示 w_c =0.08%的沸腾钢。按含锰量不同,分为普通含锰量及较高含锰量(w_{Mn} = 0.7%~1.2%)两组。含锰量较高一组,在其牌号数字后加 Mn。如:45Mn、65Mn 等。	08F、08、10F、10、15、20、25	属低碳钢。塑性、韧性好,焊接性好	用作冲压板、焊接件、渗碳件、一般螺钉、铆钉、轴、垫圈等
			30、35、40、45、50、55	属中碳钢。综合力学性能好	用于各种受力较大的零件,如连杆、齿轮等)。也用于制造具有一定耐磨性的零件
			60、65、70、75、80、85	属高碳钢。强度、硬度较高,弹性较好	用作各种弹性元件。如弹簧垫圈和耐磨零件(如凸轮、轧辊等)
	合金结构钢	渗碳钢	"两位数字+元素符号+数字"表示。两位数字表示钢中平均碳质量分数的万倍,元素符号代表钢中含的合金元素,其后面的数字表示该元素平均质量分数的百倍。若为高级优质钢,则在牌号后加 A。如 50CrVA 表示 w_c=0.50%,w_{Cr}<1.5%,w_v<1.5%的高级优质合金结构钢。	20Cr、20MV、20CrMnTi、18Cr₂Ni₁WA	属低碳钢,经渗碳、淬火和低温回火后,表面硬心部韧	用于制造要求表面硬度高,耐磨,且受冲击的零件,如汽车、矿用运输机上的齿轮.内燃机凸轮、活塞销等
		调质钢		40Cr、40MnB、40MnVB、30CrMnSi、35CrMo、40CrMnMo、38CrMoAlA 等	属中碳钢,经调质后,具有良好的综合力学性能	用于制造承受较大交变载荷、冲击载荷及在复杂应力条件下工作的重要零件,如重要轴、连杆、齿轮等
		弹簧钢		65Mn、60Si2Mn、55Si2Mn、50CrVA 等	经淬火、中温回火后,弹性好,屈服强度、疲劳强度高,韧性好	用于制造各种弹性元件,如各种螺旋弹簧、板弹簧等
		滚动轴承钢	"G+Cr+数字"表示。数字表示平均铬质量分数的千倍,碳质量分数不予标出。若再含其他元素时,表达方法同合金结构钢。	GCr15、GCr15SiMn、GCr9、GCr9SiMn	属高碳钢,经淬火、低温回火后,具有强度、硬度高,耐磨性、疲劳强度好等性能特点	制造轴承的元件(内外套圈、滚动体)、量具、冷冲模具及其他耐磨零件
铸造碳钢		ZG+两组数字组成,第一组数字代表屈服强度,第二组数字代表抗拉强度。例如 ZG270-500 表示屈服强度为 270MPa,抗拉强度为 500MPa 的铸造碳钢。	ZG200-400、ZG230-450、ZG270-500、ZG310-570	含碳量 0.15%~0.6%,强度、塑性和韧性大大高于铸铁。但铸造性能较铸铁差	强度较高、塑性较好、铸造性及切削加工性好、焊接性尚可。用于力学性能要求高的铸件。如轴承座、连杆、齿轮、曲轴等
易切削钢		"Y"为"易"的汉语拼音字首,其后的数字为碳的平均质量分数的万分数,数字后为化学元素符号	Y12、Y12Pb、Y15、Y15Pb、Y20、Y30、Y35、Y40Mn、Y45Ca 等	含 S、P、Mn 较高的碳素结构钢,切削加工性非常好,力学性能与相同含碳量的碳素结构钢基本相同	用途与相同含碳量的碳素结构钢基本相近

2.3.2 工具钢

工具钢一般为高碳钢,所用的热处理大多是淬火加低温回火,以获得高的硬度与耐磨性。热硬性是指高温下在材料仍能保持高硬度的一种特性,这是高速切削刃具特有的性能要求之一。工具钢的分类、牌号编制、典型牌号、性能特点及应用见表2.3.2。

表 2.3.2 工具钢的牌号与应用

类别			牌号编制	典型牌号	性能特点	应用举例
碳素工具钢			T+数字组成,表示平均碳质量分数的千倍,若为高级优质钢,则在数字后面再加"A"字,如T10A,表示平均$w_C=1.0\%$的高级优质碳素工具钢	T8、T8A T10、T10A T12、T12A	碳的质量分数较高(0.65%~1.35%),属高碳钢。淬火、低温回火处理后可获得较高硬度和耐磨性,热硬性较差	用于要求硬度高耐磨性好,外形简单的手工具。如木工工具、冲头、锯条、锉刀、刻字刀等
合金工具钢	刃具钢	低合金刃具钢	前面的数字表示碳的平均质量分数的千分数(w_C>1%时,不标出),其后为合金元素符号及其平均质量分数的百分数(平均质量分数<1.5%时,不标出)。注意:高合金刃具钢(高速钢)的含碳最均不注出	9SiCr、CrWMn、9Mn2V、Cr2	较好的淬透性,淬火、低温回火后,具有高的硬度、耐磨性、热硬性一般,良好的强度、塑性和冲击韧性	用于制造各种形状复杂、低速切削刀具,如丝锥、板牙、刮刀等
		高合金刃具钢		W18Cr4V、W6Mo5Cr4V2、W9Mo3Cr4V	淬透性好,淬火、回火后,具有高的硬度和耐磨性,其热硬性高于低合金刃具钢,又称为高速钢、锋钢	用于较高速度的切削刀具如车刀、铣刀、钻头等
	模具钢	冷作模具钢		9SiCr、9Mn2V、CrWMn、Cr12、Cr12MoV	淬火、低温回火后,具有高的硬度和耐磨性,较好的强度和韧性	用于制造在室温下进行工作的模具,如冷冲模、冲裁模、冷挤压模、拉丝模等
		热作模具钢		5CrMnMo、5CrNiMo、3Cr2W8V	淬火、高温回火后,具有良好的热疲劳劳、导热和抗氧化性能。较高的强度、硬度、韧性、耐磨性	用于制造在受热状态下进行工作的模具,如热锻模、热镦模、热挤压模等
量具钢			可选用一般碳素钢、低合金工具钢、渗碳钢、轴承钢等	T12、55、CrWMn、Cr2、20、20Cr、GCr15	经过相应的热处理后,具有高的硬度和耐磨性、尺寸稳定性	各类样板,卡规,塞规,量规及大型量具

2.3.3 特殊性能钢

特殊性能钢具有特殊的物理或化学性能,用来制造除要求具有一定的力学性能外,还要求具有特殊性能的零件。其种类很多,机械制造业中主要使用不锈钢、耐热钢、耐磨钢。工具钢的分类、牌号编制、典型牌号、性能特点及应用见表2.3.3。

表 2.3.3 特殊性能钢的牌号与应用

类别			牌号编制	典型牌号	性能特点	应用举例
特殊性能钢	不锈钢	铬不锈钢	编号方法同合金工具钢,但当平均含碳量≤0.03%时,钢号前加"00",平均含碳量≤0.08%时,钢号前加"0"表示	1Cr 13、2Cr 13、3Cr 13、4Cr 13、1Cr 17	有磁性,可抗大气腐蚀。含碳量越高,强度与硬度越高	用于制造耐大气腐蚀,能承受冲击载荷的零件,如汽轮机叶片、量具、刀具等
		铬镍不锈钢		1Cr 18Ni9Ti、0Cr 19Ni9、0Cr 18Ni 11Ti	无磁性,可耐酸、耐大气腐蚀,可耐化学介质腐蚀	通用性好,用于建筑装饰、家电、化工设备等
	耐热钢	抗氧化钢		3Cr 18Mn 12Si2V、0Cr 19Ni9、2Cr 20Mn9Ni	具有良好的抗高温氧化能力	各种受力不大的炉用构件,如锅炉护罩等
		热强具钢		1Cr 18Ni9T、3Cr9Si2、4Cr 14Ni 14W2Mo	高温下最有良好的抗氧化能力和较高强度	用于制造各种高温下受较大载荷的零件,如内燃机排气门、化工高压容器、螺栓等
耐磨钢			"ZG"-铸钢,Mn及含量的千分数	ZGMn 13	又称高锰钢,在强烈冲击、高压或摩擦条件下,具有高的硬度和耐磨性,一般是铸造成形	用于制造耐磨且耐强烈冲击的零件,如坦克和拖拉机的履带、挖掘机铲齿、铁路道岔等

2.4 铸 铁

铸铁是指 $w_C>2.11\%$ 的铁、碳和硅组成的合金。铸铁与碳钢的主要不同是,铸铁含碳、硅量较高(一般为 $w_C=2.5\%\sim4\%$、$Si=1\%\sim3\%$),杂质元素锰、硫、磷较多。为了提高铸铁的力学性能或物理、化学性能,还可以加入一定量的合金元素,得到合金铸铁。

根据碳在铸铁中存在的形式分类,铸铁可分为:

(1)白口铸铁 碳除少量溶于铁素体外,其余的都以渗碳体的形式存在于铸铁中,其断口呈银白色,故称白口铸铁。这类铸铁性能硬而脆,很难切削加工,所以很少直接用来制造各种零件。

（2）灰口铸铁　碳全部或大部分以石墨存在于铸铁中,其断口呈暗灰色,故称灰口铸铁。这是工业上最常用的铸铁。

（3）麻口铸铁　碳一部分以石墨形式存在,类似灰铸铁;另一部分以自由渗碳体形式存在,类似白口铸铁。这类铸铁也具有较大的硬脆性,故工业上极少应用。

灰口铸铁根据其石墨形态不同,又可分为灰铸铁、球墨铸铁、可锻铸铁、蠕墨铸铁四类。图 2.4.1 是石墨在铸铁中的存在形态。石墨是一种非金属夹杂物,其强度极低($\sigma_b <$ 20MPa,硬度约为 3HBW,$\delta \approx 0$),所以灰口铸铁的组织相当于在碳钢的基体上布满了微裂纹。这不仅减少了金属基体承载的有效面积,更严重的是在石墨片的边缘处会引起应力集中,致使铸铁的抗拉强度远低于钢,且塑性和韧性极差。如果使铸铁中石墨的形状由片状改变为团絮状其至球状,则可以减轻石墨对金属基体的割裂程度,改善铸铁的力学性能。当受压时,石墨边缘处应力集中较小,故表现出接近于钢的抗压强度。所以灰口铸铁适用于制造受压的零件。

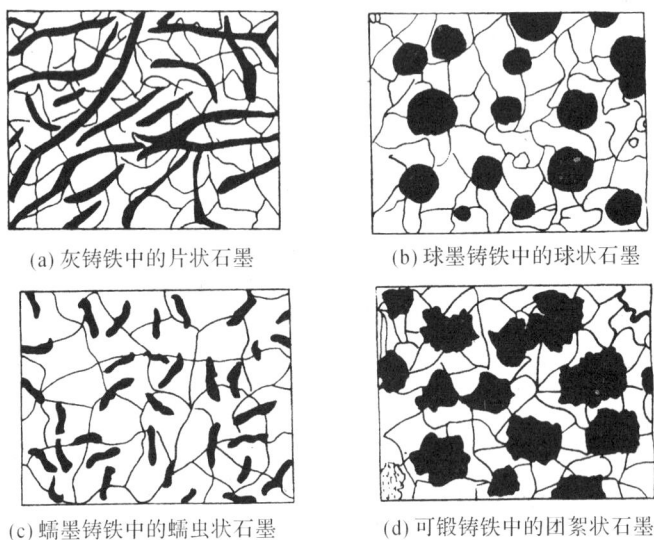

(a) 灰铸铁中的片状石墨　　　　(b) 球墨铸铁中的球状石墨

(c) 蠕墨铸铁中的蠕虫状石墨　　(d) 可锻铸铁中的团絮状石墨

图 2.4.1　石墨在铸铁中的存在形态

石墨的存在虽然降低了铸铁的力学性能,但也造就了灰口铸铁一系列的优良性能,如优良的铸造性能、良好的切削加工性、较好的耐减性和减振性、较低的缺口敏感性等,同时灰口铸铁的熔炼工艺与设备简单、成本低廉,使之成为最重要的铸件材料之一。若按重量百分比计算,在各类机械中,铸铁件约占 40%～70%,在机床和重型机械中,则可达 60%～90%。灰口铸铁的分类、牌号编制、典型牌号、性能特点及应用见表 2.4.1。

表 2.4.1 铸铁的牌号与应用

类别	牌号编制	典型牌号	性能特点	应用举例
灰铸铁	"HT"是"灰铁"汉语拼音的第一个字母,后面数字为最低抗拉强度值。如HT200表示$\sigma_b\geq200$MPa的灰铸铁	HT150、HT200、HT250	石墨以片状存在,抗拉强度、塑性和韧性较低,抗压强度和减摩性较好,缺口敏感性低。铸造性能好,成本低	适合于制造受压力、要求减振、耐磨的铸件。如盖、工作台、阀体、气缸体、齿轮、机座、活塞、齿轮箱等
球墨铸铁	"QT"是"球铁"汉语拼音的第一个字母,后面数字为最低抗拉强度值和伸长率最低值。如QT450-10表示$\sigma_b\geq450$MPa、$\delta\geq10\%$的球墨铸铁	QT400-15、QT450-10、QT600-3、QT800-2	石墨以球状存在,力学性能远超过灰铸铁,有些与钢接近。同时减摩性较好,缺口敏感性较低及铸造性能好	适合于制造受力较大、有要求强度高的铸件。如高压阀门、曲轴、凸轮轴、汽缸套、空压机、气压机等
可锻铸铁	"KTH"(黑心可锻铸铁)、"KTZ"(珠光体可锻铸铁)和数字组成,后面的数字分别是最低抗拉强度和伸长率值。	KTH300-06 KTH350-10 KTZ450-6 KTZ500-04	团絮状石墨对基体的割裂作用较小,力学性能比灰铸铁有所提高,其中黑心可锻铸铁(铁素体可锻铸铁)有较高的塑性和韧性;而珠光体可锻铸铁有较高的强度和硬度	主要用来制造形状复杂及强度、塑性、韧性要求高的薄壁小型铸件。如管接头、后桥壳、轮壳、低压阀门等
蠕墨铸铁	"RUT"是"蠕铁"汉语拼音的字首,后面的数字是最低强度值。	RuT300 RuT340 RuT380 RuT420	力学性能介于灰铸铁与球墨铸铁之间。而铸造性能、减振性、耐热疲劳性能优于球墨铸铁,与灰铸铁相近。	广泛地用于结构复杂、强度和热疲劳性能要求高的铸件。活塞环、制动盘、如排气管、变速箱体、汽缸盖、液压件等

2.5 钢的热处理实习

2.5.1 热处理操作实习

手锤是日常生产生活的小工具,工件材料为45钢,要求较高硬度、耐磨损、抗冲击,热处理后硬度为42~47HRC。根据力学性能要求,制定热处理方法为:淬火后低温回火。加工工艺流程为:备料—锻造—切削加工—热处理—抛光—表面处理—装配。热处理工艺曲线如图2.5.1所示。

1. 热处理操作要领

(1)操作前须做好准备工作,如检查设备是否正常、确认工件及相应的工艺等。

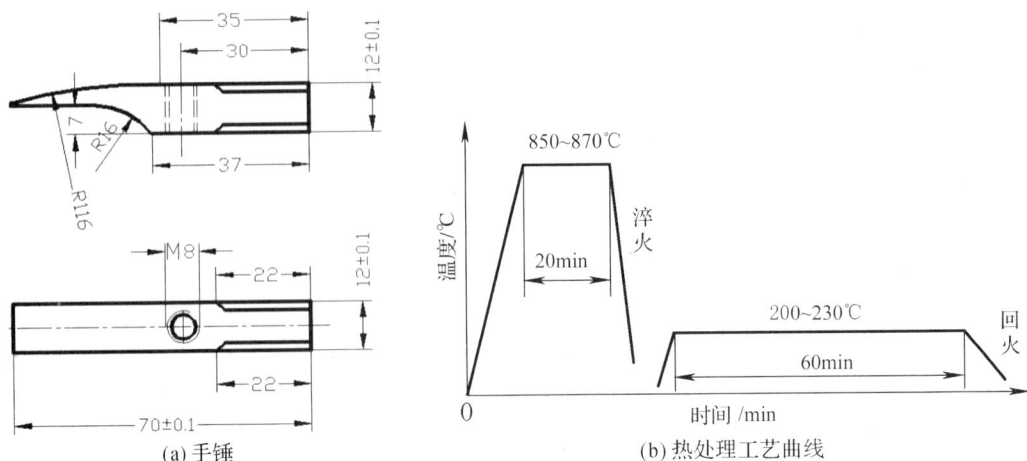

图 2.5.1　手锤热处理工艺曲线

（2）工件要正确捆扎、装炉。工件装炉时，工件间要留有间隙，以免影响加热质量。为减少表面氧化、脱碳，加热时要在炉内放入少许木炭。

（3）工件淬火冷却时，应根据工件不同的成分和其力学性能不同的要求来选择冷却介质。如钢退火时一般是随炉冷，淬火冷却时碳素钢一般在水中冷却，而合金钢一般在油中冷却。冷却时为防止冷却不均匀，工件放入淬火槽里后要不断地摆动，必要时淬火槽内的冷却介质还要进行循环流动。

（4）工件淬入槽中淬火时要注意淬入的方式，避免由此引的变形和开裂。如对厚薄不均的工件，厚的部分应先浸入；对细长的、薄而平的工件应垂直浸入；对有槽的工件，应槽口向上浸入。

（5）热处理后的工件出炉后要进行清洗或喷丸，并检验硬度和变形。

（6）热处理后的检验　可用洛式硬度测量法测量小手锤硬度是否符合要求，也可用锉刀大致检验出小手锤两端的硬度，感到不容易锉动或用力只能锉动一点时，硬度就大致符合要求。

2. 箱式电阻炉加热操作

（1）操作前准备工作

1）开炉前仔细检查电气仪表是否正常。

2）检查可控气氛原料是否齐备。

（2）操作程序

1）操作时，必须两人以上配合。

2）装好工件，小心置入炉膛。

3）调好仪表，启动电气加热。

4）按工艺加热到适宜温度保温后出炉。

3. 热处理的安全技术

（1）穿戴好防用品，如工作服装、手套、工作鞋等，以防淬火介质飞溅伤人。

（2）操作前要先熟悉工件的工艺要求及热处理设备的使用方法，按工艺操作规程严格执行。

(3)用电阻炉加热时,工件进炉、出炉时应先切断电源以后送取,以防触电。操作时还要注意不要触碰电阻丝,以防短路。

(4)经热处理出炉的工件,不可用手触摸,以防烫伤。

(5)工件放入盐浴炉前一定要烘干。

(6)加热设备与冷却设备之间,不得放置任何妨碍操作的物品。

(7)车间常用的化学试剂及可燃易爆等物品,应由专人保管发放。

4. 常见热处理缺陷分析

在热处理生产中,由于操作控制不当,可能使工件在热处理过程中产生各种缺陷,影响了工件的热处理质量,甚至直接导致工件报废。常见的热处理缺陷有以下几种:

(1)过烧或过热 过烧是热处理时加热温度过高,以致造成了不仅晶粒非常大,而且晶界处已经出现氧化和(或)熔化现象。过烧严重降低了钢的力学性能,使工件在外力作用下沿晶界出现粉碎性开裂,工件报废,无法挽救。因此,必须严格控制加热温度,尤其是莱氏体钢(W 18Cr4V、Cr 12等)。

过热是由于加热温度过高或在高温下保温时间过长,引起晶粒粗大的现象,使工件的力学性能下降,尤其是冲击韧度显著下降。工件的过热可以用重新退火和正火处理来消除。

(2)氧化和脱碳 氧化是工件在氧化介质中加热时,氧原子与零件表面或晶界的铁原子发生氧化作用的现象,其结果是在工件表面生成氧化皮。它不仅使工件表面质量下降。还影响工件的力学性能,切削加工性能及腐蚀性等。

脱碳是工件在介质中加热,钢中溶解的碳形成 CO 或 CH 而降低钢中碳的质量分数的现象。由于脱碳,使钢件在淬火后达不到足够的表面硬度或产生软点,使工件的耐磨性、疲劳强度显著降低。

防止和减少氧化和脱碳的措施通常是在盐浴炉内加热;要求更高时,可采取在可控保护气体及真空中加热。

(3)变形与开裂 变形是指工件在热处理后引起的形状和尺寸的改变。工件的变形和开裂是由内应力引起的。当工件的内应力超过工件材料的屈服强度,将导致变形;超过抗拉强度,将导致开裂。

根据加热过程中产生变形、开裂的原因,防止的措施是:1)控制加热速度,在不影响加热效果的前提下,尽量采用缓慢的加热速度;2)采用分段预热式加热,对大截面的工件,采用在较低的温度区域阶梯式分段预热的加热方式,来减少内应力;3)采用正确的装炉方式来防止工件加热过程中的变形。

2.5.2 钢材的火花鉴别

钢材品种繁多,应用很广泛,性能差异很大,因此钢材的鉴别就显得异常重要。火花鉴别法是依靠观察材料被砂轮磨削时所产生的流线、爆花及其色泽判断出钢材化学成分的一种简便方法。

1. 火花鉴别常用设备及操作方法

火花鉴别常用的设备为手提式砂轮机或台式砂轮机,砂轮宜采用46～60号普通氧化铝砂轮。手提式砂轮直径为 100～150mm,台式砂轮直径为 200～250mm,砂轮转速一般为2800～4000r/min。

在火花鉴别时,最好备有各种牌号的标准钢样以帮助对比、判断。操作时应选在光线不太亮的场合进行,最好放在暗处,以免强光影响对火花色泽及清晰度的判别。操作时使火花向略高于水平方向射出,以便观察火花流线的长度和各部位火花形状特征。施加的压力要适中,施加较大压力时应着重观察钢材的含碳量;施加较小压力时应着重观察材料的合金元素。

2. 火花的组成和名称

(1)火束

钢件与高速旋转的砂轮接触时产生的全部火花,叫做火花束。火花束由根部火花、中间火花和尾部火花3部分组成,如图2.5.2所示。

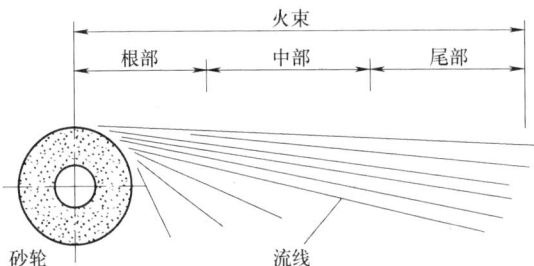

图 2.5.2　火花束的组成

(2)流线

火花束中灼热粉末在空间高速飞行时所产生的光亮轨迹,称为流线。流线分直线流线、断续流线和波纹状流线等几种,如图2.5.3所示。碳钢火花束的流线均为直线流线;铬钢、钨钢、高合金钢和灰铸件的火束流线均呈断续流线;呈波纹状的流线不常见。

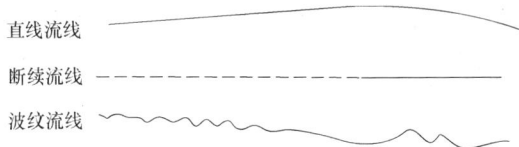

图 2.5.3　流线的形状

(3)节点和芒线

流线上因火花爆裂而发出的明亮而稍粗的点,叫节点。火花爆裂时所产生的短流线称为芒线。因钢中含碳量的不同,芒线有两根分叉、三根分叉、四根分叉和多根分叉等几种,如图2.5.4所示。

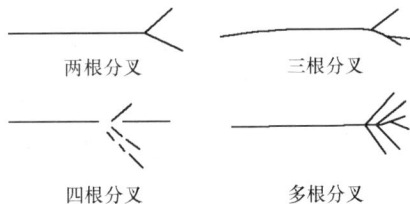

图 2.5.4　芒线的形式

(4)爆花与花粉

在流线或芒线中途发生爆裂所形成的火花形状称为爆花,由节点和芒线组成。只有一次爆裂芒线的爆花称为一次花;在一次花的芒线上再次发生爆裂而产生的爆花称为二次花;

依此类推,有三次花、多次花,如图 2.5.5 所示。分散在爆花之间和流线附近的小亮点称为花粉。出现花粉为高碳钢的火花特征。

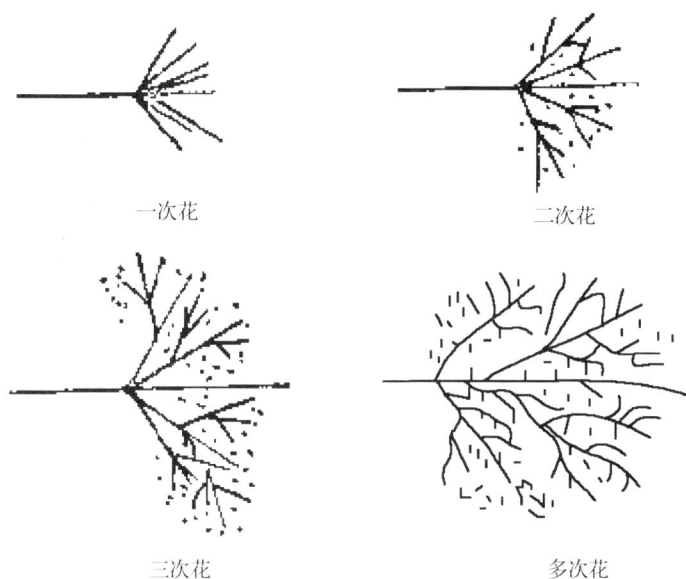

一次花　　　　　二次花

三次花　　　　　多次花

图 2.5.5　爆花的形式

(5)尾花

流线末端的火花,称为尾花。常见的尾花有两种形状:狐尾尾花和枪尖尾花,其样式如图 2.5.6 所示。根据尾花可判断出所含合金元素的种类,狐尾尾花说明钢中含有钨元素,枪尖尾花说明钢中含有钼元素。

狐尾尾花　　　　　枪尖尾花

图 2.5.6　尾花的形状

(6)色泽

整个火束或某部分的火束的颜色,称为色泽。

3. 常用钢火花的特征

碳钢中火花爆裂情况随含碳量的增加分叉增多,形成二次花、三次花甚至更复杂的火花。火花爆裂的大小随含碳量的增加而增大,含碳量在 0.5% 左右时最大,火花爆裂数量由少到多,花粉增多。碳钢的火花特征变化规律如表 2.5.1 所示。

表 2.5.1　碳钢的火花特征

w_c/%	流线					爆花				磨砂轮时手的感觉
	颜色	亮度	长度	粗细	数量	形状	大小	花粉	数量	
0	亮黄	暗	长	粗	少	无爆花				软
0.05						两根分叉	小	无	少	
0.1						三根分叉		无		
0.2						多根分叉		无		
0.3						二次花多分叉		微量		
0.4						三次花多分叉		稍多		
0.5										
0.6		亮	长	粗			大			
0.7										
0.8										
>0.8	黄橙	暗	短	细	多	复杂	小	多量	多	硬

合金钢中合金元素的加入由于相互作用的影响及含量的多少对火花特征的影响差异较大。一般来说钨元素的加入,流线色泽有橙黄色,随着钨含量的增加变成赤红色,逐渐暗黯,爆花逐渐消失,首端出现断续流线,尾花呈狐尾花。铬元素的加入,明亮火束色泽,缩短流线,在合金结构钢中爆花附近有明亮的节点等。少量钼元素的加入尾端出现枪尖尾花,火束色泽转向橙红色等。

(1)20钢火花特征

火花束流线多,带红色,火束长,芒线稍粗,花量稍多,多根分叉爆裂,色泽呈草黄色(图2.5.7)。

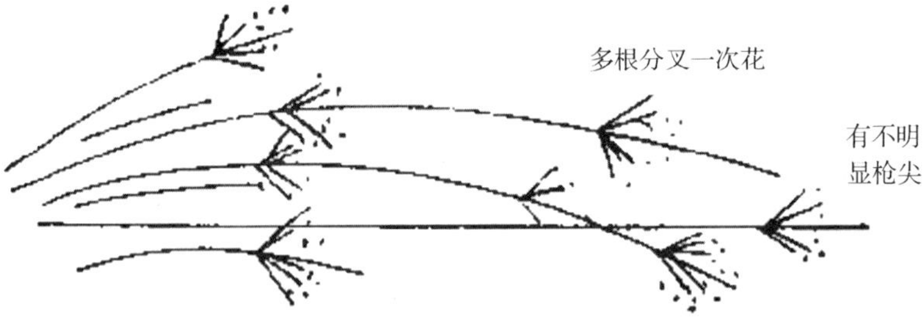

图 2.5.7　20钢的火花特征

(2)20Cr钢火花特征

火束白亮,流线稍粗而长,量亦较多,一次多叉爆花,花型较大,芒线粗而稀,爆花核心有明亮节点。与20号钢相比较:色泽白亮,爆花大而整齐,流线挺长,量亦较多,有节点(图2.5.8)。

多根分叉一次花和少量二次花

明亮节点

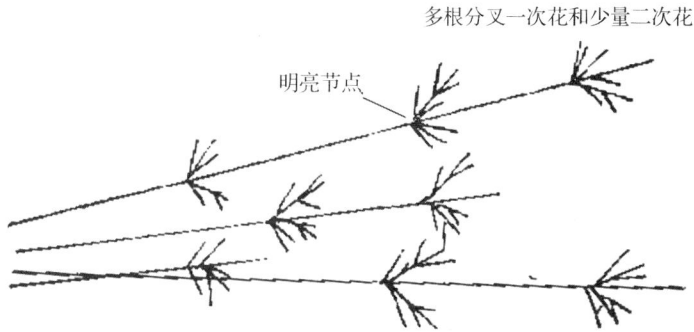

图 2.5.8　20Cr 钢的火花特征

(3)45 钢的火花特征

火花束色黄而稍明,流线较多且细,节点清晰,爆花多为多根分叉三次花,花量占全体的 3/5 以上,有很多小花及花粉产生,如图 2.5.9 所示。

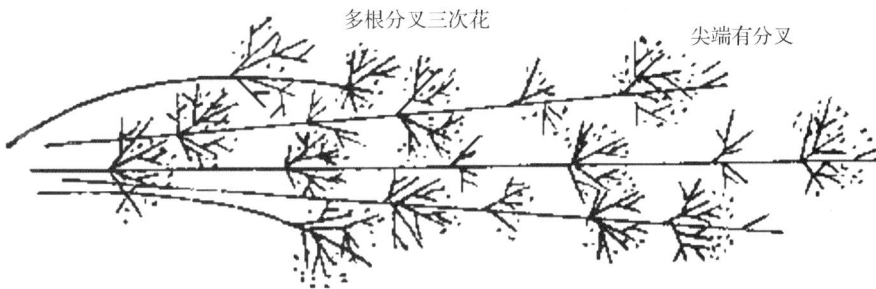

多根分叉三次花　　　　　　　尖端有分叉

图 2.5.9　45 钢的火花特征

(4)40Cr 钢的火花特征

火束呈白亮,流线稍粗量多,二次多根分叉爆花,爆花附近有明亮节点,芒线较长明晰可分,花型较大。与 45 号钢相比较:芒线较长,有明亮节点(图 2.5.10)。

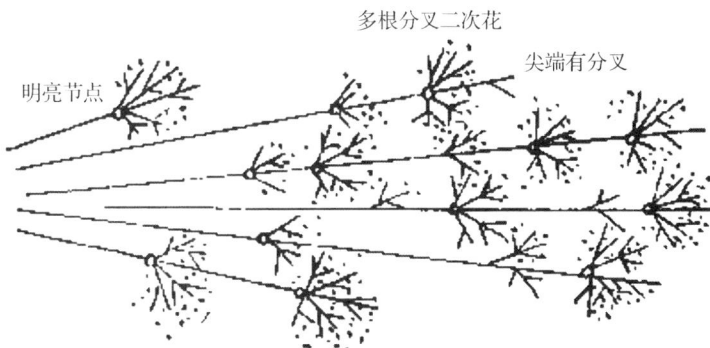

多根分叉二次花　　　　　　　尖端有分叉

明亮节点

图 2.5.10　40Cr 钢的火花特征

(5)T10 钢的火花特征

流线多很细,火束较前更短而粗,多量三次花占全体 5/6 以上,爆花稍弱带红色爆裂,碎花及小花极多(图 2.5.11)。

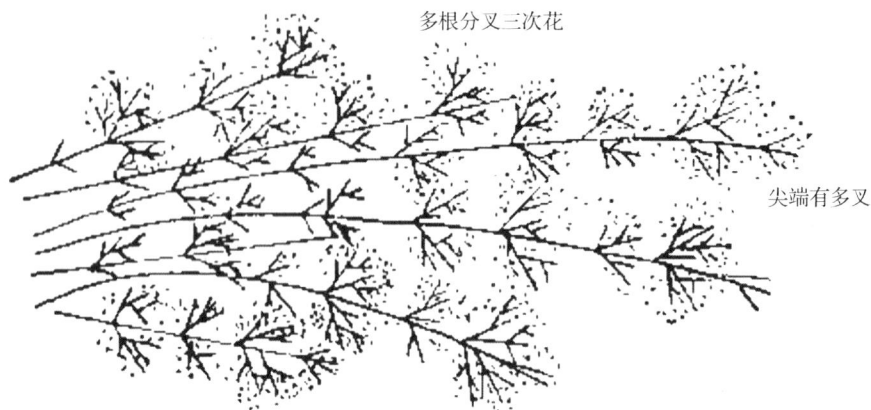

多根分叉三次花

尖端有多叉

图 2.5.11　T10 钢的火花特征

(6)高速钢 W18Cr4V 的火花特征

火花色泽赤橙,近暗红,流线长而稀,并有断续状流线,火花呈狐尾状,几乎无节花爆裂,如图 2.5.12 所示。

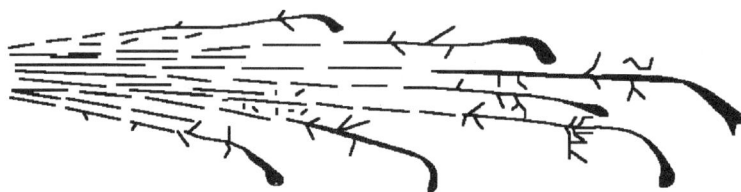

图 2.5.12　W18Cr4V 的火花特征

思考与练习题

2.1　铁素体、珠光体、莱氏体中,哪个塑性最好? 哪个抗拉强度最大? 哪个硬度最高?

2.2　根据 Fe-Fe$_3$C 状态图,指出下列情况下钢所具有的组织状态:

25℃时,w_c=0.25% 的钢;

1000℃时,w_c=0.77% 的钢;

600℃时,w_c=3.0% 的白口铸铁。

2.3　根据 Fe-Fe$_3$C 相图,分析下列现象:

(1)w_c=1.2% 的钢比 w_c=0.45% 的钢硬度高。

(2)w_c=1.2% 的钢比 w_c=0.8% 的钢强度低。

(3)莱氏体硬度高,脆性大。

(4)碳钢进行热锻、热轧时,都要加热到奥氏体区。

2.4　在平衡条件下,w_c=0.45%(45 钢)、w_c=0.8%(T8 钢)、w_c=1.2%(T12 钢)铁碳合金的硬度、强度、塑性、韧性哪个大,哪个小? 变化规律是什么? 原因何在?

2.5 共析钢的过冷奥氏体,为了获得以下组织,应采用什么冷却方法? 并在等温转变曲线上画出冷却曲线示意图。

(1)索氏体+珠光体

(2)全部下贝氏体

(3)托氏体+马氏体+残余奥氏体

(4)托氏体+下贝氏体+马氏体+残余奥氏体

(5)马氏体+残余奥氏体

2.6 下面的几种说法是否正确? 为什么?

(1)过冷奥氏体的冷却速度越快,钢冷却后的硬度越高;

(2)钢中合金元素越多,则淬火后硬度就越高;

(3)淬火钢回火后的性能主要取决于回火时的冷却速度;

(4)为了改善碳素工具钢的切削加工性,其预先热处理应采用完全退火;

(5)淬透性好的钢,其淬硬性也一定好。

2.7 同一钢材,当调质后和正火后的硬度相同时,两者在组织上和性能上是否相同? 为什么?

2.8 常见钢的热处理方法有哪几种,它们能达到何种目的?

2.9 正火与退火的主要区别是什么? 生产中如何选择正火与退火?

2.10 说明下列毛坯改善切削性能的热处理工艺

20 钢齿轮 45 钢小轴 60 钢弹性垫圈 T12 钢锉刀

2.11 分析下列工件的使用性能要求,请选择淬火后所需要的回火方法:

(1)45 钢的小尺寸轴;

(2)60 钢的弹簧;

(3)T12 钢的锉刀。

2.12 表面热处理的方法有哪些? 它们有何区别? 各适用于哪些场合?

2.13 钢按化学成分分为几类? 其中碳及合金元素的质量分数范围怎样?

2.14 按用途写出下列钢号的名称并标明牌号中数字和字母的含义:

60Si2Mn: (60: Si2: Mn)

20Cr: (20: Cr:)

40Cr: (40: Cr:)

9SiCr: (9: Si: Cr:)

GCr 15: (G: Cr 15:)

ZGMn 13: (ZG: Mn 13:)

2.15 将下列材料与其用途用连线联系起来:

4Cr 13 20CrMnTi 40Cr 60Si2Mn 5CrMnMo

车刀 医疗器械 热煅模 汽车变速齿轮 轴承滚珠 弹簧 机器中的转轴

2.16 将下列材料与其适宜的热处理方法的用连线联系起来:

4Cr13 60Si2Mn 20CrMnTi 40Cr GCr 15 9SiCr

淬火+低温回火 调质 渗碳+淬火+低温回火 淬火+中温回火

2.17 根据碳在铸铁中存在形态的不同,铸铁分为哪几类?

第3章　其他工程材料

钢铁材料是应用最为广泛的材料。然而一些具有特殊性能的工程材料,包括有色金属材料、工程塑料、橡胶、陶瓷和复合材料,也是必不可少的。实践证明,在一定的领域用这些材料取代钢铁材料可以产生巨大的经济和社会效益。

3.1　有色金属材料

有色金属是指除钢铁(黑色金属)以外的其他金属,工程中常用的有色金属材料有铝及铝合金、铜及铜合金、轴承合金等。

3.1.1　铝及铝合金

1. 工业纯铝

纯铝呈银白色,其密度小($2.7g/cm^3$),熔点低($660℃$),有良好的导电性。铝和氧的亲和力强,容易在其表面形成致密的 Al_2O_3 薄膜,能有效地防止金属的继续氧化,故在大气中有良好的耐蚀性。铝的强度、硬度低($\sigma_b \approx 80 \sim 100MPa$),但塑性好($\delta = 50\%$),能承受各种冷、热加工。纯铝不能用热处理强化,但能冷变形强化,经冷变形硬化后强度可提高到150$\sim$250MPa。

工业纯铝主要用于熔制铝合金,制造电线、电缆以及要求具有导热、抗蚀而对强度要求不高的一些用品和器皿等。工业纯铝的牌号有1060、1035、1200等,编号越大,纯度越低。

2. 铝合金

纯铝的强度低,不适宜做结构材料,但如果加入适量的硅、铜、镁、锌、锰等合金元素形成铝合金,则具有密度小,比强度(强度极限与密度的比值)高、导热性好等优良性能。若经过冷加工或热处理,还可进一步提高其强度。铝合金分为变形铝合金和铸造铝合金两大类。

变形铝合金是合金元素含量低,塑性变形能力好,适于冷、热压力加工的铝合金。根据其性能特点不同,可分为防锈铝合金、硬铝合金、超硬铝合金、锻铝合金四种。

铸造铝合金是合金元素含量较高,熔点较低,铸造性好,适于铸造成形的铝合金。由于主加合金元素分别为 Si,Cu,Mg,Zn,据此可将铝合金相应地分为铝硅合金(Al-Si 系)、铝铜合金(Al-Cu 系)、铝镁合金(Al-Mg 系)、铝锌合金(Al-Zn 系)四种。铝合金的编号、性能与应用见表3.1.1。

表 3.1.1　铝合金的牌号与应用

类别		牌号编制	典型牌号	性能特点	应用举例
变形铝合金	防锈铝	用数字和字母组合表示。第一位数字表示组别,按Cu,Mn,Si,Mg,Zn…,等顺序;第二位字母表示改型情况,A表示原始合金,B,C…表示原始合金的改型;最后两位数字用以区别同组合金中的不同序号。旧代号用LF(防锈)、LY(硬铝)、LC(超硬)和LD(锻铝)等+序号表示不同的变形铝合金。	5A05 3A21	有 Al-Mn 和 Al-Mg 两系。耐蚀性好,塑性、焊接性能良好,强度中等,有很好的耐蚀性。不能热处理强化。	各种耐蚀性油罐、油箱、油管、防锈蒙皮、铆钉以及飞机、车辆、日用器中的制品等
	硬铝		2A01 2A11	主要有 Al-Cu-Mg 系。经淬火时效,强化相均匀弥散分布,能显著提高其强度和硬度,这类铝合金主要性能特点是强度大、硬度高。	重要结构材料,如飞机大梁、肋骨、螺旋桨、铆钉、螺栓和铆钉等;在仪器制造业中也得到广泛应用
	超硬铝		7A04	Al-Cu-Mg-Zn 系合金。与硬铝合金相比,超硬铝合金时效中能产生更多的强化相,强化效果更显著,所以其强度、硬度更大。	结构中主要受力件,如飞机大梁、桁架、加强框、起落架等
	锻铝		2B50 2A70	多为 Al—Cu—Mg—Si系,在加热状态下有良好的塑性和耐热性,锻造性好。进行淬火时效后有较高的强度,可与硬铝合金相媲美。	形状复杂的锻件。如压气机轮和风扇叶轮、高温下工作的结构件等
铸造铝合金	铝硅	"ZAl"表示铸造铝合金,其后为合金元素符号及其平均质量分数的百分数(平均质量分数＜1%时,不标出)。	ZAlSi7Mg ZAlSi12 ZAlSi5Cu1Mg	铸造性好,线收缩小,流动性好,热裂倾向小,具有较高的耐蚀性和耐热性,但铸件致密度不高。	形状复杂、工作温度不超过200℃的零件,如飞机仪表零件、抽水机壳体、汽化器、气缸头、汽缸盖、油泵壳体等
	铝铜		ZAlCu5Mn ZAlCu10	具有较好高温性能。但铸造性不好,抗蚀性和比强度也低于优质铝硅合金。	主要用于在 200～300℃条件下工作、要求较高强度的零件。如增压器的导风叶轮等
	铝镁		ZAlMg10 ZAlMg5Si1	密度小,耐蚀性好,强度高,但高温强度较低,铸造性不好,流动性差,比收缩率大,铸造工艺复杂。	工作温度不超过200℃,在大气或海水中工作的零件,承受振动载荷,如各种壳体、泵体、船用配件等
	铝锌		ZAlZn11Si7	力学性能较高,流动性好,易充满铸型,但密度较大,耐蚀性差。	工作温度不超过200℃,形状结构复杂的飞机汽车零件,仪表零件和日用品

3.1.2 铜及铜合金

1. 工业纯铜

纯铜呈紫红色,故又称为紫铜。其密度为 $8.9/cm^3$,熔点为 1083℃,具有优良的导电性和导热性。铜的化学稳定性高,抗蚀性好;塑性好,能承受各种冷压力加工,但强度低。工业纯铜一般被加工成棒、线、板、管等型材,用于制造电线、电缆、电器零件及熔制铜合金等。

我国工业用纯铜的代号有 T1、T2、T3 三种。序号越大,纯度越低。T1、T2 主要用来制造导电器材,T3 主要用来配制铜合金。

2. 铜合金

按照化学成分不同,铜合金可分为黄铜、青铜和白铜三类。机械中常用的是黄铜和青铜,其典型牌号与应用见表 3.1.2。白铜是以镍为主要合金元素的铜合金,成本高,一般很少应用。

表 3.1.2　铜合金的牌号与应用

类别		牌号编制	典型牌号	性能特点	应用举例
黄铜	普通黄铜	"H"+除 Zn 以外的主加元素符号+铜的质量分数-主加元素的质量分数;铸造黄铜"ZCu"+合金元素及质量分数	H62 ZCuZn38	耐蚀性好,但经冷加工的黄铜在潮湿的大气中会因残余内应力的存在而发生应力腐蚀破坏,塑性好,可进行冷、热压力加工,流动性好,偏析倾向小,铸件组织致密	用于制作管道、散热器、螺母、垫圈、如法兰、支架等一般耐蚀结构件
	特殊黄铜 铅黄铜		HPb59-1	可加工性好,强度、耐磨性提高	用于热冲压件和切削零件、分流器、导电排等
	特殊黄铜 锰黄铜		HMn58-2	较高强度和耐蚀性	耐腐蚀和弱电用结构件
	特殊黄铜 硅黄铜		ZCuZn16Si4	较高强度和耐蚀性	接触海水工作的管配件及水泵叶轮、旋塞等
	特殊黄铜 铝黄铜		ZCuZn31Al2	较高强度、硬度和耐蚀性	在常温下要求耐蚀性较高的压铸件
青铜	锡青铜	"Q"+主加元素符号及质量分数+其他元素质量分数;铸造黄铜"ZCu"+合金元素及质量分数	QSn4.4-2.5 ZCuSn10Zn2 ZCuSn10Pb1	良好的力学性能、耐蚀性和减摩性,良好的铸造性,能浇铸形状复杂、壁厚较小的铸件,但致密性不高	较多地用于轴承、蜗轮、丝杆螺母等零件的制造。
	铝青铜		ZCuAl10Fe3	强度高,有良好的耐蚀性、耐热性和耐磨性	海水或高温下工作的零件和高强度耐磨零件铅青铜
	铅青铜		ZCuPb30	减摩性好	高滑动速度的双金属轴瓦、减摩零件等

3.1.3 轴承合金

轴承合金是用来制造滑动轴承的轴瓦及其内衬的金属材料。

轴承是支撑轴进行工作的,当轴处于运转时,轴与轴瓦之间有强烈的摩擦发生。为确保使轴颈受到最小的磨损,制造轴瓦的材料应有足够的抗压强度,良好的减摩性,良好的磨合性,还应具备一定的塑性、韧性、导热性及耐腐蚀性。

轴承合金的理想组织应该由软基体上分布着硬质点所组成。轴承工作时,软基体很快磨损而凹下,以便贮存润滑油,使轴与轴瓦间形成连续油膜;硬质点凸起,形成大量的点接触,支撑轴颈,从而保证具有最小的摩擦系数,以减少磨损,提高耐磨性。

锡基、铅基轴承合金属于上述软基体加硬质点的组织,其摩擦系数小,磨合性好,有良好的韧性、导热性、耐蚀性和抗冲击性,但承载能力较差。铜基(锡青铜、铅青铜)、铝基轴承合金属于硬基体加软质点的组织,其承载能力高,但磨合能力较差。其中铝基轴承合金的线膨胀系数较大,易与轴咬合。表 3.1.3 所示是轴承合金的牌号与应用。

表 3.1.3　轴承合金的牌号与应用

类别	牌号编制	典型牌号	性能特点	应用举例
锡基轴承合金	Z+基体元素+主加元素及质量分数+辅加元素符号及质量分数	ZSnSb12Pb10Cu4 ZSnSb11Cu6 ZSnSb8Cu4	膨胀系数小,减摩性好,并具有良好的导热性、塑性和耐蚀性	用于制造汽车、拖拉机、汽轮机等高速轴承
铅基轴承合金		ZPbSb16Sn16Cu2 ZPbSb15Sn10	硬度、强度和韧性比锡基轴承合金低,但价格便宜	中、低载荷的中速轴承。如汽车、拖拉机的曲轴轴承及电动机、破碎机轴承

3.1.4 粉末冶金材料

粉末冶金是用金属粉末或金属粉末与非金属粉末的混合物作原料,经压制成型和烧结获取金属材料或零件的生产方法,是一种不经熔炼的冶金方法。

粉末冶金可以生产多种具有特殊性能的金属材料,如硬质合金、耐热材料、减摩材料、摩擦材料、过滤材料、热交换材料、磁性材料及核燃料元件等,而且还可直接制成机械零件,如齿轮、凸轮、轴承、摩擦片、含油轴承等。

1. 硬质合金

硬质合金是将一些难熔金属的碳化物(如碳化钨、碳化钛、碳化钽等)的粉末和起粘结作用的金属钴粉经混合、加压成型,再经烧结而制成的一种粉末冶金制品。硬质合金具有高硬度(69～81HRC)、高热硬性(可达 900～1000℃)、高耐磨性和较高抗压强度,用它制造刀具,其切削速度比高速钢高 4～7 倍,寿命提高 5～8 倍。硬质合金通常制成一定规格的刀片,装夹或镶焊在刀体上使用。

目前常用的硬质合金有下列几种:

(1)钨钴类硬质合金

它是由碳化钨(w_C)和钴组成的。其牌号用"YG+数字"表示,数字表示钴的百分含量。例如 YG3 表示 $w_{Co}=3\%$ 的钨钴类硬质合金。常用的牌号有 YG3、YG6、YG8 等。含钴量越高,合金的强度、韧性越好,硬度、耐热性下降。钨钴类硬质合金适用于制作切削铸铁、青铜等脆性材料的刀具。

(2)钨钴钛硬质合金

它是由碳化钨(WC)、碳化钛(TiC)和钴(Co)组成的。其牌号用"YT+数字"表示,数字表示碳化钛的百分含量。例如 YT15 表示 $w_{Tic}=15\%$ 的钨钴钛类硬质合金。常用牌号有 YT5、YT15、YT30 等。这类硬质合金有较高的硬度、热硬性和耐磨性,主要用于切削韧性材料(如钢材)的刀具。

(3)通用硬质合金

用碳化钽(TaC)和碳化铌(NbC)取代钨钴钛类硬质合金中的部分碳化钛(TiC)而组成。其牌号用"YW+数字"表示,数字表示合金的序号,如 YW1,YW2 等。通用硬质合金兼有上述两类硬质合金的优点,应用广泛,可用于切削各类金属材料的刀具。

除上述三类硬质合金外,还有钢结硬质合金。它是以碳化物(如 TiC、WC)为硬化相,以合金钢(如高速钢、铬钼钢等)的粉末为粘结剂制成的粉末冶金材料。这种材料可进行焊接和锻造加工,它适用于制造各种形状复杂的刀具(如麻花钻头、铣刀等)。

硬质合金除用作各种刀具外,还广泛用于制造量具、模具及耐磨零件。

2. 含油轴承材料

含油轴承材料是利用粉末冶金材料的多孔性,经浸油后,它具有很好的自润滑性。当轴承工作时,由于磨擦发热使孔隙中的润滑油被挤出至工作表面,起润滑作用;当停止工作时,润滑油在毛细管的作用下又会渗入孔隙中,这样可保持相当长的时间不必加油也能有效地工作。含油轴承材料特别适用于不便经常加油的轴承,它还可避免因润滑油造成的脏污。目前,含油轴承材料在纺织机械、食品机械、家用电器、精密机械、汽车工业及仪表工业中都有应用。

3.2 非金属材料

随着生产的发展和材料科学的进步,在机械中除大量应用各种金属材料外,还广泛地应用各种非金属材料。主要有高分子材料和陶瓷材料。

3.2.1 高分子材料

1. 塑料

塑料是以合成树脂为主要成分,加入某些添加剂而制成的高分子材料。合成树脂是低分子化合物经聚合反应形成的高分子化合物,其种类、性质、含量等对塑料的性能起决定性作用。添加剂是指在塑料中,有目的地加入的某些固态物质,以弥补树脂自身的性能不足,如增塑剂、固化剂、稳定剂等。

与金属材料相比,塑料有如下特点:

(1)塑料可以用注塑及吸塑的方法加工零件,可获得较高的精度,对大批最生产的或形状复杂的零件(如小齿轮、支架、壳体等),采用塑料是十分经济的。

(2)塑料的密度小(为钢材的 1/4~1/9),因而可以大大减轻零件的重量。

(3)塑料的弹性模量、强度较低,受力后易变形,不易用于受力较大的场合。

（4）塑料的耐热性与导热性较差，但耐腐蚀性较好。

（5）塑料的热膨胀系数比金属材料大，但具有一定的吸湿性，在相对湿度较大的情况下会引起零件的膨胀。

塑料的种类有很多，一般按组成中合成树脂的热性能，可分成热塑性塑料和热固性塑料两类。

热塑性塑料的特点是在特定温度范围内能反复加热软化和冷却硬化，加热时熔成黏稠状的液体，冷却时硬化成所需的形状，再加热又重新软化。如聚氟乙烯、聚酸胺（尼龙）、聚甲醛等。

热固性塑料的特点是树脂受热先软化，继续加热又固化。固化后再加热则不再软化。如酚醛塑料、氨基塑料。

按应用领域分类，可分成通用塑料、工程塑料和特殊塑料三大类。

通用塑料产量大、价格低，一般只能作为非结构材料使用，如聚乙烯、聚氯乙烯、聚丙烯等。

工程塑料具有良好的使用性能，如耐高温、耐低温、强度高、耐腐蚀等，可作为结构材料使用。如聚碳酸酯、尼龙、聚四氟乙烯、聚甲醛，ABS 塑料等。

特殊塑料可满足特殊的性能要求，如医用塑料、体育用塑料等。

常用工程塑料的特性及应用见表 3.2.1。

表 3.2.1　常用工程塑料的特性与应用

类别	塑料名称	主要特性	应用举例
热塑性塑料	聚乙烯（PE）	耐蚀性和电绝缘性能极好，高压聚乙烯质地柔软、透明，低压聚乙烯质地坚硬、耐磨	高压聚乙烯：制软管、薄膜和塑料瓶；低压聚乙烯：塑料管、板、绳及承载不高的零件，亦可作为耐磨、减磨及防腐蚀涂层
	聚丙烯（PP）	质轻、耐蚀、高频绝缘性好，不耐磨	一般构件：壳体、盖板；耐蚀容器、高频绝缘件、管道等
	聚氯乙烯（PVC）	耐蚀、绝缘性好	耐蚀件：硬 PVC 用来作泵、阀、瓦楞板、排水管件；软 PVC 用来作薄膜、人造革
	聚苯乙烯（PS）	密度小，常温下透明度好，着色性好，具有，良好的耐蚀性和绝缘性。耐热性差，易燃，易脆裂	可用作眼镜等光学零件、车辆等罩、仪表外壳，化工中的贮槽、管道、弯头及日用装饰品等
	聚酰胺（PA 尼龙）	具有较高的强度和韧性，很好的耐磨性和自润滑性及良好的成型工艺性，耐蚀性较好，抗霉、抗菌、无毒，但吸水性大，耐热性不高，尺寸稳定性差	制作各种轴承、齿轮、凸轮轴、轴套、泵叶轮、风扇叶片、储油容器、传动带、密封圈、蜗轮、铰链、电缆、电器线圈等
	聚甲醛（ROM）	具有优良的综合力学性能，尺寸稳定性高，良好的耐磨性和自润滑性，耐老化性也好，吸水性小，使用温度为 $-50 \sim 110℃$，但密度较大，耐酸性和阻燃性不太好，遇火易燃	制造减摩、耐唐及传动件，如齿轮、轴承、凸轮轴、制动闸瓦、阀门、仪表、外壳、汽化器、叶片、运输带、线圈骨架等

续表

类别	塑料名称	主 要 特 性	应 用 举 例
热塑性塑料	ABS塑料	兼有三组元的共同性能、坚韧、质硬、刚性好,同时具有良好的耐磨、耐热、耐蚀、耐油及尺寸稳定性,可在-40~100℃下长期工作,成型性好	应用广泛。如制造齿轮、轴承、叶轮、管道、容器、设备外壳、把手、仪器和仪表零件、外壳、文体用品、家具、小轿车外壳等
	聚甲基丙烯酸甲酯(PMMA 有机玻璃)	具有优良的透光性、耐候性、耐电弧性、强度高,可耐稀酸、碱,不易老化,易于成型,但表面硬度低,易擦伤,较脆	用于制造飞机、汽车、仪器仪表和无线电工业中的透明件。如挡风玻璃、光学镜片、电视机屏幕、透明模型、广告牌、装饰品等
	聚碳酸酯(PC)	冲击韧性好、透明、绝缘性好、热稳定性好,不耐磨	受冲击零件,如座舱罩、面盔、防弹玻璃;高压绝缘件
	聚砜(PSU)	具有优良的耐热、抗蠕变及尺寸稳定性,强度高、弹性模量大,最高使用温度达150~165℃,还有良好的电绝缘性、耐蚀性和可电镀性。缺点是加工性不太好等	用于制造高强度、耐热、抗蠕变的结构件、耐蚀件和电气绝缘件等,如精密齿轮,凸轮,真空泵叶片,仪器仪表零件、电气线路板、线圈骨架等
热固性塑料	酚醛塑料(PF)	采用木屑做填料的酚醛塑料俗称"电木"。有优良的耐热、绝缘性能,化学稳定性、尺寸稳定性和抗蠕变性良好。这类塑料的性能随填料的不同而差异较大	用于制作各种电讯器材和电木制品,如电气绝缘板、电器插头、开关、灯口等,还可用于制造受力较高的刹车片,曲轴皮带轮,仪表中的无声齿轮、轴承等
	环氧塑料(EP)	强度高、韧性好、良好的化学稳定性、耐热、耐寒性,长期使用温度为-80~155℃。电绝缘性优良,易成型。缺点有某些毒性	用于制造塑料模具、精密量具、电器绝缘及印刷线路、灌封与固定电器和电子仪表装置,配制飞机漆、油船漆以及作粘结剂等
	氨基塑料(UF)	优良的耐电弧性和电绝缘性,硬度高、耐磨、耐油脂及溶剂,难于自燃,着色性好。其中脲醛塑料,颜色鲜艳,电绝缘性好;又称为"电玉";三聚氰胺甲醛塑料(密胺塑料)耐热、耐水、耐磨、无毒	用于制造机器零件、绝缘件和装饰件,如仪表外壳、电话机外壳、开关、插座、玩具、餐具、纽扣、门把手等

2. 橡胶

橡胶是以高分子化合物为基础的具有显著高弹性的材料。高弹性材料在较小外力作用下就能产生很大的变形,当外力取消后又能很快恢复原状。同时,橡胶还具有良好的耐磨性、隔音性和绝缘性。因此,橡胶被广泛用于制造密封件、减振防振件、传动件、轮胎以及绝缘件等。为提高橡胶制品的各种性能,常添加各种配合剂,主要有:硫化剂、促进剂、软化剂、补强剂等。

橡胶具有以下主要特点:

（1）具有良好的弹性。它是橡胶的主要特征，一般橡胶弹性模量为 1MPa（塑料达 2000MPa），橡胶的变形一般在 100%～1000% 之间（塑料小于 10%），橡胶还具有极好的回弹性。

（2）具有优良的伸缩性和积蓄能量的能力。

（3）具有良好的耐磨性、绝缘性、隔音性和阻尼性。

橡胶按其原料来源分为天然橡胶与合成橡胶两大类。按应用范围又可分为通用合成橡胶和特种合成橡胶。常用橡胶的特性与应用见表 3.2.2。

表 3.2.2　常用橡胶的特性与应用

类别	塑料名称	主要特性	应用举例
通用橡胶	天然橡胶（NR）	高弹性、耐低温、耐磨、绝缘、防振、易加工，不耐氧化、不耐油、不耐高温	通用制品，如轮胎、胶带、胶管等
	顺丁橡胶（BR）	弹性和耐磨性突出，耐寒性、耐老化性较好，易与金属粘合，但强度较差、加工性差、自黏性和抗撕裂性差	轮胎、耐寒胶带、橡胶弹簧、减振器及电绝缘制品等
	氯丁橡胶（CR）	耐油、耐氧、耐臭氧性良好，阻燃、耐热性好，但电绝缘性、加工性较差	耐油、耐蚀胶管、运输带、各种垫圈、油封衬里、胶黏剂、汽车门等门窗嵌件等
特种橡胶	丁腈橡胶（MBR）	耐油性突出，耐溶剂、耐热、耐老化、耐磨性均超过一般通用橡胶，气密性、耐水性良好，但耐寒性、耐臭氧性、加工性均较差	主要用于制造耐油制品，如输油管、耐油密封垫圈、耐热及减振零件、汽车配件等
	聚氨酯橡胶（UR）	耐磨性高于其他橡胶，耐油性良好，强度高；但耐水、酸、碱的性能及耐热性均较差	胶辊、实心轮胎、同步齿形带及耐磨制品等
	氟橡胶（FBM）	化学稳定性高、耐蚀性能居各类橡胶之首、耐热性好、回弹性适中，但价格昂贵，加工性差	高科技产品中的密封件，如密封垫圈及化工设备中的衬里等。

3.2.2　陶瓷材料

陶瓷是用天然或人工合成的粉状无机化合物，经过成型和高温烧结制成的多相材料。陶瓷材料是无机非金属材料的统称，它与金属材料、高分子材料构成三大基础材料。

以天然硅酸盐矿（如黏土、长石、石英等）为原料制成的陶瓷称为普通陶瓷。用纯度高的人工合成原料（如氧化物、氮化物、碳化物、绷化物、氟化物等）制成的陶瓷称为特种陶瓷。陶瓷的具有如下性能特点：

（1）力学性能

陶瓷受力产生的变形主要是弹性变形，几乎不产生塑性变形，其弹性模量 E 高于金属的弹性模量值。由于陶瓷是以离子键和共价键为主要结合键，决定了它具有高抗压强度、高硬度、低抗拉强度。陶瓷塑性变形能力很低，受力后在裂纹的尖端存在应力集中，易发生脆性断裂。陶瓷的硬度很高，一般都高于金属材料和高分子材料。

（2）热性能

陶瓷材料具有很高的熔点，大多数在 2000℃ 以上，有很强的抗氧化性，广泛用做高温材料。如内燃机的火花塞、火箭和导弹流罩、切削刀具等。

(3)其他性能

陶瓷材料大多数是良好的绝缘体,少数具有半导体性质,利用其介电性能可以制造电容器和电子工业中的高频、高温器件及供电系统的绝缘子等。陶瓷的组织结构非常稳定,不会被酸、碱、盐和许多熔融的金属(如有色金属银、铜等)侵蚀,不会发生老化。

特种陶瓷相对于普通陶瓷具有更为优异的物理、化学和力学性能,所以在工程中得到了更为重要的应用。根据成分不同可分为氧化物陶瓷、氮化物陶瓷、碳化物陶瓷、金属陶瓷等;按用途又可分为高温陶瓷、光学陶瓷、磁性陶瓷等。表 3.2.3 是几种重要的工程陶瓷。

表 3.2.3　几种工业陶瓷的特性与应用

名称		主 要 特 性	应 用 举 例
氧化铝陶瓷 Al_2O_3(刚玉)		熔点高、耐热性好、抗氧化能力强、硬度高(硬度仅次于金刚石)、强度高(比普通陶瓷高 5 倍)、高电阻率和低导热率等	高温材料(如火花塞、坩埚、电炉炉管等)、耐磨材料(刀具等)、绝缘材料与绝热材料
其他氧化物陶瓷	MgO	熔点 2000℃附近,甚至更高,是典型的碱性耐火材料	冶炼钢铁、合金、铜、铝、镁以及熔化高纯铀、钍及其合金的耐火材料
	BeO	还原性气氛中特别稳定,其导热性极好(与铝相近),故抗热冲击性能好,其粉末及蒸气有剧毒	高频电炉坩埚和高温绝缘子等电子元件,激光管、晶体管的散热片,集成电路基片等
	ZrO_2	高强且耐热性好,热导率高,高温下是良好的隔热材料。室温下是绝缘体,但在 1000℃以上变为导体,是优异的固体电解质材料	离子导电材料(电极),传感及敏感元件及 1800℃以上的高温发热体
氮化硅陶瓷 Si_3N_4		硬度高、摩擦系数低、自润滑性能好、耐蚀性能优异(可耐除氢氟酸以外的各种无机溶液及有色金属熔融液的侵蚀)、耐高温(1200℃以下力学与化学性能稳定,热胀系数小)	高温轴承、耐磨耐蚀的密封环、气缸、活塞、刀具和模具等
氮化硼陶瓷 BN	六方晶型	制品硬度低,切削性能好,耐热、散热、自润滑、高温下绝缘、耐腐蚀等	高温耐磨材料、绝缘材料与容器材料
	立方晶型	硬度高(类似于金刚石)	耐磨刀具、高温模具和磨料等

3.3　复合材料

由两种或两种以上不同性质的材料经人工组成的多相材料,称为复合材料。

3.3.1　组成与性能特点

复合材料由基体材料与增强材料两部分组成。其基体一般为强度较低、韧性较好的材料;增强体一般是高强度、高弹性模量的材料。基体、增强体均可以是金属、陶瓷或树脂等材料。通过各组分之间"取长补短"和"协同作用",使不同组分的优点得到充分发挥,缺点得以克服,满足使用性能的要求。

复合材料的性能特点是:密度小,比强度、比弹性模量高;抗疲劳性能、高温性能好;具有隔热、耐磨、耐蚀、减振性以及特殊的光、电、磁方面的特性。

3.3.2 常用复合材料及应用

目前常以树脂、橡胶、陶瓷和金属为基体,以纤维、颗粒和层片物为增强相,构成不同的复合材料。

1. 纤维增强复合材料

(1)玻璃纤维增强复合材料 玻璃纤维增强复合材料是以玻璃纤维为增强剂,以树脂为粘结剂(基体)而制成的,俗称玻璃钢。常用的玻璃钢有两类,一类是以尼龙、聚烯烃类、聚苯乙烯类等热塑性树脂为粘结剂制成的热塑性玻璃钢,具有较高的力学、介电、耐热和抗老化性能,工艺性能也较好。它与基体材料相比,强度和抗疲劳性能可以提高 2～3 倍以上,冲击韧度提高 1～4 倍,蠕变抗力提高 2～5 倍以上,达到或超过了某些金属的强度,可用来制造轴承、齿轮、仪表盘、壳体等零件。另一类是以环氧树脂、酚醛树脂、聚酯树脂、有机硅树脂等热固性树脂为粘结剂制成的热固性玻璃钢,具有密度小、强度高、介电性和耐蚀性及成型工艺性好的优点,可用来制造车身、船体、直升机旋翼等。

(2)碳纤维增强复合材料 有碳纤-树脂复合、碳纤-金属-树脂复合、碳纤-陶瓷-树脂复合。与玻璃钢相比,其强度和弹性模量高,密度小,因此它的比强度、比模量高,还有较高的冲击韧度和疲劳极限,优良的减摩性、导热性、耐蚀性和耐热性。

碳纤维树脂复合材料广泛用于制造要求比强度、比模量高的飞行器结构,如火箭喷嘴、喷气发动机叶片等,还可制造重型机械的轴瓦、齿轮、化工设备的耐蚀零件。

2. 层叠增强复合材料

层叠增强复合材料是由两层或两层以上不同性质的材料结合而成,达到增强的目的。3 层复合材料是由两层薄而强度高的面板(或称为蒙皮)与中间夹一层轻而柔的材料构成。而板一般由强度高、弹性模量大的材料组成,如金属板等;而夹层结构有泡沫塑料和蜂窝格子两大类。这类材料的特点是密度小、刚性和抗压稳定性高、抗弯强度好,常用于航空、船舶、化工等工业,如船舶的隔板及冷却塔等。

3. 颗粒复合材料

颗粒复合材料是由一种或多种颗粒均匀分布在基体材料内而制成的。颗粒起增强作用,一般直径在 $0.01\sim0.10\mu m$ 范围内,直径若偏离这一数值范围,则无法获得最佳增强效果。

常见的颗粒复合材料有以下两类。

(1)金属颗粒与塑料复合金属颗粒加入塑料中,可改善导热、导电性能,降低线膨胀系数。将铅粉加入氟塑料中,可作轴承材料。含铅粉多的塑料可作为射线的罩屏及隔音材料。

(2)陶瓷颗粒与金属复合陶瓷颗粒与金属复合即为金属陶瓷。氧化物(如 Al_2O_3)金属陶瓷,可用做高速切削刀具的材料及高温耐磨材料;钛基碳化钨即硬质合金,可制造切削刀具;镍基碳化钦,可制造火箭上的高温零件。

由于复合材料的优异性能和特点,在航空、汽车、轮船、压力容器、管道、传动零件及生活用品各方面得到广泛应用。表 3.3.1 列出常用复合材料的主要特性及应用。

表 3.3.1　常用复合材料的主要特性及应用

类别	名　称	主要特征	应用举例
纤维复合材料	玻璃纤维复合（玻璃钢）	热固性树脂与纤维复合,抗拉、抗弯、抗压、抗冲击强度高,脆性低,收缩小。热塑性树脂与纤维复合,抗拉、抗弯、抗压、弹性模量、抗蠕变性均提高,热变形温度显著上升,冲击韧度下降,缺口敏感性改善	主要用于耐磨、减摩及一般机械零件、密封件、仪器仪表零件、管道、泵阀、汽车及船舶壳体、槽车等
	碳纤维、石墨纤维复合	碳-树脂复合、碳-碳复合、碳-金属复合、碳-陶瓷复合等,比强度、比模量高	在航空、宇航、原子能等工业中用于压气机叶片、发动机壳体、轴瓦、齿轮等
	硼纤维复合	硼与环氧树脂复合,比强度高	用于飞机、火箭结构件,可减轻重量25%～40%
	晶须复合（包括自增强纤维复合）	晶须是单晶,机械强度特别高。用晶须毡与环氧树脂复合的层压板,抗弯模量可70 000 MPa	可用于涡轮叶片
	石棉纤维复合	温石棉及闪石棉与树脂复合,前者不耐酸,后者耐酸、较脆	用于密封件、制动件、绝热材料等
	植物纤维复合	木纤维或棉纤维与树脂复合而成纸板、层压布板,综合性能好,绝缘	用于电绝缘、轴承
颗粒复合材料	金属粒与塑料	复合金属粉加入塑料,可改善导热及导电性,能降低线胀系数等	高含量铅粉塑料作为射线的罩屏及隔音材料,铅粉加入氟塑料作轴承材料
	陶瓷粒与金属复合	改善高温、耐磨、耐腐蚀、润滑性能	氧化物金属陶瓷作高切速及高温材料;碳化铬用做耐腐蚀、耐磨喷嘴,重载轴承,高温无油润滑件;钴基碳化钨用于切割、拉丝模、阀门;镍基碳化钨用做火焰管喷嘴等高温零件
层叠复合材料	多层复合	钢-多孔性青铜-塑料三层复合	用于轴承、垫片、球头座耐磨件
	塑料复合	普通钢板上覆一层塑料,以提高耐腐蚀性	用于日用化工及食品工业
骨架复合材料	多孔浸渍材料	多孔材料浸渗低摩擦系数的油脂或氟塑料,浸树脂的石墨	可作油枕及轴承,抗磨材料
	夹层结构材料	质轻、抗弯强度大	可作飞机机翼、舱门、大电机罩等

3.4 功能材料

功能材料是指具有特殊的电、磁、光、热、声、力、化学性能和理化效应的各种新材料,用以对信息和能量的感受、计测、传导、输运、屏蔽、绝缘、吸收、控制、记忆、存储、显示、发射、转化和变换的目的。功能材料是现代高新技术发展的先导和物质基础。

按功能特点,功能材料可分为力功能材料、声功能材料、热功能材料、光功能材料、电功能材料、磁功能材料、化学功能材料、核功能材料、生物医学功能材料等。

力学、声学功能材料是指主要利用物质的弹性、超弹性、内耗性、形状记忆效应、磁致伸缩效应、电致伸缩效应等,制作弹性元件、发声发振元件、形状记忆元件、智能元件、减振和吸声装置等的材料。力学、声学功能材料包括弹性合金、减振合金、吸声材料、乐器材料、电声材料、超声材料、形状记忆材料等。力学、声学功能材料广泛应用于仪器仪表、机械制造、声学工程等各领域。

热功能材料具有独特热物理性能和热效应,用于制作发热、制冷、感温元件,或作为蓄热、传热、绝热介质,应用于各技术领域。当材料同时兼有优良的热传导、电导和适当的热膨胀特性和强度性能时,又可用来制作集成电路、电子元器件等的基板、引线框架、谐振腔、双金属片等。

光学功能材料主要功能有光的发射和传输、光信息转换、存储、显示、计算和光的吸收。光学晶体已成为光信息转换、存储及光计算领域的重要功能材料。光传递的信息容量是同轴电缆的 10 万倍。一束激光可传输 100 亿路电话或 1000 万套电视节目。光记录材料具有容量大、密度高、存取快速、可存储数字和图像信息的特点,在计算机领域发展迅速。显示显像材料以可见方式显示信息。光吸收材料最重要的应用是隐身材料,雷达吸波材料用于减少雷达对飞行器等的可探测性,达到隐身目的。红外隐身、可见光隐身、声隐身等材料均在发展。

电功能材料是指主要利用材料的电学性能和各种电效应的材料。包括导电材料、超导电材料、电阻材料、电接点材料、电绝缘材料、电容器材料、电压材料、热释电材料和光导电材料等。电功能材料广泛应用于电气工程、电子技术和仪器仪表诸领域。

磁功能材料主要利用材料的磁性能和磁效应,实现对能量和信息的转换、传递、调制、存储、检测等功能。按其化学成分通常分为金属磁性材料(包括金属间化合物)和铁氧体(氧化物磁性材料)两大类。在工程技术中,常常按材料的磁性能、功能和用途将磁功能材料大致分类为软磁材料(变压器磁芯、电感磁芯、磁头磁芯等)、磁记录材料、磁记忆材料、热磁效应、磁致伸缩、磁光效应、永磁材料等。它们广泛用于机械、电力、电子、电信、仪器、仪表等领域。

传感器用敏感材料按物理、化学和结构特性可分为半导体、陶瓷、有机聚合物、金属、复合材料等;按功能可分为力敏材料、热敏材料、气敏材料、湿敏材料、声敏材料、磁敏材料、电化学材料、电压敏材料、生物敏感材料等。

新能源材料是指在开发、利用新能源(如太阳能、地热能、潮汐能、原子能等)和提高传统能源利用率的技术中起关键作用的材料。包括各种能量转换材料、储能材料、能量输运材料等。

3.5 纳米材料

纳米材料被誉为跨世纪的新材料。纳米材料又称超微细材料,其粒子粒径范围在 $1\sim 100nm(1nm=10^{-9}m)$ 之间,即指至少在一维方向上受纳米尺度($0.1\sim100nm$)调制的各种固体超细材料。纳米材料按其结构可以分为四类:具有原子簇和原子束结构的称为零维纳米材料;具有纤维结构的称为一维纳米材料;具有层状结构的称为二维纳米材料;晶粒尺寸至少一个方向在几个纳米范围内的称为三维纳米材料。还有就是以上各种形式的复合材料。按化学组分,可分为纳米金属、纳米晶体、纳米陶瓷、纳米玻璃、纳米高分子和纳米复合材料。按材料物性,可分为纳米半导体、纳米磁性材料、纳米非线性光学材料、纳米铁电体、纳米超导材料、纳米热电材料等。按应用,可分为纳米电子材料、纳米生物医用材料、纳米敏感材料、纳米储能材料等。

纳米材料虽然是一种新兴的材料,但由于其独特的性能,具有广泛的应用前景。在光学方面,它可以作为吸波隐性材料、光反射材料,还可以应用于光通信、光存、光开关、光过滤等方面;在电学方面,它可制成导电浆料、绝缘浆料、电极等,也可制成量子器件、压敏和非线性电阻;在磁学方面可以作为永磁吸波材料、磁制冷材料、磁流体、磁光元件等;在力学方面,可以制备出超硬、高强、高韧性材料,有望解决陶瓷的脆性。

纳米陶瓷材料除保持传统性能外,还具有高韧性和延展性,TiO_2 陶瓷晶体材料能被弯曲,其塑性变形可达 100%,且弯曲变形时其表面裂纹不会扩大。许多专家认为,如能解决单相纳米陶瓷的烧结过程中抑制晶粒长大的技术问题,则它将具有高硬度、低温超塑性和像金属一样的柔韧性及可加工性。将纳米大小的抗辐射物质掺入到纤维中,可制成防紫外线、电磁波辐射的"纳米服装"。纳米材料溶于纤维,不仅能吸收阻隔 95% 以上的紫外线和电磁波,而且具有无毒、无刺激,不受洗涤、着色和磨损影响,可做成衬衣、裙装、运动服等,保护人体皮肤免受辐射伤害。

某大学实验室研制出了纳米级机器人,机器人有两个用 DNA 制作的手臂,能在固定的位置间旋转。研究人员认为,这一成果预示着科学家有朝一日能够研制出在纳米级工厂里制造分子的纳米机器人。这些纳米机器人有微小的"手指"可以精巧地处理各种分子;有微小的"电脑来指挥"手指"如何操作。"手指"可能由碳纳米管制造,它的强度是钢的 100 倍,细度是头发丝的五万分之一。"电脑"可能由碳纳米管制造,这些碳纳米管既能做晶体管又能做连接它们的导线。"电脑"也可能由 DNA 制造,用适当的软件和足够的灵巧性进行武装的纳米机器人可以构建任何物质。

另外,纳米粉体和纳米多孔材料可以作为催化剂;利用纳米粉体的悬浮特性,可以制备高精度的抛光液;纳米结构材料在医用过滤器、能源材料、环保用材等方面也具有广泛用途。

思考与练习题

3.1 简述铝及铝合金的性能特点和主要用途。铝合金是怎样分类的?可分为哪几类?

3.2　常用的青铜有哪几类？其性能及用途如何？

3.3　滑动轴承合金应个有什么样的特性和组织？

3.4　简述粉末冶金铁特点和应用。

3.5　什么是塑料？按合成树脂的热性能，塑料可分为哪两类？各有何特点？

3.6　请各说出 3 种热塑性塑料和热固性塑料的名称。

3.7　比较 PS、ABS、PF、UF 等塑料的性能，并指出它们的特点和应用场合。

3.8　简述顺丁橡胶、氯丁橡胶、硅橡胶、聚氨酯橡胶的性能和用途。

3.9　举例说出几种特种陶瓷的特点和主要用途。

3.10　什么是复合材料？按其增强相分可分为哪几类？简述玻璃钢的特点和主要用途。

3.11　什么是结构材料？并指出它们的使用范围。

3.12　什么是功能材料？并指出它们的使用范围。

3.13　什么是纳米材料？指出它们的使用范围。

第4章　机械零件的选材

机械工程中,合理地选用材料对于保证产品质量、降低生产成本有着极为重要的作用。要想合理地选择材料,除了要熟悉常用机械工程材料的性能、用途及热处理外,还必须能针对零件的工作条件、受力情况和失效形式等,提出材料的性能要求,根据性能要求选择合适的材料。

4.1　机械零件的选材原则

1. 材料的使用性能应满足零件的工作要求

使用性能是保证零件工作安全可靠、经久耐用的必要条件。不同机械零件要求材料的使用性能是不一样的,这主要是因为不同机械零件的工作条件和失效形式不同。因此,选材时首先要根据零件的工作条件和失效形式,判断所要求的主要使用性能。对于一般工作条件下的金属零件,主要以力学性能作为选材依据;对于用非金属材料制成的零件(或构件),还应注意工作环境对其性能的影响,因为非金属材料对温度、光、水、油等的敏感程度比金属材料大得多。表4.1.1列出了几种零件和工具的工作条件、失效形式及要求的主要力学性能。

表 4.1.1　几种常用零件(工具)的工作条件、失效形式及要求的力学性能

零件(工具)	工作条件			常见失效形式	要求的主要力学性能
	应力种类	载荷性质	其他		
紧固螺栓	拉、切应力	静	—	过量变形、断裂	强度、塑性
传动轴	弯、扭应力	循环、冲击	轴颈处摩擦、振动	疲劳破坏、过量变形、轴颈处磨损	综合力学性能、轴颈处硬度
传动齿轮	压、弯应力	循环、冲击	摩擦、振动	轮齿折断、接触疲劳(点蚀)、磨损	表面硬度及接触疲劳强度、弯曲疲劳强度,心部屈服强度、韧性
冷作模具	复杂应力	循环、冲击	强烈摩擦	磨损、脆断	硬度、足够的强度、韧性
压铸模	复杂应力	循环、冲击	高温、摩擦、金属液腐蚀	热疲劳、脆断、磨损	高温强度、抗热疲劳性、足够的韧性与热硬性

在对零件的工作条件和失效形式进行全面分析,并根据零件工作中所受的载荷计算确

定出主要力学性能的指标值后,即可利用手册确定出相适应的材料。

2. 材料的工艺性应满足加工要求

材料的工艺性是指材料适应某种加工的能力。材料的工艺性能好坏,对于零件加工的难易程度、生产率和生产成本都有决定性的影响。

零件需要铸造成形时,应选择具有良好铸造性能的材料。常用的几种铸造合金中,铸造铝合金的铸造性能优于铸铁,铸铁的铸造性能优于铸钢。而铸铁中又以灰铸铁的铸造性能最好。如果零件需要压力加工成形,则应注意低碳钢的压力加工性能比高碳钢好,非合金钢的压力加工性能比合金钢好。如果是焊接成形,宜用焊接性能良好的低碳钢或低碳合金钢,而高碳钢、高合金钢、铜合金、铝合金和铸铁的焊接性能较差;为了便于切削加工,一般希望钢的硬度能控制在 $170 \sim 230$ HBW 之间(这可通过热处理来调整其组织和性能)。对于需要热处理强化的零件还应考虑材料的热处理性能,对于截面尺寸大、形状比较复杂、又具有高强度零件,一般应选用淬透性好的合金钢,以便通过热处理强化。

高分子材料的成形工艺比较简单,切削加工性比较好。但其导热性差,在切削过程中不易散热,易使工件温度急剧升高而使其变焦(热固性塑料)或变软(热塑性塑料)。陶瓷材料成形后硬度极高,除了可以用碳化硅、金刚石砂轮磨削外,几乎不能进行其他加工。

3. 材料还应具有较好的经济性

据资料统计,在一般的工业部门中,材料的价格要占产品价格的 $30\% \sim 70\%$。在保证使用性能的前提下,选用价廉、加工方便、总成本低的材料,可以取得最大的经济效益。表 4.1.2 为我国部分常用工程材料的相对价格,由此可以看出,在金属材料中,碳钢和铸铁的价格比较低廉,而且加工也方便,故在满足零件使用性能的前提下,选用碳钢和铸铁可降低产品的成本。低合金钢的强度比碳钢高,工艺性能接近碳钢,因此,选用低合金钢往往经济效益比较显著。

表 4.1.2　我国常用金属材料的相对价格

材　料	相 对 价 格	材　料	相 对 价 格
碳素结构钢	1	碳素工具钢	$1.4 \sim 1.5$
低合金结构钢	$1.2 \sim 1.7$	低合金工具钢	$2.4 \sim 3.7$
优质碳素结构钢	$1.4 \sim 1.5$	高合金工具钢	$5.4 \sim 7.2$
易切削钢	2	高速钢	$13.5 \sim 15$
合金结构钢	$1.7 \sim 2.9$	铬不锈钢	8
铬镍合金结构钢	3	铬镍不锈钢	20
滚动轴承钢	$2.1 \sim 2.9$	普通黄铜	13
弹簧钢	$1.6 \sim 1.9$	球墨铸铁	$2.4 \sim 2.9$

选材的经济性还应体现在工艺成本上。例如用低碳钢渗碳淬火与中碳钢表面淬火相比,二者原材料费用虽然大抵相当,但前者的工艺成本比后者要高得多。

总之,在选用材料时,必须从实际情况出发,全面考虑材料的使用性能、工艺性能和经济性等方面的因素,以保证产品取得最佳的技术经济效益。

4.2 零件热处理的技术条件和工序位置

1. 热处理的技术条件

热处理的技术条件主要包括最终热处理方法及热处理应达到的力学性能指标等，一般由设计者标注在零件图上，可用文字扼要说明。包括热处理工艺方法、应达到的力学性能指标及其他要求。渗碳零件除应标明渗碳淬火、回火后的硬度、渗碳层深度等外，还要标明渗碳部位，对重要渗碳件还应提出对显微组织的要求。表面淬火的零件除应标明淬硬层硬度、淬硬层深度外，淬硬部位也应表示出，有的还应提出对显微组织及限制变形的要求。

2. 热处理的工序位置

(1)预先热处理的工序位置

预先热处理包括退火、正火、调质等。经热加工的零件一般在机加工前都要进行退火或正火处理，目的是降低硬度，改善切削加工性能，消除毛坯内应力，细化晶粒，均匀组织。其工序位置一般安排在毛坯生产之后，切削加工之前。有些零件精度要求高时，可中间穿插安排去应力退火。调质的目的主要是要获得零件的综合力学性能。调质一般安排在粗加工之后，精加工或半精加工之前。调质件在淬火时有变形、氧化、脱碳等缺陷，因此在调质前的粗加工时，必须留有足够的加工余量，甚至在调质后还应有校直工序，以纠正较大的变形量。在实际生产中，调质可作为有些铸铁件和一些轧钢件等的最终热处理工序。

工艺路线应为：毛坯生产(铸、锻、焊、冲压等)—退火或正火—机械粗加工—调质—机械精加工。

(2)最终热处理的工序位置

最终热处理包括淬火、回火、表面热处理等。这类热处理的工序位置均安排在半精加工之后，磨削之前。

淬火前须经预先热处理，淬火件的变形及氧化、脱碳可在以后的磨削中去除，故须留有磨削余量。表面淬火件，常须先进行正火或调质处理。因表面淬火件变形小，其磨削余量也可比一般淬火件留得少。不经调质的感应加热表面淬火件，预先热处理必须用正火。如正火后硬度偏高，可在正火后进行高温回火以降低硬度。

淬火件的加工路线为：下料—锻造—正火(退火)—粗加工、半精加工—淬火、低温或中温回火—磨削。

表面淬火件的加工路线为：下料—锻造—正火(退火)—粗加工、调质、半精加工—感应加热表面淬火、低温回火—磨削。

化学热处理主要有渗碳、渗氮等。渗碳件可分为整体渗碳和局部渗碳。局部渗碳可在无须渗碳的部位镀铜，也可多留余量，等零件渗碳后、淬火前，再去掉该部位的渗碳层。渗氮层硬而薄，其工序位置应尽从靠后，一般渗氮后只需研磨或精磨。为了防止因切削加工产生的残余应力引起渗氮件变形，在渗氮前常进行去应力退火。渗氮件心部须有较高的强度，故一般应先进行调质处理。调质后形成细密、均匀的回火索氏体，可提高心部的力学性能，从而更易获得均匀的渗氮层。

渗碳件的加工路线为：下料—锻造—正火(退火)—粗加工、半稍加工—(局部渗碳须镀铜或留有防渗层）—渗碳、淬火、低温回火—磨削。

渗氮件的加工路线为:下料—锻造—正火(退火)—粗加工—调质—精加工、去应力退火—粗磨—渗氮—精磨或研磨。

另外,对于某些梢密零件,在最终热处理及粗磨后,一般要安排稳定化处理,来稳定尺寸,消除内应力,稳定组织。

4.3 典型零件的选材分析

在目前所使用的工程材料中,高分子材料适合制作受力小、减振、耐磨、密封零件。陶瓷材料适合制作高温下工作的零件和耐磨、抗蚀零件,但很少制作重要的受力构件。金属材料通过合金化、热处理的途径可获得良好的力学性能,可用来制作重要的机器零件和工程结构件。下面就钢铁材料制成的几种典型零件进行选材分析。

4.3.1 零件选材的方法

大多数机械零件均是在多种应力条件下进行工作的,这就会对同一个零件提出多方面的性能要求。在选材时应以起决定作用的性能要求作为选材的主要依据,同时兼顾其他性能要求,这是选材的基本方法。

1. 以综合力学性能为主时的选材

在机械制造工业中有相当多的结构零件,如:曲柄、连杆、气缸螺栓等,在工作时,截面上均匀地受到静、动载荷应力的作用。为了防止过量变形,要求零件整个截面应具有较高的强度和较好的韧性,即良好的综合力学性能。对于这类零件的选材,可根据零件的受力大小选用中碳钢或中碳合金钢,并进行调质或正火处理即可满足性能要求。具体牌号与热处理可根据需要的力学性能指标确定。对于采用铸造结构的零件,则可选用铸钢或球墨铸铁。

2. 以疲劳强度为主时的选材

对于截面上不均匀地受到循环应力、冲击载荷作用的机械零件,疲劳破坏是最常见的破坏形式。如传动轴、齿轮等零件,几乎都是由于产生疲劳破坏而失效的,根据冲击载荷的大小,常选择渗碳钢、调质钢等。实践证明,材料的抗拉强度与疲劳强度之间有一定的关系,抗拉强度越高,疲劳强度就越大;在抗拉强度相同的条件下,调质后的组织比退火、正火具有更高的塑性和韧性,对应力集中的敏感性小,因而具有较高的疲劳强度;表面处理对提高材料的疲劳强度极为有效,表面淬火、渗碳渗氮、表面强化等处理,不仅可以提高表面硬度,还可以在零件表面造成残余压应力,以部分抵消工作时产生的拉应力,从而提高疲劳强度。因此,对于承受较大循环载荷的零件,应选用淬透性较好的材料,同时进行表面热处理或表面强化等处理,使零件具有较高的疲劳强度。

3. 以磨损为主时的选材

根据零件工作条件不同,其选材可以分两类。对于受力小而磨损较大的零件、工具等,选用高碳钢或高碳合金钢,进行淬火、低温回火处理,获得高硬度的回火马氏体组织,能满足耐磨要求。对于同时受磨损和循环应力作用的零件,为了耐磨和具有较高的疲劳强度,应选用适宜表面淬火、渗碳或氮化的钢材。例如,普通减速器中的齿轮,广泛采用中碳钢,经过正火或调质处理后如再进行表面淬火以获得较高的表面硬度和较好的心部综合力学性能;对于承受高冲击载荷和强烈磨损的汽车、拖拉机变速齿轮,采用渗碳钢,经渗碳淬火处理,才能满足要求。

4.3.2 齿轮零件的选材

齿轮是各类机械中的重要传动零件,主要用来传递运动与动力。齿轮的转速可以相差很大,齿轮的直径可以从几毫米到几米,工作环境也可有很大差别。因此,齿轮的工作条件是较复杂的,但大多数重要齿轮仍有共同特点。

1. 齿轮的工作条件与失效形式

(1)由于传递扭矩,齿根承受较大的交变弯曲应力。

(2)轮齿的表面承受较大的接触应力和强烈的摩擦和磨损。

(3)由于换挡、启动或啮合不良,轮齿会受到冲击。

通常情况下,齿轮的主要失效形式为:齿面磨损,齿面疲劳点蚀和齿根疲劳断裂。

2. 齿轮的性能要求

根据上述齿轮工作条件,要求齿轮材料应具备以下性能:

(1)齿面有高的硬度和耐磨性。

(2)齿面具有高的接触疲劳强度和齿根具有高的弯曲疲劳强度。

(3)轮齿心部要有足够的强度和韧性。

3. 齿轮材料的选用特点

由上分析可知,齿轮一般应选用具有良好力学性能的中碳结构钢和中碳合金结构钢;承受较大冲击载荷的齿轮,可选用合金渗碳钢;一些低速或中速低应力、低冲击载荷条件下工作的齿轮,可选用铸钢、灰铸铁或球墨铸铁;一些受力不大或在无润滑条件下工作的齿轮,可选用有色金属和非金属材料。

(1)调质钢齿轮

调质钢主要用于制造对硬度和耐磨性要求不很高,对冲击韧度要求一般的中、低速和载荷不大的中、小型传动齿轮。如金属切削加工机床的变速箱齿轮、挂轮齿轮等,通常采用 45、40Cr、40MnB、35SiMn、45Mn$_2$ 等钢制造。一般常用的热处理工艺是经调质或正火处理后,再进行表面淬火和低温回火,有时经调质和正火处理后也可直接使用。对于精度要求高、转速快的齿轮,可选用渗氮用钢(38CrMoAIA),经调质处理和渗氮处理后使用。

(2)渗碳钢齿轮

渗碳钢主要用于制造高速、重载、冲击较大的重要齿轮,如汽车、拖拉机变速箱齿轮、驱动桥齿轮、立式车床的重要齿轮等,通常采用 20CrMnTi、20CrMo、20Cr、18Cr$_2$Ni$_4$WA、20CrMnMo 等钢制造,经渗碳淬火和低温回火处理后,表面硬度高,耐磨性好,心部韧性好,耐冲击。为了增加齿面的残余压应力,进一步提高齿轮的疲劳强度,还可进行喷丸处理。

(3)铸钢和铸铁齿轮

形状复杂、难以锻造成形的大型齿轮采用铸钢和铸铁等材料制造。对于工作载荷大、韧性要求较高的齿轮,如起重机齿轮等,选用 ZG270-500、ZG310-570、ZG340-640 等铸钢制造;对于耐磨性、疲劳强度要求较高,但冲击载荷较小的齿轮,如机油泵齿轮等,可选用球墨铸铁制造,如 QT500-07、QT600-03 等;对于冲击载荷很小的低精度、低速齿轮,可选用灰铸铁制造,如 HT200、HT250、HT300 等。

(4)有色金属齿轮、塑料齿轮

仪器、仪表中的齿轮,以及某些在腐蚀介质中工作的轻载齿轮,常选用耐蚀、耐磨的有色金属来制造,如黄铜、铝青铜、锡青铜、硅青铜等。塑料齿轮主要用于制造轻载、低速、耐蚀、无润滑或少润滑条件下工作的齿轮,如仪表齿轮、无声齿轮,如尼龙、ABS、聚甲醛、聚碳酸酯等等。

4.3.3 轴类零件的选材

轴是机器上的重要零件之一,齿轮、凸轮等作回转运动的零件必须装在轴上才能实现其回转运动。轴主要用于支承回转体零件,传递运动和转矩。

1. 轴类零件的工作条件与失效形式

(1)传递扭矩时,承受交变弯曲应力和扭转应力的复合作用。

(2)轴和轴上零件相对运动表面(轴颈和花键部位)承受较大摩擦,要求高耐磨性。

(3)有时承受一定的过载或冲击载荷。

轴类零件在使用过程中的主要失效形式为:疲劳断裂、过量变形和局部过度磨损。

2. 轴类零件的性能要求

为了保证轴的正常工作,轴类零件的材料应具备下列性能:

(1)良好的综合力学性能。

(2)高的疲劳强度,对应力集中敏感性低。

(3)具有足够的淬透性。

3. 轴类零件材料的选用特点

轴类零件所用材料主要是经锻造或轧制的低碳钢、中碳钢或合金钢,铸造结构的曲轴等较多选用球墨铸铁和高强度灰铸铁。选择材料的主要依据是载荷的性质和大小,以及轴的运行精度要求。

(1)对于承受弯曲和扭转应力的轴类零件

如发动机曲轴、机床主轴、减速器转轴等,一般采用调质钢制造。其中,对磨损较轻、冲击不大的轴,可选用40、45钢经调质或正火处理,然后对要求耐磨的轴颈等部位进行表面淬火和低温回火;对于受力不大或不重要的轴也可采用Q235、Q275等碳素结构钢,不进行热处理直接使用;对磨损较严重,且受一定冲击的轴可选用合金调质钢,经调质处理后再对需要高硬度的部位进行表面淬火。如普通车床主轴选用45钢;汽车半轴选用40Cr、40CrMnMo钢;高速内燃机曲轴选用35CrMo、42CrMo钢等。

(2)对于磨损严重、且冲击较大的轴

如载荷较大的机床主轴和汽车、拖拉机变速轴等,可选用合金渗碳钢20CrMnTi钢,经渗碳、淬火和低温回火处理后使用。

(3)对高精度、高速转动的轴类零件

可选用渗氮钢、高碳钢或高碳合金钢。如高精度磨床主轴或精密镗床镗杆采用38CrMoAIA钢,经调质和渗氮处理后使用;精密淬硬丝杠采用$9Mn_2V$或CrWMn钢,经淬火和低温回火处理后使用。

对中、低速的内燃机曲轴、连杆、凸轮轴等,还可以选用高强度灰铸铁和球墨铸铁制造,经正火、局部表面淬火或低温气体氮碳共渗处理,不仅力学性能可以满足要求,而且制造工艺简单、成本低,目前已得到广泛应用。

4.3.4 箱体类零件的选材

箱体类零件一般结构复杂,有不规则的外形和内腔,且壁厚不均。这类零件包括各种机械设备的机身、底座、、支架、横梁、工作台,以及齿轮箱、轴承座、阀体、泵体等。重量从几千克至数十吨,工作条件也相差很大。其中一般的基础零件如机身、底座等,以承压为主,并要求有较好的刚度和减振性;有些机械的机身、支架往往同时承受压、拉和弯曲应力的联合作用,或者还受冲击载荷;箱体零件一般受力不大,但要求有良好的刚度和密封性。

鉴于箱体类零件的结构特点和使用要求,通常都以铸件为毛坯,且以铸造性能良好、价格便宜,并有良好耐压、耐磨和减振性能的铸铁为主,如 HT150、HT200。如果与其他零件有相对运动,相互间存在摩擦、磨损,则应选用强度较高、硬度较大的珠光体灰铸铁如HT250,或孕育铸铁 HT300、HT350 等制造;受力复杂或受较大冲击载荷的箱体,则采用铸钢件,如 ZG200-400、ZG230-450 等;受力不大,要求自重轻或要求导热良好,则采用铸造铝合金件,如 ZAlSi5CulMg、ZAlCu5Mn;受力很小,要求自重轻等,可考虑选用工程塑料件,如ABS 塑料、有机玻璃和尼龙等。在单件生产或工期要求紧迫的情况下,或受力较大,形状简单,尺寸较大,也可选用型钢焊接,如选用 Q235 或 45 钢钢板。

铸钢件箱体,为了消除粗晶组织、偏析及铸造应力,对铸钢件应进行完全退火或正火;对铸铁件一般要进行去应力退火或时效处理;对铝合金铸件,应根据成分不同,进行退火或淬火时效处理。

思考与练习题

4.1 选择材料的一般原则有哪些? 简述它们之间的关系.

4.2 零件失效的基本形式有哪几种? 引起机械零件失效的主要原因有哪些?

4.3 下列各齿轮选用何种材料制造较为合适?

(1)直径较大(>400—600mm)、轮坯形状复杂的低速中载齿轮;

(2)重载条件下工作、整体要求强韧而齿面要求坚硬的齿轮;

(3)能在缺乏润滑油的条件下工作的低速无冲击齿轮。

4.4 某机械上的传动轴,要求具有良好的综合力学性能,轴颈处要求耐磨(硬度达 50~55HRC),用 45 钢制造,其加工工艺路线为:下料→锻造→热处理①→粗切削加工→热处理②→精切削加工→热处理③→精磨。试说明工艺路线中各个热处理工序的名称,目的。

4.5 钢锉用 T12 钢制造,要求硬度为 60~64HRC,其加工工艺路线为:热轧钢板下料→正火→球化退火→切削加工→淬火、低温回火→校直。试说明工艺路线中各个热处理工序的目的及热处理后的组织。

第二篇 毛坯成形方法

　　在机械产品的制造过程中,往往是先将工程材料制成零件的毛坯(或半成品),再经切削加工获取所需的零件。毛坯成形的任务是根据零件材料的特点和工作性能要求,用经济高效的方法,改变原材料的外形和内在组织,使其与所需零件相接近。目前常用的零件毛坯成形方法是铸造、锻压、焊接、非金属材料成型等。当制造精度控制在许可范围时,这些方法也可以直接提供满足装配要求的零件。毛坯制造是机械制造中重要的生产环节,机械零件总的制造成本、生产率、内在性能往往与毛坯成形的方法有关。

第5章 铸 造

铸造是液态成形,它能制造各种尺寸不同、形状复杂的毛坯或零件。铸造具有适应性广、成本低廉的优点,在一般机械中广泛采用铸件。因此,铸造是机械零件毛坯或成品零件热加工的一种重要工艺方法。

本章主要介绍铸造工艺基础知识、常用铸造方法、铸造工艺设计和铸件结构工艺基础知识等。

5.1 铸造成形基础

5.1.1 铸造概述

铸造是熔炼金属、制造铸型,并将熔融的金属浇入铸型,冷却凝固后获得一定形状与性能铸件的成形方法。铸件生产过程如图 5.1.1 所示。

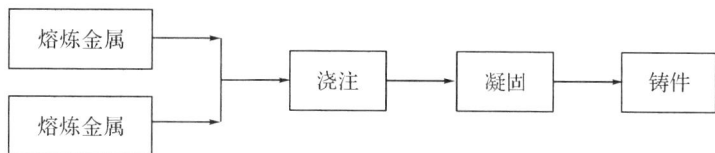

图 5.1.1 铸件生产过程框图

铸造获得的铸件通常用作毛坯,一般需经机加工后才能使用。铸造的实质是利用熔融金属具有流动性的特点,实现液态成形。铸造在机械制造中的应用十分广泛。在普通机床中,铸件占总重量 60%～80%;在重型机械、矿山机械、水力发电设备中,铸件占总重量 80%以上。本章主要介绍铸造成形的工艺理论基础,各种铸造方法特别是砂型铸造的工艺要点。

1. 铸造的发展

铸造是人类掌握比较早的一种金属热加工工艺,已有约 6000 年的历史。中国约在公元前 1700～前 1000 年之间已进入青铜铸件的全盛期,工艺上已达到相当高的水平。中国商朝的司母戊方鼎,战国时期的曾侯乙尊盘,西汉的透光镜,都是古代铸造的代表产品。

18 世纪的欧洲工业革命以后,蒸汽机、纺织机和铁路等工业兴起,铸件进入为大工业服务的新时期,铸造技术开始有了大的发展。进入 20 世纪,铸造的发展速度很快,其重要因素之一是产品技术的进步,要求铸件各种机械物理性能更好,同时仍具有良好的机械加工性能;另一个原因是机械工业本身和其他工业如化工、仪表等的发展,给铸造业创造了有利的物质条件。在这一时期内开发出大量性能优越,品种丰富的新铸造金属材料,如球墨铸铁,能焊接的可锻铸铁,超低碳不锈钢,铝铜、铝硅、铝镁合金,钛基、镍基合金等,并发明了对灰铸铁进行孕育处理的新工艺,使铸件的适应性更为广泛。50 年代以后,出现了湿砂高压造型、化学硬化砂造型和造芯,负压造型以及其他特种铸造、抛丸清理等新工艺,使铸件具有很高的形状、尺寸精度和良好的表面光洁度,铸造车间的劳动条件和环境卫生也大为改善。

2. 铸造的特点

铸件能得到如此广泛的应用,因为铸造生产具有以下特点:

(1)成型方便且适应性强。铸造成型方法对工件的尺寸形状几乎没有任何限制。铸件的材料可以是铸铁、铸钢、铸造铝合金、铸造铜合金等各种金属材料,也可以是高分子材料和陶瓷材料;铸件的尺寸可大可小,铸件的形状可简单可复杂。因此,形状复杂或大型机械零件一般采用铸造方法初步成型。在各种批量的生产中,铸造都是重要的成型方法,几乎凡能熔化成液态的合金材料均可用于铸造,如铸钢、铸铁、各种铝合金、镁合金、钛合金及锌合金等。对于塑性较差的脆性合金材料(如普通铸铁等),铸造是唯一可行的成形工艺,在工业生产中以铸铁件应用最广,约占铸件总产量的 70% 以上。

(2)适应范围广。铸造生产几乎不受铸件大小、厚薄和形状复杂程度的限制。铸造的壁厚可达 0.3~1000mm,长度从几毫米到几十米,质量从几克到 300 吨以上。最适合生产形状复杂,特别是内腔复杂的零件,例如复杂的箱体、阀体、叶轮、发动机汽缸体、螺旋桨等。

(3)成本较低。由于铸造成型方便,铸件毛坯与零件形状相近,能节省金属材料和切削加工工时;铸造原材料来源广泛,可以利用废料、废件等,节约国家资源;铸造设备通常比较简单,投资较少。铸件在一般机器中占总重量的 40%~80%,而制造的成本只占机器总成本的 25%~30%。因此,铸件的成本较低。

铸造生产存在的缺点:铸件的组织性能较差。一般条件下,铸件晶粒粗大(铸态组织),化学成分不均匀,力学性能较差。工序多,质量不稳定、易出废品(砂眼、气孔的产生等),铸造的生产环境条件差。因此,受力不大或承受静载荷的机械零件,如箱体、床身、支架等常用铸件毛坯。

3. 铸造的分类

铸造的工艺方法很多,一般习惯将铸造分成砂型铸造和特种铸造两大类。

(1)砂型铸造 当直接形成铸型的原材料主要为型砂,且液态金属完全靠重力充满整个铸型型腔时,这种铸造方法称为砂型铸造。砂型铸造一般可以分为手工砂型铸造和机器砂型铸造。前者主要适用于单件、小批生产以及复杂和大型铸件的生产,后者主要适用于成批大量生产。

(2)特种铸造 凡不同于砂型铸造的所有铸造方法,统称为特种铸造。如金属型铸造、压力铸造、离心铸造、熔模铸造、低压铸造等。

由于砂型铸造目前仍然是国内外应用最广泛的铸造方法,所以本章重点介绍砂型铸造(主要是手工砂型铸造),对特种铸造只作简单介绍。

5.1.2 合金的铸造性能

合金在铸造过程中所表现出来的性能统称为合金的铸造性能,主要是指流动性,收缩性,偏析和吸气性等。

1. 流动性

(1)流动性及其对铸件质量的影响

合金的流动性是指液态合金的流动能力,合金流动性的好坏,通常以螺旋形流动性试样的长度来衡量。将金属液浇入图 5.1.2 所示的螺旋形试样的铸型中,在相同的铸型及浇注条件下,得到的螺旋形试样越长,表示该合金的流动性越好。不同种类合金的流动性差别较大,如表 5.1.1 所示。铸铁和硅黄铜的流动性最好,铝硅合金次之,铸钢最差。在铸铁中,流动性随碳、硅含量的增加而提高。同类合金的结晶温度范围越小,结晶时固液两相区越窄,对内部液体的流动阻力越小,合金的流动性也越好。

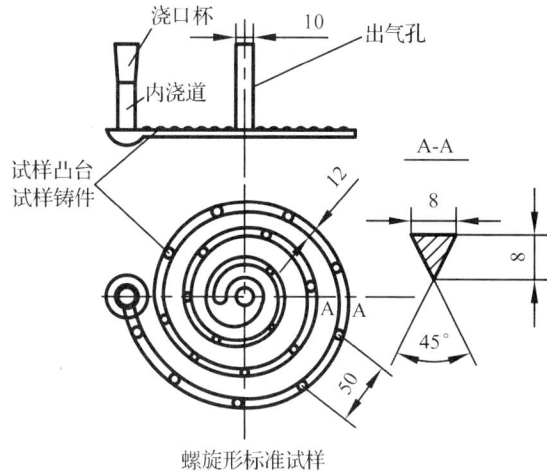

图 5.1.2 液态金属流动性测定示意图

表 5.1.1 常用合金的流动性比较

合金	造型材料	浇柱温度/℃	螺旋线长度/mm
铸铁 $(w_{C+Si}=6.2\%)$		1 300	1 800
$(w_{C+Si}=5.9\%)$	砂型	1 300	1 300
$(w_{C+Si}=5.2\%)$		1 300	1 000
$(w_{C+Si}=4.2\%)$		1 300	600
铸钢$(w_C,0.4\%)$	砂型	1 600	100
		1 640	200
铝硅合金	金属型(300℃)	690~720	100~800
镁合金(Mg—Al—Zn)	砂型	700	400~600
锡青铜 $(w_{Sn},9\%\sim11\%)$		1 040	420
$(w_{Zn},2\%\sim4\%)$	砂型		
硅黄铜 $(w_{Si},1.5\%\sim4.5\%)$		1 100	1 000

液态金属的流动性好,充型能力强,能浇出形状复杂、壁薄的铸件,避免产生浇不足、冷隔等缺陷;有利于金属液中气体和夹物的上浮和排除,可减少气孔、渣眼等缺陷;铸件在凝固及收缩过程中,可得到来自冒口的液态合金的补充,可防止铸件产生缩孔、缩松等缺陷。

(2)影响流动性的因素 影响流动性的因素很多,主要有合金成分和浇注条件等。

1)合金成分:不同成分的合金具有不同的结晶特点,其流动性不同。例如,共晶成分的合金流动性最好;凝固温度范围小的合金流动性较好,而凝固温度范围大的合金流动性差,这是因为较早生长的树枝状晶体对液态合金的流动产生较大阻力。成分不同的合金其熔点不同,熔点高的合金难于过热,合金保持在液态的时间短,其流动性较差。在常用的铸造合金中,铸铁的流动性好,铸钢的流动性较差。

2)浇注温度:浇注温度越高,保持液态的时间就越长,液态合金的粘度也越小,其流动性也就越好。因此,适当地提高浇铸温度,是防止铸件产生浇不到、冷隔的工艺措施之一。

3)浇注压力:浇注时液态金属所受压力大,流速大,流动性好,充型能力强。

4）铸型:铸型对液态金属的充填也有一定的影响。铸型中凡能增加合金液态流动阻力,降低流速和增加冷却速度的因素,均降低合金的流动性。例如:内浇道横截面小,型腔表面粗糙,型砂透气性差,铸型排气条件不良等均增加液态合金的流动阻力,降低流速。另外,铸型材料导热快,流态合金的冷却速度增大,流动性也会下降。

2. 收缩性

合金在冷却凝固过程中,其体积和尺寸减小的现象称为收缩。合金从浇注温度冷却到室温要经过液态收缩、凝固收缩和固态收缩三个阶段。液态收缩和凝固收缩是铸件产生缩孔的基本原因。固态收缩是产生铸造应力、变形和裂纹的基本原因。

(1)影响铸件收缩的因素　影响铸件收缩的主要因素有合金成分、浇注温度,以及铸型和铸件结构等。

1)合金成分　不同成分的合金具有不同的收缩率。灰铸铁的收缩率最小,这是因为灰铸铁在冷却过程中结晶出比体积较大的石墨相时,产生的体积膨胀抵消了部分收缩。

2)浇注温度　浇注温度愈高,合金液态收缩增大,为减少收缩,浇注温度不宜过高。

3)铸型及铸件结构　铸型及铸件结构会使铸件受到收缩阻力的作用,这些阻力来源于铸件各部分收缩时受到的相互制约及铸型和型芯对铸件收缩的阻碍。例如,当铸件结构设计不合理或型砂、芯砂的退让性不良时,铸件就易于产生裂纹。

(2)缩孔和缩松的形成及防止　铸件在凝固过程中,由于补缩不良而产生的孔洞称为缩孔。缩孔形成的过程如图5.1.3所示。

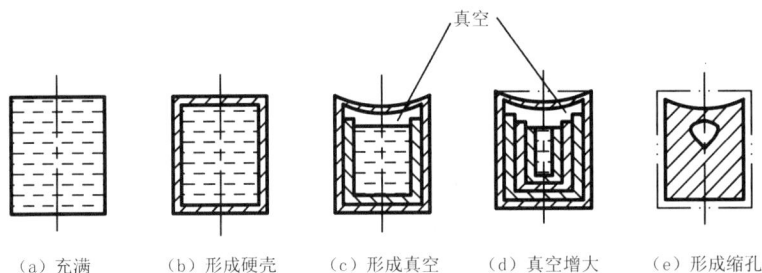

| (a) 充满 | (b) 形成硬壳 | (c) 形成真空 | (d) 真空增大 | (e) 形成缩孔 |

图 5.1.3　缩孔形成的过程

液态合金填满型腔后由于铸型的吸热,铸件首先凝结成一层外壳,液态收缩和凝固收缩的结果,液面下降,随着温度的降低,凝固外壳逐渐加厚,最后凝固的金属由于得不到液态金属的补缩,在凝固结束后,在铸件上部形成缩孔。

缩松是铸件某一区域中分散、细小的缩孔。缩孔、缩松都是由于液态收缩和凝固收缩未得到外来金属液及时补充所致。缩孔、缩松使铸件的力学性能降低,缩松还使铸件的致密度下降,如图5.1.4所示。

为防止缩孔、缩松的产生,应合理设计铸件的结构,力求避免铸件上有局部金属积聚;在铸型中合理开设浇注系统、设置冒口和冷铁,对铸件凝固过程进行控制,使之实现顺序凝固。所谓顺序凝固,就是使铸件的凝固按薄壁—厚壁—冒口的顺序进行,让缩孔转移到冒口中去,从而获得致密的铸件。图5.1.5为冒口、冷铁设置的示意图。冷铁是用钢或铸铁制成的金属块,嵌在铸型中,其作用是使铸件厚壁部位的冷却速度增大,避免缩孔、缩松的产生,冷

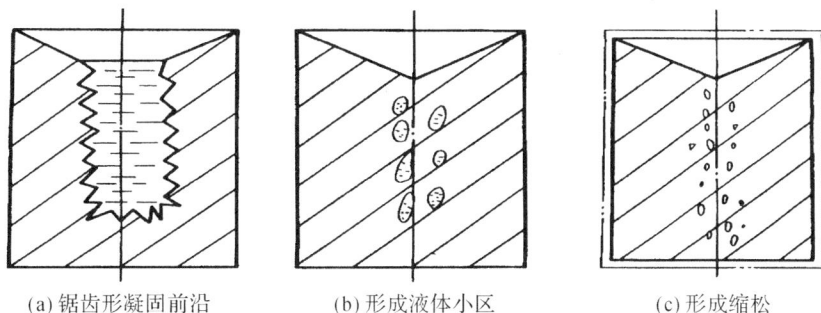

(a) 锯齿形凝固前沿　　　　(b) 形成液体小区　　　　(c) 形成缩松

图 5.1.4　缩松形成的过程

铁本身并不起补缩作用。

(3) 铸造应力、变形和裂纹　铸件固态收缩受到阻碍而引起的内应力称为铸造应力。当铸造应力达到一定数值时,可导致铸件变形或出现裂纹。

1) 铸造应力:按产生的原因,铸造应力可分为热应力和机械应力。热应力是由于铸件各部分冷却、收缩不均匀而引起的;机械应力是由于铸型、型芯等机械阻碍铸件收缩而引起的内应力,图 5.1.6 所示为型芯退让性差,对铸件收缩阻碍较大,使铸件产生内应力的示意图。

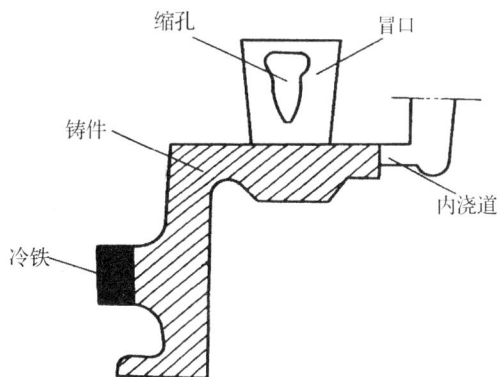

图 5.1.5　冒口、冷铁设置的示意图

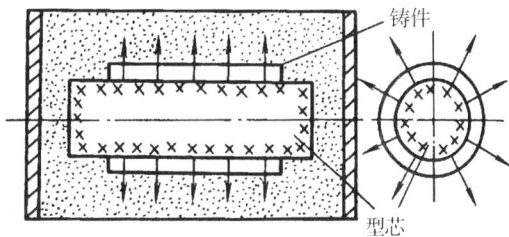

图 5.1.6　铸件产生内应力的示意图

2) 减少变形,防止开裂的措施:生产中有效减少铸件变形,防止铸件开裂的主要措施有:①合理设计铸件的结构,力求铸件壁厚均匀,结构对称;②合理设计浇冒口、冷铁等使铸件冷却均匀;③采用退让性好的型砂和芯砂;④严格控制合金中硫、磷的含量;⑤切勿过早落砂;⑥铸件在清理后进行去应力退火。

3. 合金的偏析和吸气性

(1) 偏析　在铸件中出现化学成分不均匀的现象称为偏析。偏析使铸件性能不均匀,严重时会使铸件报废。偏析分为晶内偏析和区域偏析两大类。晶内偏析(也称微观偏析)是指晶粒内各部分化学成分不均匀的现象。采用扩散退火可消除晶内偏析。区域偏析(也称宏观偏析)是指铸件上、下部分化学成分不均匀的现象。为防止区域偏析,在浇注时应充分搅拌或加速合金液冷却。

（2）吸气性　合金在熔炼和浇注时吸收气体的性能称为合金的吸气性。气体来源于炉料熔化和燃料燃烧时产生的各种氧化物和水汽；浇注时带入铸型的空气；造型材料中的水分等。气体在合金中的溶解度随温度和压力的提高而增加。在合金液冷凝过程中，随着温度降低会析出过饱和气体。若这些气体来不及从合金液中逸出，将在铸件中形成气孔、针孔或非金属夹杂物，从而降低了铸件的力学性能和致密性。为减少合金的吸气性，常采用缩短熔炼时间，选用烘干的炉料；在熔剂覆盖下或在保护性气体介质中，或在真空中熔炼合金；进行精炼除气处理；提高铸型和型芯的透气性。降低造型材料中的含水量和对铸型进行烘干等。

5.2　砂型铸造

5.2.1　砂型铸造的工艺过程

砂型铸造生产过程是一个复杂的综合性的多工序组合，从金属材料及非金属材料的准备，到合金熔炼、造型、造芯、合型浇注，金属凝固冷却以至获得合格的铸件，如图 5.2.1 所示。

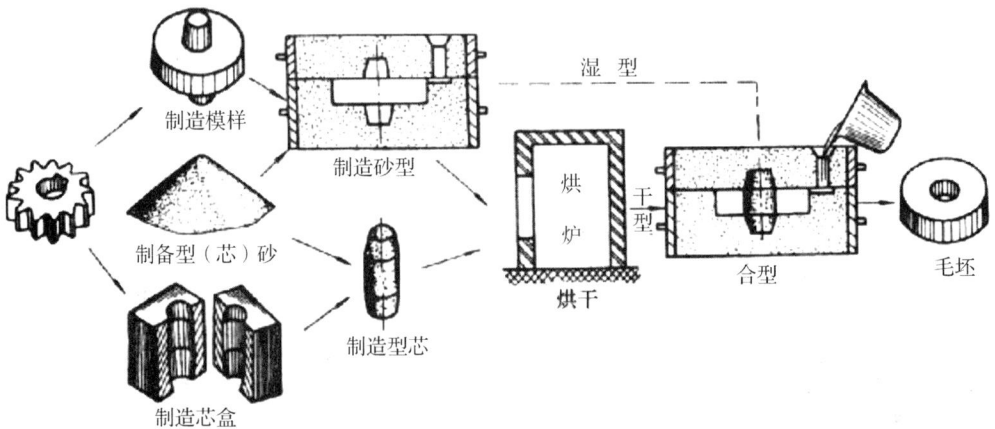

图 5.2.1　砂型铸造的生产过程

铸型准备包括造型材料准备和造型造芯两大项工作。砂型铸造中用来造型造芯的各种原材料，如铸造砂、型砂粘结剂和其他辅料，以及由它们配制成的型砂、芯砂、涂料等统称为造型材料。最常用的粘土型（芯）砂是由原砂、粘土、水和其他附加物（如煤粉、木屑等）按所需配比混制而成。造型材料准备的任务是按照铸件的要求、金属的性质，选择合适的原砂、粘结剂和辅料，然后按一定的比例把它们混合成具有一定性能的型砂和芯砂。常用的混砂设备有碾轮式混砂机、逆流式混砂机和叶片沟槽式混砂机。

造型是铸造生产过程中最重要的生产环节之一，是获得优质的铸件的前提和保证。分手工造型和机器造型两种。造型造芯是根据铸造工艺要求，在确定好造型方法，准备好造型材料的基础上进行的。铸件的精度和全部生产过程的经济效果，主要取决于这道工序。在很多现代化的铸造车间里，造型造芯都实现了机械化或自动化。常用的砂型造型造芯设备有高、中、低压造型机、抛砂机、无箱射压造型机、射芯机、冷和热芯盒机等。

铸件自浇注冷却的铸型中取出后，有浇口、冒口及金属毛刺披锋，砂型铸造的铸件还粘附着砂子,因此必须经过清理工序。落砂后从铸件上清除表面粘砂、型砂、多余金属等的过程称清理。表面清理可用砂轮、滚筒、抛丸、喷丸等方法来完成。铸件浇冒口的去除多用气割或敲击的方法。砂型铸件落砂清理是劳动条件较差的一道工序,所以在选择造型方法时,应尽量考虑到为落砂清理创造方便条件。有些铸件因特殊要求,还要经铸件后处理,如热处理、整形、防锈处理、粗加工等。

金属熔炼不仅仅是单纯的熔化,还包括冶炼过程,使浇进铸型的金属,在温度、化学成分和纯净度方面都符合预期要求。为此,在熔炼过程中要进行以控制质量为目的的各种检查测试,液态金属在达到各项规定指标后方能允许浇注。有时,为了达到更高要求,金属液在出炉后还要经炉外处理,如脱硫、真空脱气、炉外精炼、孕育或变质处理等。

5.2.2 手工造型

1. 砂型铸造的工具和设备

手工造型就是通过人工将模样安置在砂箱内进行造型的方法。

(1)造型工具

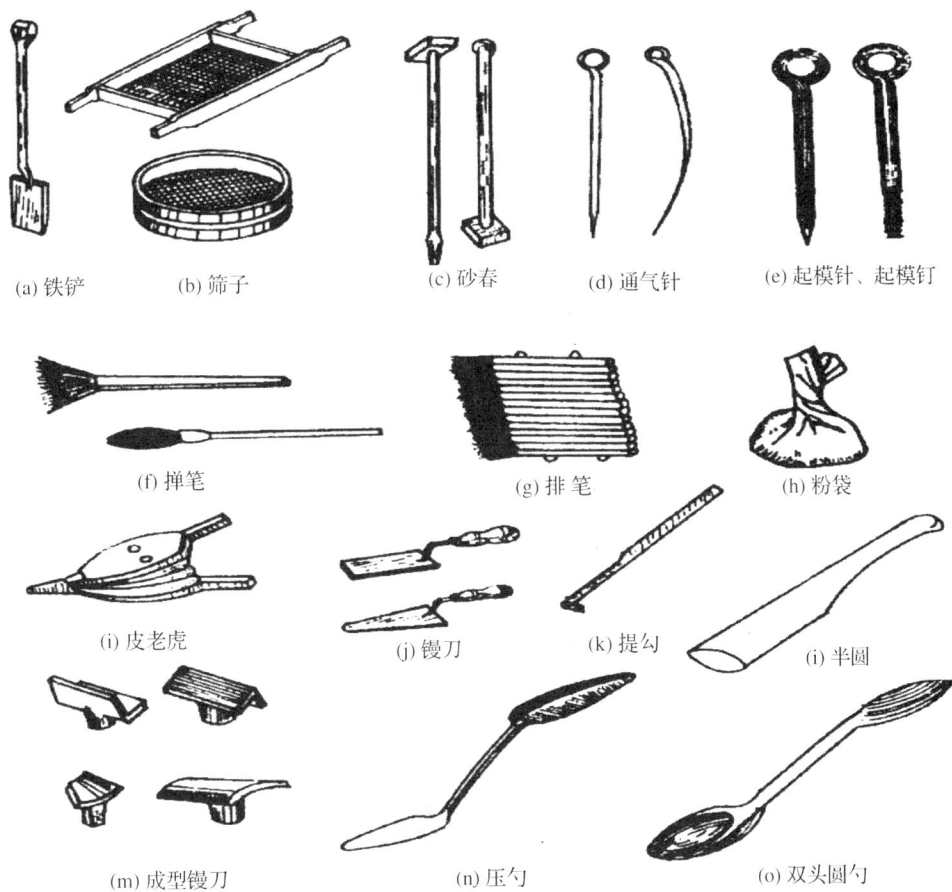

(a) 铁铲　　(b) 筛子　　(c) 砂春　　(d) 通气针　　(e) 起模针、起模钉

(f) 掸笔　　　　(g) 排笔　　　　(h) 粉袋

(i) 皮老虎　　(j) 镘刀　　(k) 提勾　　(l) 半圆

(m) 成型镘刀　　(n) 压勺　　(o) 双头圆勺

图 5.2.2　造型工具

①铁铲　用于拌和型砂并将其铲起送入指定地点。

②筛子　有长方形和圆形两种,长方形筛用于筛分原砂或型砂,使用时,由两人分别握住筛子两端的把子,抬起后让筛子前后移动将砂子筛下;圆形筛子一般为手筛,造型时,用手端起左右摇晃筛子将面砂筛到模样上面。

③砂春　是造型时用来春实型砂的工具,砂春的头部,分扁头和平头两种,扁头用来春实模样周围及砂箱边或狭窄部分的型砂,平头用来春实砂型表面。

④通气针　又称气眼针,有直的和弯的两种,用它在砂型中扎出通气的孔眼,通常用铁丝或钢条制成,尺寸一般为Φ2～Φ8mm。

⑤起模针和起模钉　用来起出砂型中的模样。工作端为尖锥形的叫起模针,用于起出较小的模样;工作端为螺纹的叫起模钉,用来起出较大的模样。

⑥掸笔　用来润湿模样边缘的型砂,以便起模和修型。常用的掸笔有扁头和圆头两种,有时也有用掸笔来对狭小型腔处涂刷涂料。

⑦排笔　主要用来清除铸型上的灰尘和砂粒或用于砂型大的表面涂刷涂料。

⑧粉袋　用来在型腔表面抖敷石墨粉或滑石粉。

⑨手风箱　又称皮老虎。用来吹去砂型上散落的灰尘和砂粒,使用时不可用力过猛,以免损坏砂型。

⑩镘刀　用来修整砂型的较大平面。

⑪砂钩　又称提钩,用来修理砂型(芯)中深而窄的底面和侧壁,提出散落在型腔深窄处的型砂等。砂钩用工具钢制成,常用的有直砂钩和带后跟砂钩,按砂钩头部宽度和长度的不同又分为不同的种类,修型时,根据型腔部分的尺寸来选择所用的砂钩的种类。

⑫半圆　又叫竹片梗或平光杆,用来修整垂直弧行的内壁及其底面。

⑬成形镘刀　用来修整镘光砂型(芯)上的内外圆角、方角和弧形面等。成形镘刀用钢、铸铁或青铜制成,其工作面形状多种多样,实际生产中可根据所修表面的形状来选用。

⑭压勺　用来修理砂型(芯)的较小平面,开设较小的浇道等。常用工具钢制成,其一端为弧面,另一端为平面,勺柄斜度为30°。

⑮双头铜勺　又称秋叶,用来修整曲面或窄小的凹面。

(2)造型工艺装备

常用的造型工艺装备有模样、砂箱和造型平板等。下面分别进行介绍。

1)模样　由木材、金属或其他材料制成,用来形成铸型型腔的工艺装备称为模样。模样必须具有足够的强度、刚度和尺寸精度,表面必须光滑,才能保证铸型的质量。模样大多数是用木材制成,具有质轻、价廉和容易加工成形等特点,但木模强度和刚度较低,容易变形和损坏,所以只适宜小批量生产。大量成批生产一般采用金属模或塑料模。

2)砂箱　构成铸型的一部分,容纳和支承砂型的刚性框称为砂箱。具有便于春实型砂,翻转和吊运砂型,浇注时防止金属液将砂型胀裂等作用。砂箱的箱体常做成方形框结构,在砂箱两旁设有便于合型的定位、锁紧和吊运装置,尺寸较大的砂箱,在框内还有箱带。砂箱常用铸铁或铸钢制成,有时也可用铝合金及木材等制成。

3)造型平板　造型平板有称垫板,其工作表面光滑平直,造型时用它托住模样、砂箱和砂型。小型的造型平板一般用硬木制成,较大的常用铸铁、铸钢和铝合金等指成。

（3）型砂和芯砂

用于制造铸型的材料称为造型材料，主要指型砂和芯砂。

1）型砂和芯砂应具备的性能。

①可塑性：型砂在造型时容易准确成型，并易于保持已得到形状的性能，称为可塑性。可塑性好、易成型，能获得型腔清晰的铸型，从而保证铸件具有精确的轮廓尺寸。

②强度：型砂抵抗外力破坏的能力称为型砂的强度。型砂具备足够的强度可防止在搬动及浇注时冲刷损坏铸型。

③耐火性：在高温液态金属的作用下，型砂不软化、不熔融烧结及不粘附在铸件表面上的性能称为耐火性。耐火性好，可有效地防止粘砂，便于表面清理和切削加工。

④透气性：是指型砂在紧实后能使气体通过的能力。由于型砂和芯砂在液态高温金属作用下会产生大量气体，液态金属在冷却凝固过程中也会析出气体，这些气体均需通过砂型排出。如果砂型透气性差，部分气体就留在金属液内不能排除，铸件就会产生气孔等缺陷。

⑤退让性：指型砂不阻碍铸件收缩的性能。型砂退让性差，将阻碍铸件收缩，使铸件在冷却过程中产生内应力，从而产生变形或裂纹等缺陷，严重时甚至会使铸件断裂。

⑥溃散性：指浇注后型砂、芯砂是否容易解体而脱离铸件表面的性能。

2）型砂和芯砂的组成。

型砂和芯砂是由原砂、粘结剂、附加物、旧砂（回收砂）和水按一定比例经过搅拌混合而成。

①原砂：是型砂、芯砂的主要组成部分，其主要成分是石英（SiO_2）。石英的颗粒坚硬，熔化温度高达 $1710°$，砂中 SiO_2 含量越高，其耐火性越好。原砂以砂粒呈球状且大小均匀为佳。

②粘结剂：一般使用粘土和膨润土，有时也用水玻璃、植物油及树脂等作粘结剂。在型砂中加入一定的粘结剂，可以使型砂具有一定的强度，但仍保持良好的透气性。

③附加物：常用的是煤粉和木屑等。当砂型中浇入高温液态金属时，煤粉燃烧后产生气体，使液态金属与型砂不直接接触，可降低铸件表面粗糙度。加入木屑可改善型砂的退让性和透气性。

（4）铸型的组成

合型后的砂型，其各部分名称如图 5.2.3 所示。型砂被春紧在上下砂箱中，连同砂箱一起，分别称作上型和下型。砂型中被取出模样留下的空腔称为型腔。上、下型分界面称为分型面。图中在型腔中有阴影线的部分表示砂芯。用砂芯是为了形成铸件上的孔或内腔，砂芯上用来安放和固定砂芯的部分为芯头，芯头安放在砂型的芯座中。金属液从砂型的浇口杯中浇入，经直浇道、横浇道、内浇道流入型腔。型腔的最高处开有冒口，以补充收缩和排出气体。被高温金属液包围的砂芯所产生的气体由砂芯

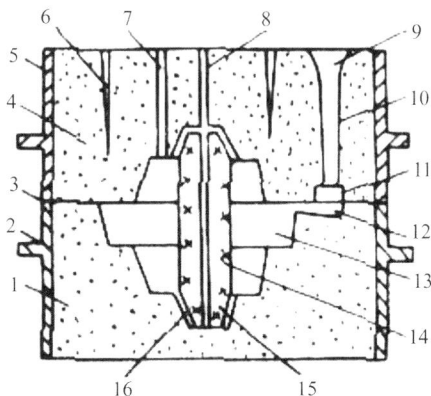

1-下砂型；2-下砂箱；3-分型面；4-上砂型；5-上砂箱；6-通气口；
7-冒口；8-型芯排气道；9-浇口杯；10-直浇道；11-横浇道；
12-内浇道；13-型腔；14-型芯；15-型芯头；16-型芯座

图 5.2.3　铸型的组成

中排气道排出,而砂型中和型腔中的气体则经通气孔排出。

2. 手工造型的操作

手工造型的方法,是主要造型方法。有整模,分模,挖砂,刮板,脱箱,叠箱,假箱,吊砂,活砂,组芯,漏模,劈箱,劈模等。手工造型其适应性强,应用最普遍。

(1)整模造型

将模样做成整体形状,分型面位于模样的某个端面上,模样可直接从砂型中起出,叫整模造型。如图 5.2.4 所示。

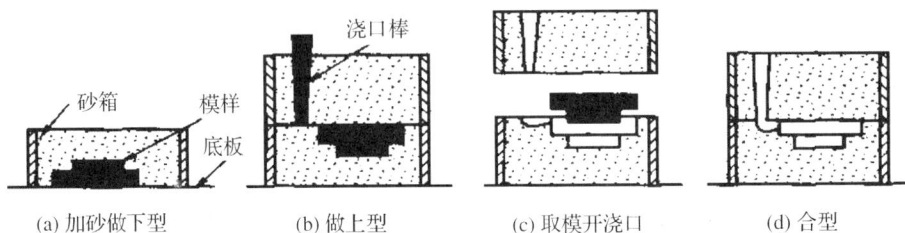

| (a) 加砂做下型 | (b) 做上型 | (c) 取模开浇口 | (d) 合型 |

图 5.2.4 整模造型

(2)分模造型

当铸件存在一个最大截面,而模样沿着这个最大截面分成两部分,利用这样的模样造型,就叫做分模造型。为了不让模样分开的各部分互相错位,在分模面上安有定位装置。如图 5.2.5 所示。

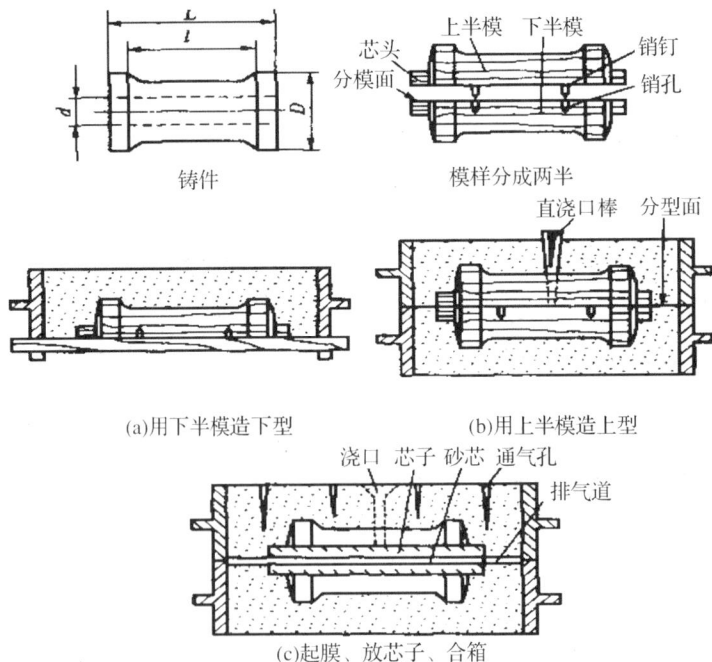

(a)用下半模造下型   (b)用上半模造上型

(c)起膜、放芯子、合箱

图 5.2.5 分模造型

（3）挖砂造型

若模样按其结构形状需要分模造型，但从模样对强度和刚度的要求考虑，又不允许将模样分开，造型时将造型时妨碍起模部分的型砂挖掉，叫挖砂造型。如图 5.2.6 所示。注意事项：挖砂的深度要恰到模样最大截面处，分型面光滑平整坡度合适，便于开型和合型操作。

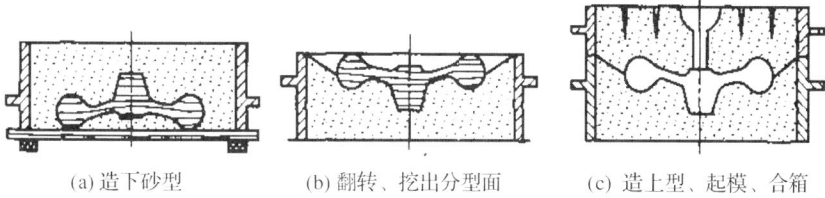

(a) 造下砂型　　　(b) 翻转、挖出分型面　　　(c) 造上型、起模、合箱

图 5.2.6　挖砂造型

（4）假箱造型：指利用特制的假箱或型板进行造型，自然形成曲面分型的造型方法，如图 5.2.7 所示。假箱造型的特点是可免去挖砂操作，造型简便，生产率高。适用于小批或成批生产分型面不平的铸件。

（5）活块造型：指铸件上有妨碍起模的小凸台，制作模样时将这部分做成活块，起模时先拔出模样主体，再从侧面取出活块的造型方法，如图 5.2.8 所示。这种方法适用于单件小批量生产带有凸台、难以起模的铸件。

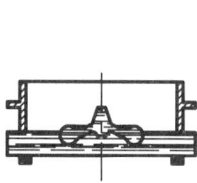

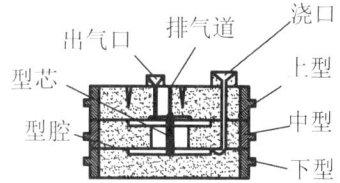

图 5.2.7　假箱造型示意图　　　图 5.2.8　活块造型示意图　　　图 5.2.9　三箱造型示意图

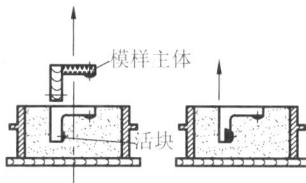

（6）三箱造型：指铸件两端截面尺寸比中间部分大，采用两箱造型无法起模时，需从小截面处分开模样，并用两个分型面、三个砂箱进行造型的方法，如图 5.2.9 所示。这种方法容易错型，操作技术要求高。适用于小批量生产具有两个分型面的铸件。

（7）刮板造型：指用特制的刮板代替实体 模样造型的方法，如图 5.2.10 所示。其特点是可以显著降低模样成本，缩短生产准备时间，但操作复杂，要求技术水平高。适用于单件小批量生产等截面或回转体大的中型铸件。

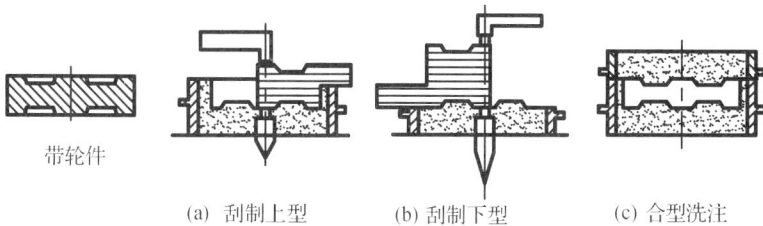

带轮件　　　(a) 刮制上型　　　(b) 刮制下型　　　(c) 合型浇注

图 5.2.10　刮板造型示意图

5.2.3 机器造型

机器造型是指用机器完成全部或至少完成紧砂操作的造型方法。机器造型的实质就是用机器代替手工紧砂和起模,是现代化铸造车间的基本造型方法,适合两箱造型。与手工造型相比,可以提高铸件的精度和表面质量,改善劳动条件,提高生产率,降低生产成本,适用于大批量生产。

1. 机器造型的紧砂方法

常采用压实式、震压式、抛砂式和射压式等多种形式。中小铸件多以震压式紧砂方法造型,如图 5.2.11 所示;大件多以抛砂式紧砂方法造型,如图5.2.12所示。

2. 机器造型的起模方法

常用的起模方法有顶箱式、漏模式和翻转式等三种。

顶箱式起模如图 5.2.13 所示,顶箱式起模机构驱动四根顶杆,顶住砂箱四角慢速升起完成起模。这种方法适用于形状简单、高度不大的铸件。

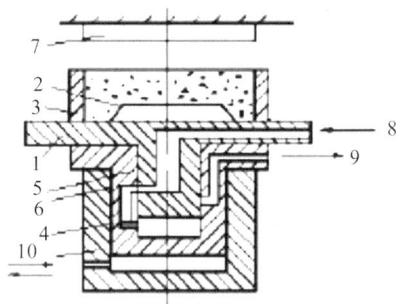

1-工作台;2-模板;3-砂箱;4-震实气路;5-震实活塞;6-压实活塞 7-压头;8-震实进气口;9-震实排气口;10-压实气缸

图 5.2.11 震压式紧砂方法造型示意图

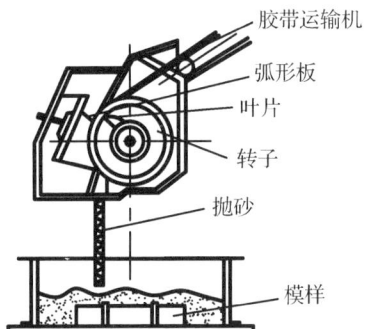

图 5.2.12 抛砂式紧砂方法造型示意图

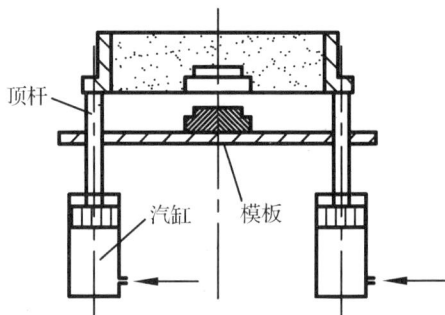

图 5.2.13 顶箱式起模

如图 5.2.14 所示,将形成铸件较深部分的模样做成活动模样安装在模板上,待砂型紧实后,活动模样从漏板中向下拨出,此时砂型被漏板托住而不会塌砂。这种方法适用于有肋条或较深的凹凸形状且起模困难的铸件。

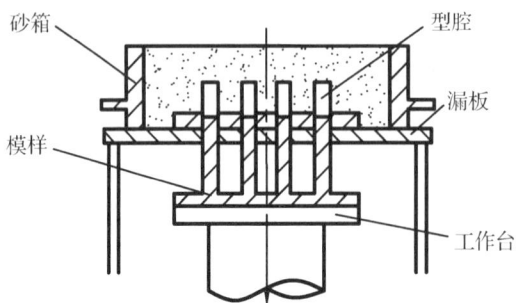

图 5.2.14 漏模式起模

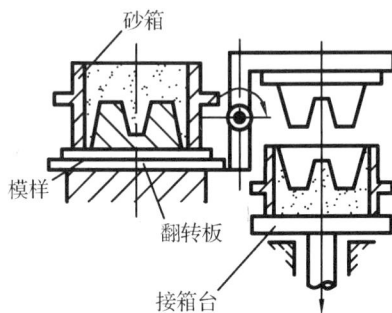

图 5.2.15 翻转式起模

翻转式起模如图 5.2.15 所示,砂型紧实后连同模样一起翻转 180°使下箱下落完成起模。这种方法适用于型腔中有较深吊砂的砂型。

3. 造芯方法

制造型芯的过程称为造芯。造芯和造型一样,可分为手工造芯和机器造芯。在大批生产时采用机器造芯比较合理,但在一般情况下用手工造芯较多。手工造芯时主要采用芯盒造芯,单件小批量生产大中型回转体型芯时,可采用刮板造芯。其中用芯盒造芯是最常用的方法,它可以造出形状比较复杂的型芯。图 5.2.16 所示为芯盒造芯。

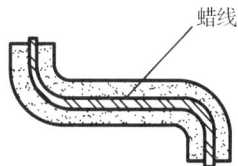

由于浇注时型芯受金属液的冲击、包围和烘烤,与型砂相比,芯砂必须具有较高的强度、耐火性、透气性、退让性和溃散性,因此,在造芯过程中,除合理配制芯砂,正确选择造芯工艺外,一般还应采取以下措施,以提高芯砂的综合性能。

(1)在型芯中放入芯骨,提高芯砂的强度。芯骨是放入砂芯中用以加强或支持砂芯的金属构架。小型砂芯的芯骨可用铁丝制成,大中型砂芯的芯骨一般用铸铁铸成。

(2)在型芯内开设通气孔和通气道,提高砂芯的透气性。形状简单的型芯可以用通气针扎出通气孔。形状复杂的型芯,可以在型芯内放入蜡线,待烘干时蜡线被烧掉而形成通气道,如图 5.2.17 所示。

(3)在型芯表面涂涂料,提高芯砂的耐火性,防止铸件粘砂。

(4)烘干型芯,进一步提高砂芯的强度和透气性。

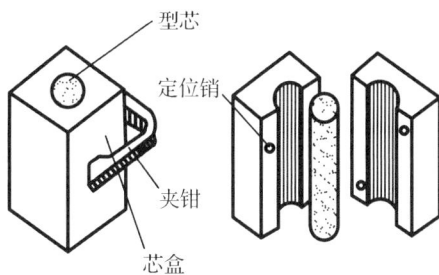

图 5.2.16　芯盒造芯示意图　　　　图 5.2.17　型芯的通气方式

5.2.4 铸造合金的熔炼和浇注

金属材料通过加热从固态转变到熔融状态的过程称为熔炼。熔炼金属的设备种类较多,有电弧炉、平炉、冲天炉、感应炉、坩埚炉、反射炉等。将熔融金属从浇包注入铸型的操作,称为浇注。浇注工序对铸件的质量影响很大,涉及工人的安全.

1. 浇包

容纳、输送和浇注熔融金属用的容器称为浇包。浇注前,应根据铸件的大小、批量等选择合适的浇包。浇包用钢板制成外壳,内衬为耐火材料。浇包在浇注前应进行烘干和预热,以免降低液态金属的温度和引起铁液飞溅。

2. 浇注工艺

(1)浇注温度　浇注温度与合金种类.铸件的大小和壁厚有关,灰铸铁中小铸件浇注温度为 1260～1350℃,薄壁件为 1350～1400℃,铝的熔点 667℃,熔化温度控制 800～820℃,浇注温度 720～760℃左右。浇注温度过高,铸件收缩量大,粘砂严重,晶粒粗大;温度太低,会使铸件产生冷隔和浇不到等缺陷。

(2)浇注速度 浇注速度是根据铸件的形状、大小和壁厚决定的。通常对薄壁、复杂和小铸件,宜快浇;厚大件应慢浇。浇注速度是用单位时间内浇入铸型中的金属液质量来衡量的。浇速过快,金属液对铸型的冲击力大,易冲砂;浇速过慢,易形成冷隔,浇不到等缺陷。

(3)浇注技术 浇注前,为了使熔渣变稠以便于扒出或挡住,可在浇包内金属液面上撒些稻草灰和干砂。浇注过程中,不能断流,应始终使浇口杯保持充满,以便于熔渣上浮;为防止 CO 等有害气体污染空气及形成气孔,及时点燃从砂型出气孔、冒口溢出的气体。

3. 浇注操作

浇注操作包括:

(1)浇注前注意清理场地,估算金属液,工具涂料预热,辅料准备,安全操作等。

(2)浇注中注意温度控制,注意浇注速度,注意浇注的连续性和避免断流,注意引气等。

(3)浇注后确保足够凝固时间;小铸件不小于 30 分钟;铝铸件一般 10~15 分钟。

5.2.5 铸造工艺主要内容

1. 浇注位置的选择

浇注位置是浇注时铸型分型面所处的位置。分型面分别为水平、垂直或倾斜时,则分别称为水平浇注、垂直浇注或倾斜浇注。浇注位置是否正确,对铸件质量有很大影响,通常需根据铸件技术要求,首先找出铸件上质量要求高的部分(如重要加工面、受力面等)和容易产生缺陷的部分(如大平面、薄壁处等),再考虑其浇注位置。一般原则如下:

(1)铸件的重要加工面或主要工作面应朝下。因为气体、熔渣、杂质、砂粒容易上浮,铸件上表面容易产生砂眼、气孔、夹渣等缺陷,而使铸件上部质量较差。例如,生产车床床身铸件时,由于车床导轨面是关键表面,要求组织致密且具有高硬度,不允许有任何缺陷,所以应将重要的导轨面朝下,如图 5.2.18 所示。

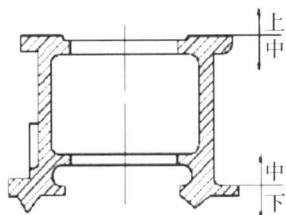

图 5.2.18 床身的浇注位置   图 5.2.19 平板的浇注位置

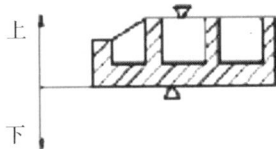

(2)铸件的大面应朝下。型腔的上表面除了容易产生砂眼、气孔、夹渣等缺陷外,还产生夹砂缺陷。这是由于在浇注过程中,高温的金属液对型腔上表面有强烈的热辐射,导致上表面型砂急剧膨胀和强度下降而拱起或开裂,使金属液进入表层裂缝中形成夹砂缺陷。故平板类、圆盘类铸件大平面应朝下,如图 5.2.19 所示。

(3)铸件上壁薄而大的平面应朝下或垂直、倾斜。这是为了防止薄壁部分产生浇不足、冷隔等缺陷,如图 5.2.20 所示。

(4)易形成缩孔的铸件,应把铸件截面较厚的部分放在分型面附近的上部或侧面,这样便于在铸件的厚壁处直接安置冒口,使之实现自上而下的定向凝固,以利于补缩。如图 5.2.21 所示。

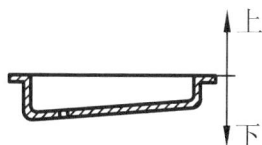

图 5.2.20　薄件的浇注位置　　　　　图 5.2.21　卷扬筒的浇注位置

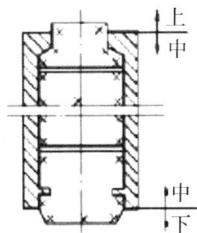

2．分型面的选择

铸型组元间的接合面称为分型面。分型面的选择合理与否,对铸件的质量及制模、造型、造芯、合型或清理等工序都有很大的影响。选择铸型分型面时,应在保证铸件质量的前提下,考虑以下原则:

(1)应减少分型面的数量,最好只有一个分型面。这样可以简化操作过程,提高铸件的尺寸精度和生产效率。

(2)尽量采用平直面为分型面,少用曲面为分型面,以便于简化制模和造型工艺。

(3)应尽可能使铸件的全部或大部分置于同一砂型内。如图 5.2.22 所示,分型面 A 是合理的,既便于合型,又可防止错型,保证了铸件质量。分型面 B 是不合理的。

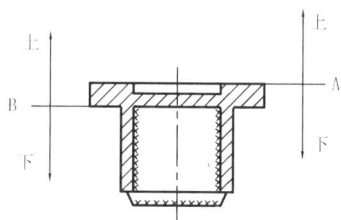

(a)不合理　　　　　(b)合理

图 5.2.22　铸型的分型面　　　　　图 5.2.23　螺栓塞头的分型面

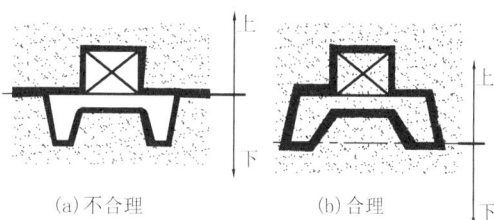

(4)应尽量使铸件的主要加工面和加工基准面位于同一个砂型中,如图 5.2.23 所示,(b)图为合理的。因为铸件的 L 部方头是车削外圆面 L 螺纹的基准,它们处于同一砂型内,可以避免错型,保证铸件的质量。

(5)应尽量减少型芯和活块的数量,以简化制模、造型、合型等工序。

(6)应尽量使型腔及主要型芯位于下型,以便造型、下芯、合型和检验壁厚。但下型型腔也不宜过深,并应尽量避免使用吊砂。

(7)为保证从铸型中取出模样而不损坏铸型,分型面应选在铸件的最大截面处。

对于具体铸件,在确定浇注位置和分型面时,难以全面符合上述原则。为了保证铸件的质量,应尽量避免合箱后翻转砂型。对于质量要求较高的铸件,一般应先确定浇注位置,再从便于造型出发来确定分型面。对于质量要求不高的铸件,应先选择能使工艺简化的分型面,而浇注位置的选择则处于次要地位。

3．铸造工艺参数的确定

铸造工艺参数是指铸造工艺设计时需要确定的某些数据。主要指机械加工余量、起模斜度、铸造收缩率、型芯头尺寸、铸造圆角、最小铸出孔等。这些工艺参数不仅和浇注位置及模样有关,还与造芯、下芯及合型的工艺过程有关。

(1)机械加工余量。铸件的机械加工余量是指为进行机械加工而加大的尺寸量。其大小取决于铸件的合金种类、铸造方法、尺寸大小、生产批量及加工面的要求和所处的浇注位置等。一般铸钢件的加工余量比铸铁件的加工余量要大些;非铁(有色)金属件表面光洁,且材料昂贵,其加工余量比铸铁件小;大批量的机器造型比单件小批量的手工造型生产的铸件精度高,加工余量要小些。铸件尺寸越大,结构越复杂,或加工表面处于浇注时的顶面时,加工余量也越大。

(2)起模斜度。起模斜度是为了使模样容易从铸型中取出或型芯自芯盒中脱出,平行于起模方向在模样或芯盒壁上设计的斜度。起模斜度的大小应根据模样的高度、模样的尺寸和表面粗糙度以及造型方法来确定。木模外壁的起模斜度一般为 $30'\sim3°$,如图5.2.24 所示。垂直壁越高,起模斜度越小;机器造型应比手工造型的斜度小;金属模的斜度小于木模;内壁的起模斜度比外壁大。具体数据可查有关手册。

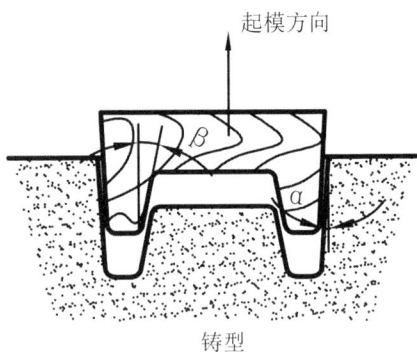

图 5.2.24 起模斜度

(3)铸造收缩率。由于合金的收缩,铸件冷却后的尺寸将比模样的尺寸小。为确保铸件的尺寸,必须根据合金的线收缩率来放大模样的尺寸。合金的线收缩率与合金的种类及铸件的形状、尺寸等因素有关。通常灰铸铁的线收缩率为 $0.7\%\sim1.0\%$,铸钢为 $1.6\%\sim2.0\%$,铝硅合金为 $0.8\%\sim1.2\%$,锡青铜为 $1.2\%\sim1.4\%$。大批量生产取下限,单件小批量生产取上限。

(4)型芯头。它主要用于定位和固定砂芯,使砂芯在铸型中有准确的位置。芯头有垂直芯头和水平芯头之分,如图5.2.25 所示。芯头设计主要是确定芯头的长度、斜度和间隙。

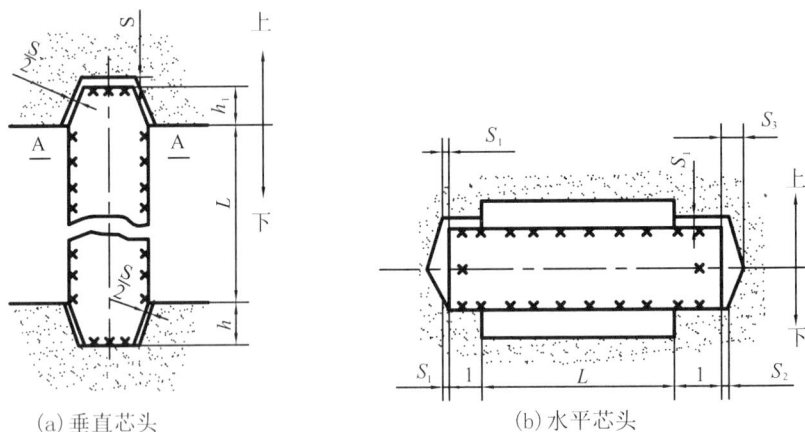

(a)垂直芯头　　　　　　　　　　　(b)水平芯头

图 5.2.25 型芯头

1)芯头长度

为了保证型芯的稳固,芯头必须有一定的长度 L,垂直芯头的长度通常称为芯头高度 h。芯头长度取决于型芯的直径和长度,其具体尺寸可查阅有关手册。

2)芯头斜度

垂直型芯的上、下芯头都留有斜度。为增加型芯的稳定性,下芯头斜度小,高度大;为便于合型,上芯头斜度大,高度小。垂直芯头的斜度可查手册。水平芯头一般不留斜度,而是在芯座上形成一定的间隙。

3)芯头间隙

为便于下芯,芯头和芯座之间应留有间隙 S。间隙大小取决于造型方法、铸型种类及型芯大小,水平芯头和垂直芯头的间隙可查阅有关手册。

(5)铸造圆角。在设计铸件和制造模样时,壁的连接和转角处要做成圆弧过渡,即铸造圆角。其目的是防止铸件交角处产生缩孔及应力集中而引起裂纹,也可防止交角处形成粘砂、浇不足等缺陷。一般小型铸件,外圆角半径取 2~8mm,内圆角半径取 4~6mm。

(6)最小铸出孔及槽。零件上的孔、槽是否要铸出,应从工艺、质量及经济等方面考虑。一般来说,较大的孔、槽应尽可能在铸造时铸出,这样既可节约金属,减少机械加工的工时,又可使铸件壁厚比较均匀,减少形成缩孔、缩松等铸造缺陷的倾向。但是,当铸件的孔太小,而铸件壁又较厚时,则不易铸孔,直接依靠机械加工反而更方便。有些特殊要求的孔,如弯曲孔,无法实现机械加工,则一定要铸出。可用钻头加工的受制孔最好不要铸造,铸出后很难保证铸孔中心位置的准确,再用钻头扩孔无法纠正中心位置。

最小铸出孔与铸件的生产批量、合金种类、铸件大小、孔的长度及孔的直径等因素有。表 5.2.1 为最小铸出孔孔径。

表 5.2.1 铸件的最小铸出孔直径

生产批量	最小铸出空直径/mm	
	灰铸铁件	铸钢件
大量生产	12~15	
成批生产	15~30	30~50
单件、小批量生产	30~50	50

4. 浇注系统

浇注时金属液流入铸型型腔所经过的通道称浇注系统。浇注系统一般包括浇口杯、直浇道、横浇道和内浇道,如图 5.2.26 所示。

浇注系统各组成部分及作用如下:

(1)浇口杯是漏斗形外浇口,单独制造或直接在铸型内形成。其作用是承接浇注的金属液使金属液均匀、平稳地进入直浇道,以减少金属液冲击,并能挡住熔渣和杂质进入直浇道。

(2)直浇道是浇注系统中的垂直通道。其作用是调节金属液流入型腔的速度,并产生一定的充填压力,使金属液充满型腔的各个部分。

(3)横浇道是浇注系统中连接直浇道和内浇道的水平通道部分。其主要作用是将金属液分配给各个内浇道,并起挡渣作用。

(4)内浇道是浇注系统中引导金属液进入型腔的部分。其主要作用是控制金属液流入型腔的速度和方向,以调节铸件各部分的冷却顺序。内浇道的方向不应对着型腔壁和型芯,以免其被金属液冲坏。

(5)冒口是在铸型内储存供补缩铸件用金属液的空腔。大多数铸造合金,在凝固时均有

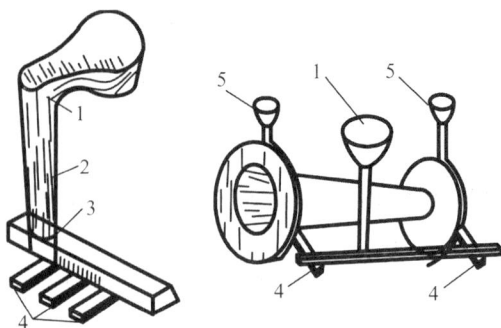

1-浇口杯;2-直浇道;3-横浇道;4-内浇道;5-冒口
图 5.2.26　浇注系统

较大的体积收缩,为了防止因此而产生的缺陷,一般在铸型上开设一定数量、形状的冒口。冒口的位置一般在铸件最后凝固的位置或铸型浇注时的最高部位,其作用是补缩液态金属、排气和集渣。若浇注系统设计不合理,铸件将易产生冲砂、砂眼、夹渣、浇不足、气孔和缩孔等缺陷。

5.　砂型铸造的铸件图和铸造工艺图

(1)铸件图

反映铸件实际形状、尺寸和技术要求的图样,称为铸件图。它是用彩色铅笔将浇注位置、分型面、加工余量、起模斜度、铸造圆角等绘制在零件图上(用黑线和网文表示),如图5.2.27所示。

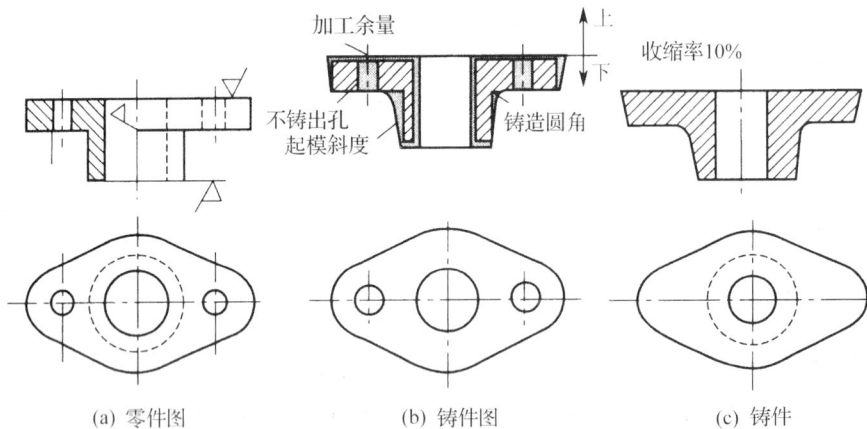

图 5.2.27　压盖的零件图、铸件图、铸件

(2)铸造工艺图

铸造工艺图是在零件图上用规定的工艺符号表示出铸造工艺内容的图形,它决定了铸件的形状、尺寸、生产方法和工艺过程。是制造模样、芯盒、造型、造芯和检验铸件的依据。在蓝图上绘制的铸造工艺图,采用红、蓝铅笔将各种工艺符号直接标注在零件图样上。铸造工艺图常用符号及表示方法可参阅表5.2.2。

表 5.2.2 铸造工艺符号和表示方法

名称	工艺符号和表示方法	名称	工艺符号和表示方法
分型线	用红线表示,并用红色写出"上、中、下"字样 两箱造型 三箱造型 示例	分模线	用红表示,在任一端面画"<"符号
分型分模线	用红线表示	机加工余量	用红线表示(本图用细实线代) 在加工符号附近注明加工余量数值
不铸出孔和槽	不铸出的孔和槽用红色线打叉	浇注系统位置与尺寸	用红色线或红色双线表示,并注明各部分尺寸
芯头斜度与芯头间隙	用蓝色线表示,(本图用细实线代)并注明斜度和间隙数值,有两个以上的型芯时,用"1"、"2"等标注		

现以联轴器零件为例,说明铸造工艺设计的步骤。已知:图 5.2.28 为联轴器的零件图,选择材料为 HT200,小批生产,采用砂型铸造,手工造型。

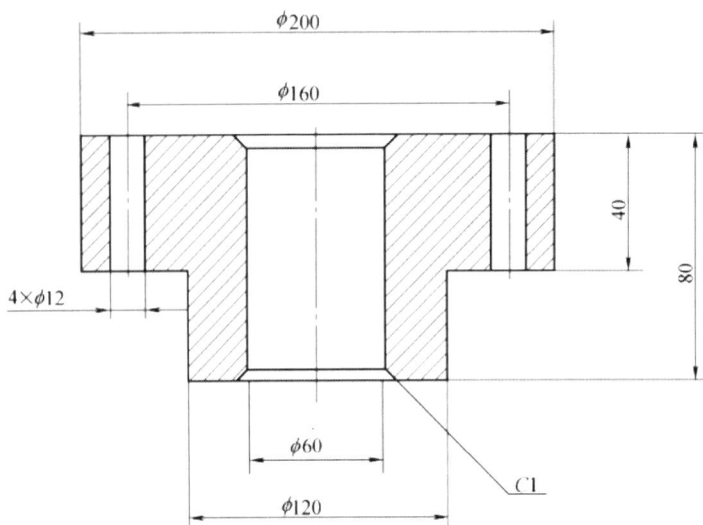

图 5.2.28 联轴器零件图

工艺分析如下：

1)选择浇注位置和分型面

该铸件的浇注位置有两个方案,一是零件轴线呈垂直位置,二是零件轴线呈水平位置。若采用后者,需分模造型,容易错型,而且质量要求高的 60 孔和两端面质量无法保证。浇注采用垂直位置,并沿大端端面分型,造型操作方便:可采用整模造型,避免了错型;质量要求高的端面和孔处于下面或侧面,铸件质量好;直立型芯的高度不大,稳定性尚可。综合分析选择前者方案。

2)确定加工余量

该铸件为回转体,基本尺寸取 200mm,查手册得尺寸公差等级为 CT3,200mm 大端面为顶面,加工余量为 8.5mm。200mm 与 120mm 之间的台阶面可视为底面,加工余量 7mm,120mm 端面是底面,加工余量 5.5mm,同法查得 120mm 外圆加工余量 5.5mm。60mm 孔径小于高度 80mm,查手册得孔的加工余量为 5.5mm。

3)确定起模斜度

因铸件全部加工,两处侧壁高度均为 40mm,查手册得木模的起模斜度 α 增加值为 1。

4)确定先收缩率

对于灰铸铁、小型铸件,查手册得线收缩率 1%。

5)芯头尺寸

垂直芯头查手册得到联轴器的芯头尺寸。

6)铸造圆角

对于小型铸件,外圆角半径取 2mm,内圆角半径取 4mm。

7)绘制铸造工艺图(图 5.2.29)

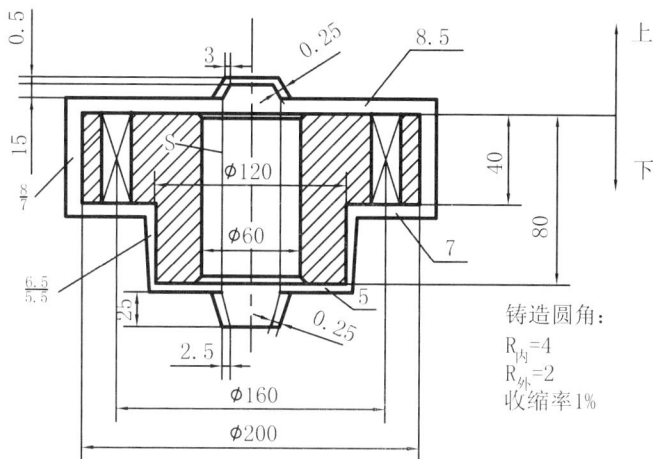

图 5.2.29　联轴器的铸造工艺图

5.2.6　铸件结构工艺性

铸件的结构工艺性是指铸件结构在满足使用要求的前提下,能用生产率高、劳动量小、材料消耗少和成本低的方法进行制造的衡量指标。凡符合上述要求的铸件结构,则认为具有良好的铸件结构工艺性。良好的铸件结构应与相应金属的铸造性能以及铸件的铸造工艺相适应。

1.铸造工艺对铸件结构的要求

从工艺上考虑,铸件的结构设计应有利于简化铸造工艺,避免产生铸造缺陷,便于后续加工。

(1)铸件外形力求简单。铸件外形尽可能采用平直轮廓,尽量少用非圆曲面,以便于制造模样。

(2)铸件应有最少的分型面。铸件分型面应尽可能少,且尽量为平面,以便简化造型工艺,减少错型、偏芯等缺陷,提高铸件尺寸精度。图 5.2.30(a)所示的铸件因侧壁凹入,有两个分型面,需采用三箱造型,造型效率低,而且易产生错型缺陷。在不影响使用性能的前提下,改为图 5.2.30(b)的结构后,只有一个分型面,为合理结构,可采用两箱造型。

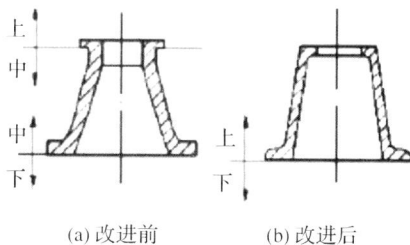

(a)改进前　　(b)改进后

图 5.2.30　底座铸件

(3)铸件应有一定的结构斜度。铸件上凡垂直于分型面的不加工表面,均应设计结构斜度,如图 5.2.31 所示。设计结构斜度不仅使起模方便,而且零件也更加美观。零件上垂直于分型面的不加工表面高度越低,结构斜度应设计得越大。

(4)铸件应尽量不用或少用活块。在与铸件分型面相垂直的表面上具有凸台时,一般采

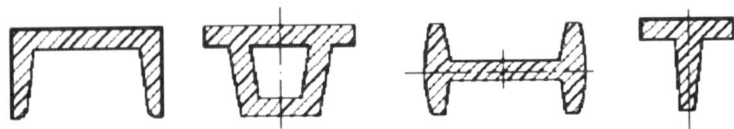

图 5.2.31　结构斜度

用活块造型,如图 5.2.32(a)所示。如果凸台距离分型面较近,则可将凸台延伸到分型面,如图 5.2.32(b)所示,这样,造型时就可省去活块。

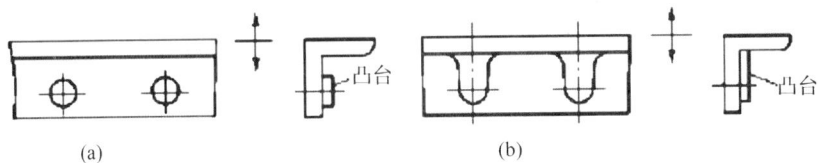

图 5.2.32　凸台设计

(5)铸件尽量不用或少用型芯。铸件内腔结构采用型芯来形成会增加材料消耗,且工艺复杂,成本提高,因此,设计铸件内腔时应尽量少用或不用型芯。如图 5.2.33(a)所示铸件,其内腔只能用型芯成形,若改为图 5.2.33(b)结构,可用自带型芯成形。图 5.2.34 所示支架,用图 5.2.34(b)的开式结构代替图 5.2.34(a)的封式结构,可省去型芯。

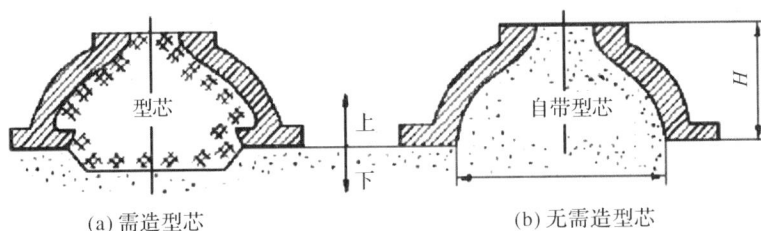

(a)需造型芯　　　　　　　　　　　　　(b)无需造型芯

图 5.2.33　铸件内腔设计

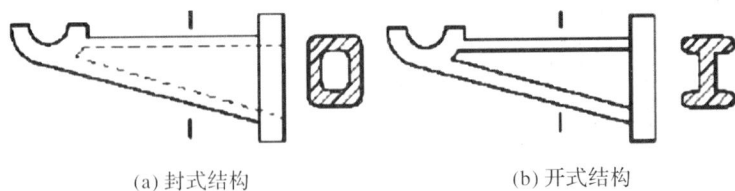

(a)封式结构　　　　　　　　　　　　　(b)开式结构

图 5.2.34　铸件结构设计

(6)型芯的设置要稳固并有利于排气与清理。如图 5.2.35 所示为轴承支架铸件,为获得图 5.2.35(a)中的空腔结构需要采用两个型芯,其中大的型芯呈悬臂状态,必须增设芯撑,且型芯排气不畅,清理也不方便。如能按图 5.2.35(b)进行改进,使两个空腔连通则只需一个型芯,而且型芯稳固可靠、装配简单、易于排气、便于清理。

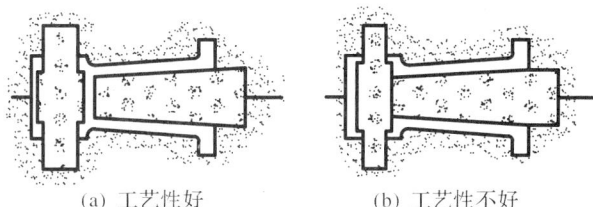

(a) 工艺性好　　　　　　　(b) 工艺性不好

图 5.2.35　轴承支架铸件的两种结构

2. 金属铸造性能对铸件结构的要求

铸件结构设计时,应充分考虑合金的铸造性能要求,否则铸件容易出现缩孔、缩松、裂纹、变形、浇不足、冷隔等缺陷。因此,设计铸件结构应考虑如下几个方面:

(1)铸件应有合理的壁厚。为保证金属液充满铸型,铸件壁厚不能小于金属所允许的最小壁厚,否则易产生浇不足、冷隔等缺陷。常用合金的最小允许壁厚见表 5.2.3。

表 5.2.3　砂型铸造时铸件的最小允许壁厚　　　　　　　　单位 mm

铸件尺寸	铸钢	灰铸铁	球墨铸铁	可锻铸铁	铝合金	铜合金
200×200 以下	6~8	5~6	6	4~5	3	3~5
200×200~500×500	10~12	6~10	12	5~8	4	6~8
500×500 以下	15~20	15~20			5~7	

(2)铸件壁厚应力求均匀。铸件各部分壁厚不均匀,则在壁厚处易形成金属积聚的热节,凝固收缩时在热节处易形成缩孔、缩松等缺陷。此外,因冷却速度不同,各部分不能同时凝固,易形成较大的热应力,并有可能使厚壁与薄壁连接处产生裂纹,如图 5.2.36(a)所示

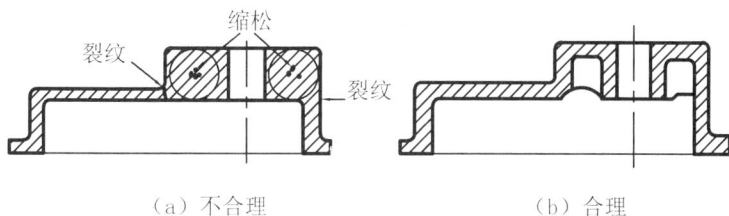

(a) 不合理　　　　　　　　(b) 合理

图 5.2.36　铸件的壁厚

壁厚不均匀铸件在其厚壁部分易产生缩孔,在过渡处易产生裂纹。按图 5.2.36(b)进行改进后,铸件结构壁厚均匀,可有效避免缩孔、裂纹等缺陷的产生。显然,确定铸件壁厚应将加工余量考虑在内,有时加工余量会使壁厚增加而形成热节。

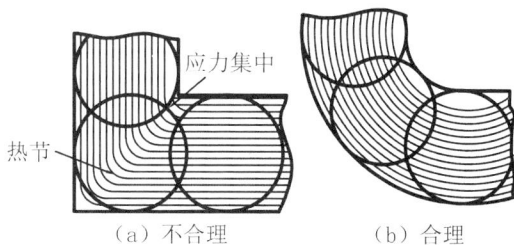

(a) 不合理　　　　　　　(b) 合理

图 5.2.37　铸造圆角

(3)铸件壁与壁的连接要合理。

1)为避免局部金属聚集产生热节,防止缩孔、应力集中等缺陷,应尽可能把铸件的壁间连接设计成结构圆角。如图 5.2.37(a)所

示,金属在铸件直角处聚集形成热节,可能产生缩孔;直角处的线条表示应力的分布情况,靠近内直角的线条密集表示应力集中,可能产生裂纹。而图 5.2.37(b)所示结构圆角处则没有金属聚集及应力集中现象。结构圆角是铸件结构的基本特征之一。

2)铸件上各部分的壁厚经常是不一致的,不同壁厚的连接应逐步过渡,以防接头处金属聚集形成缩孔、产生应力、变形和裂纹。如图 5.2.38 所示,铸件的厚、薄壁之间的连接可采用圆角过渡、倾斜过渡、复合过渡等形式。

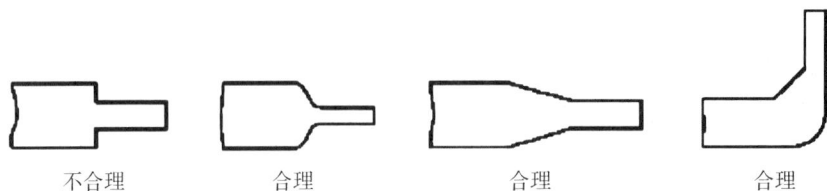

图 5.2.38　壁厚过渡形式

3)铸件上的肋或壁的连接应避免十字交叉和锐角连接,如图 5.2.39 所示,十字交叉连接和锐角连接容易形成金属聚集,可能形成缩孔。

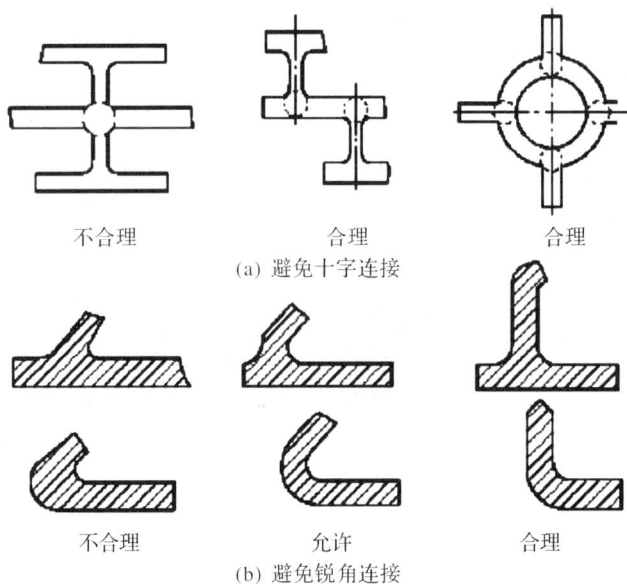

(a) 避免十字连接

(b) 避免锐角连接

图 5.2.39　铸件接头结构

(4)铸件应避免或减少收缩受阻。铸件收缩受阻是产生内应力、变形和裂纹的根本原因。设计铸件结构时,应尽量使其各部分能自由收缩,以减少变形和内应力,避免裂纹。

如图 5.2.40 所示手轮铸件,图 5.2.40(a)为直线形偶数轮辐,在合金线收缩时,手轮轮辐中产生的收缩力相互抗衡,容易出现裂纹。可改为图 5.2.40(b)所示的奇数轮辐或图 5.2.40(c)所示的弯曲轮辐,这样可借助轮缘、轮毂和弯曲轮辐的微量变形自行减缓内应力,防止开裂。

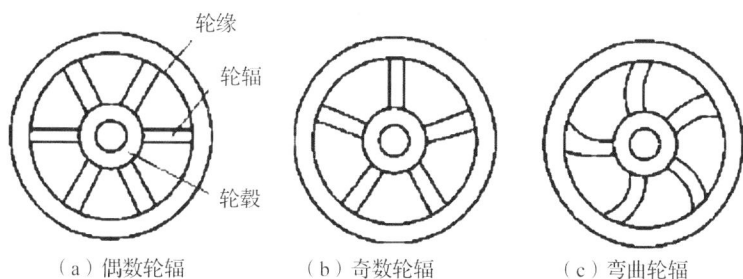

（a）偶数轮辐　　　　　（b）奇数轮辐　　　　　（c）弯曲轮辐

图 5.2.40　手轮轮辐的设计

（5）铸件应尽量避免有过大的水平面。铸件水平方向的较大平面，在浇注时，金属液面上升缓慢，长时间烘烤铸型表面，使铸件容易产生夹砂、浇不足等缺陷，也不利气体和非金属夹杂物的排除。因此，应尽量用倾斜结构代替过大的水平面，如图 5.2.41 所示。

(a)原结构　　　　　　　　　　(b)改进后的结构

图 5.2.41　罩壳结构

（6）防止铸件翘曲变形。壁厚均匀的细长形铸件和面积较大的平板类铸件在冷却收缩时易产生翘曲变形。如图 5.2.42 所示，改不对称结构为对称结构或采用加强肋，提高其刚度，均可有效防止铸件变形。

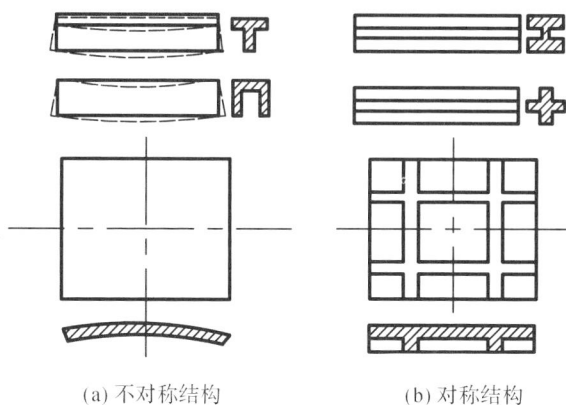

(a)不对称结构　　　　　　　(b)对称结构

图 5.2.42　防止铸件变形的结构

5.3 特种铸造

特种铸造是指与砂型铸造不同的其他铸造方法。常用的特种铸造方法主要有金属型铸造、压力铸造、低压铸造、离心铸造、熔模铸造等。

5.3.1 金属型铸造

金属型铸造是指用重力将熔融金属浇注入金属铸型获得铸件的方法。金属型是指由金属材料制成的铸型,但不能称作为金属模。

(1)金属型铸造过程 常见的垂直分型式金属型如图 5.3.1 所示,由定型和动型两个半型组成。分型面位于垂直位置。浇注时先使两个半型合紧,凝固后利用简单的机构使两半型分离,取出铸件。

(2)金属型铸造特点及应用 金属型铸造实现了"一型多铸",克服了砂型铸造造型工作量大、占地面积大、生产率低等缺点。金属型的精度较砂型高很多,铸件精度较

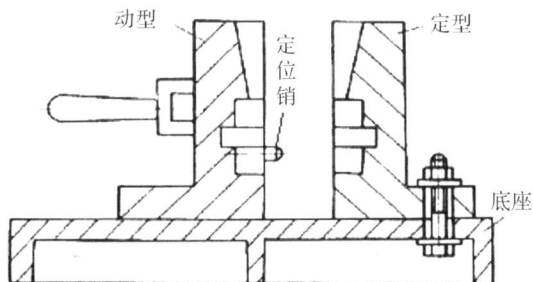

图 5.3.1 垂直分型式金属型

高。例如,金属型铸造的灰铸铁件精度可以达到 CT9～CT7,而手工造型砂型铸件只能达到 CT13～CT11。另外,金属型导热性能好,冷却快,过冷度较大,铸件组织较细密,铸件的力学性能比砂型铸件要提高 10%～20%。但是,熔融金属在金属型中的流动性较差,容易产生浇不到、冷隔等缺陷。另外,使用金属型铸出的灰铸铁件容易出现局部的白口铸铁组织。在大批量生产中,常采用金属型铸造方法铸造有色金属铸件,如铝合金活塞、汽缸体和铜合金轴瓦等。

5.3.2 压力铸造

压力铸造是指将熔融金属在高压下高速充型,并在压力下凝固的铸造方法。

(1)压力铸造过程 压力铸造使用的压铸机如图 5.3.2(a)所示,由定型、动型、压室等组成。首先使动型与定型合紧,用活塞将压室中的熔融金属压射到型腔,如图 5.3.2(b)所示;凝固后打开铸型并顶出铸件,如图 5.3.2(c)。

(2)压力铸造的特点及应用 压力铸造以金属型铸造为基础,又增加了在高压下高速充型的功能,从根本上解决了金属的流动性问题。压力铸造可以直接铸出零件上的各种孔眼、螺纹、齿形等。压铸铜合金铸件的尺寸公差等级可以达到 CT8～CT6。压力铸造使熔融金属在高压下结晶,铸件的组织更细密。压力铸造铸件的力学性能比砂型铸造提高 20%～40%。但是,由于熔融金属的充型速度快,排气困难,常常在铸件的表皮下形成许多小孔。这些皮下小孔充满高压气体,受热时因气体膨胀而导致铸件表皮产生突起缺陷,甚至使整个铸件变形。因此,压力铸造铸件不能进行热处理。在大批量生产中,常采用压力铸造方法铸造铝、镁、锌、铜等有色金属件。例如,在汽车、电子、仪表等工业部门中使用的均匀薄壁又形状复杂的壳体类零件,常采用压力铸造铸件。

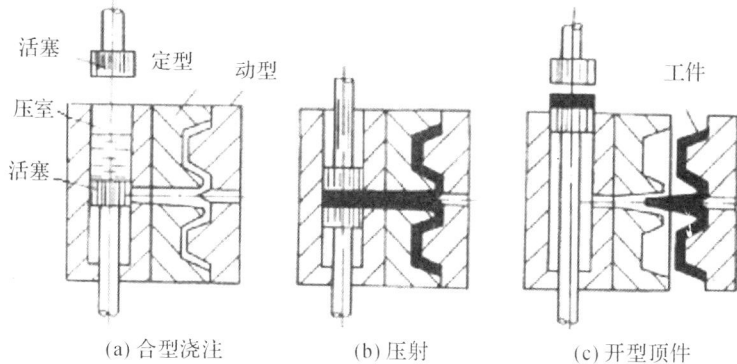

(a) 合型浇注　　　　　(b) 压射　　　　　(c) 开型顶件

图 5.3.2　压力铸造

5.3.3　低压铸造

低压铸造工艺原理如图 5.3.3 所示。工作时由储气罐向保温室中送入压力为 0.01～0.08MPa 的干燥压缩空气或惰性气体,使金属液(高出液相线 100～150℃)沿升液管从密封坩埚中,以 10.5～10.6m/s 的速度压入铸型型腔中,将其充满后,仍保持一定压力(或适合增压)至型腔内金属液完全凝固。然后撤出压力,使升液管和浇口中没有凝固的金属液,在重力作用下流回坩埚,打开铸型取出铸件。

低压铸造的压力可人为控制,故适用于各种材料的铸型(金属型、砂型、壳型和熔模铸型);铸件在压力下凝固结晶,浇口又能起补缩作用,铸件自上而下顺序凝固,因此组织致密,能有效地克服铝合金的针孔等缺陷;浇注时压力低,金属液充型平稳,减少了对型腔的冲击和飞溅;铸件成品率高,浇口余头小,金属利用率高;设备简单,费用少,便于操作,易于实现机械化、自动化,劳动条件好;铸件表面粗糙度值 Ra12.5～3.2μm,公差等级为 IT14～IT12;铸件重量为几十克至几百千克,最小壁厚为 2～5mm。

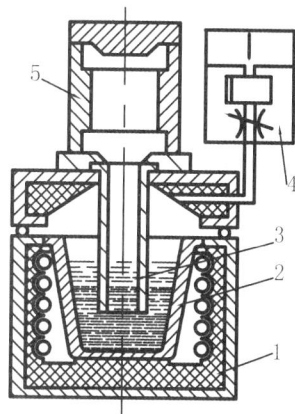

1-保温室;2-坩埚;3-升液管;
4-储气罐;5-铸型
图 5.3.3　低压铸造

低压铸造是介于重力铸造(靠金属液本身重量流入型腔)和压力铸造之间的一种铸造方法,它可以生产铝、镁、铜合金和少量钢制薄壁壳体类铸件。例如发动机的缸体和缸套,高速内燃机的活塞、带轮、变速箱壳体、医用消毒缸等。

5.3.4　离心铸造

离心铸造是指将熔融金属浇入绕着水平、倾斜或立轴回转的铸型,在离心力的作用下凝固成形的铸造方法。其铸件轴线与铸型回转轴线重合。这种铸件多是简单的圆筒形,铸造时不同砂芯就可形成圆筒的内孔。

(1)离心铸造过程　离心铸造过程如图 5.3.4 所示。当铸型绕垂直线回转时,浇注入铸型中的熔融金属的自由表面呈抛物线形状,如图 5.3.4(a)所示。因此,不易铸造轴向长度较大的铸件。当铸件浇水平轴回转时,浇注入铸型中的熔融金属的自由表面呈圆柱形,如图 5.3.4(b)所示,因此,常用于铸造要求均匀壁厚的中空铸件。

（2）离心铸造的特点及应用　离心铸造时，熔融金属受离心力的作用容易充满型腔；在离心力的作用下结晶能获得组织致密的铸件。但是，铸件的内表面质量较差，尺寸也不准确。离心铸造主要用于制造铸钢、铸铁、有色金属等材料的各类管状零件毛坯。

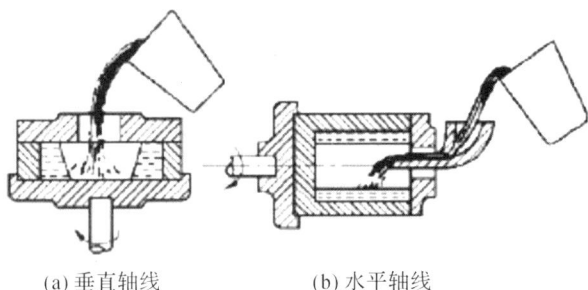

(a) 垂直轴线　　　　(b) 水平轴线

图 5.3.4　离心铸造

5.3.5　熔模铸造

在铸造生产中用易熔料如蜡料制成模样，再在模样上包覆若干层耐火材料，制成型壳，待模样熔化流出后经高温烧结成为壳型，采用这种壳型浇注的铸造方法称为熔模铸造，也称失蜡浇注。

（1）熔模铸造过程　熔模铸造过程如图 5.3.5 所示。

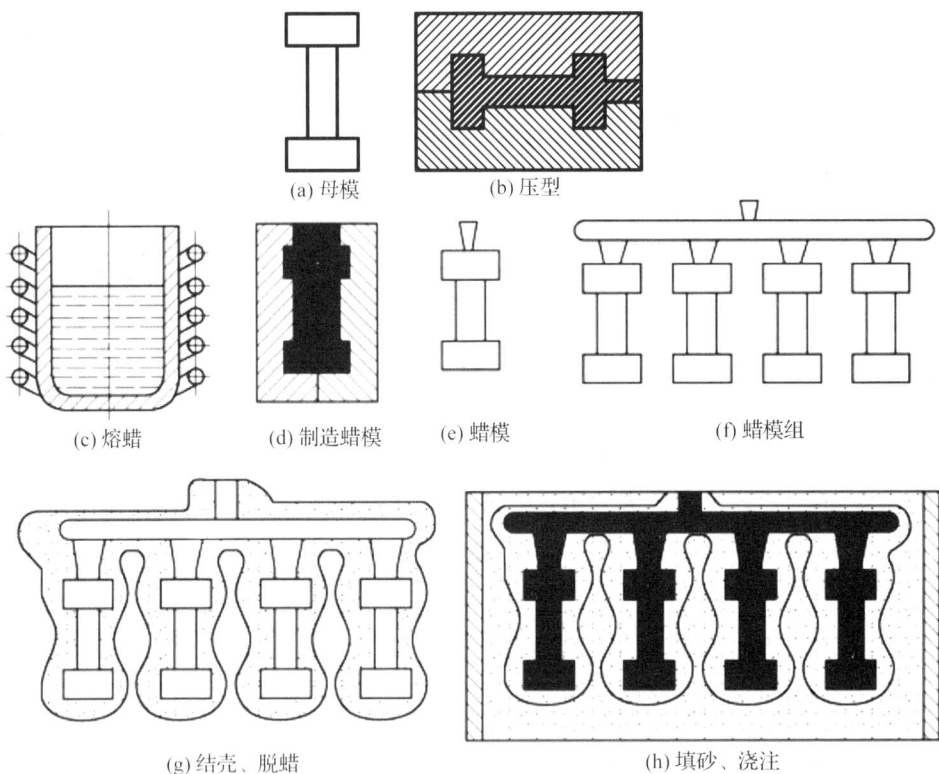

(a) 母模　　　　　(b) 压型

(c) 熔蜡　　　(d) 制造蜡模　　(e) 蜡模　　　(f) 蜡模组

(g) 结壳、脱蜡　　　　　　　(h) 填砂、浇注

图 5.3.5　熔模铸造

1）压制蜡模　首先根据铸件的形状尺寸制成比较精密的母模，然后根据母模制出比较精密的压型；再用压力铸造的方法，将熔融状态的蜡料压射到压型中，如图 5.3.5(a)所示。蜡料凝固后从压型中取出蜡模。

2）组合蜡模　为了提高生率，通常将许多蜡模粘在一根金属棒上，成为组合蜡模，如图 5.3.5(b)所示。

3)粘制型壳 在组合蜡模浸挂涂料(多用水玻璃和石英粉配制)后,放入硬化剂(通常为氯化铵溶液)中固化。如此重复涂挂 3～7 次,至结成 5～19mm 的硬壳为止,既成型壳如图 5.3.5(c)所示。再将硬壳浸泡在 85～95℃ 热水中,使蜡模熔化而脱出,制成壳型,如图 5.3.5(d)所示。

4)浇注 为提高壳型的强度,防止浇注时变形或破裂,常将壳型放入铁箱中,在其周围用砂填紧;为提高熔解金属的流动性,防止浇不到缺陷,常将铸型在 850～950℃ 焙烧,趁热进行浇注,如图 5.3.5(e)所示。

(2)熔模铸造的特点及应用熔模铸造使用的压型经过精细加工;压铸的蜡模又经逐个修整,造型过程无起模、合型、合箱等操作。因此,熔模铸造铸出的铸钢件的尺寸公差等级可达 CT7～CT15。故熔模铸造通常称为精密铸造。由于熔模铸造的壳型由石英粉等耐高温材料制成,因此各种金属材料都可用于熔模铸造。目前主要用于生高熔点合金(如铸钢)及难切削合金的小型铸件。

5.3.6 陶瓷型铸造

陶瓷型铸造是用硅酸乙酯水解液作黏结剂,选用优质耐火材料,在催化剂的作用下,用灌浆法成形,经过胶结、喷燃和烧结等工序,制成光洁、细致、精确的陶瓷型,兼有砂型铸造和熔模铸造的优点,即操作及设备简单、型腔的尺寸精度高、表面粗糙度低。在单件、小批生产的条件下,铸造精密铸件质量从几公斤到几吨,生产率较高,成本较低,节省机加工时。陶瓷型铸造国内较多用来铸造如热拉模、热锻模、金属型和热芯盒等;可浇注碳素钢、合金钢、不锈钢等铸件。

5.3.7 消失模铸造

消失模铸造又称实型铸造,是采用聚苯乙烯泡沫塑料模样代替普通模样,造好型后不取出模样就浇入金属液,在液态金属热的作用下,泡沫塑料气化、燃烧而消失,金属液取代了原来泡沫塑料模所占的空间位置,冷却凝固后即可获得所需要的铸件。与砂型铸造相比,消失模铸造具有铸件尺寸精度高(造型后不起模、不分型,没有铸造斜度和活块),增大了铸件设计的自由度,简化了铸造生产工序,缩短了生产周期,提高了劳动生产率;1962 年开始应用,主要用于形状结构复杂、难以起模或制作活块和外形芯较多的铸件。

5.3.8 连续铸造

连续铸造是将熔融金属连续浇入金属型内,金属型设有急冷装置,可使金属液迅速冷却至凝固温度,同时连续从金属型中抽出铸件的一种工艺方法。该方法得到的铸件坚实而均匀,是其他铸造方法难以获得的。连续铸造适用于断面形状相同的板、管、杆状铸件。

5.3.9 挤压铸造

挤压铸造是指对定量浇入铸型型腔中的液态金属施加较大的机械压力,使其成形、结晶、凝固,而获得铸件的一种工艺方法。它是介于铸造和锻造之间的一种工艺,故亦称之为"液态模锻",兼有两者的一些优点。铸件的尺寸精度高,表面粗糙度低,铸件加工余量小;无需设置浇冒口系统,金属利用率高;铸件组织致密,晶粒细化,力学性能较好;可用于各种铸造合金和部分变形合金,适用性广,工艺过程简单,易实现自动化。挤压铸造适用于多种合金材料,多用于致密性高的零件,如真空泵等零件。

5.4 铸件的检验

5.4.1 铸件的缺陷

为了保证铸件质量,除了加强工序检查外,清理后的铸件必须进行质量检验。发现铸件有缺陷,就查找缺陷产生的原因,采取防止缺陷产生的方法,以及对有缺陷的铸件进行修补。

表5.4.1给出了常见的铸造缺陷的名称、特征和产生原因。

表 5.4.1 常见的铸造缺陷的名称、特征和产生原因

类别	名称	图例及特征	产生的主要原因
形状类缺陷	错型	铸件在分型面处有错移	①合型时上、下砂箱未对准;②上、下砂箱未夹紧;③上、下半模有错移
	偏型	铸件上孔偏斜或轴心线偏移	①型芯放置偏斜或变形;②浇口位置不对,液态金属冲歪了型芯;③合型时碰歪了型芯;④制模样时,型芯头偏心
	变形	铸件向上、向下或向其他方向弯曲或扭曲	①铸件结构设计不合理,壁厚不均匀;②铸件冷却不当,冷缩不均匀
	浇不足	液态金属未充满铸型,铸件形状不完整	①铸件壁太薄,铸型散热太快;②合金流动性不好或浇注温度太低;③浇口太小,排气不畅;④浇注速度太慢;⑤浇包内液态金属不够
	冷隔	铸件表面似乎融合,实际未融透,有浇坑或接缝	①铸件设计不合理,铸壁较薄;②合金流动性差;③浇注温度太低,浇注速度太慢;④浇口太小或布置不当,浇注曾有中断
孔洞类缺陷	缩孔	铸件的厚大部分有不规则的粗糙孔形	①铸件结构设计不合理,壁厚不均匀,局部过厚;②浇、冒口位置不对,冒口尺寸太小;③浇注温度太高

类别	名称	图例及特征	产生的主要原因
孔洞类缺陷	气孔	析出气孔多而分散,尺寸较小,位于铸件各断面上侵入气孔数量较少,尺寸较大,存在于局部地方	①熔炼工艺不合理、金属液吸收了较多的气体; ②铸型中的气体侵入金属液; ③起模时刷水过多,型芯未干; ④铸型透气性差; ⑤浇注温度偏低; ⑥浇包工具未烘干
夹杂类缺陷	砂眼	铸件表面或内部有型砂充填的小凹坑	①型砂、芯砂强度不够,紧实较松,合型时松落或被液态金属冲垮; ②型腔或浇口内散砂未吹净; ③铸件结构不合理,无圆角或圆角太小
	砂眼	铸件表面上有不规则并含有融渣的孔眼	①浇注时挡渣不良; ②浇注温度太低,熔渣不易上浮; ③浇注时断流或未充满浇口,渣和液态金属一起流入型腔
裂纹缺陷	裂纹	在夹角处或厚薄交接处的表面或内层产生裂纹	①铸件厚薄不均,冷缩不一; ②浇注温度太高; ③型砂、芯砂退让性差; ④合金内含硫、磷较高
表面缺陷	粘砂	铸件表面粘砂粒	①浇注温度太高 ②型砂选用不当,耐火度差; ③未刷涂料或涂料太薄

5.4.2　铸件的检验方法

检验铸件缺陷的方法由于铸件的用途不同,其质量要求也各异,因而检验方法也不同。普通铸件一般只作外观检验,特殊用途的重要铸件还需要进行理化试验和内部质量探伤检查。

1. 外观检验

外观检验,就是用视觉和借助于放大镜等简单工具,来检验铸件的表面状况,如表面粗糙度、表面缺陷、形状偏差等;或用简单的卷尺等工具检验铸件的尺寸偏差、重量偏差,初步判断铸件的表面质量是否合乎要求。

2. 无损检验

目前,最常用的铸件无损检验方法是射线探伤、磁力探伤、超声波探伤和渗漏试验等。

(1)射线探伤　射线探伤有 X 和 Y 射线两种射线探伤,它可以探测铸件内部有无缺陷。射线探伤的原理是:当 X 和 Y 射线透过铸件时,由于铸件的原子对射线的能量不断吸收,使射线能量逐渐衰减,并且不同强度的射线在照相底片上感光后,呈现不同的黑度,射线强则黑度大。对铸件透视和照相,就可以判别铸件内部是否存在着缺陷。

(2)磁力探伤　磁力探伤是用来检验铸件表面或接近表面的缺陷(如裂纹气孔和夹渣等)的方法。探伤时,将铸件放在电磁铁的正负极之间,使磁力线通过铸件,并在铸件被测表面撒上磁粉或浇上磁粉悬浮液,当铸件表面层内存在缺陷时,缺陷对磁力线造成很大的磁阻碍,使一部分磁力线在缺陷近旁穿出铸件表面,绕过缺陷再进入铸件到达电磁铁的另一极。

5.5　铸造实习

5.5.1　铸造实习安全技术

(1)实习时,必须穿戴好工作服,工作鞋等防护安全用品。

(2)造型时,紧砂要用力均匀,搬运翻转砂箱时小心轻放,以免压伤手脚和损坏砂箱。

(3)修型时,不要用嘴吹型砂和芯砂,防止砂粒吹入眼内。

(4)熔炼炉周围不能堆放易燃物品,浇注通道不能有积水,以防止遇火里或金属液体发生事故,并保证畅通。

(5)浇注前,将工具和浇包预热和烘干,以免使用时引起金属液飞溅。

(6)浇注时,金属液在浇包中不能装得太满,不参加浇注操作的同学应远离浇包,以免发生意外。

(7)不允许从冒口正面观察金属液充型情况,补充加料时金属料必须经过预热才能加入。

(8)不能有用手摸或脚踏未冷却铸件。

(9)清理时,不能对着人敲打铸件浇冒口,做到轻拿轻放。

(10)实习时,保持场地和环境的整洁卫生。

5.5.2　手轮的挖砂造型实习

1. 型砂的制备

砂子常夹杂有石头、砂石块等,这些都要通过筛砂机将它们筛分出来,学生实习时也可采用手工筛分。

砂子筛分完成后,加入粘结剂搅拌均匀,然后进行检验。较为简便的检验方法如图5.5.1所示,用手抓起一把型砂,紧捏后放开,不松散而且不粘手,手印清楚,把它折断时,断面平整均匀,则表示型砂的强度和可塑性较好。

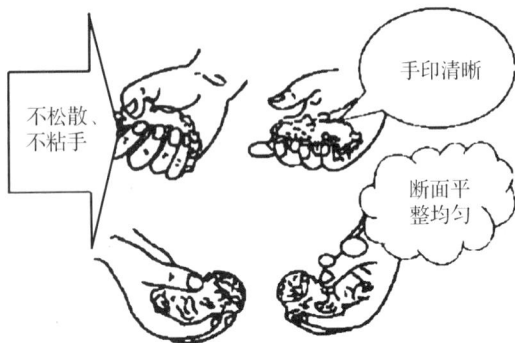

图 5.5.1　型砂检验

2. 安放模样和下砂箱　将手轮模样安

放在造型平板的适当位置,安放下砂箱,使模样与砂箱内壁之间留有合适的吃砂量。

3. 填砂和春砂 在模样的表面筛上或铲上一层面砂,将模样盖住,再在面砂上铲入一层背砂,用砂春扁头将分批填入的型砂逐层春实,填入最后一层背砂,用砂春平头春实,如图5.5.2(a)。

4. 修整和翻型 用刮板刮去多余的背砂,使砂型表面和砂箱边缘平齐,翻转下砂型。

5. 挖砂和修整分型面 用压勺挖掉阻碍起模的砂子,挖砂的深度要恰到模样最大截面处,如图5.5.2(b)。分型面光滑平整坡度合适,便于开型和合型操作。用镘刀将模样四周砂型表面光平,撒上一层分型砂,用手风箱吹去模样上的分型砂。

6. 放置上砂箱,安放浇口模。

7. 填砂和春砂 安放浇口模,加入面砂,放上冒口,铲入背砂,用砂春扁头逐层春实,最后用砂春平头春实砂型,图5.5.2(c)。

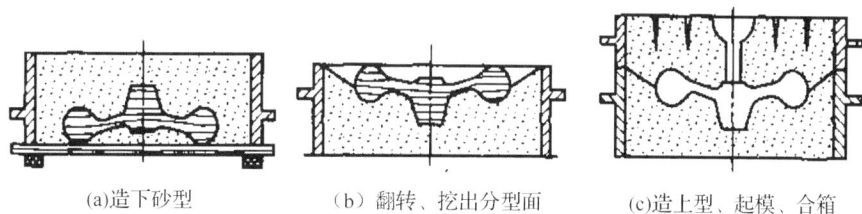

(a)造下砂型　　　　　（b）翻转、挖出分型面　　　　(c)造上型、起模、合箱

图 5.5.2　手轮挖砂造型

8. 修整和开型 用刮板刮去多余的背砂,使砂型表面和砂箱边缘平齐,用镘刀光平浇冒口处型砂,扎出通气孔,取出浇口模并在直浇道上端开挖漏斗形浇口盆。如砂箱无定位装置,则需在砂箱上做出定位装置,敞开上砂型,翻转放好。

9. 修整分型面 扫除分型砂,用水笔润湿靠近模样处的型砂,开挖浇道。

10. 起模 将模样向四周松动,然后用起模钉将模样从砂型中小心起出,将损坏的砂型修整好。

11. 合型 将修整好的上型按照定位装置对准放在下型上,放置压铁,抹好箱缝,准备浇注。浇注冷却后从砂型中取出带浇道的铸件。

12. 浇注 实习中,通常使用铝合金浇注,铝合金的浇注温度一般选择在680~740℃。浇注温度过高,铸件收缩量大,粘砂严重,晶粒粗大;温度太低,会使铸件产生冷隔和浇不到等缺陷。浇注前,把砂型适度烘干,将浇包充分预热后进行浇注,防止发生金属飞溅和烫伤事故。

13. 冷却和落砂 铝合金的冷却时间一般在10~15分钟,手轮体积不大,冷却10分钟后,脱箱落砂,取出手轮。不要用手直接拿,以免烫伤。

14. 铸件质量分析 检查铸件表面缺陷,分析产生原因。

思考与练习题

5.1　试述铸造生产的特点,并举例说明其应用情况。

5.2　试分析比较整模造型、分模造型、挖砂造型、活块造型和刮板造型的特点和应用情况。

5.3 典型浇注系统由哪几部分组成？各部分有何作用？

5.4 什么是合金的铸造性能？试比较铸铁和铸钢的铸造性能。

5.5 什么是合金的流动性？合金流动性对铸造生产有何影响？

5.6 铸件为什么会产生缩孔、缩松？如何防止或减少它们的危害？

5.7 什么是铸造应力？铸造应力对铸件质量有何影响？如何减小和防止这种应力？

5.8 熔模铸造、金属型铸造、压力铸造和离心铸造各有何特点？应用范围如何？

5.9 砂型铸造时铸型中为何要有分型面？举例说明选择分型面应遵循的原则。

5.10 为什么铸件壁的连接要采用圆角和逐步过渡的结构？

5.11 下图所示铸件各有两种结构，哪一种比较合理？为什么？

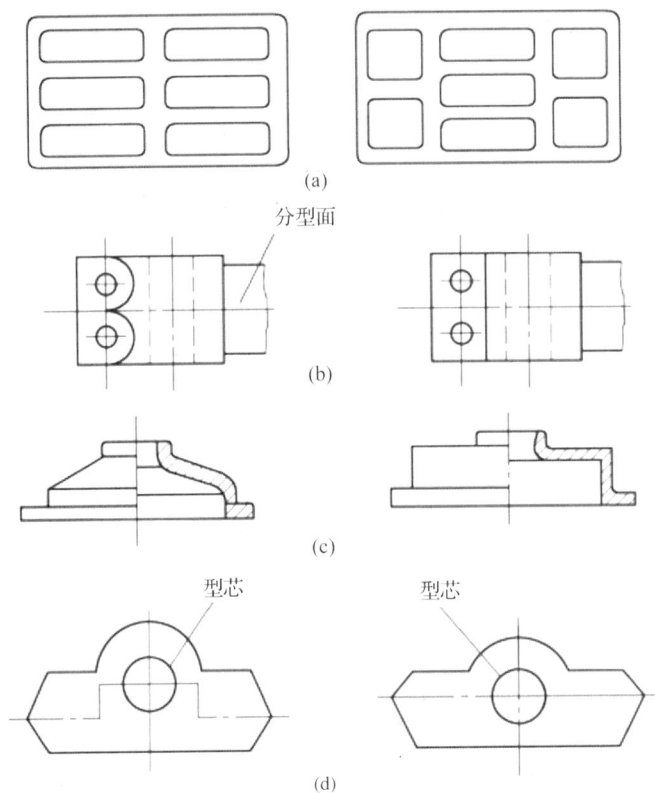

(a)

分型面

(b)

(c)

型芯　　　型芯

(d)

5.12 试确定下图各灰铸铁零件的浇注位置和分型面，绘出其铸造工艺图（批量生产、手工造型，浇口、冒口设计可略）。

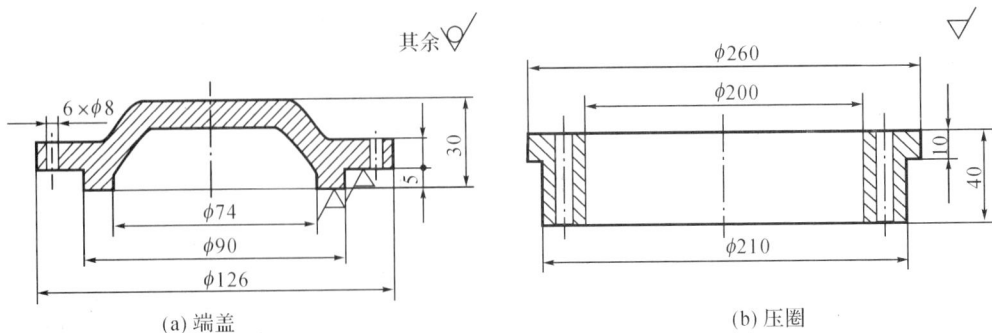

其余 ∨

$6 \times \phi 8$

30

5

$\phi 74$

$\phi 90$

$\phi 126$

(a) 端盖

∇

$\phi 260$

$\phi 200$

10

40

$\phi 210$

(b) 压圈

第 6 章　锻　　压

锻压是利用锻压机械的锤头、砧块、冲头或通过模具对坯料施加外力,使金属材料产生塑性变形,从而获得具有一定形状、尺寸和性能要求的零件、毛坯的加工方法。锻压具有改善金属组织,提高金属的力学性能,减少金属加工损耗,节约材料,有较高的生产率的特点。本章着重介绍金属塑性成形的工艺理论基础,自由锻、模锻以及冲压生产的特点、材料成形的工艺过程等内容。

6.1　锻压成形基础

6.1.1　锻压概述

1. 锻压加工方法

锻压包括锻造和冲压,属于金属压力加工生产的一部分,常用有以下几种:

(1)轧制

金属坯料通过两个回转轧辊空隙中间,在压力作用下,产生连续塑性变形使坯料截面减小、长度增加的加工方法称为轧制(图6.1.1(a))。轧制所用坯料主要是金属锭,通过轧制可以生产出不同截面的型材、管材和板材等。

(2)挤压

将金属坯料置于挤压筒中加压,使其从挤压模的模孔中挤出而成形的加工方法称为挤压(图6.1.1(b))。挤压可以获得各种复杂截面型材或零件。主要适用于加工低碳钢、有色金属及其合金。

(3)拉拔

坯料在牵引力作用下拉过拉拔模孔而形成的加工方法称为拉拔(图6.1.1(c))。主要生产各种细线材、薄壁异形管及特殊截面型材。低碳钢和大多数有色金属及其合金都可以进行拉拔。

(4)自由锻

将金属坯料放置在锻造设备的上、下砧铁之间,受冲击力或压力作用而成形的加工方法称为自由锻(图6.1.1(d))。凡承受复杂应力、工作环境恶劣的重要零件,通常都采用锻造毛坯经切削加工制成,如重要齿轮、主轴等。

(5)模锻

利用一定形状的锻模模腔使金属坯料在冲击力或压力作用下产生塑性变形而成形的加工方法称为模锻(图6.1.1(e))。

（6）板料冲压

板料冲压是通过模具对金属板料施加外力,使之产生塑性变形或分离,从而获得一定尺寸、形状制件的加工方法(图6.1.1(f))。由于冲压通常在常温进行,故又称为冷冲压。

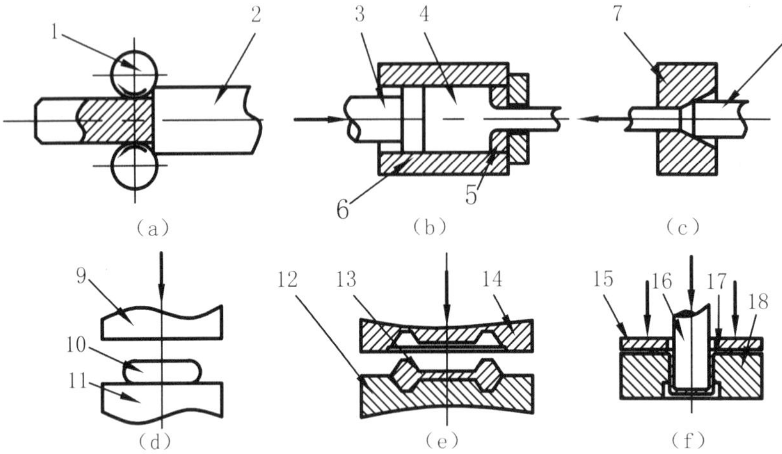

1-轧辊；2、4、8、10、13、17-坯料；3、16-凸模；5-挤压模；6-挤压桶
7-拉拔模；9-上砧铁；11-下砧铁；12-下模；14-上模；15-压板；18-凹模
图 6.1.1　常见压力加工方法

2. 锻压加工特点

金属锻压加工具有以下特点:

（1）改善金属组织,提高金属的力学性能。通过锻压可以压合铸件组织中的内部缺陷,使组织致密,获得较细密的晶粒结构。

（2）可以形成并能控制金属的纤维方向使其沿着零件轮廓更合理地分布,提高零件使用性能。

（3）锻压生产中许多零件的尺寸精度和表面粗糙度已接近或达到成品零件的要求,只需少量或不需切削加工即可得到成品零件,减少了金属加工损耗,节约材料。

（4）锻压产品适用范围广泛,且模锻、板料冲压有很高的生产率。

3. 锻压生产的适用范围

锻件的应用范围很广,几乎所有运动的重大受力构件都是由锻压成形的。锻压在机器制造业中有着不可替代的作用,一个国家的锻造水平,可反映出这个国家机器制造业的水平。随着科学技术的发展,工业化程度的日益提高,需求锻件的数量逐年增长。据预测,飞机上采用的锻压(包括板料成形)零件占85%,汽车占60%~70%,农机、拖拉机占70%。

4. 发展趋势

首先,材料科学的发展对锻压技术有着最直接的影响。新材料的出现必然对锻压技术提出了新的要求,如高温合金、金属间化合物、陶瓷材料等难变形材料的成形问题。锻压技术也只有在不断解决材料带来的问题的情况下才能得以发展。其次,新兴科学技术的出现,当前主要是计算机技术在锻压技术各个领域的应用。如锻模计算机辅助设计与制造 (CAD/CAM)技术,锻压过程的计算机有限元数值模拟技术等。这些新技术的应用,缩短了锻件的生产周期,提高锻模设计和生产水平。第三,对机械零件性能的更高要求。推动锻压技术发展的最大动力是来自交通工具制造业——汽车制造业和飞机制造业。锻件的尺寸、质量越来越大,形状越来越复杂、精密,一些重要受力件的工作环境更苛刻,受力状态更复杂。除了更换强度更高的材料外,研究和开发新的锻压技术是必然的出路。

6.1.2　塑性变形对金属组织和性能的影响

金属的塑性变形根据其变形温度不同可分为冷变形与热变形。

1. 冷变形对金属组织和性能的影响

金属材料经冷塑性变形后,不仅外形和尺寸发生变化,其组织与性能也产生了很大变化。

(1)形成纤维组织　塑性变形在改变金属外形的同时,内部晶粒的形状也发生了相应的变化。晶粒将沿变形方向被压扁、伸长甚至变成细条状。金属中的夹杂物也沿着变形方向被伸长,形成所谓纤维组织。这种组织使金属在不同方向上表现出不同的性能。

(2)产生加工硬化　加工硬化也称形变强化或冷作硬化,是指随着金属冷变形程度的增加,金属材料的强度和硬度不断提高而塑性和韧性不断下降的现象。塑性变形使金属的晶格产生严重畸变。当变形量较大时,除形成纤维组织外,还能将晶粒破碎成许多细碎的小晶块——亚晶。由于这种加工硬化组织的位错密度增加,造成金属的变形抗力增大,给金属的继续变形造成困难。

加工硬化在工程技术方面应用的实际意义在于:其一,是强化金属材料的重要手段,特别适用于那些不能用热处理方法强化的金属材料;其二,当金属的某些变形部分产生硬化后,继续变形则主要在未变形和变形较少的部分进行,有利于金属变形的均匀一致。

2. 回复与再结晶

加工硬化组织是一种不稳定的组织状态,具有自发地向稳定状态转化的趋势。常温下,多数金属的原子活动能力很低,这种转化较难以实现。生产中,经常采用"中间退火"的处理方法,对加工硬化组织进行加热,增强金属原子的活动能力,加速金属组织向稳定状态转化。随着加热温度的升高,变形金属将相继发生回复、再结晶和晶粒长大三个阶段的变化(图6.1.2)。

(1)回复　当加热温度较低,变形金属处于回复阶段。此时原子活动能力不很大,变形金属的

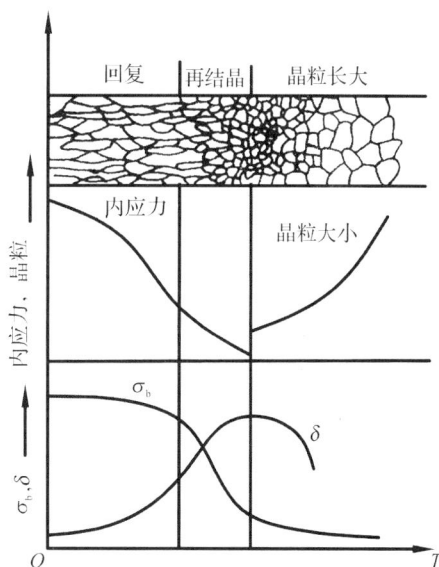

图 6.1.2　冷塑性变形金属材料加热时其组织与性能的变化

纤维组织不发生显著变化,强度、硬度略有下降;塑性、韧度有所回升;内应力有较明显的降低。在工业生产中,利用低温加热的回复过程,在保持变形金属很高强度的同时降低它的内

应力。例如：冷拔弹簧钢丝绕制弹簧后常进行低温去应力退火处理，其目的就是为了既保持冷拔钢丝的高强度，又降低或消除冷卷弹簧时产生的内应力。

（2）再结晶 当加热温度较高进入再结晶阶段时，变形金属的纤维组织发生了显著的变化，破碎的、被伸长和压扁的晶粒将向均匀细小的等轴晶粒转化。金属的强度、硬度明显下降；塑性、韧性显著提高。因为这一过程类似于结晶过程，也是通过形核和长大的方式完成的，故称为"再结晶"。需要指出的是，再结晶前后晶粒的晶格类型不变，化学成分不变，只改变晶粒的形状，因此再结晶不是相变过程。

开始产生再结晶现象的最低温度称为再结晶温度。纯金属的再结晶温度与熔点之间的大致关系为 $T_{再} \approx 0.4 T_{熔}$（K），式中温度均用热力学温度表示。金属再结晶过程的特点是：①再结晶不是在恒温下进行的，而是在一定温度范围内进行的过程；②金属变形程度越大，晶体缺陷越多，组织越不稳定；③在其他条件相同时，金属的熔点越高，最低再结晶温度越高；④金属中的杂质或合金元素起到阻碍金属原子扩散和晶界迁移的作用，使再结晶温度提高。

（3）晶粒长大 在变形晶粒完成消失，再结晶晶粒彼此接触后继续延长加热时间或提高加热温度，则晶粒会明显长大，成为粗晶组织，金属的力学性能下降。

3. 冷变形与热变形

金属的冷、热变形通常是以再结晶温度为界加以区分。冷变形是指坯料低于再结晶温度状态下进行的变形加工。变形后具有明显的加工硬化现象，所以冷变形的变形量不宜过大，避免工件撕裂或降低模具寿命。冷变形产品具有尺寸精度高、表面质量好、力学性能好的特点。广泛应用于板料冲压、冷挤压、冷镦及冷轧等常温变形加工。热变形是指坯料高于再结晶温度状态下进行的变形加工。加工过程中产生的加工硬化随时被再结晶软化和消除，使金属塑性显著提高，变形抗力明显减小。因此，可以用较小的能量获得较大的变形量。适合于尺寸较大、形状比较复杂的工件变形加工。热变形产品表面易形成氧化皮，尺寸精度和表面质量较低，而且劳动条件较差。自由锻、热模锻、热轧等工艺都属于热变形范畴。

4. 热变形对金属组织和性能的影响

金属热变形时组织和性能的变化主要表现在以下几方面：

（1）热变形加工时，金属中的脆性杂质被破碎，并沿金属流动方向呈粒状或链状分布；塑性杂质则沿变形方向呈带状分布，这种杂质的定向分布称为流线。通过热变形可以改变和控制流线的方向与分布，加工时应尽可能使流线与零件的轮廓相符合而不被切断。图6.1.3是锻造曲轴和轧材切削加工曲轴的流线分布，明显看出经切削加工的曲轴流线易沿轴肩部位发生断裂，流线分布不合理。

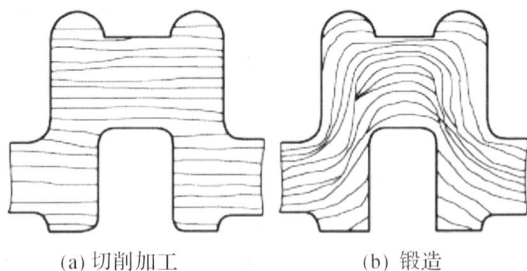

(a) 切削加工　　　　(b) 锻造

图 6.1.3　曲轴的流线分布示意图

（2）热变形加工可以使铸锭中的组织缺陷得到明显改善，如铸态时粗大柱状晶经热变形加工能变成较细的等轴晶粒；气孔、缩松被压实，使金属组织的致密度增加；某些合金钢中的大块碳化物被打碎并均匀分布，使成分均匀化。

6.1.3 金属的锻造性能

金属的锻造性能(可锻性)是衡量材料经受塑性成形加工,获得优质锻件难易程度的一项工艺性能。金属锻造性能的优劣,常用金属的塑性变形能力和变形抗力两个指标来衡量。金属塑性高,变形抗力低,则锻造性能好;反之,则锻造性能差。影响金属塑性变形能力和变形抗力的因素有以下几个方面:

1. 化学成分

不同化学成分的金属其锻造性能不同。一般纯金属的锻造性能优于合金;钢中的碳含量越低,锻造性能越好;随合金元素含量的增加,特别是当钢中含有较多碳化物形成元素(铬、钨、钒、钼等)时锻造性能显著下降。

2. 金属组织

对于同样成分的金属,组织结构不同,其锻造性能也存在较大的区别。固溶体的锻造性能优于金属化合物,钢中碳化物弥散分布的程度越高、晶粒越细小均匀,其锻造性能越好,反之则差。

3. 变形温度

在一定的变形温度范围内,随着变形温度升高,锻造性能提高。若加热温度过高,会使金属出现过热、过烧等缺陷,塑性反而下降,受外力作用时易产生脆断和裂纹,因此必须严格控制锻造温度。

4. 变形速度

变形速度反映金属材料在单位时间内的变形程度。它对塑性和变形抗力的影响具有两重性,其一,一般的变形速度,再结晶过程来不及完成,不能及时消除变形产生的加工硬化,故随变形速度的增加,塑性下降、变形抗力增大,锻造性能变差;其二,当变形速度高达一定数值(如高速锻锤、爆炸成形)时,可使金属的温度升高,产生所谓的热效应,变形速度越快,热效应越明显,锻造性能也得到改善。在一般锻压生产中,变形速度并不很快,因而热效应作用也不明显。

5. 变形时的应力状态

压应力使塑性提高,拉应力使塑性降低。工具和金属间的摩擦力将使金属的变形不均匀,导致金属塑性降低,变形抗力增大。

除以上所述因素外,还有变形程度、坯料尺寸、表面质量等因素的影响。总之,金属的锻造性能不仅取决于金属的内在因素(如化学成分、金属组织等,通过选材可以确定);还取决于变形条件(如变形温度、变形速度、变形时的应力状态等,通过加工手段加以确定)。在锻压生产中应力求创造有利的变形条件,降低功耗,达到最佳的塑性成形效果。

6.2 自由锻造

自由锻是将加热好的金属坯料,放在锻造设备的上、下砧铁之间,施加冲击力或压力,使之产生塑性变形,从而获得所需锻件的一种加工方法。坯料在锻造过程中,除与上、下砧铁或其他辅助工具接触的部分表面外,都是自由表面,变形不受限制,故称自由锻。

自由锻通常可分为手工自由锻和机器自由锻。手工自由锻主要是依靠人力利用简单工具对坯料进行锻打,从而改变坯料的形状和尺寸获得所需锻件。手工锻造生产率低,劳动强度大,锤击力小,在现代工业生产中已为机器锻造所代替。机器自由锻主要依靠专用的自由锻设备和专用工具对坯料进行锻打,改变坯料的形状和尺寸,从而获得所需锻件。自由锻的优点是:所用工具简单、通用性强、灵活性大,适合单件和小批锻件,特别是特大型锻件的生产。自由锻的缺点是:锻件精度低、加工余量大、生产效率低、劳动强度大等。

6.2.1 自由锻造设备

常用的自由锻造设备种类主要有空气锤、蒸汽—空气锤、油压机、水压机等。

空气锤是生产中、小型锻件的通用锻造设备,在生产中应用最广。其结构与工作原理如图 6.2.1 所示。

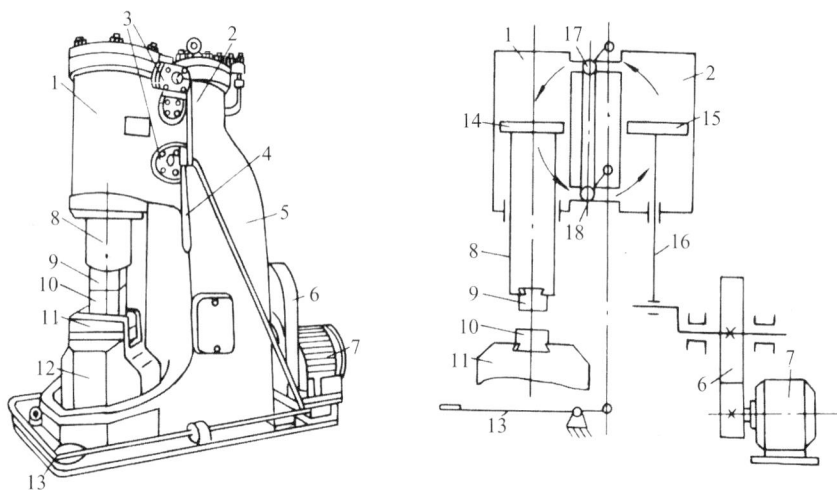

1-工作缸;2-压缩缸;3-控制旋阀;4-手柄;5-锤身;6-减速机构;7-电动机;8-锤杆;9、10-上、下砧块;
11-砧垫;12-砧座;13-脚踏杆;14-工作活塞;15-压缩活塞;16-连杆;17、18-上、下旋阀

图 6.2.1 空气锤外形结构及工作原理示意图

电动机 7 经齿轮减速机构 6 带动曲柄转动;连杆 16 推动活塞在压缩缸 2 内做上下往复运动,把空气压缩;控制上、下旋阀 17、18,可使压缩空气交替进入工作气缸 1 的上部或下部空间,推动工作气缸内的活塞 14 连同锤杆 8 和上砧块 9 一起上下运动,以实现对金属坯料的锻打。

通过操纵手柄 4 或操纵脚踏杆 13 控制旋阀 3 的位置,可使锤头实现上悬、连续打击、单击、下压及空转等动作。锤头的行程和锤击力的大小可通过改变旋阀转角的大小来控制。

空气锤的下砧块 10 通过砧垫 11 固定在砧座 12 上。

空气锤的规格是以落下部分即工作活塞、锤杆、上砧块的重量表示。国产空气锤的规格为 40～750kg,空气锤产生的打击力,约为落下部分重量的 1000 倍左右,可以锻造的质量范围为 2.5～84kg 的小型锻件。

6.2.2 自由锻造的基本工序

根据作用与变形要求不同,自由锻的工序分为基本工序、辅助工序和精整工序三类。基本工序指改变坯料的形状和尺寸以达到锻件基本成形的工序。包括镦粗、拔长、冲孔、弯曲、切割、扭转、错移、切断等工步,其中以前三种工序应用最多。辅助工序是为了方便基本工序的操作,而使坯料预先产生某些局部变形的工序。如倒棱、压肩等工步。修整工序修整锻件的最后尺寸和形状,提高锻件表面质量,使锻件达到图纸要求的工序,如修整鼓形、平整端面、校直弯曲等工步。任何一个自由锻件的成形过程,上述三类工序中的各工步可以按需要单独使用或进行组合。

1. 镦粗

是使坯料高度减小,横截面积增大的锻造工序。

(1)镦粗加工用于锻制齿轮坯、法兰盘等圆盘工件;也可作为冲孔前的预备工序,以减小冲孔深度。

(2)镦粗分完全镦粗和局部镦粗两种。局部镦粗又分端部局部镦粗和中间局部镦粗两种,如图 6.2.2 所示。

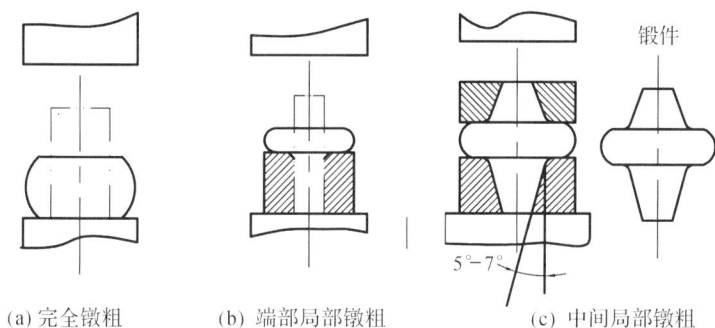

(a) 完全镦粗　　　(b) 端部局部镦粗　　　(c) 中间局部镦粗

图 6.2.2　镦粗种类

(3)为了保证镦粗加工的顺利进行,镦粗应注意以下几点:

1)坯料必须是圆形截面,否则易使锻件表面形成夹层。

2)坯料不能太长,坯料高度与直径之比应小于 2.5 倍,否则容易镦弯。

3)锤击力要足够,为此除选择足够吨位的锻锤外,还应使坯料的高度不大于锤头最大行程的 0.7～0.8 倍,否则锻件容易产生细腰形、夹层。

4)坯料表面不得有凹孔、裂纹等缺陷。

5)坯料加热温度要高、均匀,其端部要平整并与轴线垂直,镦粗时要不断地绕中心转动,以便获得均匀的变形,而不致镦偏或镦歪。

2. 拔长

是使坯料横截面减小,长度增加的锻造工序。如图 6.2.3 所示。

(1)拔长加工用于锻制轴类或长筒形等工件。

(2)拔长和镦粗两工序相结合可作为改善坯料内部组织,改善锻件力学性能的预备工序。

3. 冲孔

是用冲头在坯料上冲出通孔或不通孔的锻造

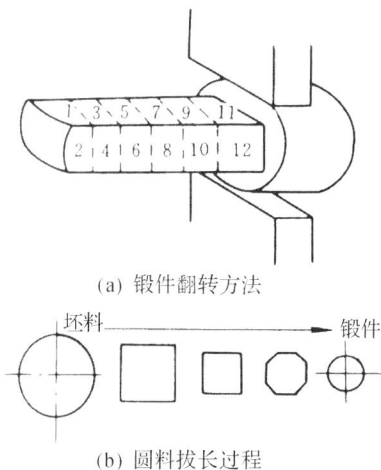

(a) 锻件翻转方法

(b) 圆料拔长过程

图 6.2.3　拔长

工序。如图 6.2.4 所示。

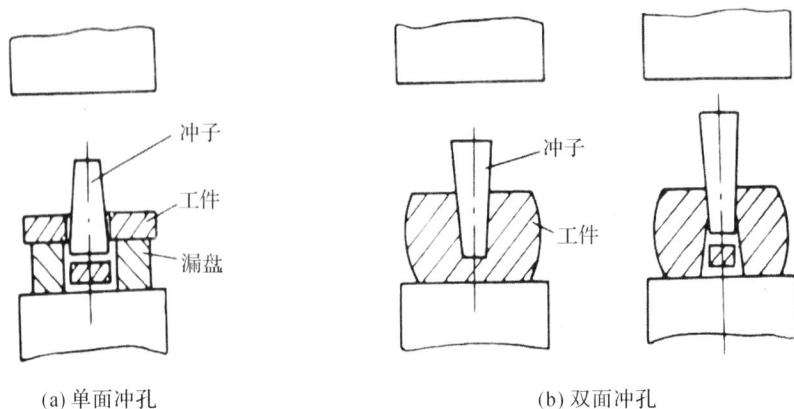

(a) 单面冲孔　　　　　　　　　　(b) 双面冲孔

图 6.2.4　冲孔

(1)冲孔加工的基本方法有单面冲孔和双面冲孔

(2)冲孔加工常用于齿轮、套筒和圆环等锻件。

4. 弯曲

是采用一定的工(模)具将坯料锻弯成所需形状的锻造工序。

(1)弯曲加工常用方法有角度弯曲和成形弯曲等。如图 6.2.5 所示。

(2)弯曲加工时只需对弯曲部位进行局部加热。

(3)弯曲加工主要用于吊钩、角尺、链环、弯板等零件加工。

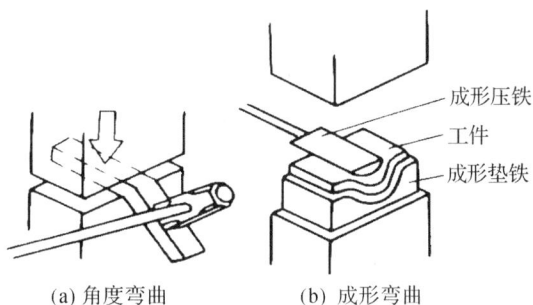

(a) 角度弯曲　　　　　　　　(b) 成形弯曲

图 6.2.5　弯曲

5. 切断

是分割坯料或切除锻件余量的锻造工序。切断加工主要用于下料或切除料头等。如图 6.2.6 所示。

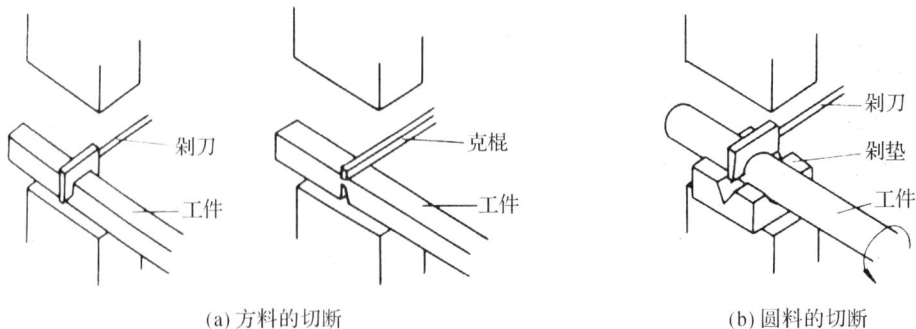

(a) 方料的切断　　　　　　　　　　　　(b) 圆料的切断

图 6.2.6　切断

6.2.3 自由锻工艺主要内容

自由锻工艺主要内容包括：

(1)根据零件图绘制锻件图；

(2)决定毛坯的质量和尺寸；

(3)制订变形工艺及选用工具；

(4)选择锻压设备；

(5)确定锻造温度范围、加热和冷却规范；

(6)确定热处理规范；

(7)提出锻件的技术条件和检验要求；

(8)填写工艺卡片等。

在编制自由锻工艺规程时，必须密切结合的生产条件、设备能力和技术水平等实际情况，力求经济上合理、技术上先进，以便能够正确指导生产。

1. 锻件图

锻件图是根据零件图绘制的。它是在零件图的基础上考虑加工余量、锻造公差、锻造余块、检验试样及工艺卡头等绘制而成。它是计算毛坯、设计工具和检验锻件的依据。

自由锻件的精度和表面质量都很低，不能达到零件图的要求，锻后需要进行机械加工。为此，锻件表面留有供机械加工用的金属层，即加工余量。在实际锻造生产中，由于各种因素影响，如锻时测量误差，终锻温度的差异，工具与设备状态和操作者技术水平等，锻件的实际尺寸不可能达到锻件的公称尺寸，允许有一定限度的误差，叫做锻造公差。为了简化锻件外形或根据锻造工艺需要，在零件的某些地方添加一部分大于余量的金属，这部分附加的金属叫做锻造余块(也称敷料)。如图 6.2.7(a)所示。

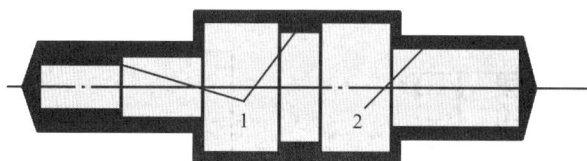

(a) 锻件的加工余量及锻造余块

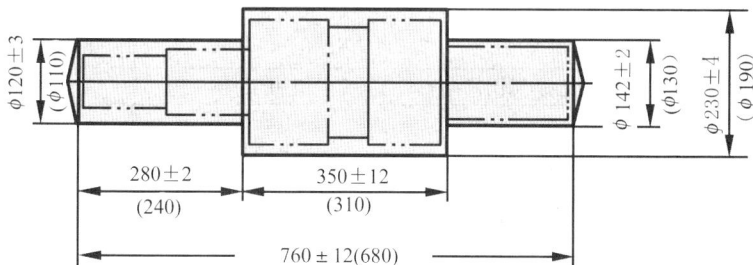

(b) 锻件图

1-锻造余块；2-加工余量

图 6.2.7 锻件图

　　当余量、公差和余块等确定之后,便可绘制锻件图。锻件图上的锻件形状用粗实线。为了便于了解零件的形状和检查锻后的实际余量,在锻件图内用双点划线画出零件简单形状。锻件的尺寸和公差标注在尺寸线上面,零件的尺寸加括号标注在尺寸线下面。如图 6.2.7 (b)所示。

2. 毛坯的质量和尺寸

　　毛坯质量为锻件质量与锻造时各种金属损耗质量之和。各种金属损耗质量包括:钢料加热烧损、冲孔芯料损失、端部切头损失等。用钢锭锻造时,还应考虑切除冒口部分质量和锭底部分质量。

　　由于毛坯质量已知,根据钢的密度便可算出毛坯体积。初步确定毛坯直径(或边长)之后,应按国家标准选用标准直径(或边长)。

3. 变形工艺

　　确定锻件成形必需的基本工序、辅助工序和修整工序,决定工序顺序,设计工序尺寸等。

　　各类锻件变形工序的选择,可根据锻件的形状、尺寸和技术要求,结合各锻造工序的变形特点,参考有关典型工艺具体确定。

4. 填写工艺卡片

　　齿轮坯自由锻工艺卡片见表 6.2.1。

表 6.2.1　齿轮坯自由锻工艺卡片

锻件名称	齿轮毛坯	工艺类型	自由锻
材　　料	45 号钢	设　　备	65kg 空气锤
加热次数	1 次	锻造温度范围	850～1200℃
锻　件　图		坯　料　图	

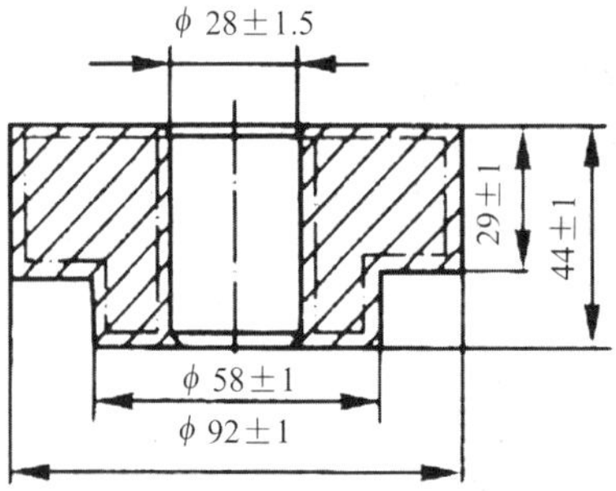

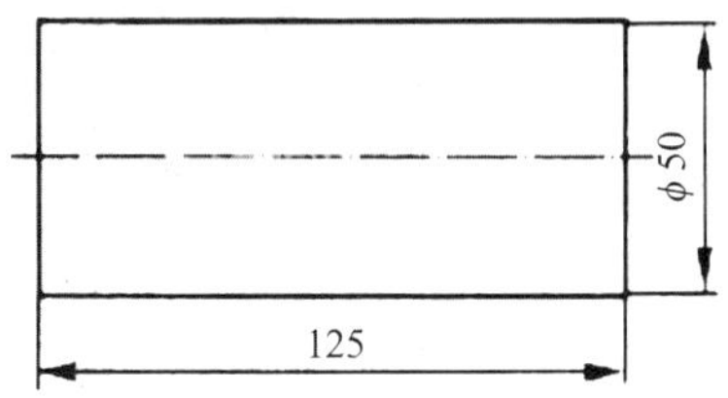

序号	工序名称	工序简图	使用工具	操作工艺
1	镦粗	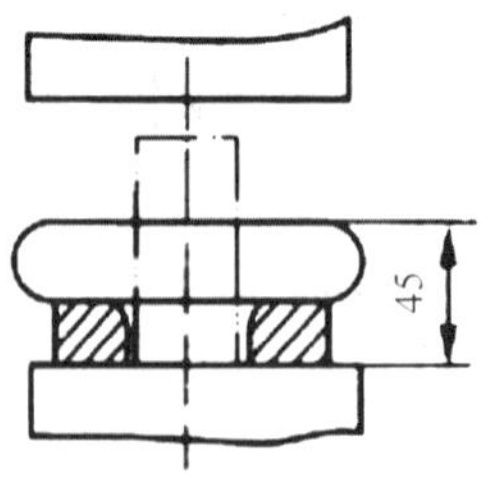	火　钳 镦粗漏盘	控制镦粗后的高度为 45mm。

序号	工序名称	工序简图	使用工具	操作工艺
2	冲 孔	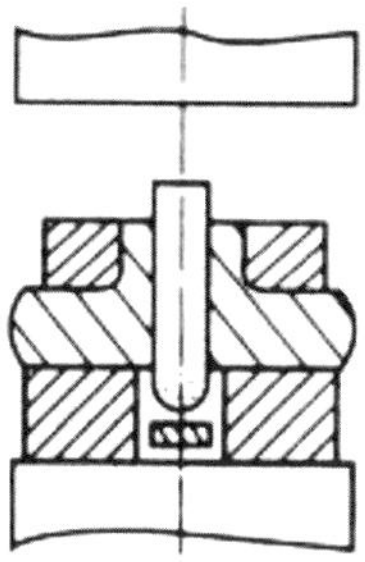	火　钳 镦粗漏盘 冲　子 冲子漏盘	1. 注意冲子对中。 2. 采用双面冲孔,左图为工伴翻转后将孔冲透的情况。
3	修正外圆	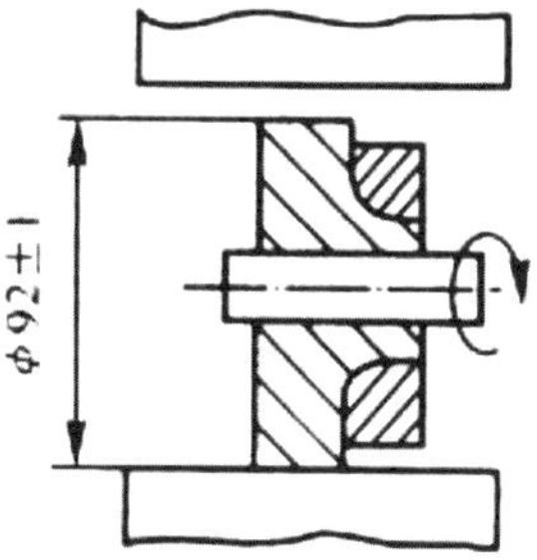 $\phi 92\pm1$	火　钳 冲　子	边轻打边旋转锻件,使外圆清除鼓形,并达到 $\phi 92\pm1mm$。
4	修整平面	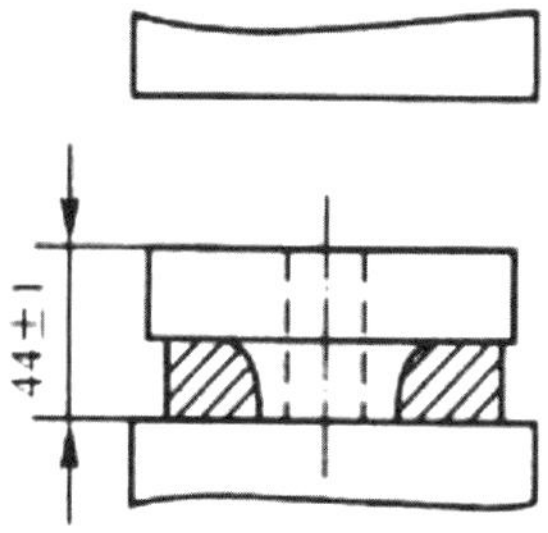 44 ± 1	火钳	轻打(如端面不平还要边打边转动锻件),使锻件厚度达到 $44\pm1mm$。

6.2.4　自由锻件结构工艺性

自由锻主要生产形状简单、精度较低和表面粗糙度较高的毛坯。这是设计锻件结构时要首先考虑的因素。同时,还要在保证零件使用性能的前提下,考虑如何便于锻打,如何才能提高生产效率。

自由锻件的结构工艺性要求见表 6.2.2。

表 6.2.2　自由锻件的结构工艺性

结构工艺性要求	不 合 理	合 理
锻件上应避免有锥形和楔形表面	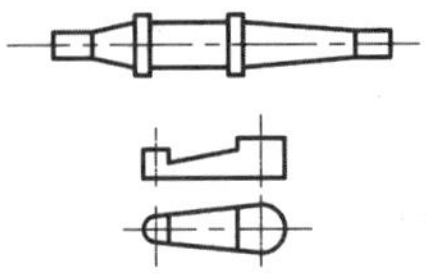	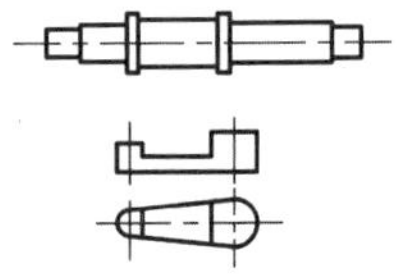
应避免出现加强肋,工字形截面等复杂结构	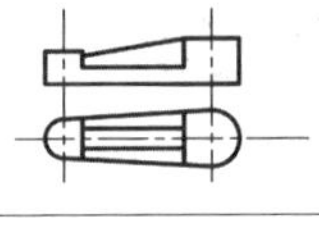	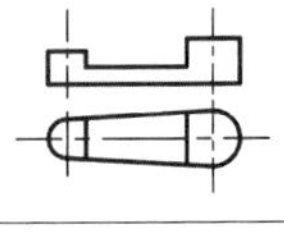
应力求简化两球形面的交接	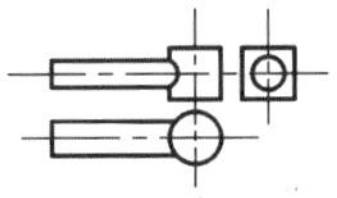	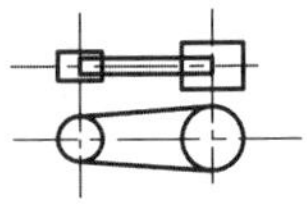
应避免出现形状复杂的凸台及叉形件的内凸台等	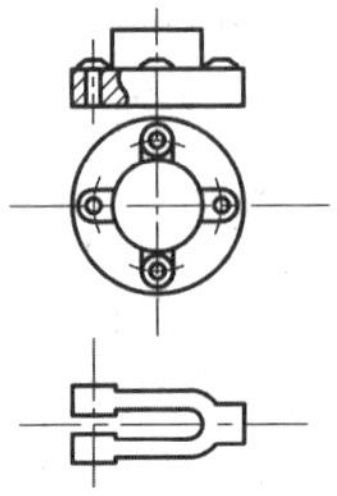	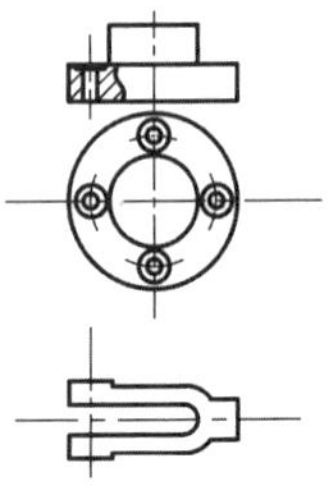

6.3　模　锻

　　模锻是将加热后的坯料放在锻模模镗内,在锻压力的作用下使坯料变形而获得锻件的加工方法。如图 6.3.1 所示。

　　坯料变形时,金属的流动受到模膛的限制和引导,从而获得与模膛形状一致的锻件。与自由锻相比,模锻的优点是:

　　(1) 由于有模膛引导金属的流动,锻件的形状可以比较复杂。

　　(2) 锻件内部的锻造流线按锻件轮廓分布,从而提高了零件的机械性能和使用寿命。

　　(3) 锻件表面光洁、尺寸精度高、节约材料和切削加工工时。

　　(4) 生产率较高。

　　(5) 操作简单,易于实现机械化。

　　但是,由于模锻是整体成形,并且金属流动时,与模膛之间产生很大的摩擦阻力,因此所需设备吨位大,设备费用高;锻模加工工艺复杂、制造周期长、费用高,所以模锻只适用于中、小型锻件的成批或大量生产。不过随着计算机辅助设计/制造(CAD/CAM)技术的深入应用,锻模的制造周期将大大缩短。

　　按使用的设备类型不同,模锻又分为锤上模锻、曲柄压力机上模锻、摩擦压力机上锻模、平锻机上模锻、液压机上模锻等。

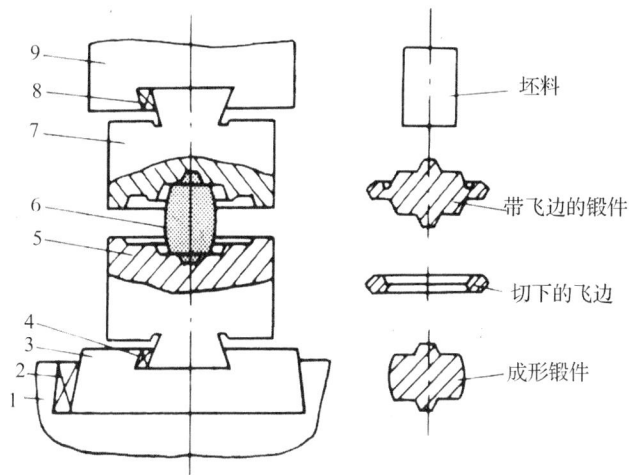

1-砧座;2-楔块;3-模座;4、8-楔铁;5-下模;6-坯料;7-上模;9-锤头

图 6.3.1　单模腔模锻

鉴于模锻的优点,可广泛用于飞机、机车、汽车、拖拉机、军工及轴承等制造业中。据统计,如按质量计算,飞机上的锻件中模锻件约占 85％、汽车上约占 80％、坦克上约占 70％、机车上约占 60％、轴承上约占 95％。最常见的零件是齿轮、轴、连杆、杠杆和手柄等。但模锻件常限于 150kg 以下的零件。由于锻模造价高,制造周期长,故模型锻造仅适宜于大批量生产。

6.3.1　锤上模锻

锤上模锻是在自由锻基础上最早发展起来的一种模锻生产方法,即在模锻锤上的模锻。它是将上、下锻模分别固紧在锤头与砧座上,将加热透的金属坯料放入下模型腔中,借助于上模向下的冲击作用,迫使金属在锻模型槽中塑性流动和填充,从而获得与型腔形状一致的锻件。

图 6.3.2 所示为蒸汽-空气模锻锤。结构上与自由锻锤的最大区别在于砧座 7 与锤身 6 连接成一个封闭的整体,使其刚性大幅提高;锤头与导轨的配合也更为精确,保证锤击中上下模对准。

6.3.2　曲柄压力机上模锻

曲柄压力机上模锻是一种比较先进的模锻方法。曲柄压力机的结构和工作原理如图 6.3.3 所示。电动机通过飞轮释放能量,曲柄连杆机构带动滑块沿导轨作上下往

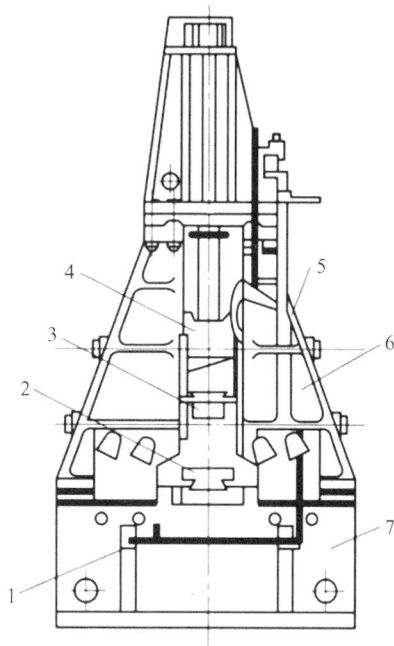

1-踏杆;2-下锻模;3-上锻模;4-锤头;
5-控制杆;6-锤身;7-砧座

图 6.3.2　蒸汽-空气模锻锤

复运动,进行锻压工作。锻模分别安装在滑块的下端和工作台上。

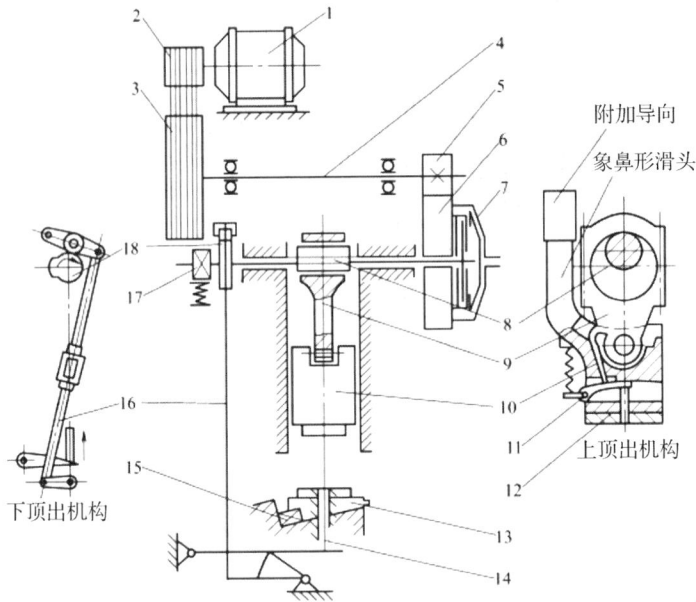

1-电动机;2-小皮带轮;3-飞轮;4-传动轴;5-小齿轮;6-大齿轮;7-圆盘摩擦离合器;8-曲柄;9-连杆;10-滑块;
11-上顶出机构;12-上顶杆;13-楔形工作台;14-下顶杆;15-斜楔;16-下顶出机构;17-带式制动器;18-凸轮

图 6.3.3　曲柄压力机的结构及传动原理简图

6.3.3　摩擦压力机上模锻

摩擦压力机是靠飞轮旋转所积蓄的能量转化成金属的变形能进行锻造,如图 6.3.4 所

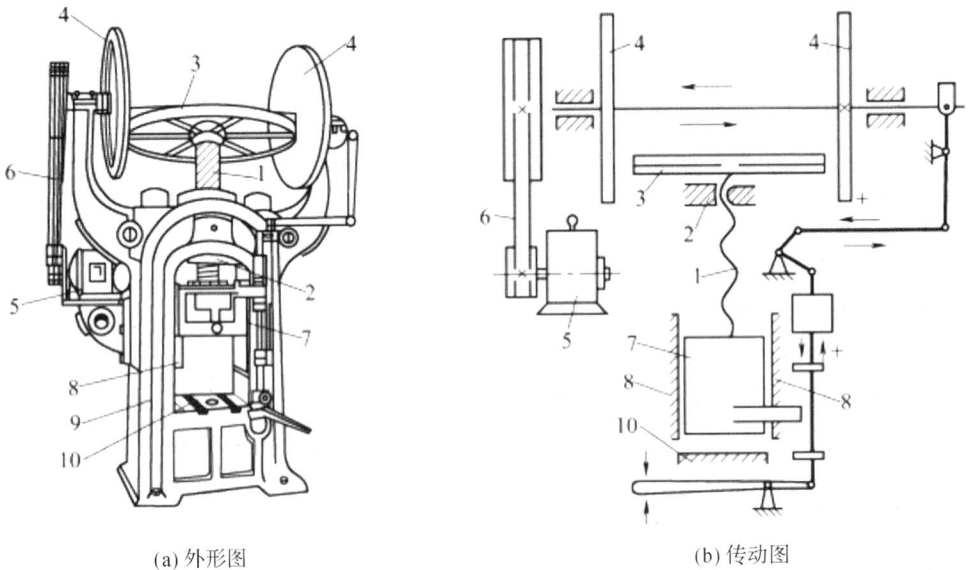

(a) 外形图　　　　　　　　　　(b) 传动图

1-螺杆;2-螺母;3-飞轮;4-圆轮;5-电动机;6-传动带;7-滑块;8-导轨;9-机架;10-机座

图 6.3.4　摩擦压力机传动图

示。摩擦压力机行程速度介于模锻锤和曲柄压力机之间,有一定的冲击作用,滑块行程和冲击能量都可自由调节,坯料在一个模腔内可以多次锻击,因而工艺性能广泛,既可完成镦粗、成形、弯曲、预锻、终锻等成形工序,也可进行校正、精整、切边、冲孔等后续工序的操作,必要时,还可作为板料冲压的设备使用。

6.3.4 锻模与模腔

锻模是用于直接打击锻件并使之成形的模具。锻模用专用模具钢制造,有很高的热硬性、耐磨性、和耐冲击性能要求。锻模分上、下模分别固定于锤头和砧座上。模锻件要有良好的分型面。模腔是上、下锻模之间所形成的空间。

1. 单模腔模锻与多模腔模锻

单模腔模锻是锻模上只有一个模腔,适用于形状简单的锻件。如图 6.3.1 所示,加工时一次成形,除去飞边和连皮即可。

2. 多模膜模锻

多模腔模锻是锻模上有多个模腔,适用于形状复杂需要经过多次成形的锻件。如图 6.3.5 所示,加工时锻件需依次通过拔长、滚压、弯曲、预锻、终锻等工步。

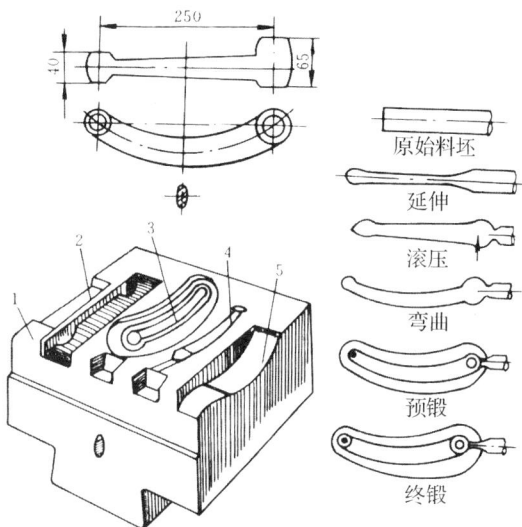

1-延伸模腔;2-滚压模腔;3-终锻模腔;
4-预锻模腔;5-弯曲模腔
图 6.3.5 多模腔模锻

6.3.5 模锻件的锻件图

模锻件图是生产过程中各个环节的指导性技术文件。在制订模锻件图时应考虑的因素有:

1. 分模面

分模面即指上、下锻模在锻件上的分界面,如图 6.3.6 所示。锻件分模面选择的好坏将直接影响到锻件的成形、锻件出模、锻模结构及制造费用、材料利用率、切边等一系列问题。因此,在制订模锻件图时,必须遵照下列原则:①为保证模锻

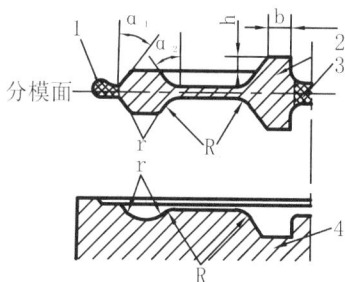

1-飞边;2-锻件;3-连皮;4-锻模
图 6.3.6 模锻斜度和模锻件圆角半径

件易于从模腔中取出,分模面通常选在模锻件最大截面上。②所选定的分模面应使模腔的深度最浅。这样有利于金属充满模腔,便于锻件的取出和锻模的制造。③选定的分模面应使上下两模沿分模面的模腔轮廓一致。这样在安装锻模和生产中发现错模现象时,便于及时调整锻模位置。④分模面最好是平面,且上下锻模的模腔深度尽可能一致,以便于锻模制造。⑤所选分模面尽可能使锻件上所加的敷料最少。

2. 加工余量、锻件公差和敷料

模锻件的尺寸精度较好,其余量和公差比自由锻件的小得多。小型模锻件的加工余量一般在 2~4mm,锻件公差一般为 ±0.5~±1mm。另外,模锻件加工余量及模锻件公差还

可查锻造手册或其他工程手册。对于孔径 d＞φ25mm 的模锻件,孔应锻出,但须留冲孔连皮。冲孔连皮的厚度与孔径有关,当孔径在φ30～φ80mm 时,连皮厚度为 4～8mm。

3. 模锻斜度

模锻件上凡平行于锻压方向的表面(或垂直于分模面的表面)都须具有斜度,如图6.3.6所示,这样便于从模腔中取出锻件。

4. 模锻件圆角半径

模锻件上凡是面与面相交处均应做成圆角,如图 6.3.6 所示。这样,可增大锻件强度,利于锻造时金属充满模腔,避免锻模上的内尖角处产生裂纹,减缓锻模外尖角处的磨损,提高锻模的使用寿命。

6.3.6 金属在模腔内的变形过程

将金属坯料置于终锻模腔内,从锻造开始到金属充满模腔锻成锻件为止,其变形过程可分为三个阶段。现以锤上模锻盘类锻件为例来说明。

1. 充型阶段

见图 6.3.7(a)。在最初的几次锻击时,金属在外力的作用下发生塑性变形,坯料高度减小,水平尺寸增大,并有部分金属压入模腔深处。这一阶段直到金属与模腔侧壁接触达到飞边槽桥口为止。模锻所需的变形力不大,变形力与行程的关系如图 6.3.7(d)所示。

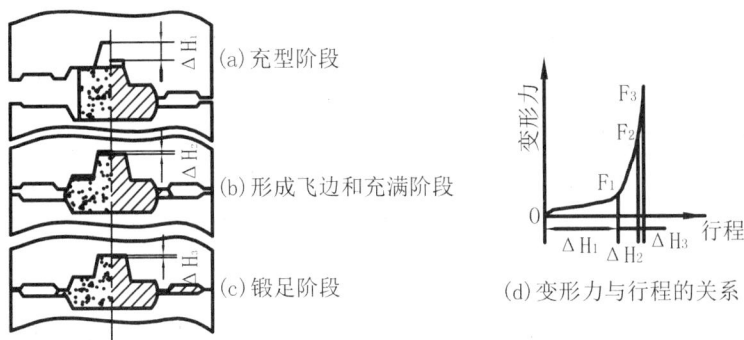

图 6.3.7　金属在模腔内的变形过程

2. 形成飞边和充满阶段

继续锻造时,由于金属充满模腔圆角和深处的阻力较大,金属向阻力较小的飞边槽内流动,形成飞边。此时,模锻所需的变形力开始增大。随后,金属流入飞边槽的阻力因飞边变冷而急速增大,当这个阻力一旦大于金属充满模腔圆角和深处的阻力时,金属便改向模腔圆角和深处流动,直到模腔各个角落都被充满为止,如图 6.3.7(b)所示。这一阶段的特点是飞边进行强迫充填。由于飞边的出现,变形力迅速增大,见图 6.3.7(d)中 F1,F2 线。

3. 锻足阶段

见图 6.3.7(c)。如果坯料的形状、体积及飞边槽的尺寸等工艺参数都设计得恰当,当整个模腔被充满时,也正好锻到锻件所需高度。但是,由于坯料体积总是不够准确且往往都偏多,或者飞边槽阻力偏大,导致模腔已经充满,但上、下模还未合拢,需进一步锻足。这一阶段的特点是变形仅发生在分模面附近区域,以便向飞边槽挤出多余的金属。此阶段变形力急剧增大,直至达到最大值 F3 为止,见图 6.3.7(d)中 F2、F3 线。由此可知,飞边有三个作用:强迫充填;容纳多余的金属;减轻上模对下模的打击,起缓冲作用。

6.3.7 模锻件的结构工艺性

由于坯料是在模腔内产生塑性变形的,所以成形性好,锻件的精度较高,表面粗糙度值较低,这是模锻优于自由锻的地方。模锻允许零件上有较复杂的曲面、肋条和小凸台,甚至可以在锻件上制出花纹和文字。

设计模锻件时,应在保证零件使用要求的前提下,结合模锻过程特点,使零件结构遵循下列原则,从而确保锻件品质,利于模锻生产,降低成本,提高生产率。

(1)模锻零件必须具有一个合理的分模面,以保证模锻件易于从锻模中取出、敷料最少,锻模制造容易。

(2)零件外形力求简单、平直和对称,尽量避免零件截面间差别过大,或具有薄壁、高筋、高凸起等结构,以便于金属充满模腔和减少工序。

(3)尽量避免有深孔或多孔结构。

(4)在可能的情况下,对复杂零件采用锻—焊组合,以减少敷料,简化模锻过程。

模锻件的结构工艺性要求见表 6.3.1。

表 6.3.1 模锻件的结构工艺性

结构工艺性要求	不 合 理	合 理
模锻件必须有一个合理的分模面,有利于坯料充满模腔,节约金属材料便于模具加工,减少错移量,以保证锻件能从锻模中顺利取出来。分模面应使上下模腔轮廓相同,盘类零件应径向分模。		
应有适当的模锻斜度和模锻件圆角,便于脱模。		
应尽量具有对称结构,利于简化模具的设计与制造。		
不宜在锻件上设计出过高、过窄的肋板或过薄辐板,减少模具劳动量,简化模具制造,提高模具寿命。		

6.4 胎膜锻造

　　胎模锻造是在自由锻设备上,使用不固定在设备上的各种称为胎模的单腔模具,将已加热的坯料用自由锻方法预锻成接近锻件形状,然后用胎模终锻成形的锻造方法。它广泛用于中、小批量的中、小型锻件的生产。与自由锻相比,胎模锻具有锻件品质较好(表面光洁、尺寸较精确、纤维分布合理)、生产率高和节约金属等优点。与固定锻模的模锻相比,胎模锻具有操作比较灵活、胎模模具简单、容易制造加工、成本低和生产准备周期短等优点。它的主要缺点有:胎模锻件与模锻件相比,表面品质较差、精度较低、所留机加工余量大、操作者劳动强度大、生产率和胎模寿命较低等。

　　胎模的种类较多,主要有:

　　(1)套筒模　主要用于回转体锻件,如齿轮、法兰等。有开式和闭式两种。

　　开式套筒模一般只有下模(套筒和垫块),没有上模(锤砧代替上模)。其优点为结构简单,可以得到很小或不带锻模斜度的锻件。取件时一般要翻转180°。缺点是对上下砧的平行度要求较严,不然易使毛坯偏斜或填充不满。

　　闭式套筒模一般由上模、套筒等组成,如图6.4.1。锻造时金属处于模腔的封闭空间中变形,不形成毛边。由于导向面间存在间隙,往往在锻件端部间隙处形成横向毛刺,需进行修整。此法要求坯料尺寸精确,大则增加锻件垂直方向的尺寸,小则充不满模腔。

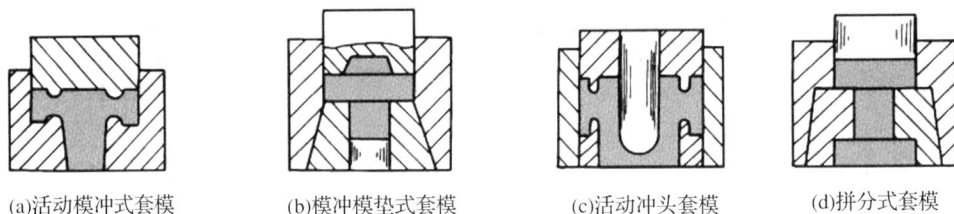

(a)活动模冲式套模　　(b)模冲模垫式套模　　(c)活动冲头套模　　(d)拼分式套模

图 6.4.1　套筒模

　　(2)合模　合模一般由上、下模及导向装置组成,如图6.4.2所示。它用来锻造形状复杂的锻件,锻造过程中多余金属流入飞边槽形成飞边。合模成形与带飞边的固定模模锻相似。

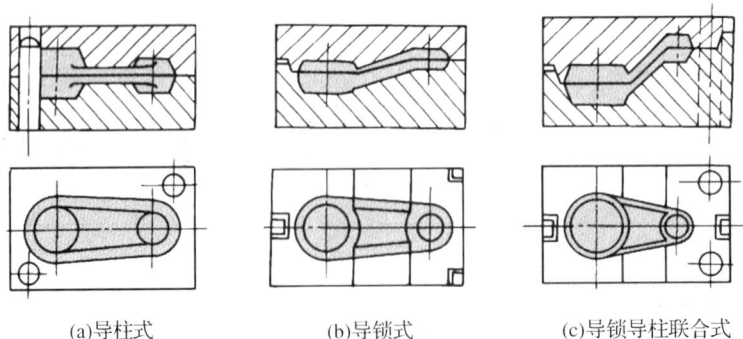

(a)导柱式　　　　(b)导锁式　　　　(c)导锁导柱联合式

图 6.4.2　合模

(3)扣模 用于锻造非回转体锻件,具有敞开的模腔,图 6.4.3 所示。锻造时工件一般不翻转,不产生毛边。既用于制坯,也用于成形。

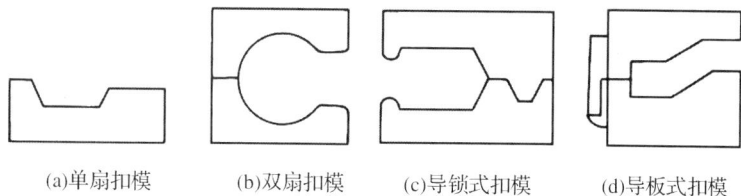

(a)单扇扣模　　　　(b)双扇扣模　　　　(c)导锁式扣模　　　　(d)导板式扣模

图 6.4.3　扣模

6.5　板料冲压

6.5.1　板料冲压加工种类、特点及其应用

板料冲压是在冲床上用模具使板料产生分离或变形而获得制件的加工方法。

(1)板料冲压通常是在常温(冷冲压)下,对板金类零件进行压力加工。板料冲压必须借助于模具在冲床上进行。

(2)板料冲压主要工艺方法有切断、冲裁、弯曲、拉伸、翻边、胀形、压肋等。

(3)冲压件结构轻、精度高、刚性好一般不再进行机械加工;冲压工艺生产效率高、容易实现自动化、生产成本低、材料利用率高。

(4)用于冲压加工的材料应具有较高的塑性。板料厚度一般不超过 6mm。

6.5.2　冲压设备

冲床是冲压加工的基本设备,其结构如图 6.5.1 所示。冲床的主要技术参数是冲床的公称压力、滑块行程和封闭高度。冲床操作一般手脚并用,应严格遵守安全操作规程。

6.5.3　冲压加工的基本工序

1.切断

切断是使板料沿不封闭轮廓分离的冲压工序。通常是在剪板机上将大板料或带料切断成适合生产的小板料、条料。

2.冲裁

冲裁是使板料沿封闭轮廓分离的冲压工序。如图 6.5.2 所示。冲裁加工包括落料和冲孔,落料时,被分离的部分是成品,周边是废料。冲孔则是为了获得孔,周边是成品,被分离的部分是废料。

3.弯曲

弯曲是将工件弯成具有一定曲率和角度的冲压工序。如图 6.5.3 所示。弯曲的最小曲率半径是板料厚度的 0.25~1 倍。

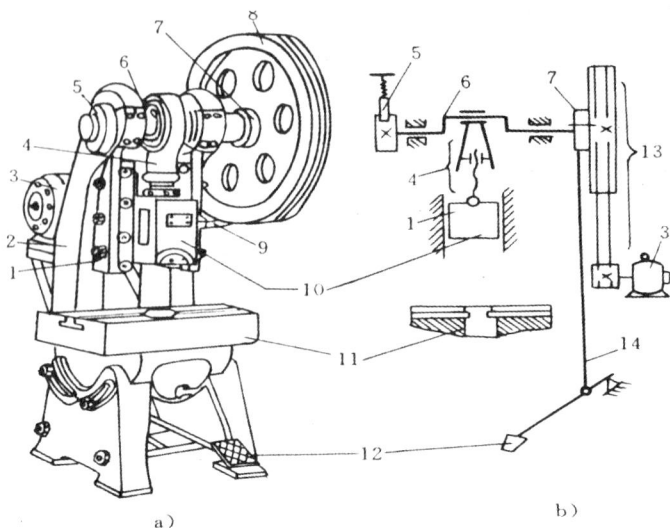

1-导轨；2-床身；3-电动机；4-连杆；5-制动器；6-曲轴；7-离合器；8-带轮；9-V 形带；10-滑块；
11-工作台；12-踏板；13-减速系统；14-拉杆

图 6.5.1　开式双柱冲床

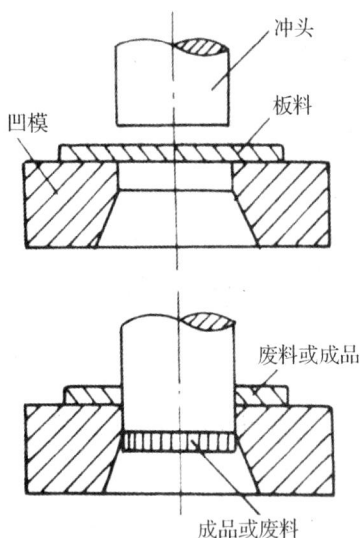

图 6.5.2　冲裁

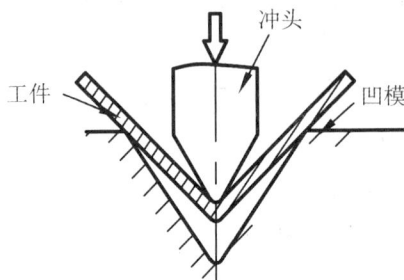

图 6.5.3　弯曲

4. 拉深

拉深是将平直板料加工成空心开口工件的冲压成形工序。如图 6.5.4 所示。为避免零件拉裂,拉深模具的冲头和凹模的工作部分应加工成圆角,以避免零件拉裂。拉深变形量较大的零件,必须采用多次拉深。为防止板料起皱,必须用压板将板料压紧。

5. 翻边

是在板料或半成品上沿一定的曲线翻起竖立边缘的冲压工序。如图 6.5.5 所示。

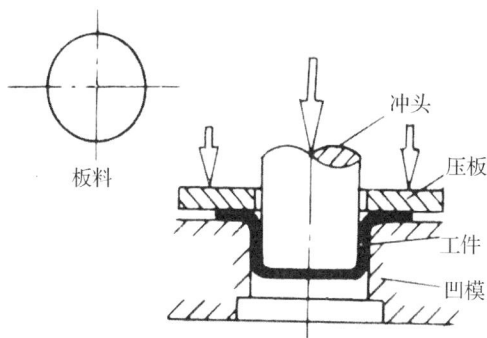

图 6.5.4　拉深

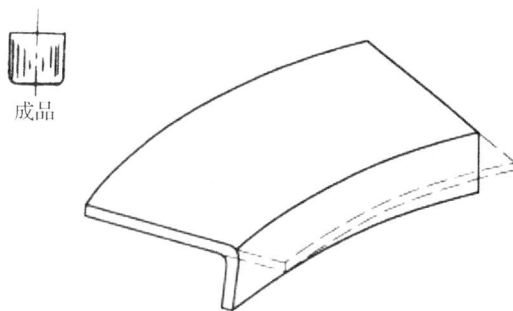

图 6.5.5　翻边

6. 胀形

是将拉深件轴线方向上局部区段的直径胀大,可采用刚模(如图 6.5.6 所示)或软模(如图 6.5.7 所示)进行。刚模胀形时,由于芯子 2 的锥面作用,分瓣凸模 1 在压下的同时沿径向扩张,使工件 3 胀形。顶杆 4 将分瓣凸模顶回到起始位置后,即可将工件取出。显然,刚模的结构和冲压工艺都比较复杂,而采用软模则简便得多。因此,软模胀形得到广泛应用。

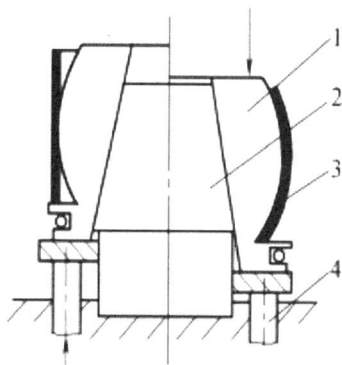

1-分瓣凸模;2-芯子;3-工件;4-顶杆
图 6.5.6　刚模胀形

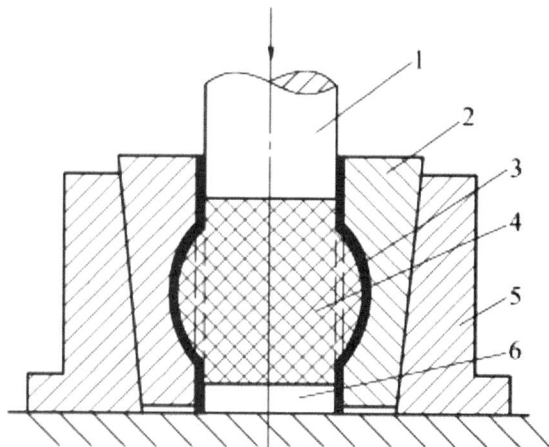

1-凸模;2-凹模;3-工件;4-橡胶;5-外套;6-垫块
图 6.5.7　软模胀形

7. 压肋

是压制出各种形状的凸起和凹陷的工序。采用的模具有刚模和软模两种。如图 6.5.8 所示。用刚模压肋,与拉深不同,此时只有冲头下的这一小部分金属在拉应力作用下产生塑性变形,其余部分的金属并不发生变形。软模是用橡胶等柔性物体代替一半模具。这样,用软模压肋可以简化模具制造,冲制形状复杂的零件。

8. 冲压模具

冲压模具(简称冲模)是冲压加工的工艺装备。冲模有简单冲模、连续冲模和复合冲模三类。

(1)简单冲模　如图 6.5.9 所示为的基本构造。主要包括:

1)凸模和凹模　凸模亦称冲头,与凹模配合使坯料产生分离或变形,是冲模的主要工

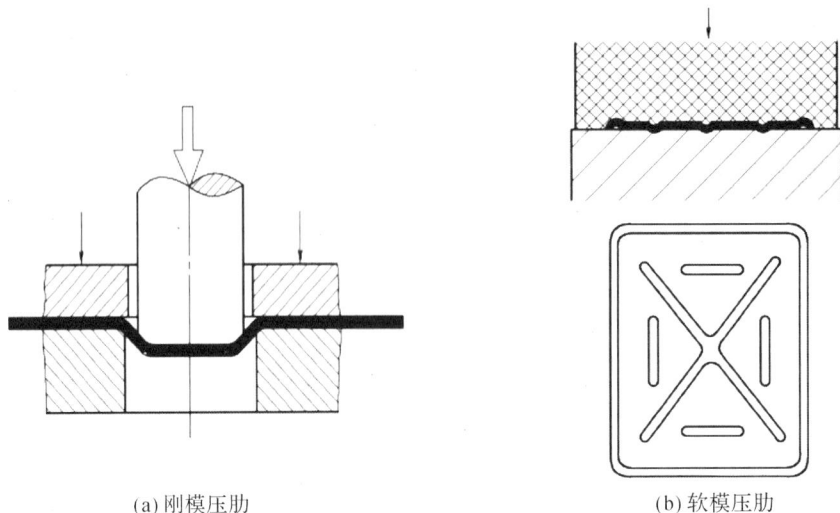

(a)刚模压肋　　　　　　　　　　　　(b)软模压肋

图 6.5.8　压肋

作部分。

2)模架　包括上、下模板和导柱、导套。用来固定凸模和凹模并保证相互间的位置,下模板还用来与冲床工作台连接。

3)辅助装置　包括导板、定位销、卸料板等,用来控制坯料的送进位置,使冲头从工件或坯料中脱出,实现卸料。

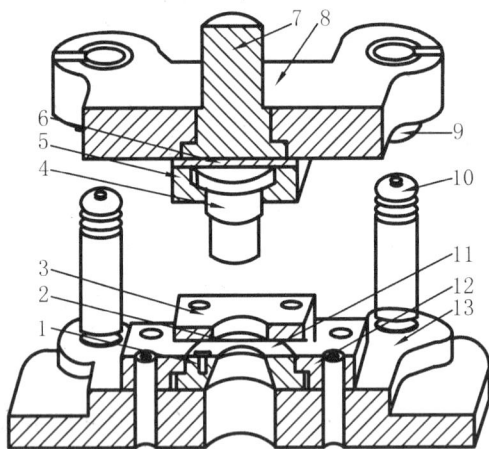

1-定位销;2-导板;3-卸料板;4-凸模;5-凸模固定板;6-垫板;7-模柄;

8-上模版;9-导套;10-导柱;11-凹模;12-凹模固定板;13-下模板

图 6.5.9　简单冲模

(2)连续冲模　在滑块一次行程中,能够同时在模具的不同部位上完成数道冲压工序的冲模称为连续冲模。这种冲模生产效率高,但冲压件精度不够高。

(3)复合冲模　在滑块一次行程中,可在模具的同一部位同时完成若干冲压工序的冲模称为复合冲模。复合冲模冲制的零件精度高、平整、生产率高,但复合冲模的结构复杂,成本高,只适于大批量生产精度要求高的冲压件。

6.6 其他压力加工方法简介

6.6.1 精密模锻

利用某些刚度大、精度高的模锻设备(曲柄压力机、摩擦压力机等)锻造出形状复杂、高精度锻件的模锻工艺称为精密模锻。如锻制伞齿轮、汽轮叶片、航空及电器零件等,锻件公差可在 ±0.02 mm 以下,达到少切削或无切削的目的。

1. 工艺过程 精密模锻一般采用原始坯料 → 中间坯料 → 精锻的过程。为提高锻件质量,减少氧化程度,精锻碳钢件时应选择锻造温度为 $900\sim450℃$ 之间的温模锻加工。

2. 工艺特点 精密模锻具有以下工艺特点:

(1)原始坯料质量和尺寸必须精确。防止锻件尺寸公差增大,使锻件精度降低。

(2)采用无氧化或少氧化加热,尽量减少坯料表面形成氧化皮。

(3)仔细清理中间坯料表面,除净氧化皮、脱碳层及其他缺陷。

(4)提高精密模腔加工精度,利用导柱、导套装置准确合模。

(5)模腔内应开出小孔以便精锻时及时排气,减小金属流动阻力,更易于充满模腔。

(6)认真润滑和冷却锻模,提高锻模寿命和降低设备功耗。

6.6.2 高速锻锤

利用 14MPa 的高压气体使活塞高速运动产生功能,推动锤头和框架系统作高速相对运动而产生悬空打击,使金属坯料成形的加工工艺称为高速锤锻。

高速锤锻的主要特点是:

(1)工艺性能好,高速锤打击速度可达 30m/s,金属瞬时(0.001~0.002s)成形,可锻性大大提高。

(2)锻件精度高、质量好。采用无氧加热和较小的锻件公差,能获得较高精度锻件。而且,锻件在高速击下成形,具有细晶组织和较高的力学性能。

(3)材料利用率高。高速锤锻的加工余量、公差、模锻斜度及圆角半径都很小,节约材料。

(4)设备轻巧、投资少。高速锤质量只是一般模锻锤的 1/5～1/10,且对厂房和地基无特殊要求。

高速锤锻适于锻造形状复杂、薄壁高筋的高精度锻件。如叶片、涡轮、壳体、齿轮等多种产品。可锻造强度高、塑性低的材料,如铝、镁、铜、钛合金,高强度钢、耐热钢、工具钢及高熔点合金等。

6.6.3 液态模锻

将定量的液态金属直接浇入金属模内,然后在一定时间内以一定的压力作用在金属液(或半液态)上,经结晶、塑性流动使之成型的加工工艺称为液态模锻。如图 6.1.1 所示。

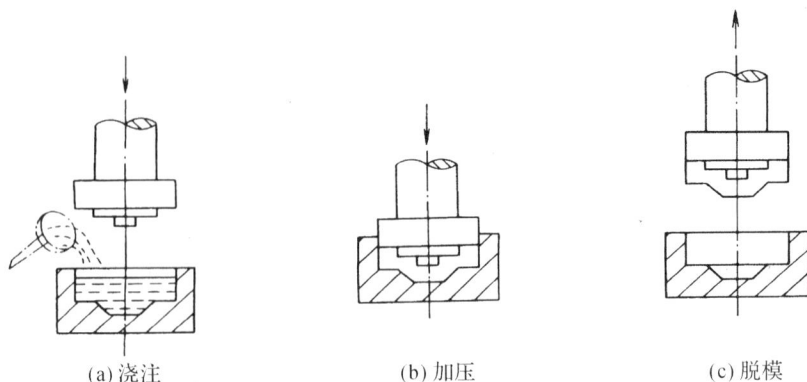

(a)浇注   (b)加压   (c)脱模

图 6.6.1   液态模锻工作示意图

1. 工艺过程

液态模锻的一般工艺流程为原材料配制→熔炼→浇注→加压→成型→脱模→灰坑冷却→热处理→检验→入库。

液态模锻实际上是压力铸造和模锻的组合工艺。即有铸造工艺简单、成本低的特点,又兼有锻造产品性能好、质量可靠的优点。适合于铝、铜合金,灰铸铁、碳钢、不锈钢等各种类型合金的生产。

2. 工艺特点

液态模锻具有以下特点:

(1)金属在压力下结晶成型,晶粒细化、组织均匀致密,性能优良。锻件强度指标可接近或达到模锻件水平。

(2)液态模锻件外形准确,表面粗糙变低,可少用或不用切削加工。

(3)利用金属废料熔炼进行液态模锻,节约材料。

4)锻件在封闭的模具内一次成型,不需要更多的模具,节约了模具钢。而且,所需设备的吨位也较小。

液压机的压力和速度可以控制,施压平稳,不易产生飞溅。所以,液态模锻基本是在液压机上进行。

6.6.4   超塑性模锻

所谓超塑性是指金属或合金在特定条件下,其伸长率超过 100% 以上的特性。如钢超过 500%,纯钛超过 300%,锌铝合金超过 1000%。特定条件包括①变形温度约为 $0.5T_{熔}$,②变形速率低 $\varepsilon=10^{-2}\sim10^{-4}/s$,③晶粒平均直径为 $0.2\sim0.5\mu m$,晶粒细小均匀。

超塑性模锻具有以下工艺特点:

(1)超塑性状态金属在拉伸过程中,不产生缩颈现象。因此,锻件晶粒组织均匀细小,整体力学性能均匀一致。

(2)超塑性状态金属变形应力比常态金属降低几倍至几十倍。因此,对过去只能采用铸造成型的镍基合金,也可以进行超塑性模锻。

(3)金属填充模腔性能好,锻件尺寸精度高,可少用或不用切削加工,降低了金属材料的消耗。

（4）金属变形抗力小，可充分发挥中、小型设备的作用。

目前，常用的超塑性成形材料有锌铝合金、铝基合金、钛合金及高温合金等。若采用普通热模锻生产钛合金及高温合金锻件后再进行切削加工，不仅成形困难，而且材料损耗率极大。采用超塑性模锻完全克服了上述缺点，节约材料，降低成本。

超塑性成形还可应用于板料冲压、板料气压成形及挤压成形等加工工艺。

6.6.5 零件的轧制和挤压

1. 零件的轧制

轧制是靠旋转的轧辊与轧件之间形成的摩擦力将轧件拖进辊缝之间，并使之受到压缩产生塑性变形的过程。零件的轧制是将轧制发展到锻件生产中的一种新工艺。零件轧制的主要特点是：①轧制金属的纤维组织呈连续性分布于零件外廓，且组织均匀，性能好。②材料利用率高，精轧后的零件可达到少切削或无切削加工。③轧制模具可用低廉的球墨铸铁制造代替昂贵的模具钢材料。④设备吨位小，结构简单。⑤劳动条件好，生产率高。

根据轧辊轴线与坯料轴线方向的不同，零件轧制类型可分为纵轧、横轧、斜轧、楔横轧等几种。

（1）纵轧　是轧辊轴线与坯料轴线互相垂直的轧制方法。包括各种型材与板材的轧制、辊锻、辗环等。

1）辊锻是使坯料通过装有一对相对旋转扇形模块（只有扇形模一部分工作）时，受压而变形的生产方法。辊锻是把轧制工艺用到锻造生产中的一种新工艺，主要产品有叶片及扁断面长杆类如扳手、连杆等锻件。

2）辗环是用来扩大环形坯料的内、外径，获得各种横截面环状零件的轧制方法。如轴承环、齿轮圈、火车轮箍及衬套等。碾环主要生产过程如图 6.6.2 所示。坯料在驱动辊和芯轴之间被碾压旋转，调整驱动辊的压入量，坯料产生受压变形壁厚减薄而直径增大。导向辊对坯料起支承和导向作用，并可随环直径增大作相应的移动。当环外径达到需要值与信号辊接触时，可传出信号使驱动辊停止工作。

（2）横轧　是轧辊轴线与坯料轴线互相平行的轧制方法。如齿轮轧制等。图 6.6.3 示意了齿轮轧制过程，毛坯外缘感应加热，带齿形的轧辊负责进给并与毛坯对碾而成形。

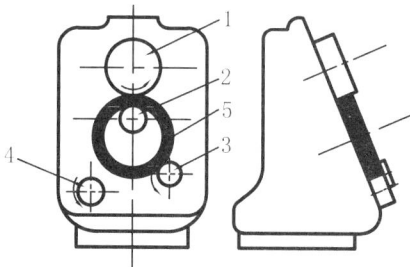

1-驱动辊；2-芯轴；3-导向辊；4-信号辊；5-坯料

图 6.6.2　碾环生产过程

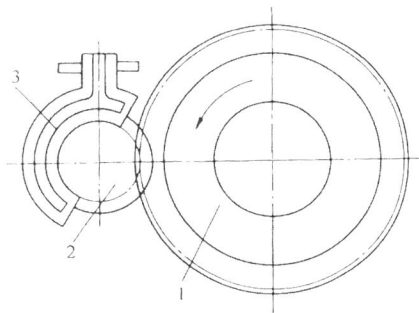

1-齿形的轧辊；2-毛坯；3-感应加热

图 6.6.3　齿轮轧制过程

（3）螺纹斜轧　是轧辊轴线与坯料轴线相交一定角度的轧制方法。两个带螺旋形槽的轧辊，相互倾斜作同向旋转，坯料绕自身轴线反向旋转并进给受压而成形。适合钢球、丝杠、高速滚刀体的大批量生产。

（4）楔横轧　是利用两个作同向运动平行轧辊外表面镶有的楔形凸块,对沿其轴线送进的坯料进行压缩,使坯料径向减小、长度增加的轧制方法。楔形凸块由三部分组成:①楔入部分首先与坯料接触,将坯料压出环形槽。②展宽部分将环形槽扩展增加变形宽度。③精整部分使轧件达到尺寸精度要求。

2. 零件的挤压

挤压是对放在挤压筒内的金属坯料施加压力,使之从特定的模孔中流出,获得所需断面形状和尺寸的一种塑性加工方法。现代技术中,挤压也广泛应用于零件的成型,如有色金属管、棒、型材及线坯,是实现少无切削的重要方法之一。

按金属流动方向和凸模运动方向分类:

（1）正挤压　金属流动方向与凸模运动方向相同。

（2）反挤压　金属流动方向与凸模运动方向相反。

（3）复合挤压　金属流动方向与凸模运动方向同向和反向兼有。

（4）径向挤压　金属流动方向与凸模运动方向成 $90°$。

按金属坯料所具有的温度分类:

（1）热挤压坯料变形温度与锻造温度相同。金属变形抗力小,每次变形程度较大,产品表面粗糙。

（2）冷挤压坯料变形温度在再结晶温度以下（常温）进行。金属变形抗力大,产品表面光洁。

（3）温挤压坯料变形温度在 $100\sim800℃$ 之间进行。比热挤压坯料氧化脱碳少,产品表面粗糙度低,尺寸精度高。比冷挤压坯料变形抗力小,每次变形程度增加,可挤压中碳钢或合金钢零件。

其他的压力加工方法还有拉拔、摆动辗压、施压成形,爆炸成形,气压成形,电磁成形,电液成形,单点数控增量成形,多点模成形等,不一一阐述。

6.7　锻件的检验

6.7.1　锻件常见缺陷

锻件的缺陷主要是由以下因素引起的:原材料本身的缺陷;加热的缺陷;锻造工序不合理;锻件冷却方法不当;切边、锻后热处理、清理等的缺陷。

1. 自由锻造锻件常见主要缺陷

（1）裂纹是锻件上经常发现的缺陷,与坯料质量、锻造温度范围、加热和冷却方法等多种因素有关。微裂纹应及时除去,防止扩展。

（2）末端凹陷和轴心裂纹,这是当坯料内部未热透或坯料整个截面未锻透造成的。

（3）折迭和夹层是锻件表面产生金属重叠的现象。多与操作不当,如拔长时坯料的送进量过小等因素有关。

（4）凹坑是由于氧化皮被压入锻件中,当锻件清理后氧化皮脱落即形成凹坑或斑点。

2. 模锻件常见的主要缺陷

（1）错模是模锻件沿分模面的上下两部分产生了位移。这是由于锤头导轨的间隙过大，模具安装不合理等原因造成的。

（2）模锻不足表现在模锻件在高度（垂直分模面方向）上的各个尺寸均偏大同样的数值。这是由于坯料加热温度太低，终锻模膛锤击次数少，设备吨位不足等原因造成的。

（3）局部充不满是由于坯料体积过小，坯料在模膛内放置偏斜等原因致使模锻件上凸筋、外圆角等部位因模槽未充满而产生的欠缺。

6.7.2 锻件的质量检验

锻件的质量检验一般由技术检验部门执行，其主要任务是鉴定锻件质量，分析和研究锻件产生缺陷的原因和预防措施。锻件质量检验可分为生产过程的检验和成品检验两个方面。

1. 生产过程中的质量检验　生产过程中各个环节的工作质量都将影响到锻件的质量，其中包括对毛坯下料、加热、锻造、锻件冷却、热处理等各工序进行检查。以便及时发现和解决问题。

2. 成品质量检验　锻件成品的质量检验包括材料化学成分、锻件外观尺寸、宏观检验、力学性能以及无损检验等。

（1）化学成分检验　材料试样的采样方法及化学成分分析方法。

（2）外观尺寸检验　锻件外观形状和尺寸应符合锻件图的规定。

（3）宏观检验　检验锻件表面缺陷及宏观组织。

（4）力学性能检验　包括锻件硬度、强度、塑性及韧性指标的测定。

（5）无损检验　采用磁力探伤或超声波探伤检验锻件内部质量。

6.8　自由锻实习

1. 锻造炉的操作

点燃炉子，控制风门，把螺栓坯放在炉内。加热过程中定时翻动坯料，利用火色鉴别坯料温度（见表 6.8.1）。一般中碳钢应加热到坯料呈淡黄色。

表 6.8.1　碳钢的火色

温度/℃	1300	1200	1100	1000	900	800	700	600 以下
火色	黄白色	淡黄	深黄	桔黄	淡红	樱红	暗红	暗褐

2. 空气锤操作

通过操纵手柄或踏杆练习锻锤的悬空、下击、连击、轻击、重击等。

3. 螺栓坯锻造操作

（1）准备坯料（尺寸规格见表 6.8.2）、锻工钳、圆口三角刀、剁刀、卡钳、钢直尺等。

表 6.8.2　六角螺栓坯的自由锻工艺过程

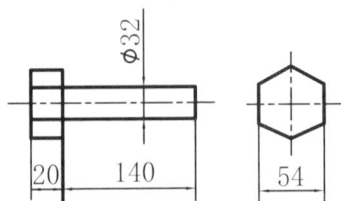

锻件名称:六角螺栓坯

坯料规格:$\phi 62mm \times 62mm$

锻造材料:35 钢

锻造设备:75kg 空气锤

火次	序号	温度/℃	操作内容	简　图
工艺过程	1	1200~800	(整体加热) 压肩	
	2	1200~800	拔长 倒棱	
2	3	1200~800	(杆部加热) 切割料头成定长、校 直、滚圆	
3	4	1200~800	(头部加热) 锻六角	

(2)按表 6.8.2 中的工艺过程完成螺栓坯的锻造。

(3)锻造过程中应控制各部位的尺寸,锻后采用空冷并进行检验。

4. 锻造安全生产

锻造安全生产包括锻工的安全操作技术、司锤工的安全操作技术、加热工的安全操作技术等。锻造生产中发生的事故一般有碰伤、弹伤、烫伤及压伤等。为避免工伤事故的发生,必须有秩序的组织生产,严格执行工艺纪律,合理组织工作场地,设备和工具的使用应严格遵守使用规则,每个操作者都应熟悉本工种的安全操作技术。

思考与练习题

6.1　解释加工硬化、回复、再结晶、冷加工和热加工。

6.2　何谓金属的锻造性能? 影响金属锻造性能的因素有哪几方面?

6.3　水壶是不是经板料冲压制成的? 举例说明其冲压工序。

6.4　弯曲时,工件受力和变形的过程如何? 易产生什么缺陷,如何防止?

6.5　拉深时,工件受力和变形的情况如何? 拉深时基本工序有哪些? 并叙述其应用范围。

6.6　为什么坯料低于终锻温度后,不宜继续锻造?

6.7 塑性差的金属材料进行锻造时,应注意什么问题?

6.8 设计自由锻零件时应注意哪些问题?

6.9 金属在加热时可能会出现哪些缺陷,如何预防?

6.10 试比较各种模锻方法的工艺特点及应用。

6.11 生活用品中有哪些产品易产生废品,如何防止?

6.12 试确定下图所示零件的锻造工艺。

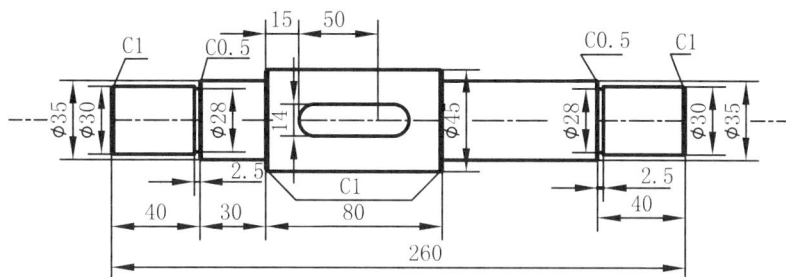

题 6.1.2 齿轮轴零件简图

第7章 焊 接

焊接是指通过加热或加压,或两者并用,并且用或不用填充材料,使工件达到原子结合的一种连接方法。被连接的两个物体可以是同类或不同类的金属(钢、铁、及非铁金属),也可以是非金属(石墨、陶瓷、塑料、玻璃等),还可以是金属与非金属。迄今为止,金属材料是焊接的主要对象。焊接方法很多,本章主要介绍各种焊接工艺原理和方法以及常用金属材料的焊接性能和焊接结构。

7.1 焊接成形基础

7.1.1 焊接概述

焊接是一种新兴而有古老的加工技术。早在公元 3000 年前,我国古代已有铜－金,铅－锡焊接的应用,举世瞩目的秦始皇墓中出土的铜车马构件上就有锻焊和钎焊焊缝。目前工业生产中广泛应用的现代焊接技术则几乎都是 19 世纪末 20 世纪初的现代科学技术,特别是冶金学、金属学、力学、电工、电子学等迅速发展的产物。

1. 焊接的应用与特点

焊接主要用于制造金属构件,如锅炉、压力容器、船舶、桥梁、管道、车辆、起重机、海洋结构、冶金设备;生产机器零件(或毛坯),如重型机械和冶金设备的机架、底座、箱体、轴、齿轮等;传统的毛坯是铸件或锻件,但在特定条件下,也可用钢材焊接而成。与铸造相比,不需要制造木模和砂型,不需要专门冶炼和浇注,生产周期短,节省材料,可阵低成本。对于一些单件生产的特大型零件(或毛坯),可通过焊件以小拼大,简化工艺;修补铸、锻件的缺陷和局部损坏的零件,这在生产中具有较大的经济意义。

由于焊接连接性能好、省工省料、成本低、重量轻、可简化工艺等优点,因此获得了广泛的应用。但也存在一些不足,如结构不可拆、更换修理不方便;焊接头组织性能变坏;存在焊接应力,容易产生焊接变形;容易出现焊接缺陷等。有时焊接质量成为突出问题,焊接接头往往是锅炉压力容器等重要容器的薄弱环节,实际生产中应特别注意。

2. 焊接的发展

1885 年,俄国人发现气体放电现象,为电弧焊提供了理论基础。1930 年前后出现了涂药焊条电弧焊,以后相继出现了埋弧焊,钨极氩弧焊以及熔化极气体保护焊。1886 年,出现了电阻焊(包括点焊,缝焊,对焊)后,焊接开始逐步取代铆接,成为基础制造工业中广泛应用的基础加工工艺。20 世纪 50 年代出现了电渣焊,电子束焊。60 年代出现了等离子焊和激光焊接。70 年代出现了脉冲焊和窄间隙焊接。80 年代出现了太空焊接。至 90 年代已经有电弧焊 18 种,硬钎焊 11 种,固态焊接 9 种,软钎焊 8 种,电阻焊 9 种,气焊 4 种,其他焊 10

种,热喷涂 3 种,氧切割 9 种,电弧切割 7 种,其他切割 6 种,以及扩散焊 1 种。

展望未来,焊接技术发展方向主要有:焊接成形精确化;焊接生产自动化和过程控制智能化;优质高效的焊接工艺;特殊材料及特殊环境下焊接技术;焊接过程计算机模拟技术,同时焊接技术也将向材料学科和工程的新兴领域渗透和拓展。

3. 焊接的分类

根据焊接过程的特点,焊接可分为熔焊、压焊、钎焊。

熔焊:将待焊处的母材金属熔化以形成焊缝的方法。实现熔焊的关键是加热热源,其次是必须采取有效的措施隔离空气以保护高温焊缝。

压焊:焊接过程中,必须对焊件施加压力,同时加热或不加热,以完成焊接的方法。

钎焊:采用比母材熔点低的金属材料作钎料,将焊件和钎料加热到高于钎料熔点,低于母材熔化温度,利用液态钎料湿润母材,填充接头间隙并与母材相互扩散实现连接的焊接方法。

焊接分类如图 7.1.1 所示。

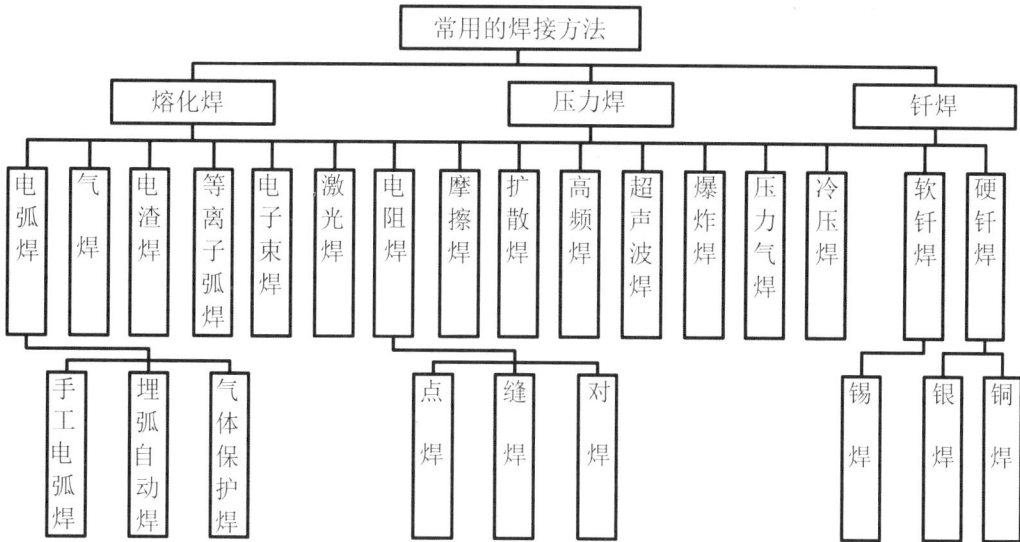

图 7.1.1　焊接分类图

7.1.2　熔焊接头的组织与性能

电弧焊时,焊件局部经历加热和冷却的热过程。焊接热过程会引起焊接接头组织和性能的变化,直接影响焊接接头的质量。

1. 焊接工件上温度的变化与分布

在电弧热作用下,焊接接头上某点的温度由低到高,达到最大值后又由高到低的变化过程称为焊接热循环。

焊接时,随着各点金属所在位置的不同,其最高加热温度是不同的。又因热传导需要一定时间,所以各点达到该点的最高温度的时间也是不同的。图 7.1.2 是焊接接头上距焊缝不同距离各点的焊接温度分布。从图中可以看出,离焊缝越近的点其加热速度越大,被加热的最高温度也越高,冷却速度也越大。焊接热循环的重要特征是加热速度和冷却速度都很快。

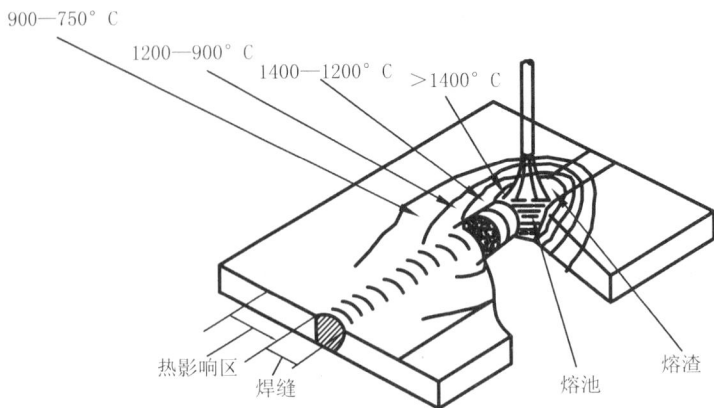

图 7.1.2　焊接温度分布

2. 焊接接头的组成和性能

熔焊的焊接接头由焊缝、熔合区和热影响区组成。如图 7.1.3 所示。

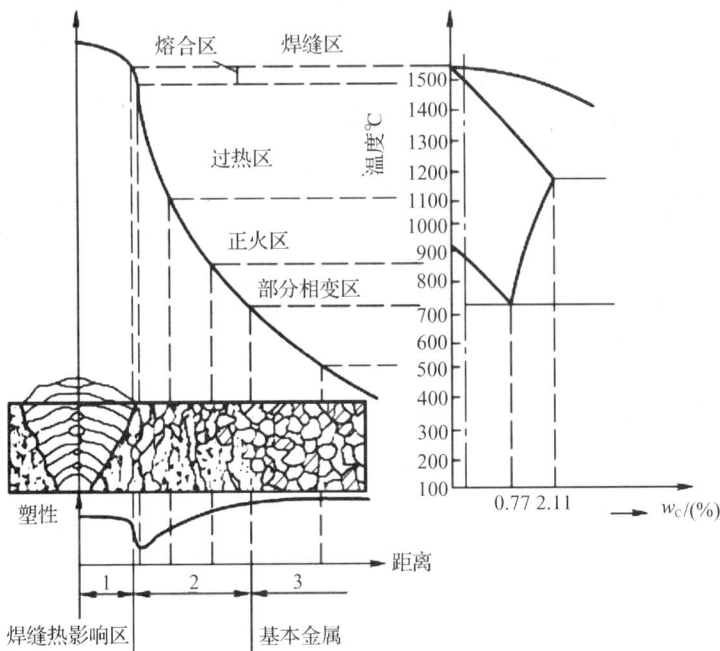

图 7.1.3　低碳钢的焊接接头

（1）焊缝的组织和性能

焊缝是由熔池金属结晶形成的焊件结合部分。焊接熔池的结晶过程首先从熔池与母材的交界处开始,随后以依附于母材晶粒现成表面而形成共同晶粒的方式向熔池中心生长,形成柱状树枝晶体,熔池结晶过程中,由于冷却速度很快,已凝固的焊缝金属中的化学成分来不及扩散,造成合金元素分布不均匀性。如果硫、磷等有害元素集中到焊缝中心区,将影响焊缝的力学性能,所以焊条芯必须是优质钢材,其中硫、磷的含量应很低。焊接时,熔池金属受到保护气体的吹动,干扰了柱状晶体的连续成长,因此焊缝的柱状晶体呈倾斜层状。柱状晶体分层,使得晶粒有所细化,又因焊缝组织的合金化,所以用优质焊条焊接的某些焊缝性能不低于焊件的基本金属。

(2)焊接热影响区

是指焊缝两侧因焊接热作用而发生组织性能变化的区域。由于焊缝附近各点受热情况不同,热影响区可分为熔合区、过热区、正火区和部分相变区等。

1)熔合区 是焊缝和基本金属的交界区,相当于加热到固相线和液相线之间,焊接过程中母材部分熔化,所以也称为半熔化区。熔化的金属凝固成铸态组织,未熔化金属因加热温度过高而成为过热粗晶。在低碳钢焊接接头中,熔合区虽然很窄(约 $0.1\sim1mm$),但因强度、塑性和韧性都下降,而此处接头断面发生变化,引起应力集中,在很大程度上决定着焊接接头的性能。

2)过热区 被加热到 Ac_3 以上 $100\sim200℃$ 至固相线温度区间,奥氏体晶粒急剧长大,形成过热组织,因而过热区的塑性及韧性降低。对于易淬火硬化钢材,此区脆性更大。

3)正火区 被加热到 Ac_3 至 Ac_3 以上 $100\sim200℃$ 区间,金属发生重结晶,冷却后得到均匀而细小的铁素体和珠光体组织,其机械性能优于母材。

4)部分相变区 相当于加热到 $Ac_1\sim Ac_3$ 温度区间。珠光体和部分铁素体发生重结晶,使晶粒细化;部分铁素体来不及转变,冷却后晶粒大小不匀,因此力学性能稍差。

从图 7.1.3 左侧缝焊横截面的下部所示的性能变化曲线可以看出,在焊接热影响区中,熔合区和过热区的性能最差,产生裂缝和局部破坏的倾向性也最大,应使之尽可能减小。

7.1.3 焊接应力与变形

金属结构在焊接过程中产生的焊接应力和各种焊接变形,往往使焊接产品的质量下降或使下一道工序无法顺利进行。更重要的是焊接应力或焊接残余应力往往是造成裂纹的直接原因,即使不造成裂纹也会降低焊接结构的承载能力和使用寿命。焊接变形不仅造成焊件尺寸、形状的变化,而且在焊后要进行大量复杂的矫正工作,严重的会使焊件报废。但是,如果从中找出它们的规律,就可以大大减少焊接应力与变形的危害。

1. 焊接应力和变形及其产生的原因

焊接过程中,金属受热和冷却的整个热循环的温度范围通常在 $1500℃$ 以上。随着温度的变化,金属的物理性能和力学性能也随之发生剧烈变动。因此构件在焊接时总是要产生应力和变形。把焊接过程中焊件中产生的随时间变化的变形和内应力分别称为焊接瞬时变形和焊接瞬时应力。由于焊接是一个不均匀的加热和冷却过程,致使焊接过程中出现的应力和变形在焊后仍存留于构件中。把焊后焊件冷却至室温时仍留存在焊件中的变形和应力分别称为焊接残余变形和焊接残余应力。

焊接时的应力和变形的形成主要取决于焊接热循环过程,以及焊件在焊接过程中受约束的条件,由于焊件往往是受到局部的、不均匀的加热和冷却,因此,焊接接头各部位金属的热胀冷缩程度不同。由于焊件本身是一个整体,各部位是互相联系、互相制约的,不能自由地伸长和缩短,这就使接头内产生不均匀的塑性变形,所以在焊接过程中就要产生应力和变形。

2. 焊接变形和应力的种类

(1)焊接变形的种类。

1)纵向变形:焊后焊缝纵向收缩造成的变形主要是纵向缩短。收缩一般是随焊缝长度的增加而增加。另外,母材线膨胀系数大,焊后焊件的纵向收缩量也大。多层焊时,第一层收缩量最大,这是因为焊接第一层时焊件的刚性较小。

2)横向变形:焊后焊缝的横向收缩造成的变形主要是横向缩短。缩短量与许多因素有关,如对接焊缝的横向收缩比角焊缝大;连续焊缝比间断焊缝和横向收缩量大;多层焊时,第一层焊缝的收缩量最大。另外,随母材板厚和焊缝熔宽的增加,横向收缩量也增加;同样板厚,坡口角度越大,横向收缩量也越大;同一条焊缝中,最后焊的部分,横向收缩量最大。

3)角变形:焊后焊件两侧钢板离开原来位置向上翘起一个角度,这种变形叫角变形。它是由于横向收缩变形在焊缝厚度方向上分布不均匀所引起的。

4)弯曲变形:弯曲变形在焊接梁、柱、管道等焊件时尤为常见。焊缝的纵向收缩和横向收缩都将造成弯曲变形。如图 7.1.4 所示。

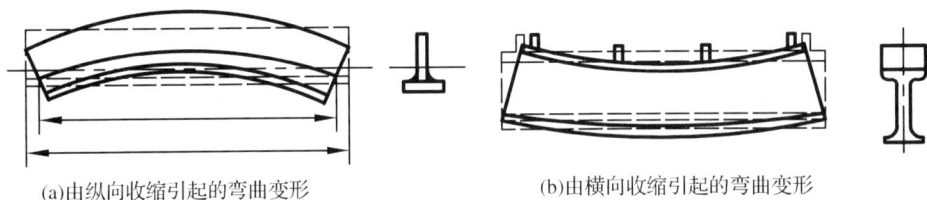

(a)由纵向收缩引起的弯曲变形　　　　(b)由横向收缩引起的弯曲变形

图 7.1.4　弯曲变形

弯曲变形的大小以挠度的大小来度量。挠度是焊后焊件的中心轴离原焊件中心轴的最大距离。挠度越大,则弯曲变形越大。

5)波浪变形:波浪变形容易在厚度小于 10mm 的薄板结构中产生。其原因是当薄板结构焊缝的纵向缩短使薄板边缘的应力超过一定数值时,在边缘就会出现波浪式变形,如图 7.1.5 所示;另外,还有由角焊缝的横向收缩引起的角变形所造成的,如图 7.1.6 所示。

图 7.1.5　波浪变形　　　　图 7.1.6　焊接交变形引起的波浪变形

6)扭曲变形:扭曲变形一般容易在梁、柱、框架等结构中产生,一旦产生,很难矫正。其原因有:装配之后的焊件位置和尺寸不符合图样的要求;强行装配;焊件焊接时位置搁置不当;焊接顺序、焊接方向不当等都会引起扭曲变形。工字梁的扭曲变形,如图 7.1.7 所示。

7)错边变形:构件厚度方向和长度方向不在一个平面上,叫错边变形,见图 7.1.8。其原因是装配不善或焊接本身所造成。

通过对上述变形的分析可知,产生焊接变形的根本原因是由于焊缝的横向收缩和纵向收缩所引起。

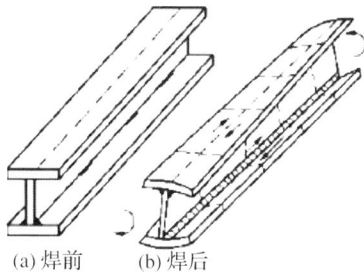
(a) 焊前　(b) 焊后

图 7.1.7　工字梁的扭曲变形

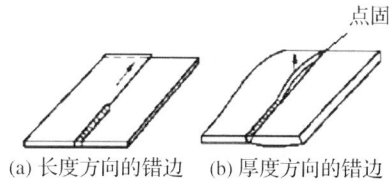
(a) 长度方向的错边　(b) 厚度方向的错边

图 7.1.8　错边变形

(2)焊接应力的分类。按引起应力的基本原因分类如下。

1)热应力:由于焊接时温度分布不均匀而引起的应力称为温度应力,也称热应力。

2)组织应力:焊接时由于温度变化引起金属的组织变化,这种组织变化引起金属局部的体积变化所产生的应力称为组织应力。

3)凝缩应力:在焊接时由于金属熔池从液态冷凝成固态,其体积收缩受到限制而产生的应力称为凝缩应力。

3. 控制焊接应力变形的工艺措施和矫正方法

(1)采用合理的焊接顺序和方向。

1)对称焊:随着结构刚性不断地提高,一般先焊的焊缝容易使结构产生变形。这样,即使焊缝对称的结构,焊后也还会出现变形的现象。所以当结构具有对称布置的焊缝时,应尽量采用对称焊接。

2)先焊焊缝少的一侧:对于不对称焊缝的结构,采用先焊焊缝少的一侧,后焊焊缝多的一侧。使后焊的变形足以抵消前一侧的变形,以使总体变形减小。

3)先焊收缩量较大的焊缝,使焊缝能较自由地收缩,以最大限度地减少焊接应力。

4)先焊错开的短焊缝,后焊直通长焊缝。

5)先焊工作时受力较大的焊缝,使内应力合理分布。

6)选择合理的焊接方法。长焊缝焊接时,直通焊变形最大,如图 7.1.9(a)所示;从中段向两端施焊变形有所减少,如图 7.1.9(b)所示;从中段向两端逐步退焊法变形最小,如图 7.1.9(c)所示;采用逐步跳焊也可以减少变形,如图 7.1.9(d)所示。

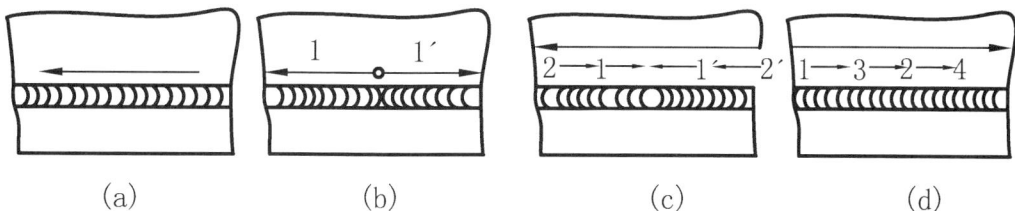
(a)　　　(b)　　　(c)　　　(d)

图 7.1.9　焊接方向对变形的影响

(2)反变形法。为了抵消焊接变形,根据焊件在焊接过程中发生变形的规律,焊前先将焊件向与焊接变形相反的方向进行人为的变形,这种方法叫做反变形法。例如,为了防止对接接头的角变形,可以预先将焊接处垫高,如图 7.1.10 所示。

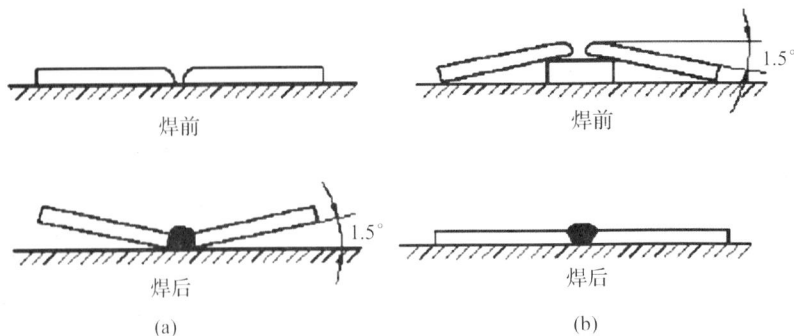

图 7.1.10　平板对接后的反变形法

（3）刚性固定法。焊前对焊件采用外加刚性拘束,将其固定在具有足够刚度的基础上,强制焊件在焊接时不能自由变形,这种防止变形的方法叫刚性固定法。例如在焊接法兰盘时,将两个法兰盘背对背地固定起来,可以有效地减少角变形,如图 7.1.11 所示。应当指出,焊后当外加刚性拘束去掉

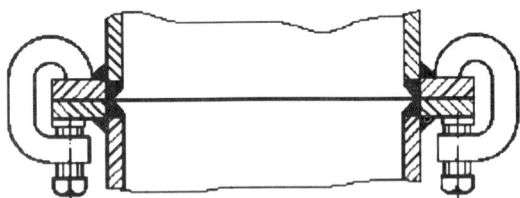

图 7.1.11　刚性固定防止法兰角变形

后,焊件上仍会残留一些变形,不过要比没有拘束时小得多。另外,这种方法将使焊接接头中产生较大的焊接应力,所以焊后易裂,应该慎用材料。

（4）预热法。焊接温差越大,残余应力也越大。因此焊前预热可降低温差和减慢冷却速度,也可减少焊接应力。

（5）整体高温回火和局部高温回火。整体高温回火是将整个焊接结构加热到一定温度,然后保温一段时间再冷却。同一种材料,回火温度越高,时间越长,应力就消除得越彻底。通过整体高温回火可以将 $80\% \sim 90\%$ 的残余应力消除掉。缺点是当焊接结构的体积较大时,需要用容积较大的回火炉,增加了设备的投资费用。

局部高温回火只对焊缝及其附近的局部区域进行加热以消除应力。消除应力的效果不如整体高温回火,但方法设备简单。常用于比较简单的、拘束度较小的焊接结构。

（6）锤击焊缝区法。利用锤击焊缝来减小焊接应力是行之有效的方法。当焊缝金属冷却时,由于焊缝的收缩而产生应力,锤击焊缝区,应力可减少 $1/4 \sim 1/2$。

锤击时温度应维持在 $100 \sim 150\,℃$ 之间或在 $400\,℃$ 以上,应避免在 $200 \sim 300\,℃$ 之间进行。因为此时金属处于兰脆阶段,锤击焊缝容易断裂。

多层焊时,除第一层和最后一层焊缝外,每层都要锤击。第一层不锤击是为了避免根部裂纹,最后一层不锤击是为了防止由于锤击而引起的冷作硬化。

（7）焊接变形的矫正方法。

1）机械矫正法:是利用机械力的作用来矫正变形。对于低碳钢结构可在焊后直接应用此法矫正;对于一般合金结构钢的焊接结构,焊后必须先消除应力,处理后才能机械矫正,否则不仅矫正困难,而且易产生断裂。

2）火焰加热矫正法:是利用火焰局部加热时产生的塑性变形,使较长的金属在冷却后收

缩，以达到矫正变形的目的。火焰采用氧一乙炔焰或其他可燃气体火焰(一般为中性火焰)。

3)三角形加热法:三角形加热法如图 7.1.12 所示。三角形加热的面积较大,因而收缩量也较大,常用于厚度较大、刚性较强构件弯曲变形的矫正。

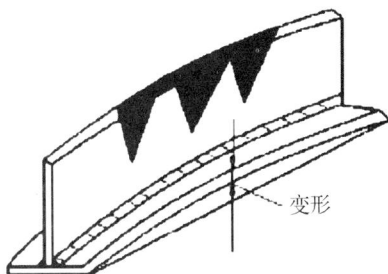

图 7.1.12　三角形加热

7.1.4　金属的焊接性能

金属在一定的焊接工艺条件下,获得优质焊接接头的难易程度,即金属材料对焊接加工的适应性,称为金属材料的焊接性。它包括两方面的内容:一是接合性能,主要是指在一定焊接工艺条件下,金属材料产生工艺缺陷的倾向或敏感性;二是使用性,即在一定焊接工艺条件下,金属材料的焊接接头在使用中的适应性,包括焊接接头的力学性能及其他特殊性能(如耐热性、耐蚀性等)。

1. 金属焊接性的评定

影响金属焊接性的因素主要有材料因素、工艺因素、设计因素及使用环境因素四类。其中影响最大的是钢的化学成分,钢的化学成分不同,其焊接性也不同。钢中的碳和合金元素对钢焊接性的影响程度是不同的。碳的影响最大,其他合金元素可以换算成碳的相当含量来估算它们对焊接性的影响。换算后的总和称为碳当量,即把钢中碳和其他合金元素对淬硬、冷裂纹及脆化等的影响折合成碳的相当含量,作为评定刚才焊接性的参数指标。这种方法称为碳当量法。这是因为焊接热影响区的淬硬及冷裂纹倾向与钢种的化学成分直接相关,所以可用化学成分来评估其冷裂纹敏感性。

各国研究单位所采用的试验方法和钢材的合金体系不同,都各自建立了自己的碳当量公式。其中以国际焊接学会推荐的碳素结构钢和低合金结构钢碳当量(w_{CE})的计算公式应用较为广泛,其公式如下:

$$w_{CE} = \left(w_C + \frac{w_{Mn}}{6} + \frac{w_{Ni} + w_{Cu}}{15} + \frac{w_{Cr} + w_{Mo} + w_V}{5} \right) \times 100\%$$

式中化学元素符号后面的数值都表示该元素在钢材中的质量分数,各元素含量取其成分范围的上限。

碳当量越大,焊接性越差。当 $w_{CE} < 0.4\%$ 时,钢材焊接性良好,焊接冷裂纹倾向小,焊接时一般不需要预热;当 $w_{CE} = 0.4\% \sim 0.6\%$ 时,焊接性较差,冷裂倾向明显,焊接时需要预热并采取其他工艺措施防止裂纹;当 $w_{CE} > 0.6\%$ 时,焊接性差,冷裂倾向严重,焊接时需要较高的预热温度和严格的工艺措施。

2. 常用金属材料的焊接性能

(1)低碳钢的焊接

低碳钢中碳的质量分数 $w_C \leqslant 0.25\%$,塑性好,一般没有淬硬倾向,对焊接热过程不敏感,焊接性良好。一般情况下,焊接时不需要采取特殊工艺措施,选用各种焊接方法都容易获得优质焊接接头。但刚性大的结构件在低温环境施焊时,应适当考虑焊前预热。对于厚度大于 50mm 的低碳钢结构件,需用大电流、多层焊,焊后需进行消除应力退火。

（2）中碳钢的焊接

中碳钢中碳的质量分数 $w_c = 0.25\% \sim 0.6\%$ 之间，随着碳的质量分数的增加，淬硬倾向愈发明显，焊接性逐渐变差，焊接中碳钢时的主要问题是：

1）焊缝易形成气孔；

2）焊缝及焊接热影响区易产生裂缝。

为此在工艺上常采取下列措施：

1）减少基体金属的熔化量，以减少碳的来源。其具体措施为：焊件开坡口；用细焊丝、小电流焊接；若用直流电源，应直流反接。

2）选用合适的焊接方法和规范，降低焊件冷却速度。

3）尽量选用碱性低氢型焊条，提高焊缝抗裂能力。

4）采用多层焊或焊前预热，焊后缓冷措施，减少焊件焊接前后的温差，可有效地防止裂纹的产生。

高碳钢的焊接性更差，故不用于制造焊接结构，其焊接一般用以焊补受损零件或部件。焊前应先将焊件退火，并预热至 $250 \sim 350 \text{℃}$ 以上，焊后保温并立即送入炉中进行消除应力的热处理。

（3）普通低合金结构钢的焊接

普通低合金结构钢在焊接结构生产中，应用较为广泛，其中含碳及合金元素越高，钢材强度级别越高，焊后热影响区的淬硬倾向也越大，致使热影响区的脆性增加，塑性、韧性下降。焊接接头随钢材强度的提高，产生裂纹的倾向也加剧。为此，对于 $\sigma_b < 400\text{MPa}$ 的低强度普通合金结构钢，在常温下焊接时，不用复杂的工艺措施，便可获得优质的焊接接头。当焊件厚度大（如 16Mn，板厚大于 $32 \sim 38\text{mm}$ 时）或环境温度较低时，焊前应该预热，以防止产生裂纹。对于 $\sigma_b > 500\text{MPa}$ 的高强度普通低合金结构钢，为了避免产生裂纹，焊前应预热（$\leqslant 150\text{℃}$），焊后还应及时进行去应力退火。

（4）铸铁的焊补

铸铁含碳量高、组织不均匀、焊接性能差，所以不应该考虑铸铁的焊接构件。但铸铁件生产中出现的铸造缺陷及铸铁零件在使用过程中发生局部损坏或断裂，如能焊补，其经济效益也是显著的。铸铁的焊接特点是：

1）熔合区易产生白口组织，硬度很高，焊后很难进行机械加工。

2）当焊接应力较大时，在焊缝热影响区容易产生裂纹，甚至沿焊缝整个断裂。

3）铸铁含碳量高，焊接时易生成 CO、CO_2，铸铁凝固时间较短，熔池中气体往往来不及逸出而造成气孔。

4）铸铁流动性好，容易流失，给铸铁焊补带来了困难。铸铁的焊补，一般都采用气焊、手工电弧焊。按焊前是否预热可分为热焊法与冷焊法两大类。热焊法预热温度为 $600 \sim 700\text{℃}$，焊后缓慢冷却，用于焊补形状复杂的重要件。冷焊法焊补铸件时，焊前不预热或在 400℃ 以下低温预热，用于焊补要求不高的铸件，焊条可选用 Z208、Z308、Z408 等。

（5）铝及铝合金的焊接

铝及铝合金的焊接性能比较差，其焊接特点是：

1）铝与氧的亲和力很大，极易氧化成熔点高、密度大的氧化铝（Al_2O_3），阻碍金属熔点，使焊缝夹渣。

2)铝的热导率为钢的 4 倍,焊接时热量散失快,需要能量大或密集的热源,同时铝的线膨胀系数为钢的 2 倍,凝固时体收缩率达 6.5%,易产生焊接应力与变形,并可能产生裂纹。

3)液态铝能吸收大量的氢,而固态铝几乎不溶解氢,至使凝固过程中氢气来不及逸出而产生气孔。

4)铝的高温强度和塑性均很低,易引起焊缝塌陷。铝和铝合金的焊接常用氩弧焊、气焊、电阻焊和钎焊等方法。其中氩弧焊是较理想的焊接方法,气焊仅用于焊接厚度不大的不重要构件。

(6)铜及铜合金的焊接

铜及铜合金的焊接特点是:

1)热导率大,约为 7~11 倍,因此焊接时热量散失而达不到焊接温度,造成焊不透等缺陷。

2)线胀系数和收缩率都较大,导热性好,使焊接热影响区较宽,易产生变形。

3)在高温下易氧化,生成 Cu_2O 与 Cu 形成脆性低熔点共晶体,分布于晶界上,易产生热裂纹。

4)氢和熔池中 Cu_2O 发生反应生成水蒸气,易形成气孔。铜及铜合金可用氩弧焊、气焊、碳弧焊、钎焊等方法进行焊接。采用氩弧焊能有效地保护铜液不受氧化和不溶入气体,能获得好的焊接质量。

7.2 手工电弧焊

利用电弧焊作为焊接热源的熔焊方法,称为电弧焊。用手工操纵焊条进行焊接的电弧焊方法,称为手工电弧焊,简称手弧焊。

7.2.1 焊接过程

手工电弧焊的操作和焊接过程图 7.2.1 所示。

焊接前将电焊机的两个输出端分别用电缆线与焊钳和焊件相连接,用焊钳夹牢焊条后,使焊条和焊件瞬时接触(短路),随即提起一定的距离(约 2~4mm),即可引燃电弧。利用电弧高达 6000℃的高温使母材(焊件)和焊条同时熔化,形成金属熔池。随着母材和焊条的熔化,焊条应向下和向焊接方向同时前移,保证电弧的连续燃烧并同时形成焊缝。焊条上的药皮形成熔渣覆盖熔池表面,对熔池和焊缝起保护作用。

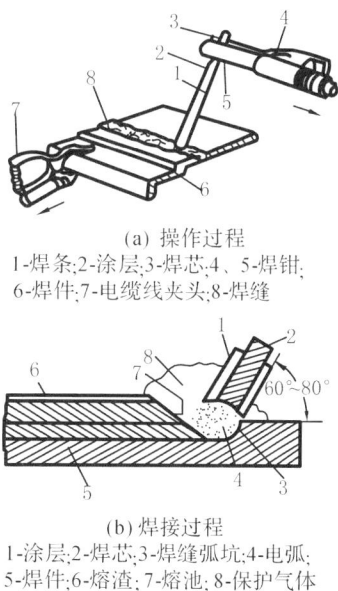

(a) 操作过程
1-焊条;2-涂层;3-焊芯;4、5-焊钳;
6-焊件;7-电缆线夹头;8-焊缝

(b) 焊接过程
1-涂层;2-焊芯;3-焊缝弧坑;4-电弧;
5-焊件;6-熔渣;7-熔池;8-保护气体

图 7.2.1 手工电弧焊操作和焊接过程

手弧焊设备简单便宜,操作灵活方便,适应性强,但生产效率低,焊接质量不够稳定,对焊工操作技术要求较高,劳动条件较差。手弧焊多用于单件小批量生产和修复,一般适用于2mm以上各种常用金属的、各种焊接位置的、短的、不规则的焊缝。

1. 焊接电弧

焊接电弧是焊接电源供给的、具有一定电压的两电极间或电极与焊件间,在气体介质中产生强烈而持久的放电现象。

焊接时,先使焊条与焊件瞬间接触,由于短路产生高热,使接触处金属很快熔化并产生金属蒸汽。当焊条迅速提起、离开焊件2～4mm时,焊条与焊件之间充满了高热的气体与气态的金属,由于质点的热碰撞以及焊接电压的作用使气体电离而导电,于是在焊条与焊件之间形成了电弧。

焊接电弧由阴极区、阳极区和弧柱区三部分组成(图7.2.2)

(1)阴极区:阴极区是从阴极表面起靠近阴极的地方,区域很窄。阴极区主要是向弧柱区提供电子流和接受弧柱区送来的正离子流,阴极区温度一般达2130～3230℃,放出热量占焊接总热量的36%左右。

(2)阳极区:阳极区是从阳极表面起靠近阳极的地方,区域较阴极区宽。阳极区主要是接受弧柱区流过来的电子流和向弧柱区提供正离子流,阳极区温度一般达2330～3980℃,放出热量占焊接总热量的43%左右。

(3)弧柱区:弧柱区是在阴极区和阳极区中间的区域,弧柱区的长度占电弧长度的绝大部分。弧柱区起着电子流和正离子流的导电通路的作用,弧柱区的中心温度可达5730～7730℃,放出热量占焊接总热量的21%左右。

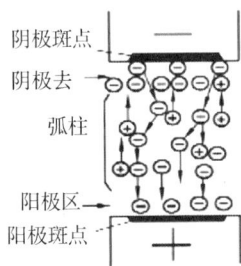

阴极斑点
阴极去
弧柱
阳极区
阳极斑点

图 7.2.2　焊接电弧的组成

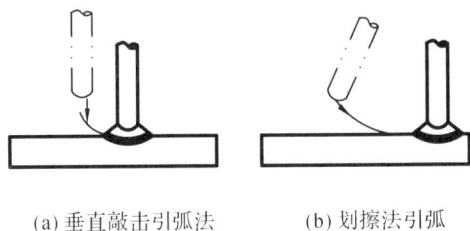

(a)垂直敲击引弧法　　(b)划擦法引弧

图 7.2.3　引弧法

2. 手弧焊基本操作要领

(1)引弧　引弧就是使焊条与焊件间引燃并保持稳定的电弧。引弧方法有两种,即垂直敲击法(简称直击法)和划擦法,如图7.2.3所示。这两种方法都是使焊条末端与工件表面接触形成短路,然后迅速将焊条向上提起2～4mm,即可引燃并保持稳定的电弧。应当注意,焊条不能提得太高,否则电弧易熄灭。焊条末端与工件接触时间不能太长,以免焊条粘连在焊件上。当发生粘连时,应迅速左右摆动焊条,以使焊条脱离工件。

(2)运条方法　手弧焊时,焊条除了沿其轴向向熔池送进和沿焊缝方向前移外,为了获得一定宽度的焊缝,焊条还应沿垂直于焊缝的方向横向摆动,运条方法如图7.2.4所示。焊条沿其轴向均匀向下送进时,其速度应与焊条的熔化速度相同,否则会引起电弧长度发生变化。电弧长度过大,会导致电弧飘浮不定,熔滴飞溅;电弧长度过小,则容易发生粘连。运条时还应注意控制焊条与焊件间的角度。

（3）熄弧 熄弧是指焊缝结束，或一根焊条用完准备连接后一根焊条时的收尾动作。焊缝结束时的熄弧，应在熄弧前让焊条在熔池处作短暂停顿或作几次环形运条，使熔池填满，然后将焊条逐渐向焊缝前方斜拉，同时抬高焊条，使电弧自动熄灭。连接时的引弧应在弧坑前面，然后拉回引弧，再进行正常焊接。熄焊和连接操作正确，可避免裂纹、气孔、夹渣等缺陷，使焊缝连接平滑美观，从而保证焊缝质量。焊缝接头的四种情况如图 7.2.5 所示。

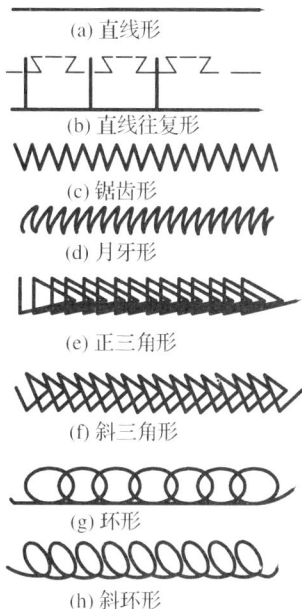

图 7.2.4 运条方法

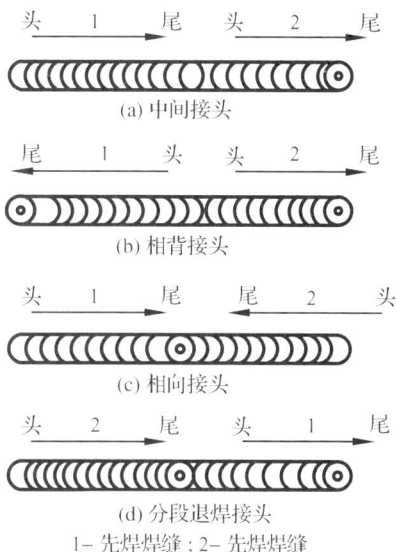

图 7.2.5 焊缝接头的四种情况

7.2.2 电弧焊设备

手弧焊机是供给焊接电弧燃烧的电源。根据焊接电流性质的不同，分为交流弧焊机和直流弧焊机两大类。

1. 交流弧焊机

交流弧焊机是一种电弧焊专用的降压变压器，亦称为弧焊变压器。弧焊机的输出电压随输出电流的变化而变化。空载时，弧焊机的输出电压为 60～80V，既能满足顺利起弧的需要，对操作者也较安全。起弧时，焊条与焊件接触形成瞬时短路，弧焊机的输出电压会自动降低至趋近于零，使短路电流不致过大而烧损电路或焊机。起弧后，弧焊机的输出电压会自动维持在电弧正常燃烧所需的范围内（20～30V）。弧焊机能供给焊接时所需的电流，一般为几十安培至几百安培，并可根据焊件的厚度和焊条直径的大小调节所需电流值。电流调节一般分为两级。一级上粗调，常用改变输出线头的接法实现电流的大范围调节；另一级是细调，通过摇动调节手柄改变焊机内可动铁心或可动线圈的位置实现焊接电流的小范围调节。常用的交流手弧焊机有 BX1-300 和 BX3-300 两种。BX3-300 型交流手弧焊机的外形如图7.2.6所示。

型号BX3-300中,"B"表示弧焊变压器;"X"表示下降外特性(所谓下降外特性是指电源稳态输出电压与输出电流之间的关系,下降外特性是指电源输出电压随输出电流的增大而下降的外特性);"3"为系列品种序号,"300"表示弧焊机的额定焊接电流为300A。

交流弧焊机具有结构简单、工作噪声小、价格较低、使用安全可靠、维修方便等优点,但在电弧稳定性方面存在一些不足之处,而且对某些种类的焊条不能应用,应用范围受到一定的限制。

2. 直流弧焊机

直流弧焊机的结构相当于在交流弧焊机上加上整流器,从而将交流电变为直流电,故又称为弧焊整流器。常用的ZXG-300型直流弧焊机的外形如图7.2.7所示。

型号ZXG-300中,"Z"表示弧焊整流器,"X"表示下降外特性;"G"表示弧焊整流器采用硅整流元件;"300"表示其额定焊接电流为300A。与交流弧焊机比较,直流弧焊机的电弧稳定性好;因此,直流弧焊机的应用日益增多,已成为我国手弧焊机的发展方向。

直流弧焊机的输出端有正、负极之分,焊接时电弧两端的极性不变。因此,直流弧焊机的输出端有两种不同的接线方法:①正接,即焊件接弧焊机的正极,焊条接其负极;②反接,即焊件接弧焊机的负极,焊条接其正极。正接用于较厚或高熔点金属的焊接,反接用于较薄或低熔点金属的焊接。当采用碱性焊条焊接时,应采用直流反接,以保证电弧稳定燃烧;采用酸性焊条焊接时,一般采用交流弧焊机。

7.2.3 焊接工艺主要内容

1. 焊接接头形式选择和设计

(1)合理的接头设计

焊接接头是构成焊接结构的关键部分,同时又是焊接结构的薄弱环节,其性能的好坏直接影响整个焊接结构的质量。实践表明,焊接结构的破坏多起源于焊接接头区,这除了与材料的选用、结构的合理性以及结构的制造工艺有关外,还与接头设计的好坏有直接关系,因此合理设计和选用焊接接头形式尤为重要。

焊接接头形式的选用,主要根据焊件的结构形式、结构和零件的几何尺寸、焊接方法、焊接位置和焊接条件等情况而定,其中焊接方法是决定焊接接头形式的主要依据。

(2)焊接接头的形式

焊接接头类型较多,按材料结合形式可分为对接接头、搭接接头、T形接头、十字接头、

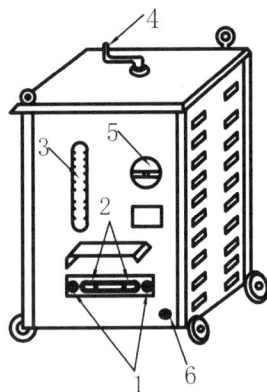

1-输出电极;2-线圈抽头;3-电流指示表;4-调节手柄;5-转换开关;6-接地螺钉

图7.2.6 BX3-300交流手弧焊机

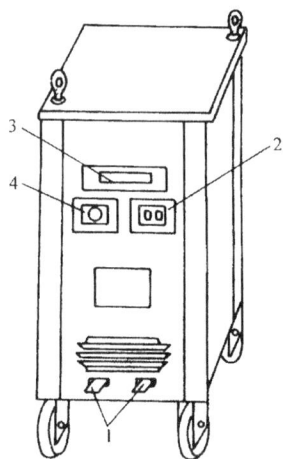

1-输出电极;2-电源开关;3-电流指示表;4-电流调节钮

图7.2.7 ZXG-300型弧焊整流器

角接接头、端接接头、卷边接头、套管接头、斜对接接头和锁底对接接头等。焊接过程中,一般根据结构的形式、材料的厚度和对强度的要求以及施工条件等情况来选择接头形式。常用的四种基本接头形式是对接接头、搭接接头、角接接头和 T 形(十字)接头,如图 7.2.8 所示。

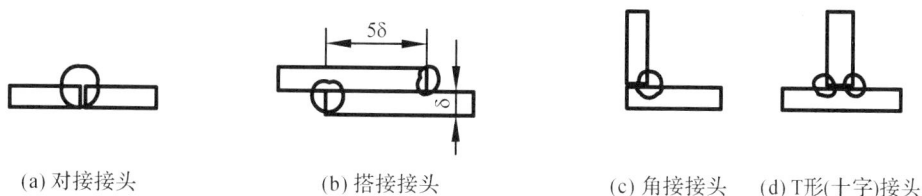

(a) 对接接头 　　　 (b) 搭接接头 　　　 (c) 角接接头 　 (d)T形(十字)接头

图 7.2.8　常见的焊接接头形式

1)对接接头。将同一平面上的两个被焊工件的边缘相对焊接起来而形成的接头称为对接接头。它是各种焊接结构中采用最多、也是最完善的一种接头形式,具有受力好、强度大和节省金属材料等特点。

按照焊接件厚度及坡口形式的不同,对接接头的形式可分为不开坡口(Ⅰ形)、单边 V 形坡口、V 形坡口、U 形坡口、单边 U 形坡口、K 形坡口、X 形坡口和双 U 形坡口等,如图 7.2.9所示。

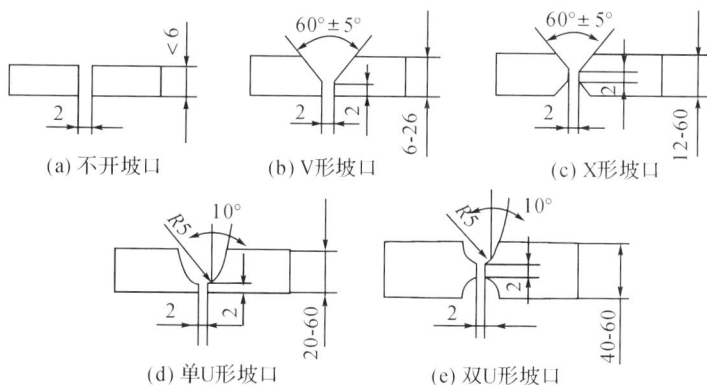

(a) 不开坡口 　　　 (b) V形坡口 　　　 (c) X形坡口

(d) 单U形坡口 　　　 (e) 双U形坡口

图 7.2.9　对接接头(单位:mm)

开坡口的目的是使焊缝根部焊透,确保焊接质量和接头的性能。而坡口形式的选择主要根据被焊工件的厚度、焊后应力变形的大小、坡口加工的难易程度、焊接方法和焊接工艺过程来确定。选择坡口时还要考虑经济性,有无坡口,坡口的形状和大小都将影响到坡口加工的成本和焊条的消耗量。

V 形坡口加工方便,但同样厚度的焊件,焊条消耗量比 X 形坡口大得多,另外由于焊缝不对称,焊后会引起较大的角变形。X 形坡口由于焊缝对称,从两面施焊,产生均匀的收缩,所以角变形很小,焊条消耗量也较少。U 形坡口焊条消耗量比 V 形少,但同样由于焊缝不对称将产生角变形。双 U 形坡口焊条消耗量最小,变形也较均匀。与 X 形及 V 形比较,U形及双 U 形坡口加工较复杂,一般只在较重要的及厚大的构件中采用。

一般情况下,焊条电弧焊焊接 6mm 厚度的焊件和自动焊焊接 14mm 以下厚度的焊件时,可以不开坡口就可以得到合格的焊缝,但是,板间要留有一定的间隙,以保证熔敷金属填满熔池,确保焊透。钢板超过上述厚度时,电弧不能熔透钢板,应考虑开坡口。

在不同厚度钢板对接时,由于接头处断面有突然变化,会造成应力集中,如焊缝两边钢板中心线不一致,受力时将产生附加弯矩,这些都将影响接头强度。因此,必须对边缘偏差加以控制,应在较厚的板上作出双斜面对接,如图 7.2.10(a)所示;或单面削薄,如图 7.2.10(b)所示,其削薄长度 $L=3\delta-\delta_1$

2)T 形(十字)接头。将相互垂直的被连接件用角焊缝连接起来的接头称为 T 形(十字)接头。T 形(十字)接头能承受各种方向的力和力矩。T 形接头是各种箱型结构中最常见的接头形式,在压力容器制造中,插入式管子与筒体的连接、入孔加强圈与筒体的连接等也都属于这一类。

图 7.2.10 不同板厚的对接

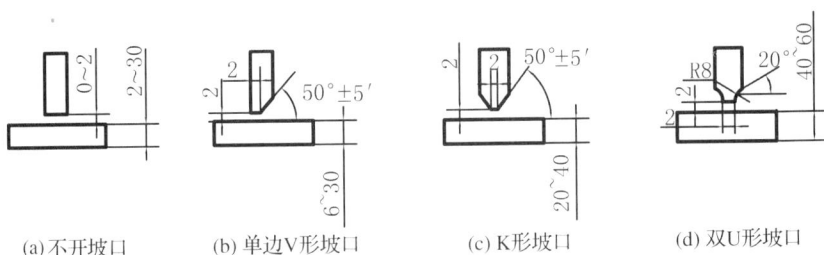

T 形接头的形式可分不开坡口、单边 V 形坡口、K 形坡口和双 U 形坡口等,如图7.2.11所示。

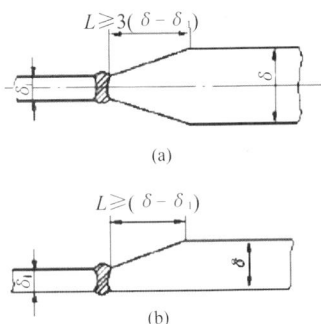

图 7.2.11 T 形接头(单位:mm)

3)角接接头。两钢板成一定角度,在钢板边缘焊接的接头称为角接接头。角接头多用于箱形构件上,骑座式管接头和筒体的连接,小型锅炉中火筒和封头连接也属于这种形式。与 T 形接头类似,单面焊的角接接头承受反向弯矩的能力极低,除了钢板很薄或不重要的结构外,一般都应开坡口两面焊,否则不能保证质量。

根据板厚及工件重要性,角接接头也有不开坡口、V 形、单边 V 形及 K 形坡口等形式,其中不开坡口形式又可分成平接和错接两种,如图 7.2.12 所示。

4)搭接接头。两块板料相叠,而在端部或侧面进行角焊,或加上塞焊缝、槽焊缝连接的接头称为搭接接头。由于搭接接头中两钢板中心线不一致,受力时产生附加弯矩,会影响焊缝强度,因此,一般锅炉、压力容器的主要受压元件的焊缝都不用搭接形式。

2. 焊条

(1)焊条的组成

电焊条是手弧焊用的焊接材料,简称焊条。焊条是由金属焊芯和药皮两部分组成,如图 7.2.13 所示。

焊芯在焊接时有两个方面的作用:①作为电极,传导电流,产生电弧;②熔化后作为填充

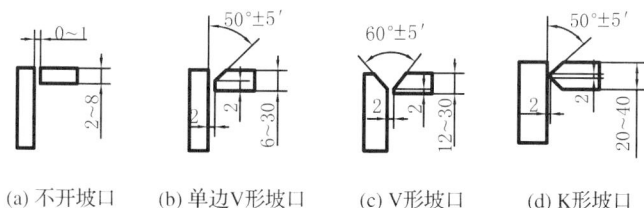

図 7.2.12 角接接头(单位:mm)

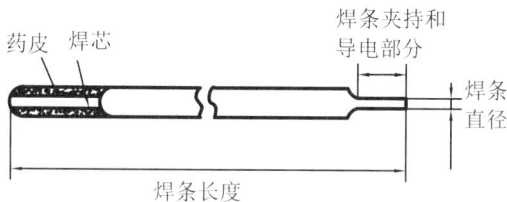

图 7.2.13 焊条

金属与母材一起组成焊缝金属。因此,焊芯都采用焊接专用的金属丝。结构钢焊条的焊芯常用 H08A,其中"H"表示焊接用钢丝(称钢焊丝);"08"表示碳的平均质量分数 0.08%;"A"表示高级优质钢。焊芯的直径称为焊条直径,焊芯的长度就是焊条的长度。常用的焊条直径有 2.0mm、2.5mm、3.2mm、4.0mm 和 5.0mm 等,焊条长度在 250~450mm 之间。

药皮是压涂在焊芯表面上的涂料层,由多种矿石粉、铁合金粉和粘结剂等原料按一定比例组成。它的主要作用是:①改善焊条工艺性,如易于引弧,保持电弧稳定燃烧,有利于焊缝成形,防止飞溅等;②机械保护作用,药皮分解产生大量气体并形成熔渣,对熔化金属起保护作用;③冶金处理作用,即通过冶金反应除去有害杂质并补充有益的合金元素,改善焊缝质量。

(2)焊条的分类和型(牌)号

国产焊条按其用途分为结构钢焊条、耐热钢焊条、不锈钢焊条、堆焊焊条、镍及镍合金焊条、铸铁焊条、低温钢焊条、铜及铜合金焊条、铝及铝合金焊条和特殊用途焊条十类。其中,结构钢焊条应用最广泛。

按熔渣化学性质不同,焊条又分为酸性焊条和碱性焊条两大类。熔渣以酸性氧化物为主的焊条,称为酸性焊条;熔渣以碱性氧化物为主的焊条,称为碱性焊条。酸性焊条的氧化性强,焊接时合金元素烧损较大,焊缝的力学性能较差,但焊接工艺性好,对铁锈、油污和水分等容易导致气孔的有害物质敏感性较低。碱性焊条有较强的脱氧、去氢、除硫和抗裂纹的能力,焊缝的力学性能好,但焊接工艺性不如酸性焊条,如引弧较困难,电弧稳定性较差等,一般要求采用直流电源。

根据 GB5117—1995 和 GB5118—1995,低碳钢和低合金钢焊条型号的形式和含义如下:

例如,E4315 所表示的焊条、熔敷金属抗拉强度的最低值为 430MPa(43kgf/mm²);适用于全位置焊接;药皮类型为低氢钠型,应采用直流反接焊接。焊条牌号是焊接行业统一的焊

```
E × ×   ×   ×
```

第三位和第四位数字组合时代表焊接电流种类和药皮类型,见表7.2.1。

代表焊条适用的焊接位置("0"、"1"适于全位置焊接,"2"适于焊及平角焊,"4"适于向下立焊)。

代表熔敷金属抗拉强度最低值。

代表焊条。

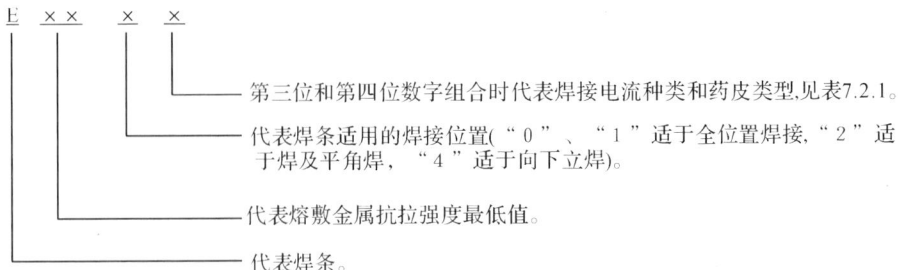

条代号,其形式与含义如表 7.2.1、表 7.2.2 所示。

表 7.2.1　部分碳钢焊条药皮类型和焊接电流种类

焊条型号	药皮类型	焊接电流种类	相应的焊条牌号
E×01	钛铁矿型	交流或直流正、反接	J×3
E×03	钛钙型	交流或直流正、反接	J×2
E×11	高纤维素钾型	交流或直流反接	J×5
E×13	高钛钾型	交流或直流正、反接	J×1
E×15	低氢钠型	直流反接	J×7
E×16	低氢钾型	交流或直流反接	J×6
E×20	氧化铁型	交流或直流正接	J×4

表 7.2.2　结构钢焊条类型

牌号	J42×	J50×	J55×	J60×	J70×	J75×	J80×	J85×	J10×
焊缝金属抗拉强度等级单位:MPa (kgf/mm²)	420 (43)	490 (50)	540 (55)	590 (60)	690 (70)	740 (75)	780 (80)	830 (85)	980 (100)

(3)焊条的选用原则

焊条的种类很多,选用是否得当,会直接影响焊接质量、生产率和生产成本。生产中选用焊条的基本原则是保证焊缝金属与母材具有同等水平的性能。具体选用时,应遵循以下原则:

1)据母材的化学成分和力学性能选用　焊接低碳钢和低合金高强度钢时,一般根据母材的抗拉强度按"等强度原则"选择与母材有相同强度等级,且成分相近的焊条;异种钢焊接时,应按其中强度较低的钢材选用焊条。焊接耐热钢和不锈钢时,一般根据母材的化学成分类型按"等成分原则"选用与母材成分类型相同的焊条。若母材中碳、硫、磷含量较高,则应选用抗裂性能好的碱性焊条。

2)据焊件的工作条件与结构特点选用　对于承受交变载荷、冲击载荷的焊接结构,或者形状复杂、厚度大、刚性大的焊件,应选用碱性焊条。

3)按焊接设备、施工条件和焊接工艺性选用　如果焊接现场没有直流弧焊机时,应选用交、直流两用的焊条;当焊件接头附近污物、锈皮过多时,应选用酸性焊条,在保证焊缝质量的前提下,应尽量用成本低、劳动条件好的焊条;无特殊要求时应尽量选用焊接工艺性好的酸性焊条。

3. 焊接工艺参数

焊接工艺参数是指焊接时为了保证焊接质量,提高生产效率,而选定的物理量的总称。手弧焊的焊接工艺参数主要包括焊条直径、焊接电流、焊接速度、电弧长度和焊接层数等。

(1)焊条直径

手弧焊焊接工艺参数的选择,一般先根据焊件的厚度选择焊条直径,如表7.2.3所示。焊条直径的选择还与焊接层数、接头型式、焊接位置等有关。立焊、横焊、开坡口多层焊的第一层施焊时应选用直径小一点的焊条。

表 7.2.3　焊条直径的选择

工件厚度/mm	2	3	4~7	8~12	≥13
焊条直径/mm	1.6~2.0	2.5~3.2	3.2~4.0	4.0~5.0	4.0~5.8

(2)焊接电流

焊接电流与焊条直径有关。手弧焊焊接电流的选择可参考下列经验公式和表7.2.4进行。

$$I=(30\sim60)d$$

式中　I——焊接电流,单位为 A;

　　　d——焊条直径,单位为 mm。

焊条直径小时,系数选下限;焊条直径大时,系数选上限。

表 7.2.4　手弧焊焊接电流的选择

焊条直径/mm	2.0	2.5	3.2	4.0	5.0	5.8
焊接电流/A	50~60	70~90	100~130	160~200	200~250	250~300

(3)焊接速度

焊接速度指焊条沿焊缝方向向前移动的速度。焊接速度太快,会导致焊道窄小,焊接波纹粗糙;焊接速度太慢,会导致焊道过宽,且工件易被烧穿。在保证焊缝质量的前提下,应尽量快速施焊,以提高生产效率。一般当焊道的熔宽为焊条直径的2倍时,焊速较适当。

(4)电弧长度

电弧长度指焊条末端与起弧处工作表面间的距离。由于电弧的高温使焊条不断熔化,因此必须均匀地将焊条向下送进,保持电弧长度约等于焊条直径,并尽量不发生变化。

(5)焊接层数

当工件厚度较大时,需要采用多层焊接,以保证焊缝的力学性能。一般每层厚度为焊条直径的0.8~1.2倍时,比较合适,生产率高且易控制。焊接层数可按下式近似计算:

$$n=\delta/d$$

式中　n——焊接层数;

　　　δ——工件厚度,单位为 mm;

　　　d——焊条直径,单位为 mm。

7.3 其他焊接方法

7.3.1 气焊

1. 气焊的基本原理

气焊是利用可燃气体和氧气在焊枪中混合后，由焊嘴中喷出点火燃烧，燃烧产生热量来熔化焊件接头处和焊丝形成牢固的接头。如图 7.3.1 所示，气焊主要应用于薄钢板、有色金属、铸铁件、刀具的焊接以及硬质合金等材料的堆焊和磨损件的补焊。

2. 气焊应用的设备和器具

气焊所用的设备包括氧气瓶、乙炔发生器、乙炔瓶、回火防止器、焊炬、减压器以及胶管等。气焊设备组成如图 7.3.2 所示。

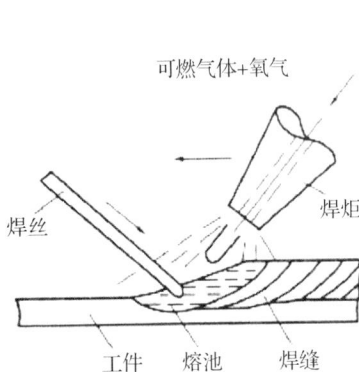

图 7.3.1 气焊的基本原理

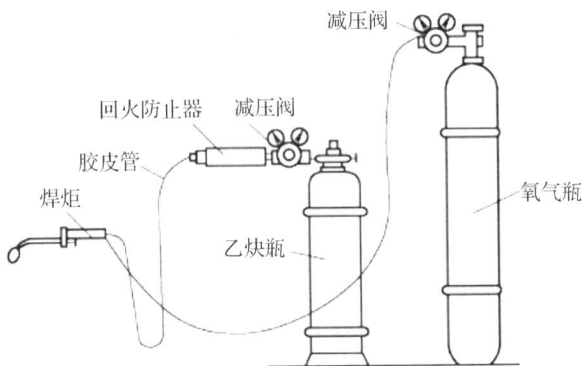

图 7.3.2 气焊的设备和器具

3. 气焊用材料

（1）气焊丝（填充材料）　气焊用的焊丝起填充金属的作用，与熔化的母材一起组成焊缝金属，因此应根据母材材质的化学成分选择成分类型相同的焊丝，而且化学成分必须符合有关国家标准要求。焊丝可分为低碳钢、铸铁、青铜和铝焊丝等，也可以用被焊材料切下的条料作焊丝。在气焊过程中正确选用焊丝是很重要的，因为它不断地送入熔池并与熔化的金属熔合成焊缝，所以，焊丝的质量直接影响着焊缝的质量。一般对气焊丝有如下要求：

1）焊丝的化学成分应基本上与焊件符合，以保证焊缝具有足够的力学性能；

2）焊丝表面应无油脂、锈斑及油漆等污物；

3）焊丝应能保证焊缝具有必要的致密性，即不产生气孔及夹渣等缺陷。

4）焊丝的熔点应与焊件熔点相近，并在熔化时不应有强烈的熔化飞溅和蒸发现象。

（2）气焊熔剂（气焊粉）　气焊过程中被加热的金属极易生成氧化物，使焊缝产生气孔及夹渣等缺陷。为了防止氧化物及消除已形成的氧化物，在焊接有色金属、铸铁以及不锈钢等材料时，通常需要加气焊熔剂。在气焊过程中，将熔剂直接加到熔池内，使其与高熔点的金属氧化物形成熔渣浮在上面，将熔池与空气隔离，防止熔池金属在高温时被继续氧化。因此气焊熔剂的作用主要有：

1）保护熔池；

2）减少有害气体浸入；

3）去除熔池中形成的氧化物杂质；

4）增加熔池金属的流动性。

气焊时，熔剂的选择要根据焊件的成分及其性质而定。其要求如下：

1）熔剂应具有很强的化学反应能力，即能迅速溶解一些氧化物，或与一些高熔点化合物作用后，生成新的低熔点和易挥发的化合物；

2）熔剂熔化后黏度要小，流动性要好，产生的熔渣熔点要低，密度要小，熔化后易于浮在熔池表面；

3）不应对焊件有腐蚀等作用，生成的熔渣要容易清除等。常用气焊熔剂的种类、用途和性能见表 7.3.1。

表 7.3.1　常用气焊熔剂的种类、用途和性能

牌号	名　称	使用材料	熔点基本性能
CJ101	不锈钢及耐热钢气焊熔剂	不锈钢及耐热钢	熔点为 900℃，有良好的湿润作用，能防止熔化金属被氧化，焊后熔渣易清除
CJ201	铸铁气焊熔剂	铸铁	熔点约为 650℃，呈碱性反应，富有潮解性，能有效地去除铸铁在气焊时产生的硅酸盐和氧化物，有加速金属熔化的功能
CJ301	铜气焊熔剂	铜及铜合金	熔点约为 650℃，呈酸性反应，能有效地溶解氧化铜和氧化亚铜
CJ401	铝气焊熔剂	铝及铝合金	熔点为 650℃，呈碱性反应，能有效地破坏氧化膜，因具有潮解性，在空气中能引起铝的腐蚀，焊后必须把熔渣清除干净

（3）气焊常用的气体及氧乙炔火焰特性　气焊应用的气体包括助燃气体和可燃气体，助燃气体是氧气，可燃气体是乙炔、液化石油气和氢气等，一般以乙炔气作可燃气的最为普遍。乙炔与氧气混合燃烧的火焰称为氧乙炔焰，按氧与乙炔的混合比不同可分为中性焰、碳化焰和氧化焰三种。纯乙炔焰和氧乙炔焰构造和形状见图 7.3.3。

1）中性焰　氧气与乙炔的混合比为 1～1.2 时，得到的火焰称为中性焰。中性焰燃烧后无过剩的氧和乙炔。焊接时主要应用中性焰。中性焰有时也称为轻微碳化焰，火焰由焰心、内焰和外焰三部分组成，其中内焰微微可观。

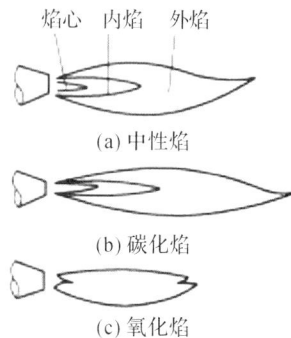

图 7.3.3　氧-乙炔焰

在中性焰的焰心与内焰之间，燃烧生成的一氧化碳（CO）、氢气（H_2）与熔化金属相作用，使氧化物还原。内焰温度达 3050～3150℃，所以用中性焰焊接时，都应用内焰来熔化金属。一般中性焰适用于焊接碳钢和有色金属材料。

2）碳化焰　碳化焰在火焰的内焰区域中尚有部分乙炔燃烧，氧气与乙炔的比值小于 1（0.85～0.95），火焰比中性焰长，内焰的最高温度为 2700～3000℃。由于过剩的乙炔焰分

解为碳(C)和氢(H_2),游离状态的碳会渗到熔池中去,使焊缝金属的含碳量增高,所以用碳化焰焊接低碳钢,会使焊缝强度提高,但塑性降低。另外,过多的氢进入熔池,使焊缝产生气孔及裂纹,因此,碳化焰不适用低碳钢、低合金钢的焊接,而适用于中碳钢、铸铁及硬质合金等材料的焊接。

3)氧化焰 氧化焰在燃烧过程中氧的浓度较大,氧和乙炔的比值大于1.2(1.3~1.7),氧化反应剧烈,整个火焰缩短,而且内焰与外焰层次不清,最高温度为3100~3300℃。氧化焰具有氧化性,如果用来焊接一般的钢件,则焊缝中的气孔和氧化物是较多的,同时熔池产生严重的沸腾现象,使焊缝的强度、塑性和韧性变坏,严重地降低焊缝质量。除了锰铜、黄铜外,一般钢件的焊接不能用氧化焰,因此,这种火焰很少被应用。

4. 气焊时的主要工艺参数

工艺参数是保证焊接质量的重要条件,应根据工件的材质、厚度及焊接位置等条件进行合理选择。气焊时主要工艺参数有:

(1)火焰性质和能率;

(2)焊丝直径;

(3)焊嘴与工件间的倾斜角度;

(4)焊接速度。

7.3.2 埋弧焊

埋弧焊是使电弧在较厚的焊剂层(或称熔剂层)下燃烧,利用机械(埋弧焊机)自动控制引弧、焊丝送进、电弧移动和焊缝收尾的一种电弧焊方法。埋弧焊使用的焊接材料是焊丝和焊剂,其作用分别相当于焊条芯与药皮。常用焊丝牌号有 H08A、H08MnA 和 H08Mn2 等。我国目前使用的焊剂多是熔炼焊剂。焊接不同材料应选配不同成分的焊丝和焊剂。例如,焊接低碳钢构件时常选用高锰高硅型焊剂(如HJ430,H431 等),配用焊丝 H08A、H08MnA等,以获得符合要求的焊缝。埋弧焊的工作情况如图 7.3.4 所示。

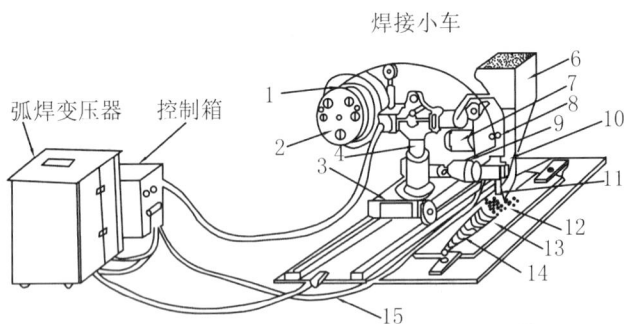

1-焊丝盘;2-操纵盘;3-车架;4-立柱;5-横梁;6-焊剂漏斗;7-送丝电动机;8-送丝滚轮;
9-小车电动机;10-机头;11-导电嘴;12-焊剂;13-渣壳;14-焊缝;15-焊接电缆

图 7.3.4 埋弧焊的工作情况

埋弧焊时焊缝的形成过程。焊丝末端与焊件之间产生电弧后,电弧的热量使焊丝、焊件及电弧周围的焊剂熔化。熔化后的金属形成熔池,焊剂及金属的蒸汽将电弧周围已熔化的焊剂(即熔渣)排开,形成一个封闭空间,使熔池和电弧有外界空气隔绝。随着电弧前移,不断熔化前方的焊件、焊丝和焊剂,熔池后方边缘的液态金属则不断冷却凝固形成焊缝。熔渣则浮在熔池表面,凝固后形成渣壳覆盖在焊缝表面。焊接后,未被熔化的焊剂可以回收。

与手弧焊比较,埋弧焊焊接质量好,生产效率高,节省金属材料,劳动条件好,适用于中厚板焊件的长直径焊缝和具有较大直径的环状焊缝的平焊,尤其适用于成批生产。

7.3.3 气体保护电弧焊

气体保护电弧焊简称保护焊,是利用外加气体作为电弧介质并保护电弧与焊接区的电弧焊方法。常用的保护气体有氩气和二氧化碳气等。

1. 氩弧焊

氩弧焊是以氩气为保护气体的一种电弧焊方法。按照电极的不同,氩弧焊可分为熔化极氩弧焊和非熔化氩弧焊两种。熔化极氩弧焊也称直接电弧法,其焊丝直接作为电极,并在焊接过程中熔化为填充金属,非熔化极氩弧焊也称间接电弧法,其电极为不熔化的钨极,填充金属由另外的焊丝提供,故又称钨极氩弧焊。氩弧焊焊接示意图如图7.3.5所示。

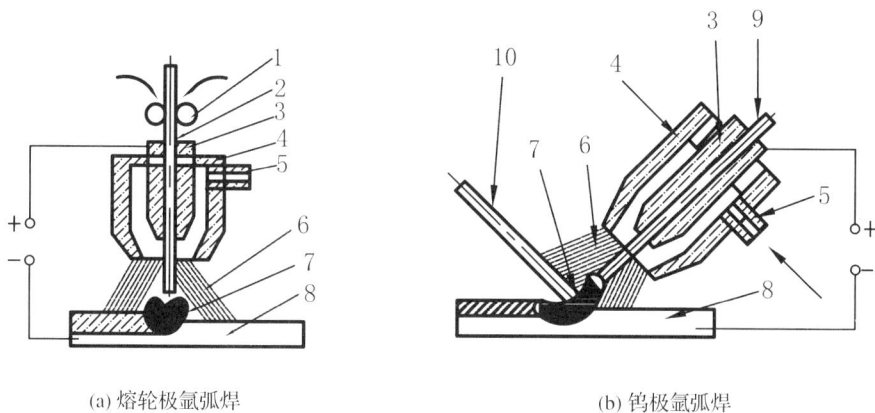

(a) 熔轮极氩弧焊　　　　　　　　　　(b) 钨极氩弧焊

1-送丝轮;2-焊丝;3-导电嘴;4-喷嘴;5-进气管;6-氩气流;7-电弧;8-工件;9-钨极;10-填充焊丝

图 7.3.5　氩弧焊示意图

从喷嘴喷出的氩气在电弧及熔池的周围形成连续封闭的气流。氩气是惰性气体,既不与熔化金属发生任何化学反应,又不溶解于金属,因而能非常有效地保护熔池,获得高质量的焊缝。此外,氩弧焊是一种明弧焊,便于观察,操作灵活,适用于全位置焊接。但是氩弧焊也有其明显的缺点,主要是氩气价格昂贵,焊接成本高,焊前清理要求严格。

目前氩弧焊主要用于焊接易氧化的非铁金属(如铝、铜、钛及其合金)和稀有金属(如锆、钽、钼及其合金),以及高强度合金钢、不锈钢、耐热钢等。

2. 二氧化碳气体保护焊

二氧化碳气体保护焊以二氧化碳(CO_2)为保护气体的电弧焊方法,简称CO_2焊。其焊接过程如图7.3.6所示。它用焊丝作电极并兼作填充金属,可以半自动或自动方式进行焊接。

CO_2焊的优点是:生产效率高,CO_2气体来源广、价格便宜,焊接成本低,焊接质量好,可全位置焊接,明弧操作,焊后不需清渣,易于实现机械化和自动化。其缺点是焊缝成形差,

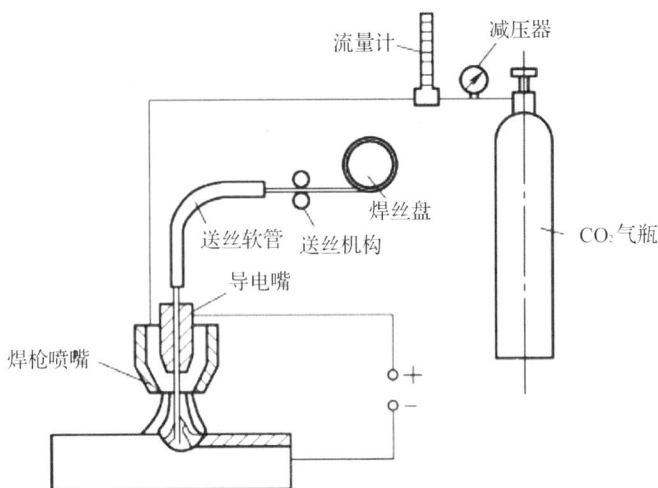

图 7.3.6　二氧化碳气体保护焊

飞溅大,焊接电源需采用直流反接。CO_2 焊主要适用于低碳钢和低合金结构件的焊接,在一定条件下也可用于焊接不锈钢,还可用于耐磨零件的堆焊,铸钢件的焊补等。但是,CO_2 焊不适于焊接易氧化的非铁金属及其合金。

7.3.4　电阻焊

电阻焊是利用电流通过焊件的接触面时产生的电阻热对焊件局部迅速加热,使之达到塑性状态或局部熔化状态,并加压而实现连接的一种压焊方法。按照接头形式不同,电阻焊可分为点焊、缝焊和对焊等。图 7.3.7 所示。

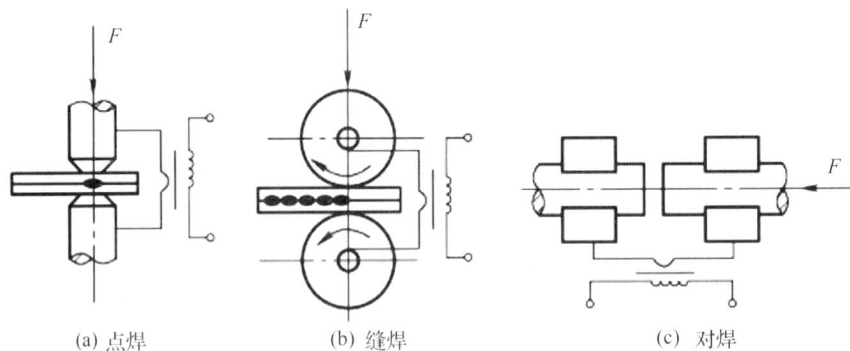

(a) 点焊　　　(b) 缝焊　　　(c) 对焊

图 7.3.7　电阻焊

1. 点焊

点焊时,待焊的薄板被压紧在两柱状电极之间,通电后使接触处温度迅速升高,将两焊件接触处的金属熔化而形成熔核。熔核周围的金属则处于塑性状态,然后切断电流,保持或增大电极压力,使熔核金属在压力下冷却结晶,形成组织致密的焊点。整个焊缝由若干个焊点组成,每两个焊点之间应有足够的距离,以减少分流的影响。点焊主要用于 4mm 以下的薄板与薄板的焊接,也可用于圆棒与圆棒(如钢筋网)、圆棒与薄板(如螺母与薄板)的焊接。焊件材料可以是低碳钢、不锈钢、铜合金、镁合金等。

2. 缝焊

缝焊的焊接过程与点焊相似,只是用转动的圆盘状电极取代点焊时所用的柱状电极。焊接时,圆盘状电极压紧焊件并转动,依靠摩擦力带动焊件向前移动,配合断续通电(或连续通电),形成许多连续并彼此重叠的焊点,称为缝焊焊缝。缝焊主要用于有密封要求的薄壁容器(如水箱)和管道的焊接,焊件厚度一般在 2mm 以下,低碳钢可达 3mm,焊件材料可以是低碳钢、合金钢、铝及其合金等。

3. 对焊

对焊是利用电阻热使对接的焊件在整个接触面上形成焊接接头的电阻焊,可分为电阻对焊和闪光对焊两种。电阻对焊是将焊件置于电极夹钳中夹紧后,加压力使焊件端面互相压紧,再通电加热,待两焊件接触面及其附近加热至高温塑性状态时,断电并加压(或保持原压力不变),接触处产生一定塑性变形而形成接头。它适用于形状简单、小断面的金属型材(如直径在 ϕ20mm 以下的钢棒和钢管)的对接。闪光对焊时,焊件装好后不接触,先通电,再移动焊件使之接触。强电流通过时使接触点金属迅速熔化、蒸发、爆破,高温金属颗粒向外飞射而形成火花(闪光)。经过多次加热后,焊件端面达到所要求的高温,立即断电并加压顶锻。闪光对焊件接头质量高,焊前清理工作要求低,目前应用比电阻对焊广泛。它适用于受力要求高的重要对焊件。焊件可以是同种金属,也可以是异种金属;焊件截面可以小至 0.01mm(如金属丝),也可以大至 1×10^5 mm²(如金属棒和金属板)。

7.3.5 钎焊

钎焊是采用熔点比母材低的金属材料钎料,将焊件和钎料加热至高于钎料熔点、低于焊件熔点的温度,利用钎料润湿母材,填充接头间隙并与母材相互扩散而实现连接的焊接方法。根据钎料的熔点不同,钎焊分为硬钎焊和软钎焊两种。

1. 硬钎焊

钎料熔点高于 450℃的钎焊称为硬钎焊。硬钎焊常用的钎料有铜基钎料和银基钎料。其接头强度较高($\sigma_b > 200$MPa),适用于钎焊受力较大、工作温度较高的焊件,如工具、刀具等。硬钎焊所用加热方法有氧乙炔焰加热、电阻加热、感应加热、焊接炉加热等。

2. 软钎焊

钎料熔点低于 450℃的钎焊称为银钎焊。软钎焊常用钎料有锡铅钎料等,其接头强度较低($\sigma_b < 70$MPa),适用于钎焊受力不大、工作温度较低的焊件,如各种电子元器件和导线的连接。软钎焊所用加热方法有烙铁加热、火焰加热等。

钎焊时一般要用钎剂。钎剂和钎料配合使用,是保证钎焊过程顺利进行和获得致密性接头的重要措施。软钎焊常用的钎剂有松香、焊锡膏、氯化锌溶液等;硬钎焊常用的钎剂有硼砂、硼酸及其混合组成。

7.3.6 等离子弧焊

等离子弧焊接是用压缩电弧作热源的金属极气体保护焊。经强迫压缩后的电弧,弧柱中的气体充分电离,形成高温、高能量密度的等离子弧,其特点是:能量密度大、弧柱温度高、穿透能力强、生产率高,同时焊接速度快、焊缝质量好,热影响区小、焊接变形小;焊接电流小于 0.1A 时,电弧仍然稳定地保持良好的挺直度与方向性,可焊超薄焊件。图 7.3.8 为等离子焊接示意图等离子弧焊接主要应用于碳钢、合金钢、耐热钢、不锈钢、铜合金、镍合金、钛合金等的焊接,如波纹管器件、钛合金的导弹壳体、电容器的外壳、汽轮机叶片、飞机薄壁。

7.3.7 电渣焊

电渣焊是利用电流通过液态熔渣时所产生的电阻热熔化母材和填充金属进行焊接的方法。它与电弧焊不同,除引弧外,焊接过程中不产生电弧。

电渣焊一般在立焊位置进行,焊前将边缘经过清理、侧面经过加工的焊件装配成相距 20～40mm 的接头,如图 7.3.9所示。焊接过程如图 7.3.10 所示。

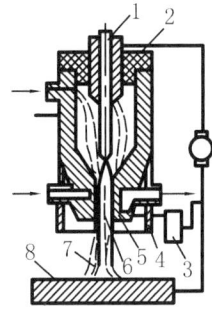

1-电极;2-陶瓷垫圈;3-高频振荡器;
4-同轴喷嘴;5-水冷却嘴;
6-等离子弧;7-保护气体;8-焊件

图 7.3.8 等离子焊接原理示意图

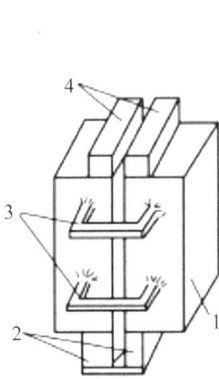

1-工件;2-引弧板;3-门形板;4-引出板

图 7.3.9 电渣焊工件装配图

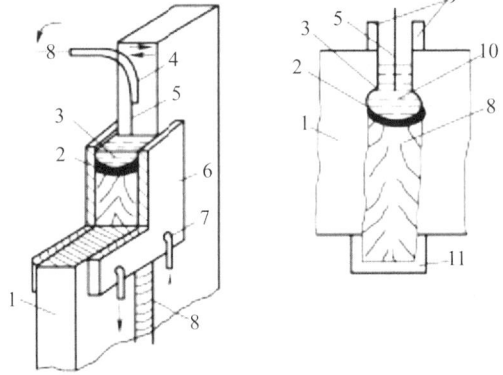

1-工件;2-金属熔池;3-熔渣;4-导丝管;5-焊丝;6-强制成形装置;
7-冷却水管;8-焊缝;8-引出板;10-金属熔滴;11-引弧板

图 7.3.10 丝极电渣焊示意图

焊件与填充焊丝接电源两极,在接头底部焊有引弧板,顶部装有引出板。在接头两侧还装有强制成形装置即冷却滑块(一般用铜板制成、并通水冷却),以利熔池冷却结晶。焊接时将焊剂装在引弧板、冷却滑块围成的盒状空间里。送丝机构送入焊丝,同引弧板接触后引燃电弧。电弧高温使焊剂熔化,形成液态熔渣池。当渣池液面升高淹没焊丝末端后,电弧自行熄灭,电流通过熔渣,进入电渣焊过程。由于液态熔渣具有较大电阻,电流通过时产生的电阻热将使熔渣温度升高达 1700～2000℃,使与之接触的那部分焊件边缘及焊丝末端熔化。熔化的金属在下沉过程中,同熔渣进行一系列冶金反应,最后沉积于渣池底部、形成金属熔池。以后随着焊丝不断送进与熔化,金属熔池不断升高并将渣池上推,冷却滑块也同步上移,渣池底部则逐渐冷却凝固成焊缝,将两焊件连接起来。比重轻的渣池浮在上面既作为热源,又隔离空气,保护熔池金属不受侵害。

电渣焊的特点:

(1)对于厚大截面的焊件可一次焊成,生产率高。工件不开坡口,焊接同等厚度的工件,焊剂消耗量只是埋弧自动焊的 $1/50\sim 1/20$。电能消耗量是埋弧焊的 $1/3\sim 1/2$、焊条电弧焊的 $1/2$,因此,电渣焊的经济效果好,成本低。

(2)由于熔渣对熔池保护严密,避免了空气对金属熔池的有害影响,而且熔池金属保持液态时间长,有利于冶金反应充分,焊缝化学成分均匀和气体杂质上浮被排除。因此焊缝金属比较纯净,质量较好。

(3)焊接速度慢,焊件冷却慢,因此焊接应力小。但焊接热影响区却比其他焊接方法的宽,造成接头晶粒粗大,力学性能下降。所以电渣焊后,焊件要进行正火处理,以细化晶粒。电渣焊主要用于焊接厚度大于 30mm 的厚大工件。由于焊接应力小,它不仅适合低碳钢的焊接,还适合于中碳钢和合金结构钢的焊接。目前电渣焊是制造大型铸—焊、锻—焊复合结构,如水压机、水轮机和轧钢机上大型零件的重要工艺方法。

7.4　热切割

利用热能使材料分离的方法称为热切割。热切割方法有气割、氧熔剂切割、等离子弧切割、激光切割。目前应用气割、等离子弧切割较为普遍。

7.4.1　气割

气割时,由于使用的预热火焰不同,可将其分为:氧乙炔切割、氧丙烷(液化石油气)切割和氧甲烷切割三种方法。

1. 气割的基本原理

氧气切割是利用预热火焰将被切割的金属预热到燃点(即该金属在氧气中能剧烈燃烧的温度),再向此处喷射高纯度、高速度的氧气流,使金属燃烧形成金属氧化物—熔渣。金属燃烧时放出大量的热能使熔渣熔化,且由高速氧气流吹掉,与此同时,燃烧热和预热火焰又进一步加热下层金属,使之达到燃点,并自行燃烧。这种预热—燃烧—去渣的过程重复进行,即形成切口,移动割炬就把金属逐渐割开,这就是气割过程的基本原理。由此可见,金属的气割过程实质上是金属在纯氧中燃烧的过程。见图 7.4.1。

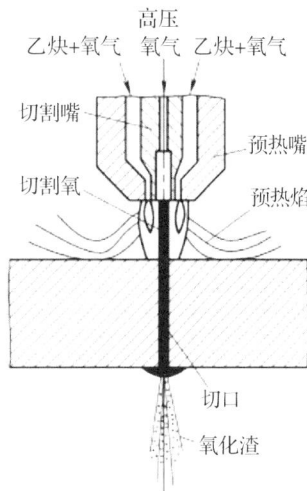

图 7.4.1　气割示意图

2. 被气割金属的条件

并不是所有的金属都能气割,只有需要切割的金属材料具有以下条件才能实现气割。

(1)能同氧发生剧烈的氧化反应,并放出足够的热量,以保证把切口前缘的金属层迅速地加热到燃烧点。

(2)金属的热导率不能太高,即导热性应较差,否则气割过程的热量将迅速散失,使切割不能开始或被中断。

(3)金属的燃烧点应低于熔点,否则金属的切割将成为熔割过程。

(4)金属的熔点应高于燃烧生成氧化物的熔点,否则高熔点的氧化物膜会使金属和气割氧隔开,造成燃烧过程中断。

(5)生成的氧化物应该易于流动,否则切割时生成的氧化物熔渣本身不被氧气流吹走,而妨碍切割进行。

普通碳钢和低合金钢符合上述条件,气割性能较好;高碳钢及含有易淬硬元素(如铬、钼、钨、锰等)的中合金和高合金钢,可气割性较差。不锈钢含有较多的铬和镍,易形成高熔点的氧化膜(如 Cr_2O_3)。铸铁的熔点低,铜和铝的导热性好(铝的氧化物熔点高),它们属于难于气割或不能气割的金属材料。

7.4.2　等离子弧切割

等离子弧切割是利用高速、高温和高能的等离子气流来加热和熔化被切割材料,并借助内部的或者外部的高速气流或者水流,将熔化材料排开直至等离子气流束穿透背面而形成割口的一种加工材料的方法。其切割原理如图7.4.2所示

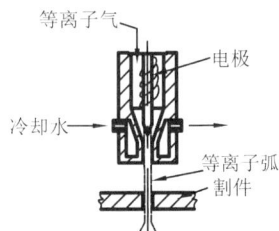

图 7.4.2　等离子切割原理图

等离子弧可切割不锈钢、高合金钢、铸铁、铝及其合金等,还可切割非金属材料,如矿石、水泥板和陶瓷等。等离子弧切割的切口细窄、光洁而平直,质量与精密气割质量相似。同样条件下等离子弧的切割速度大于气割,且切割材料范围也比气割更广等离子弧切割分为一般等离子弧切割、水再压缩等离子弧切割、空气等离子弧切割。目前定型生产的空气等离子弧切割机为普通结构钢切割开创了广阔的前景。

7.4.3　激光切割

激光切割是一种利用聚焦后的激光束作为主要热源的热切割方法。它不但用于各种金属材料的切割,也可以用于非金属材料的切割(木材、橡胶、塑料、岩石等)。

利用激光切割设备可切割 4mm 以下的不锈钢,在激光束中加氧气可切割 8～10mm 厚的不锈钢,但加氧切割后会在切割面形成薄薄的氧化膜。切割的最大厚度可增加到 16mm,但切割部件的尺寸误差较大。

激光切割设备的价格相当贵,约 150 美元以上。但是,由于降低了后续工艺处理的成本,所以,在大生产中采用这种设备还是可行的。由于没有刀具加工成本,所以激光切割设备也适用生产小批量的原先不能加工的各种尺寸的部件。目前,激光切割设备通常采用计算机化数字控制技术(CNC)装置,采用该装置后,就可以利用电话线从计算机辅助设计(CAD)工作站来接受切割数据。

1. 激光切割的特点

(1)切割质量好

切口宽度窄(一般为 0.1～0.5mm)、精度高(一般孔中心距误差 0.1～0.4mm,轮廓尺寸误差 0.1～0.5mm)、切口表面粗糙度好(一般 Ra 为 12.5～25μm),切缝一般不需要再加工即可焊接。

(2)切割速度快。切割时不需要工卡具固定,一台激光器可供几个工作台切割。

(3)清洁、安全、无污染。

2. 激光切割方法及其使用范围

(1)激光气化切割。主要用于切割一些非金属材料。

(2)激光熔化切割。主要用于切割一些易氧化的材料。

(3)激光氧气切割。主要用于切割钢、钛和铝等金属材料。

7.5　焊接结构工艺性

设计焊接结构时,设计者既要了解产品使用性能的要求,如载荷大小、载荷性质、使用温度、使用环境以及有关产品结构的国家技术标准与规定,又要考虑到焊接结构的工艺性,如焊接结构件材料的选择、焊接方法的选择、焊接接头的工艺设计等,还要考虑到制造单位的质量管理水平、产品检验技术等有关问题,才能设计出一个比较容易生产、质量优良、成本低廉的焊接结构。结构焊接质量的好坏对其使用的安全性影响极大,而合理、正确地进行焊接结构的设计,是保证其安全可靠的重要前提。

7.5.1　焊接结构材料的选择

在满足工作性能要求的前提下,首先应该考虑用可焊性较好的材料来制造焊接结构件。一般来说,含碳量 $w_C < 0.25\%$ 的低碳钢和碳当量 $w_E < 0.4\%$ 的低合金钢,都具有良好的可焊性,在设计焊接结构时应尽量选用。含碳量 $w_C > 0.5\%$ 的碳钢、碳当量 $w_{CE} > 0.4\%$ 的合金钢,可焊性不好,在设计焊接结构时,一般不宜采用。如必须采用,应在设计和生产工艺中采取必要的措施。

强度等级低的低合金钢可焊性和低碳钢一样,它是在 Q235A 钢基础上加少量合金元素冶炼而成的,钢材价格不贵,但强度显著提高,因此,条件允许时须应优先选用,这既可减轻结构重量,节省钢材,也可延长结构的使用寿命。表 7.5.1 为各种常用金属材料的可焊性,可供选用材料时参考。

表 7.5.1　常用金属材料的可焊性

焊接方法 金属材料	气焊	手弧焊	埋弧焊	CO_2 保护焊	氩弧焊	电子 束焊	电渣焊	点焊 缝焊	对焊	摩擦焊	钎焊
低碳钢	A	A	A	A	A	A	A	A	A	A	A
中碳钢	A	A	B	B	A	A	A	B	A	A	A
低合金钢	B	A	A	A	A	A	A	A	A	A	A
不锈钢	A	A	B	B	A	B	A	A	A	A	A
耐热钢	B	A	B	C	A	A	D	B	C	D	A
铸钢	A	A	A	A	A	A	—	B	B	D	B
铸铁	B	B	C	C	B	—	B	—	D	D	B
铜及铜合金	B	B	C	C	A	A	D	D	D	A	A
铝及铝合金	B	C	C	B	A	A	D	A	A	A	C
钛及钛合金	D	D	D	D	A	A	D	BC	C	D	B

注 A 可焊性良好;B 可焊性较好;C 可焊性较差;D 可焊性不好;"—"表示很少采用。

设计焊接结构时,应该多采用工字钢、槽钢、角钢和钢管等成型材料,它不仅能减少焊缝数量和简化焊接工艺,而且能够增加结构件的强度和刚性。对形状比较复杂的部分,还可以考虑用铸钢件、锻件或冲压件来焊接。图7.5.1所示是合理选材以减少焊缝的几个例子。

此外,在设计焊接结构形状尺寸时,还应该注意原材料的尺寸规格,以便下料时减少边角余料损失和减少拼料焊缝数量。

7.5.2 焊接方法的选择

设计焊接结构时,选定结构材料后就应该考虑采用什么焊接方法生产,以保证获得优良质量的焊接接头,并具有较高的生产效率。

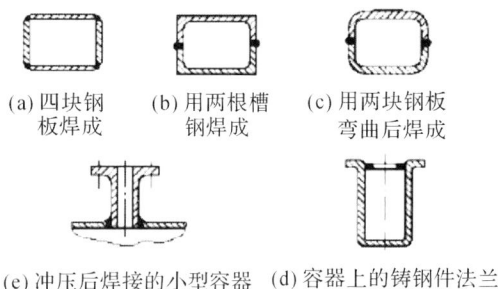

(a) 四块钢板焊成　(b) 用两根槽钢焊成　(c) 用两块钢板弯曲后焊成

(e) 冲压后焊接的小型容器　(d) 容器上的铸钢件法兰

图 7.5.1　合理选材和减少焊缝

焊接方法的选择,应根据材料的可焊性、工件厚度、生产率要求、各种焊接方法的适用范围和现场设备条件等综合考虑决定。例如:低碳钢用各种焊接方法可焊性都良好,如工件板厚为中等厚度(10~20mm)则采用手弧焊、埋弧焊、气体保护焊均可施焊,但氩弧焊成本较高,一般情况下不需要采用氩弧焊。如工件是长直焊缝或圆周焊缝,生产批量也较大,可选用埋弧自动焊;如工件为单件生产或焊缝短而处于不同空间位置,则采用手工电弧焊最为方便;如果工件是薄板轻型结构,无密封要求,则采用点焊生产率较高;如要求密封性,可考虑采用缝焊;如工件为 35mm 以上厚板重要结构,条件允许时应采用电渣焊;如果是焊接合金钢、不锈钢等重要工件,则应采用氩弧焊以保证焊接质量;如结构材料为铝合金,由于铝合金可焊性不好,最好采用氩弧焊以保证接头质量;如铝合金焊件为单件生产,现场没有氩弧焊设备,也可以考虑采用气焊。各种焊接方法特点的相互比较见表7.5.2。

表 7.5.2　各种焊接方法特点比较

焊接方法	热影响区大小	变形大小	生产率	空间位置	适用板厚/mm	设备费用
气焊	大	大	低	全	0.5~3	低
手工电弧焊	较小	较小	较低	全	可焊 1 以上,常用 3~20	较低
埋弧自动焊	小	小	高	平	可焊 3 以上,常用 6~60	较高
氩弧焊	小	小	较高	全	0.5~25	较高
CO_2 保护焊	小	小	较高	全	0.8~30	较低~较高
等离子弧焊	小	小	高	全	可焊 0.025 以上,常用 1~12	较高
电子束焊	极小	极小	高	平	5~60	高
点焊	小	小	搞	全	可焊 10 以下,常用 0.5~3	较低~较高
缝焊	小	小	高	平	3 以下	较高

7.5.3 焊缝的布置

合理地布置焊缝位置是焊接结构设计的关键,它与产品质量、生产率、成本以及工人的劳动条件有着密切的关系。其一般工艺设计原则简述如下:

1. 焊缝的布置应尽可能分散

焊缝密密集或交叉会造成金属过热,从而加大热影响区,使组织恶化,因此两条焊缝的间距一般要求大于三倍钢板厚度且不小于 100mm。图 7.5.2 中(a)、(b)、(c)的结构不合理,应改为图 7.5.2 中(d)、(e)、(f)的形式。

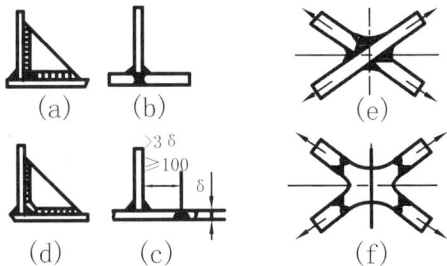

图 7.5.2　焊缝分散布置的设计(单位:mm)

2. 焊缝的位置应尽可能对称布置

如图 7.5.3(a),(b)所示的焊件,焊缝位置偏在截面重心的一侧,由于焊缝的收缩,因而会造成较大的弯曲变形。图 7.5.3(c),(d),(e)所示的焊缝位置对称,就不会发生明显的变形,图 7.5.3(c),(d)中又以(d)的效果较好。

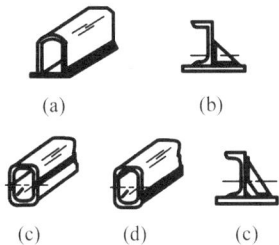

图 7.5.3　焊缝对称布置的设计

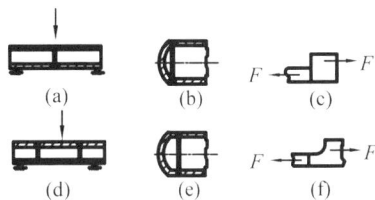

图 7.5.4　焊缝集中布置

3. 焊缝应尽量避开最大应力和应力集中的位置。

对于受力较大、较复杂的焊接构件,在最大应力和应力集中的位置不应该布置焊缝。例如大跨度的焊接钢梁、板料的拼料焊缝,应避免放在梁的中间,应将图 7.5.4(a)改成 7.5.4 (d)所示;压力容器的凸形封头应有一直段,应将图 7.5.4(b)改成 7.5.4(e)所示,使焊缝避开应力集中的转角位置,直段应不小于 25mm;在构件截面有急剧变化的位置或尖锐棱角部位,易产生应力集中,应避免布置焊缝,应将图 7.5.4(c)改为图 7.5.4(f)。

4. 焊缝应尽量避开机械加工表面。

有些焊接结构,只是某些零件需要进行机械加工,如焊接轮毂、管配件、焊接支架等,则焊缝位置的设计应尽可能离已加工表面远一些,如图 7.5.5(c),(d)所示,而图 7.5.5(a),(b)则不合理。

5. 焊缝位置应便于焊接操作

布置焊缝时,要考虑到有足够的操作空间。例如手工电弧焊焊件,如图 7.5.6(a),(b),(c)所

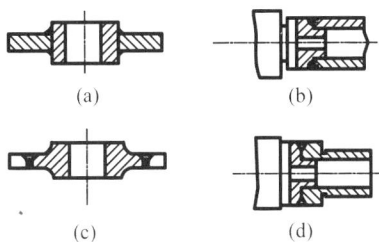

图 7.5.5　焊缝原理机械加工表面的设计

示的内侧焊缝,焊条无法伸入。如必须焊接,只能将焊条弯曲,但视线被遮挡极易造成缺陷,因此应改为图 7.5.6(d),(e),(f)所示的设计才比较合理。又如自动焊结构要考虑接头处施焊时存放焊剂,如图 7.5.7 所示;点焊与缝焊应考虑电极伸入方便,如图 7.5.8 所示。

此外,焊缝应尽量放在平焊位置,应尽可能避免仰焊焊缝,减少横焊焊缝,以减少和避免大型构件的翻转。良好的焊接结构设计,还应尽量使全部焊接部件,至少是主要部件能在焊接前一次装配点固,以简化装配焊接过程节省场地面积,减少焊接变形,提高生产效率。

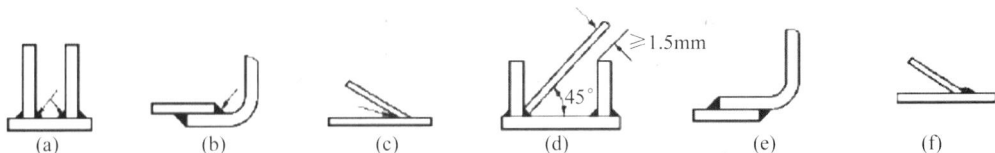

图 7.5.6　焊接位置便于手工电弧焊的设计

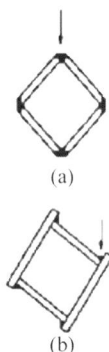

图 7.5.7　焊缝便于自动焊的设计

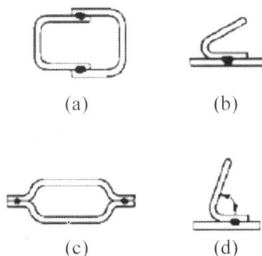

图 7.5.8　便于点焊及缝焊的设计

7.6　焊接缺陷和检验

7.6.1　焊接缺陷

焊接缺陷是指焊接过程中在焊接接头处产生的金属不连续、不致密、连接不良的现象以及焊件产生的变形。焊接产品的完成,要使用多种设备和焊接材料,经过原材料划线、切割、坡口加工、装配、焊接等多种工序,并受操作者的技术水平等因素影响,因此容易出现各种焊接缺陷,甚至影响产品质量和使用安全。焊接缺陷大致可以分为外部缺陷和内部缺陷两大类。

1. 外部缺陷

常见外部缺陷有:

(1)坡口和装配的缺陷,如坡口角度和间隙不合要求,接头不平整等;

(2)焊缝形状、尺寸和接头外部的缺陷,如余高不等、咬边、表面裂纹、焊件变形等。

2. 内部缺陷

常见内部缺陷有:

(1)焊缝和接头内部的工艺性缺陷,如气孔、夹渣、未熔合、裂纹等;

(2)接头的机械性能低,耐腐蚀性能、物理化学性能不合要求;

(3)接头的金相组织不合要求。

焊接缺陷中焊件变形比较常见,而且直观。焊接时焊件受到局部的不均匀的加热,焊缝及其附近的金属温度分布很不均匀,受热膨胀和冷却收缩都受到相邻金属的牵制而不自由,因此冷却后焊件将发生纵向(沿焊缝长度方向)和横向(垂直焊缝方向)的变形。焊件变形的基本形式有:缩短变形(纵向缩短和横向缩短)、角变形、弯曲变形、扭曲变形和波浪变形等,如图 7.6.1 所示。焊件变形降低了焊接结构的尺寸精度和表面质量,甚至影响产品使用性能,严重的变形还会造成焊件报废。为防止和矫正焊件变形,焊接时要采取一系列工艺措施,以减小和抵消焊接内应力。常见的焊接缺陷(如图 7.6.2)产生原因和防止方法见表7.6.1。

表 7.6.1 常见焊接缺陷产生的原因和防止方法

焊接缺陷	产生原因	防止方法
焊缝表面尺寸不符合要求	坡口角度不正确或间隙不均匀; 焊接速度不适合运条手法不妥; 焊条角度不适合	选择适当的坡口角度和间隙; 正确选择焊接工艺参数; 采用恰当的运条手法和角度
咬边	焊接电流太大; 电弧过长; 运条方法或焊条角度不适当	选择正确的焊接电流和焊接速度; 采用断弧焊接; 掌握正确的运条方法和焊条角度
焊瘤	焊接操作不熟练; 运条角度不当	提高焊接操作技术水平; 灵活调整焊条角度
未焊透	坡口角度或间隙太小、钝边太大; 焊接电流过小、速度过快或弧长过长; 运条方法或焊条角度不合适	正确选择坡口尺寸和间隙大小; 正确选择焊接工艺参数; 掌握正确的运条方法和焊条角度
气孔	焊件或焊接材料有油、锈、水等杂质; 焊条使用前未烘干; 焊接电流太大、速度过快或弧长过长; 电流种类和极性不当	焊前严格清理焊件和焊接材料; 按规定严格烘干焊条; 正确选择焊接工艺参数; 正确选择电流种类和极性
热裂纹	焊件或焊接材料选择不当; 熔深与熔宽比过大; 焊接应力大	正确选择焊件材料和焊接材料; 控制焊缝形状,避免深而窄的焊缝; 改善应力情况
冷裂纹	焊件材料淬硬倾向大; 焊缝金属含氢量高; 焊接应力大	正确选择焊件材料; 采用碱性焊条,使用前严格烘干; 焊后进行保温处理; 采取焊前预热等措施

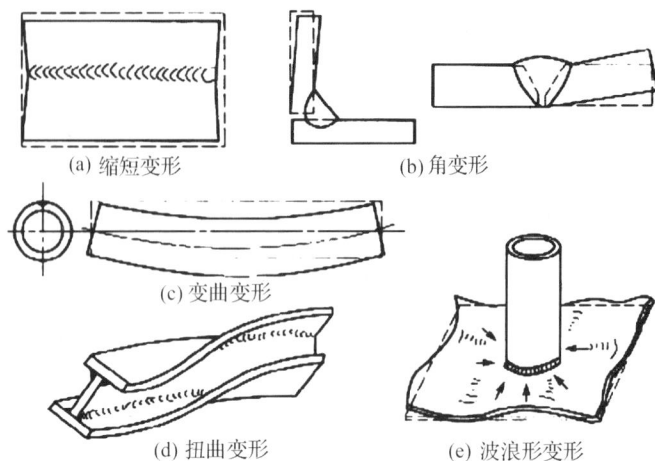

(a) 缩短变形　　(b) 角变形

(c) 变曲变形　　(d) 扭曲变形　　(e) 波浪形变形

图 7.6.1　焊接变形

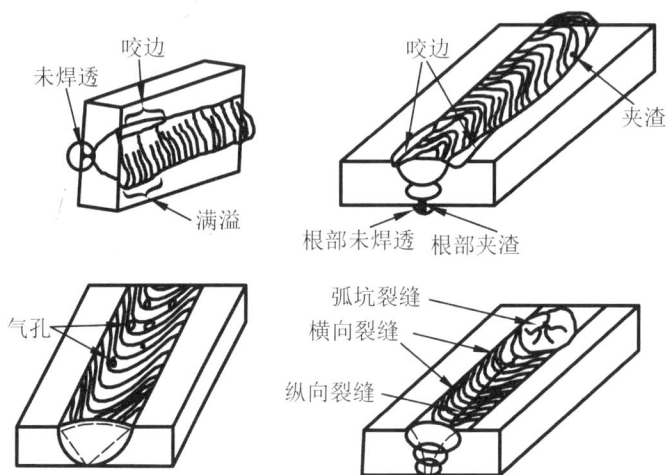

图 7.6.2　常见焊接缺陷示意图

7.6.2　焊接检验

焊接检验内容包括从图纸设计到产品制出的整个生产过程中所使用的材料、工具、设备、工艺过程和成品质量的检验，一般分为 3 个阶段，焊前检验、焊接过程中的检验、焊后成品的检验。

1. 焊前检验

焊前检验包括原材料（如母材、焊条、焊剂等）的检验、焊接结构设计的检查等。

2. 焊接过程中的检验

焊接过程中的检验包括焊接工艺规范、焊缝尺寸、夹具和结构装配质量的检查等。

3. 焊后成品的检验

根据对产品是否造成损伤,焊后成品的检验可分为破坏性检验和无损检验两类。破坏性检验是指从焊件上或试件上切取试样,或以产品的整体破坏做试验,以检验其各种力学性能、化学成分和金相组织的检验方法。无损检验是指直接对焊件进行检验,其方法很多,常用的有以下几种。

(1)外观检验

外观检验是一种手续简便而又应用广泛的检验方法,主要是检查焊接的表面缺陷和尺寸偏差。一般通过用眼观察,也可借助标准样板、量规和放大镜等工具进行检验。

(2)致密性检验

贮存液体或气体的低压或不受压焊接容器,其焊缝的不致密缺陷,如贯穿性的裂纹、气孔、夹渣、未焊透和疏松组织等,可用致密性试验来发现。致密性检验方法有:气密性试验、煤油试验、载水试验等。

(3)受压容器的强度检验

受压容器除进行致密性试验外,还要进行强度试验,常见有水压试验和气压试验两种。

(4)物理方法的检验

物理的检验方法是利用一些物理现象进行测定或检验被检材料的有关技术参数,如温度、压力等),或其内部存在的问题(如内应力分布情况、内部缺陷情况等)。材料或工件内部缺陷情况的检查,一般都是采用无损探伤的方法。目前的无损检验有射线检验、超声波检验、渗透检验、磁力检验等。

1)射线检验。射线检验是利用射线可穿透物质和在物质中有衰减的特性来发现缺陷的一种探伤方法。按检验所使用的射线下同,可分为 X 射线检验、Y 射线检验、高能射线检验 3 种。由于其显示缺陷的方法下同,每种射线探伤又分电离法、荧光屏观察法、照相法和工业电视法。

采用射线照相法检验时,先在焊缝背面放上专用软片,正面用射线照射,使软片感光。由于缺陷与其他部位感光下同,所以底片显影后的黑度也下同,缺陷的位置、大小和种类可显示出来。

射线检验主要用于检验焊缝内部的裂缝、未焊透、气孔、夹渣等缺陷。

2)超声波检验。超声波在金属及其他均匀介质传播中,能在不同介质的界面上产生反射,因此可用于内部缺陷的检验。检验时,超声波通过探测表面的耦合剂传入工件,若遇到缺陷和工件的底部就反射回探头。在荧屏上,正常时只反映出表面的发射波和底面的底波,当焊件内部有缺陷时,在荧光屏上的两个波形之间,就会出现缺陷的反射波,根据该反射波的特征可以确定缺陷的位置。

超声波可以检验任何焊件材料、任何部位的缺陷,并且能较灵敏地发现缺陷位置,但对缺陷的性质、形状和大小较难确定。所以超声波探伤常与射线检验配合使用。

3)磁力检验。磁力检验是利用磁场磁化铁磁金属零件所产生的漏磁来发现缺陷的。按测量漏磁方法的下同,可分为磁粉法、磁感应法和磁性记录法,其中以磁粉法应用最广。

4)渗透检验。渗透检验是利用某些液体的渗透性等物理特性来发现和显示缺陷的。包括着色检验和荧光探伤两种。

7.7 焊接实习

7.7.1 手工电弧焊实习安全规程

1. 防止触电

工作时应先检查电焊机是否接地,电缆线、焊钳是否完好,操作时应穿绝缘胶鞋或站在绝缘底板上。操作时,身体不要靠在铁板或其他导电物体上。

2. 防止弧光伤害

电弧发射出大量紫外线和红外线对人体有害,操作时必须戴好手套和面罩,系好套袖等防护用具,特别要防止弧光刺伤眼睛。

3. 防止烫伤

刚焊完的焊件,若要搬动,需用手钳夹持搬动,敲焊渣时应注意焊渣飞出去的方向以防伤人。

4. 保证设备安全

不得将焊钳放在工作台上,以免短路烧坏电焊机,发现电焊机或线路发热烫手时,应立即停止工作。操作完毕或检查电焊机及线路系统时必须拉闸断电。

5. 更换焊条时一定要戴皮手套,不得赤手操作。

7.7.2 手工电弧焊实习

实习项目:不开坡口的对接平焊

1. 焊前准备

(1)工件:低碳钢板 300mm×200mm×δ4mm。

(2)焊条:E4303,2.5mm、3.2mm。

(3)焊机:额定焊接电流大于300A交流或直流焊机1台。

(4)辅助工具:钢丝刷、錾子、锉刀、敲渣锤等(图7.7.1)。

图 7.7.1　辅助工具　　　　　　图 7.7.2　清理待焊工件

2. 操作过程及要领

(1)用钢丝刷和砂纸打光待焊处直至露出金属光泽,如图7.7.2。

(2)焊前要将焊件装配好,要保证两板对接处要齐,平整,间隙要均匀。将焊钳、焊件、焊机链接起来,调节电流 120～150A,将焊条夹持在焊钳上,准备进行定位焊,定位焊缝的尺寸要取决于焊缝的厚度(表 7.7.1)。

表 7.7.1　定位焊缝的尺寸与焊缝厚度的关系(单位 mm)

焊件厚度	定位焊缝高度	焊缝长度	间距
<4	<4	5～10	50～100
4～12	3～6	10～20	100～200
>12	3～6	15～30	100～300

焊接时,因注意定位焊缝的起头和结尾要圆滑,不要过陡。否则,在焊缝接头时容易造成焊不透。

(3)定位焊接。定位焊缝(如图 7.7.3)要求熔深大、焊缝平坦,不应有裂纹、未焊透、夹渣、气孔等缺陷。焊完后应除去渣壳,检验定位焊缝质量。发现焊接缺陷时,应铲掉重新焊接。

图 7.7.3　定位焊接

图 7.7.4　焊缝

(4)然后将电流调小 20A 左右,进行正面焊接。焊接速度要慢些,使熔深达到焊件厚度的 2/3 左右,焊缝宽度约为 5～8mm(图 7.7.4)。

(5)将焊缝清根,然后将电流稍微增大,进行反面封底焊缝的焊接,运条速度要快些,以获得较窄的焊缝。

7.7.3　焊接用电安全

1. 电流对人体的作用及触电原因

人体是电的导体之一,当人体与带电导体、漏电设备的外壳或其他也带电的物体接触时,均可能导致对人体的伤害。根据电对人体的伤害部位和伤害程度不同,其表现形式也有所不同,共分为三种形式:电击、电伤和电磁场生理伤害。电击是指电流通过人体内部,使体内器官产生麻痹、痉挛、甚至刺激中枢神经系统而影响心脏正常功能的现象。电伤是指电流的热效应、化学效应或机械效应对人体的伤害,主要是指电弧烧伤、熔化金属溅出烫伤以及电烙等。电磁场生理伤害是指在高频电磁场的作用上,使人呈现头晕、乏力、记忆力减退、失眠、多梦等神经系统的症状。通常所说的触电事故,基本上是指电击而言,绝大部分触电死亡也是由电击所致。

电流对人体的危害程度与下列因素有关:流经人体的电流强度;电流通过人体持续时间;电流通过人体的途径;电流的频率;人体的健康状况。

一般认为,电流通过人体的心脏、肺部和中枢神经系统的危险性大,特别是电流通过心脏时,危险性最大。所以从手到脚的电流途径最为危险,因为沿这条途径有较多的电流通过心脏、肺部和脊髓等重要器官;其次是从一只手到另一只手的电流途径;第三是从一只脚到另一只脚的电流途径。后者还容易因剧烈痉挛而摔倒,导致电流通过全身或摔伤、坠落等严重的二次事故。

通常电器设备都采用工频(50Hz)交流电,这对人来说是最危险的频率。另外,人的身体健康状况不同,对电流的敏感程度也不完全相同,有心脏病、神经系统疾病和结核病的人,受电击伤害的程度都比较重。

按照人体触及带电体的方式和电流通过人体的途径,电击可以分为下列几种情况。

(1)低压单相触电   人体在地面或其他接地导体上,人体的其他某一部位触及一相带电体的触电事故。

(2)低压两相触电   人体两处同时触及两相带电体的触电事故。这时由于人体受到的电压可高达220V或380V,所以危险性很大。

(3)跨步电压触电   当带电体接地有电流流入地下时,电流在接地点周围土壤中产生电压降,人在接地点周围,两脚之间出现的电压称为跨步电压。由此引起的触电事故称为跨步电压触电。高压故障接地处或有大电流流过的接地装置附近,都可能出现较高的跨步电压。

(4)高压电击   对于1000V以上的高压电气设备,当人体过分接近它时,高压电能将空气击穿使电流通过人体,此时还伴有高温电弧,能把人烧伤。

2. 安全电压

电击对人体的危害程度,主要取决于通过人体电流的大小和通过时间长短。电流强度越大,致命危险越大;持续时间越长,死亡的可能性越大。能引起人感觉到的最小电流称为感知电流,交流为1mA,直流为5mA;人触电后能自己摆脱的最大电流称为摆脱电流,交流为10mA,直流为50mA;在较短的时间内危及生命的电流称为致命电流,如100mA的电流通过人体1s,可足以使人致命,因此致命电流为50mA。

根据欧姆定律可以得知流经人体电流的大小与外加电压和人体电阻有关。人体电阻除人的自身电阻外,还应附加上人体以外的衣服、鞋、裤等电阻,虽然人体电阻一般可达5000,但是,影响人体电阻的因素很多,如皮肤潮湿出汗、带有导电性粉尘、加大与带电体的接触面积和压力及衣服、鞋、袜的潮湿油污等情况,均能使人体电阻降低,所以通常流经人体电流的大小是无法事先计算出来的。因此,为确定安全条件,往往不采用安全电流,而是采用安全电压来进行估算:一般情况下,也就是干燥而触电危险性较大的环境(如金属容器、管道内施焊检修),安全电压规定为12V,这样,触电时通过人体的电流,可被限制在较小范围内,可在一定的程度上保障人身安全。

3. 焊接发生触电事故的原因

用于焊接的弧焊电源需要满足一定的技术要求,不同的焊接方法,对焊机空载电压、电流等参数的要求也有所不同,但总是希望空载电压越低越好;而过高的空载电压虽然有利于引弧,但对焊工的操作安全不利。所以手弧焊机空载电压限制在90V以下,工作电压(电弧电压)为25～40V;埋弧自动焊机的空载电压为70～90V,气保保护焊机和等离子弧焊机空载电压为65V;等离子切割电源的空载电压高达300～450V。同时我国焊机的输入电压为220/380V,频率为50Hz的工频,这些都超过了安全电压值,给安全生产带来了不利的影响。

触电是所有利用电能转化为热能的焊接工艺（如手工电弧焊、氩弧焊、二氧化碳焊、等离子弧焊等）共同的主要危险。焊接电流的热效应应则有可能发生火灾、爆炸和灼烫等事故。

思考与练习题

7.1 焊接电弧是如何产生的？电弧中各区的温度有多高？用直流或交流电焊接效果一样吗？

7.2 焊接时为什么要进行保护？说明各电弧焊方法中的保护方式和保护效果有什么不同？

7.3 焊芯的作用是什么？焊条药皮有哪些作用？

7.4 何谓焊接热影响区？低碳钢焊接时各有哪些区段？各区段组织性能变化如何？对接头性能有何影响？

7.5 如何防止焊接变形？减少焊接应力的工艺措施有哪些？

7.6 你所了解的其他焊接方法有哪些？各有什么特点？

7.7 低碳钢焊接有何特点？普通低合金钢焊接的主要问题是什么？焊接时应采取哪些施？

7.8 焊接有哪些常见的缺陷？

7.9 铝、铜及其合金焊接常用哪些方法？优先采用哪一种为好？为什么？

第8章 非金属材料成型

非金属材料发展迅速、种类繁多,在工业领域中应用广泛,常用的有塑料、橡胶、陶瓷、复合材料等。与金属材料成型相比,非金属材料成型的温度一般较低,成型工艺较简便。非金属材料的成型一般要与材料的生产工艺相结合,可以是流态成型,也可以是固态成型。本章将主要介绍工程塑料、橡胶、复合材料等非金属材料的成型方法。

8.1 工程塑料的成型

工程塑料的成型是采用各种成型加工的手段,将粉状、粒状、溶液、糊状等各种形态的工程塑料原料制成具有一定形状和尺寸的制品的过程。

工程塑料的成型方法很多,目前国内外应用较多的有注射成型、挤出成型、压制成型、吹塑成型、浇注成型、滚塑成型等。

1. 注射成型

注射成型是将粉状或粒状的原料经料斗装入料筒,并在其内加热至熔融状态,在注射机柱塞或螺杆作用下注入模具,冷却固化后脱模即得到所需形状的塑料制品的方法。注射成型示意图如图 8.1.1 所示:

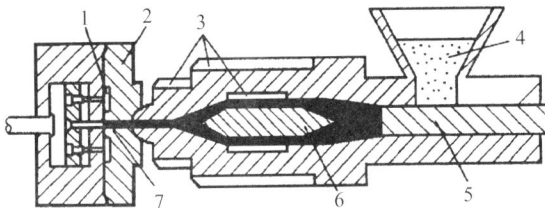

1-制品;2-模具;3-加热器;4-粒状塑料;5-柱塞;6-分流梭;7-喷嘴
图 8.1.1 注射成型示意图

注射成型的工艺包括成型前的准备、注射成型过程和制成后的修饰与处理三个阶段。

(1)成型前的准备

包括材料准备,即对成型树脂进行必要的质量检验和干燥处理;辅助操作准备,即调试模具、清洗料筒、预热、安放嵌件及涂脱模剂等。

(2)注射成型过程

这是从树脂变为制品的主要阶段。按工序先后介绍如下:

1)加料 每次加料应尽可能保持定量。

2）塑化　指使塑料达到成型的熔融状态。一要达到规定的温度，二要使熔融体的温度均匀，三要使热分解物含量尽量少。

3）注射　指注射机用柱塞或螺杆对熔融塑料施加压力，使它从料筒进入模腔的工序。通过控制注射压力、注射时间和注射速度来实现充模以获得合格的制品。

4）保压　指注射结束到柱塞或螺杆后移的时间。因为塑料的熔融体流动性较差，保压是保证获得完整制品所必需的程序。

5）冷却　为使制品有一定的强度，它在模腔内必须要冷却一段时间。冷却时间为保压开始到卸压开模卸件为止。

6）启模卸件　开启模具，取出制品。

其中加热塑化、加压注射、冷却定型是注射成型的三个最基本工序。

（3）成型后的修饰与处理

制品注射成型后，需要切除浇道和修饰制品，以改善产品的外观。另外还要进行热处理，消除内应力，以防止变形和开裂。

注射成型是生产一般塑料制品的最常用的成型方法，已成功应用于热塑性塑料和部分热固性塑料的成型。注射成型具有生产周期短、效率高、易于实现机械化、自动化生产等特点，而且注射成型的塑料制品尺寸精确，适用于大批量制造复杂件、薄壁件及带有金属或非金属嵌入件的塑料制品，如电视机、手机外壳等。近年来，热流道注射成型、双色注射成型以及气压注射成型等新工艺的不断涌现，为注射成型提供了更广阔的应用前景。

2. 挤出成型

如图 8.1.2 所示，挤出成型是将粉状或粒状的塑料原料加入挤压机的料筒中，加热软化后，在旋转螺杆的作用下，塑料受挤压前移而通过口模，冷却后制成等截面连续制品的方法。

成型的工艺过程是：原料从料斗送入螺旋推进室，然后由旋转的螺杆送到加热区熔融，变成粘流态；在后续材料的挤压下迫使它通过口模落到输送机的输送带上；用喷射空气或水使其冷却变硬，以保持通过口模后所形成的形状。

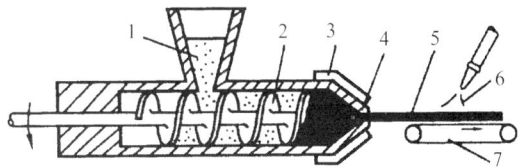

1-塑料粒；2-螺杆；3-加热器；4-口模；
5-制品；6-空气或水；7-输送机
图 8.1.2　挤出成型示意图

挤出成型是适应性最强的塑料成型方法。配合不同形状和结构的口模，可生产塑料管、棒、板、条、带、丝及各种异型断面的型材，还可以进行塑料包裹电线、电缆等工作。

3. 压制成型

压制成型分模压法和层压法（见图 8.1.3），是将粉状、粒状的塑料原料（模压法）或片状的塑料坯料（层压法）放入模具中，经加热和加压而成型为塑料制品的方法。

压制成型工艺的关键是控制温度、压力和时间，以保证成型质量。适当的加热温度是为使塑料软化熔融，从而具有流动性；也为使塑料交联而硬化，成为不溶不熔的塑料制品。施加的压力是为了提高塑料的流动性以充满型腔，同时也是为了排除水蒸气和挥发物，使制品内没有气泡。适当的压制时间是保证塑料在模具中反应充分。

压制成型是热固性塑料常用的成型方法，也可用于流动性极差的热塑性塑料（如聚四氟乙烯）的成型，生活中常见的电气开关、插头、插座、汽车方向盘等就是用压制成型获得的塑

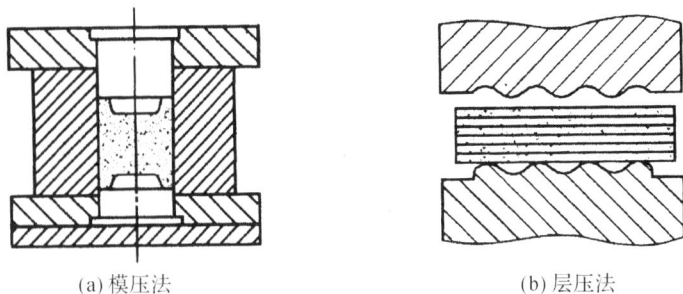

(a) 模压法   (b) 层压法

图 8.1.3　压制成型示意图

料制品。

4. 吹塑成型

吹塑成型是利用压缩空气将片状、管状的熔融塑料坯吹胀并紧贴于模腔内壁,冷却脱模后获得空心制品的方法。

吹塑成型通常是将型坯的制造与吹胀成型联合完成。根据型坯制造方法的不同,一般分为挤出吹塑和注射吹塑两种,如图 8.1.4 所示,即为常用的挤出吹塑的成型过程。

吹塑成型只限于热塑性塑料的成型,如聚乙烯、聚氯乙烯、聚丙烯、聚苯乙烯等,常用于制造中

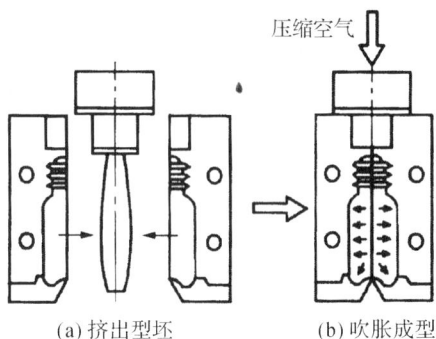

(a) 挤出型坯   (b) 吹胀成型

图 8.1.4　吹塑成型示意图

空、薄壁、小口径的塑料制品,生活中常见的塑料饮料瓶、塑料罐等就是通过吹塑成型获得的。利用吹塑成型原理,还可以生产各种塑料薄膜。

5 浇注成型

浇注成型(见图 8.1.5)与金属铸造相似,是将树脂与添加剂混合加热至液态后浇注入模具中,冷却后脱模获得所需制品的方法。

浇注成型主要适用于流动性好、收缩小的热塑性塑料或热固性塑料,常用于制造板材、电绝缘器材、装饰品、体积大的塑料件等。近年来,在普通浇注成型的基础

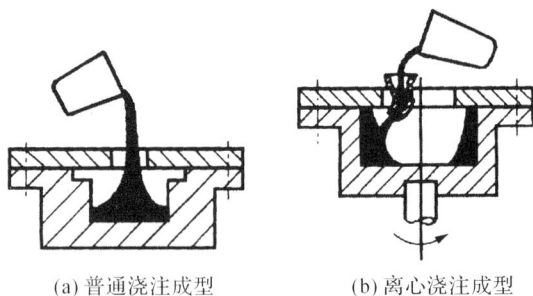

(a) 普通浇注成型   (b) 离心浇注成型

图 8.1.5　浇注成型示意图

上衍生出了离心浇注成型和嵌铸成型等新工艺。离心浇注成型即将聚合物熔体浇入高速旋转的模具中,依靠离心力使熔体贴模成型。嵌铸成型是用聚合物来包封非塑料件的工艺。这些新工艺的出现,进一步扩大了浇注成型的应用范围,提高了制品的精度和力学性能。

6. 滚塑成型

滚塑成型是将适量的粉状树脂装入模具中,通过外加的加热源加热模具,与此同时模具进行缓慢的公转与自转,从而使树脂熔融并借助自身的重力均匀地涂布于整个模具内腔表面,最后经冷却脱模后得到中空制品的方法。为提高滚塑成型的生产效率,一般生产中多采

用四工位周期性操作,如图 8.1.6 所示的四工位滚塑机,四个臂绕同一个心轴旋转,即为模具的公转;同时每个臂上的模具以该臂为轴线旋转,即为模具的自转。

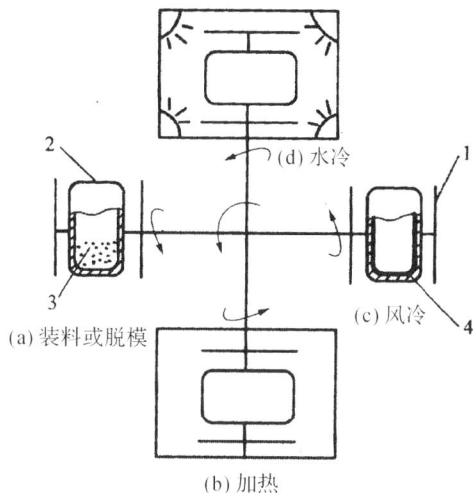

1-模架;2-模具;3-塑料粉;4-制品

图 8.1.6 滚塑成型示意图

滚塑成型是制造大型中空塑料制品最经济的方法,尤其是在使用石棉、氟塑料等不粘材料时还能生产局部有孔或敞口的塑料制品,因而已越来越多地用于生产大型厚壁的塑料球、塑料桶等。

8.2 橡胶成型

橡胶制品主要是由生胶、各种配合剂和骨架材料等组成。

1. 生胶

即为没有加工过的原料橡胶,包括天然橡胶和丁苯、顺丁、氯丁等合成橡胶。生胶是制造橡胶制品的主要组分,使用不同的生胶,可以制成不同性能的橡胶制品。

2. 配合剂

即加到橡胶或胶乳中以形成混合物的物质。配合剂的加入,可以提高橡胶制品的使用性能和改善加工工艺性能。常用的配合剂有硫化剂、增塑剂、塑解剂、填料、防老化剂、着色剂、硫化促进剂等。

3. 骨架材料

其主要作用是增加橡胶制品的强度并限制其变形。增强材料主要有各种纤维织品、帘布及钢丝等,如轮胎中的帘布。

橡胶制品的成型过程如图 8.2.1 所示,主要包括生胶的

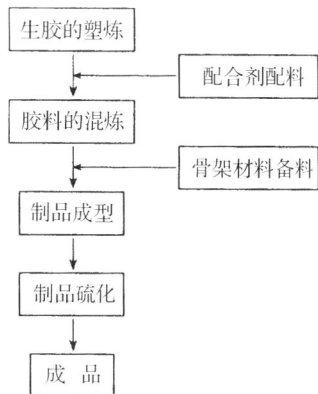

图 8.2.1 橡胶制品的成型过程

塑炼、胶料的混炼、制品的成型、制品的硫化四个阶段。

1. 生胶的塑炼

弹性的生胶很难与配合剂充分均匀地混合,成型加工则更困难。所以橡胶必须先进行塑炼,使其分子发生裂解,减小分子量而增加可塑性。

塑炼通常在滚筒式塑炼机上进行,生胶放在两个相向旋转的滚筒之间,滚筒的温度为40～50℃,生胶在滚筒内承受轧扁、拉长、撕裂等机械力的作用以及空气中氧的作用,并借助于摩擦生热使温度升高,促使生胶分子链被拉断,可塑性增大。

此外,也可直接向生胶中通入热压缩空气,在热和氧的作用下,促使生胶分子裂解,以增加其可塑性。

2. 生胶的混炼

混炼就是指生胶和配合剂混合均匀的加工过程。先将塑炼后的生胶在滚筒式炼胶机上预热,再按一定的顺序放入配合剂。一般先放入防老化剂、增塑剂、填料等,最后放入硫化剂和硫化促进剂,这样可以避免过早硫化而影响后续成型工序的进行。生胶混炼时要不断翻动、切割胶层,并掌握适宜的温度和时间,以保证混炼的质量(如图8.2.2)。

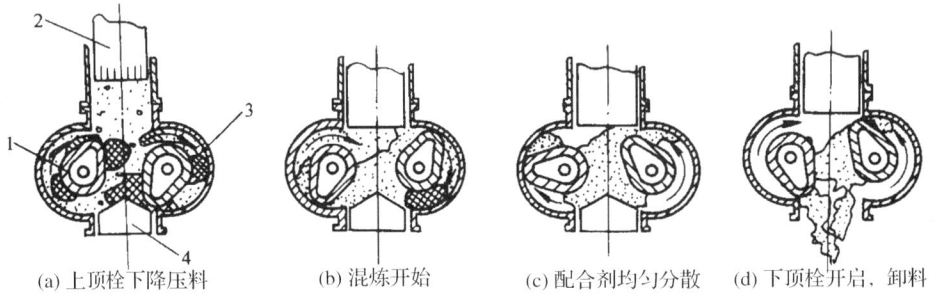

(a) 上顶栓下降压料　　(b) 混炼开始　　(c) 配合剂均匀分散　　(d) 下顶栓开启、卸料

1-转子;2-上顶栓;3-胶料;4-下顶栓

图 8.2.2　生胶混炼的工艺过程

3. 制品的成型

橡胶制品的成型方法主要有挤压成型、压延成型、模压成型等。

(1)挤压成型　用螺旋挤压机将混炼后的胶料通过口模挤压成连续端面的制品,如氧气胶管、密封胶带、胶棒等。其成型方法与塑料的挤压成型相同(如图8.2.3)。

(2)压延成型　用压延机将混炼后的胶料压成薄的胶版、胶片等,还可在胶片上压出某种花

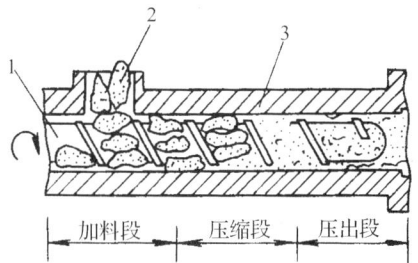

1-螺杆;2-胶料;3-机筒

图 8.2.3　胶料剂出过程

纹,或在帘布、帆布的表面挂涂胶层。压延成型只适用于形状比较简单的半成品制作(如图8.2.4)。

(3)模压成型　将混炼后的胶料放在模压机上的金属模具内压制成型,适用于小型橡胶零件的生产,如密封圈、皮碗、减震垫等(如图8.2.5)。也可用于将压延后的胶片、胶布等按照要求用模具压制成半成品或成品,如胶鞋、橡胶球等。模压成型主要用于形状比较复杂的橡胶零件的生产。

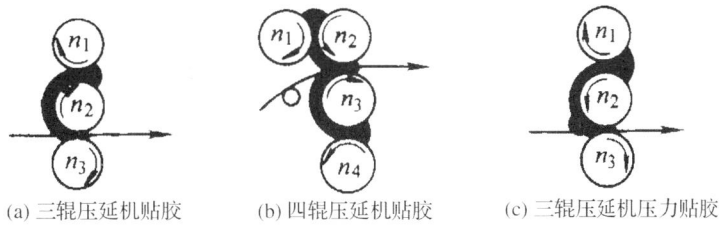

(a) 三辊压延机贴胶　　　(b) 四辊压延机贴胶　　　(c) 三辊压延机压力贴胶

图 8.2.4　压延工艺过程

在生产带有骨架材料的橡胶制品时,如轮胎、夹钢丝的胶管等,可先将骨架材料粘上胶料,再经挤压、压延或模压成型。

4. 制品的硫化

除了模压法常将成型与硫化同时进行外,其他方法成型后的橡胶制品都需要送入硫化罐内进行硫化处理。大多数橡胶制品的硫化处理需要加热到 $130 \sim 160℃$ 左右,然后加压并保压一段时间。但是有些大型的橡胶制品,如橡皮船等,常常采用成型后在常温下放置几天甚至几十天让其逐渐进行自然硫化的办法。

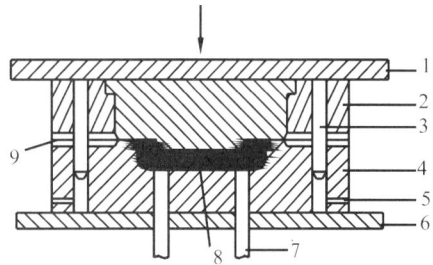

1-上模板;2-组合式阳模;3-导合钉;4-阴模;
5-气口;6-下模板;7-推顶杆;8-制品;9-溢料缝

图 8.2.5　模压成型示意图

8.3　复合材料成型

通常复合材料的制备与制品的成型是同时完成的,复合材料的生产过程也就是复合材料的成型过程。

1. 树脂基复合材料的成型

树脂基复合材料的成型方法很多,除了采用类似于塑料成型的注射、压制、浇注、挤出等方法外,常用的主要方法还有手糊成型法、喷射成型法、纤维缠绕成型法等。

(1)手糊成型法　是将加入固化剂的树脂混合料均匀的涂刷在模腔的表面,再把按规定形状和尺寸裁剪好的纤维增强织物直接铺设在塑胶上,用刮刀、毛刷或压辊推压,使树脂胶液均匀的浸入织物,随后再涂刷树脂液、再铺设纤维织物,如此循环往复,直到达到规定的厚度,最后固化、脱模、修整,获得所需制品的方法。

手糊成型法的最大优点是操作灵活,制品的尺寸和形状受限较小。但生产效率低、劳动强度大,制品的质量和性能不稳定。主要适用于多品种、小批量生产精度要求不高的产品,如玻璃钢遮阳棚、雕塑模型等

(2)喷射成型法　是将装有引发剂的树脂和装有促进剂的树脂分装在两个罐子中,由液压泵或压缩空气按比例输送到喷枪内进行雾化,同时与切短了的纤维混合并喷射到模具上,当沉积到一定厚度时,用压辊排气压实,再继续喷射,直到完成制品制作,最后固化成型的方

法。如图 8.3.1 所示。

喷射成型法生产效率高、劳动强度低、节省原材料，制品无搭接缝，整体性好。但场地污染大，制件承载能力低。主要用于制造浴缸、小型船体、容器、汽车车身等大型零件。

（3）纤维缠绕法 是将已浸过树脂的纤维丝束或布带，按照一定的规律缠绕到芯模上，然后固化脱模成为制品的方法。

纤维缠绕法的生产效率高，制品质量好，易于实现自动化生产，主要用于制造大型旋转体工件，如高压容器、大型管道、锥形雷达罩、火箭筒体等。

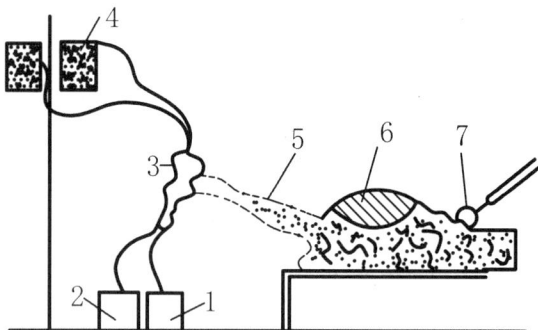

1-固化剂；2-树脂；3-喷枪；4-纤维料筒；
5-复合材料喷射液；6-模具；7-压辊
图 8.3.1 喷射成型示意图

2. 金属基复合材料的成型方法

金属基复合材料的成型方法要比树脂基复合材料要困难得多。目前比较常用的成型方法有挤压成型、旋压成型、模锻成型、粉末冶金、爆炸成型等。

（1）挤压成型法 是利用挤压机使短纤维、晶须及颗粒增强的复合材料的坯料发生塑性变形，以制取棒料、型材、管材的方法。此方法也可以制造金属包覆材料，如铜包铝、铝包钢等输电线。

（2）旋压成型法 是将金属基复合材料的坯料（平板或预成型件）固定在旋转的芯模上，用旋转轮对毛坯施加压力，得到各种空心薄壁回转体制件的方法。

（3）模锻成型法 在压力机或锻锤上利用锻模使金属基复合材料发生塑性变形，获得所需制件的方法。主要用于制造形状复杂、颗粒或晶须增强的金属基复合材料零件，如铝基复合材料的火箭发动机端头盖、液压件和接头、活塞等。

（4）粉末冶金法 是先将金属粉末或预合金粉末和增强相均匀混合，然后利用模具压制成型坯的方法。这是制造金属基复合材料的主要工艺方法。硬质合金刀具等产品的坯料制造就是使用了粉末冶金法。

（5）爆炸成型法 利用炸药爆炸产生的脉冲高压对材料进行复合成型的方法。通常用于将两层或多层不同金属板、片管与增强相焊合在一起形成复合材料制品，如大型化工压力容器的封头等。

思考与练习题

8.1 塑料的成型方法有哪些？简述它们各自的应用范围。

8.2 橡胶材料的成型过程包括哪几个阶段？

8.3 橡胶制品的成型方法有哪些？试述各自的应用范围。

8.4 树脂基复合材料的成型方法有哪些？

8.5 金属基复合材料的成型方法有哪些？

第 9 章　毛坯选择

　　机械零件的制造一般包括毛坯成形和切削加工两个阶段,大多数零件都要先通过铸造、锻压、扎制、焊接等成形方法制成毛坯,再经切削加工制成成品。正确选择毛坯的类型和成形方法不仅会影响后续的切削加工,而且对零件乃至机械产品的质量、使用性能、生产周期和成本等都有影响。毛坯选用是一个比较复杂的系统工程,制约的因素很多,必须遵循正确的原则和方法,进行系统的分析和综合,以达到优质、高效、经济性好的总目标。

9.1　毛坯的种类及其选择原则

9.1.1　毛坯的种类及特点比较

　　机械制造中常用的毛坯有铸件、锻件、轧制型材、挤压件、冲压件、焊接件、粉末冶金件和注射成型件等。随着现代焊接工艺的不断发展和完善,"铸—焊"、"锻—焊"等联合加工提供的毛坯也越来越多。

　　常用毛坯制造方法及其主要特点的比较见表 9.1.1。

表 9.1.1　常用毛坯制造方法及其主要特点的比较

毛坯类型 比较内容	铸件	锻件	冲压件	焊接件	型材
成形特点	液态成型	固态下塑性变形		借助金属原子间的扩散和结合	固态下塑性变形
对原材料工艺性能要求	流动性好,收缩率小	塑性好,变形抗力小		强度高,塑性好,液态下化学稳定性好	塑性好,变形抗力小
常用材料	铸铁、铸钢、有色金属	中碳钢及合金结构钢	低碳钢及有色金属薄板	低碳钢、低合金结构钢、不锈钢、铸铁、有色金属等	碳钢、合金钢、有色金属
适宜形状	形状不受限,尤其是内腔形状	自由锻件简单,模锻件可较复杂	可较复杂	可较复杂	形状简单,横向尺寸变化小
适宜的尺寸和重量	砂型铸造不受限	自由锻不受限,模锻件一般小于150公斤	不受限	不受限	中小型

续表

比较内容 \ 毛坯类型	铸件	锻件	冲压件	焊接件	型材
金属组织特征和性能	晶粒粗大、疏松、杂质排列无方向性。铸铁件力学性能较差,耐磨性和减震性较好;铸钢件力学性能较好	晶粒细小、致密、较均匀,可利用流线改善性能,力学性能好	拉深加工后沿拉深方向形成新的流线组织,其他工序加工后原组织基本不变。利用冷变形强化,可提高硬度和强度,结构刚性好	焊缝区为铸造组织,熔合区和过热区有粗大晶粒,内应力大;接头力学性能达到或接近母材	取决于型材的原始组织和性能
毛坯精度和表面质量	砂型铸件精度较低,特种铸造较高	自由锻件精度较低,表面粗糙;模锻件精度中等,表面质量较好	精度高,表面质量好	精度较低,接头处表面粗糙	取决于成型方法
材料利用率	高	自由锻低,模锻中等	较高	较高	较高
生产成本	低	较高	批量越大,成本越低	中	低
生产周期	长	自由锻短,模锻长	长	短	短
适宜生产的批量	单件或成批	自由锻单件小批,模锻成批、大量	大批量	单件或成批	单件或成批
主要适用的范围	灰铸铁件用于受力不大或承压为主的零件,或要求有减震、耐磨性能的零件;其他铁碳合金铸件用于承受重载或复杂载荷的零件;机架、箱体等形状复杂的零件	用于对力学性能,尤其是强度和韧性要求较高的传动零件和工具、模具	用于以薄板成型的各种零件	用于制造金属结构件、组合件和零件的修补	形状简单的零件
应用举例	机架、床身、底座、工作台、导轨、变速箱、泵体、阀体、带轮、轴承座、曲轴、齿轮等	机床主轴、传动轴、曲轴、连杆、齿轮、凸轮、螺栓、弹簧、锻模、冲模等	汽车车身覆盖件、电器及仪器仪表壳及零件、油箱、水箱、各种薄金属件	锅炉、压力容器、化工容器、管道、厂房构架、吊车构架、桥梁、车身、船体、飞机构件、重型机械的机架、立柱、工作台等	光轴、丝杠、螺栓、螺母、销子等

由于每种类型的毛坯都可以有多种制造方法,各类毛坯在某些方面的特征可以在一定范围内变化。因此,表中所列特点并不是绝对的,只是就一般情况比较而言。例如:

(1)铸件中一般砂型铸件,晶粒组织粗大而疏松,但压力铸造的薄壁铸件,晶粒细小而致密;

(2)一般铸件的力学性能差,但一些球墨铸铁的强度,尤其是屈强比($\sigma s/\sigma b$),可以超过碳钢的锻件;

(3)锻件是固态下成形,金属流动困难,加工余量较大,材料利用率一般较低,但精密锻造的锻件和冷挤压件,可以基本上实现零件的最终成形,材料利用率也很高;

（4）铸件因工序多，模锻件和冲压件因模具制造复杂，一般生产周期较长。但小而简单的铸件、模锻件和冲压件的生产周期也可以很短。相反，对于一般生产周期较短的焊接，有时焊接大而复杂的焊件时，生产周期也可能很长。

9.1.2 毛坯选择的原则

选用毛坯时，主要应遵循以下几个基本原则：

1. 满足材料的工艺性能要求

零件材料的选择与毛坯的选择关系密切，零件材料的工艺性能直接影响着毛坯生产方法的选择。按加工工艺方法的不同，金属材料可分为铸造合金和压力加工合金两大类。常用材料与毛坯生产方法的关系见表9.1.2。

表 9.1.2　常用材料与毛坯生产方法的关系

生产方法 材料	砂型铸造	金属型铸造	压力铸造	熔模铸造	锻造	冷冲压	粉末冶金	焊接	挤压型材改制	冷拉型材改制
低碳钢	√			√	√	√	√	√	√	√
中碳钢	√			√	√	√	√	√		√
高碳钢	√			√				√		
灰铸铁	√	√					√			
铝合金	√	√	√	√	√	√			√	√
铜合金	√	√	√	√	√	√			√	√
不锈钢	√			√	√	√		√		√
工具钢和模具钢	√			√	√		√	√		
塑料								√	√	
橡胶									√	

注：表中"√"表示材料适宜或可以采用的毛坯生产方法。

根据上表可以粗略地估计各种材料所能适应的毛坯生产方法和各种方法所能适应的材料。例如，碳素钢主要适应锻造生产，但有些碳素钢也具有较好的铸造性能。这时就要在保证满足力学性能要求的前提下，根据材料工艺性能的好坏来作出选择。铸铁、铸铝等铸造合金焊接性一般都较差，因此，在采用"铸—焊"方法生产毛坯时，主要是利用各种铸钢。

2. 满足零件的使用性能要求

机械产品都是由若干零件组成的，保证零件的使用要求是保证产品使用要求的基础。因此，毛坯选择首先必须保证满足零件的使用性能要求。零件的使用要求主要包括零件的工作条件（通常指零件的受力情况、工作环境和接触介质等）对零件结构形状和尺寸的要求，以及对零件性能的要求。

（1）结构形状和尺寸的要求

机械零件由于使用功能的不同，其结构形状和尺寸往往差异较大，各种毛坯制造方法对零件结构形状和尺寸的适应能力也不相同。所以，选择毛坯时，应认真分析零件的结构形状和尺寸特点，选择与之相适应的毛坯制造方法。对于结构形状复杂的中小型零件，为使毛坯形状与零件较为接近，应选择铸件毛坯。为满足结构形状复杂的要求，可根据其他方面的要求选择砂型铸造、金属型铸造或熔模铸造等；对于结构形状很复杂且轮廓尺寸不大的零件，宜选择熔模铸造。对于结构形状较为复杂，且抗冲击能力、抗疲劳强度要求较高的中小型零件,宜选择模锻件毛坯;对于那些结构形状相当复杂且轮廓尺寸又较大的大型零件,宜选择组合毛坯。

(2)力学性能的要求

一般来说,铸件的力学性能低于同材质的锻件。因此,对于力学性能要求较高,特别是工作时要承受冲击和交变载荷的零件,为了提高抗冲击和抗疲劳破坏的能力,一般应选择锻造毛坯,如机床、汽车的传动轴和齿轮等;对于由于其他方面原因需采用铸件,但又要求零件的金相组织致密、承载能力较强的零件,应选择相应的能满足要求的铸造方法,如压力铸造、金属型铸造和离心铸造等。

(3)表面质量的要求

为降低生产成本,现代机械产品上的某些非配合表面有尽量不加工的趋势,即实现少、无切削加工。为保证这类表面的外观质量,对于尺寸较小的非铁金属件,宜选择金属型铸造、压力铸造或精密模锻;对于尺寸较小的钢铁件,则宜选择熔模铸造(铸钢件)或精密模锻(结构钢件)。

(4)工作条件的要求

零件的工作条件不同,对其性能要求也不相同,对于具有某些特殊要求的零件,必须结合毛坯材料和生产方法来满足这些要求。例如,灰铸铁的抗震性能好,机床床身和动力机械的缸体常选用它,并选用铸造方法生产即可满足使用要求。有耐压要求的套筒零件,要求零件金相组织致密,不能有气孔、砂眼等缺陷。如果零件选材为钢材,则宜选择型材(如液压油缸常采用无缝钢管);如果零件选材为铸铁,则宜选择离心铸造(如内燃机的汽缸套,其材料为 QT600-2,毛坯即为离心铸造铸件)。对于在自动机床上进行加工的中小型零件,由于要求毛坯精度较高,故宜采用冷拉型材,如微型轴承的内、外圈是在自动车床上加工的,其毛坯采用冷拉圆钢。

3. 降低制造成本,满足经济性要求

零件的制造成本包括所消耗的材料费用、电费、工资、设备和工装费、废品以及其他辅助费用等。要降低毛坯的生产成本,在选择毛坯时,必须认真分析零件的使用要求及所用材料的价格、结构工艺性、生产批量的大小等各方面情况。通常可在满足使用要求和工艺性要求的前提下制定几个方案,再从经济性上进行比较,从中选择总成本较低的方案。

毛坯的生产成本与批量的大小关系极大。当零件批量很大时,应采用高生产率的毛坯生产方法,如冲压、模锻、注塑成型、压力铸造等。这些加工方法虽然模具费用高、设备复杂,但批量越大,单件产品分摊的模具费用就越少,成本就相应下降。当零件批量小时,应采用自由锻、砂型铸造等生产方法。

如图 9.1.1 所示,是某种连杆类零件毛坯通过自由锻、模锻、铸钢三种制造方法生产的成本与生产批量之间的关系曲线。图中三条曲线的交点 A、B、C 分别表示三种毛坯制造方法经济批量的临界值。当批量小于 A 点的件数(11 件)时,自由锻比铸钢成本低;当批量大于 11 件时,每件铸钢毛坯的模具费用由于分摊而减小,采用铸钢就比较合理;模锻与铸钢的成本曲线相交于 C 点(393 件),说明零件数量超过 393 件时,采用模锻最经济。

分析毛坯生产方法经济性时,不能单纯考虑毛坯本身的生产成本,还应比较毛坯材料的利用率和后续机械加工成本等因素,从而选择零件总的制造成本最低的最佳生产方案。目前,多种少、无切削的毛坯生产方法已经得到广泛应用。这些制造方法既能节约大量的金属

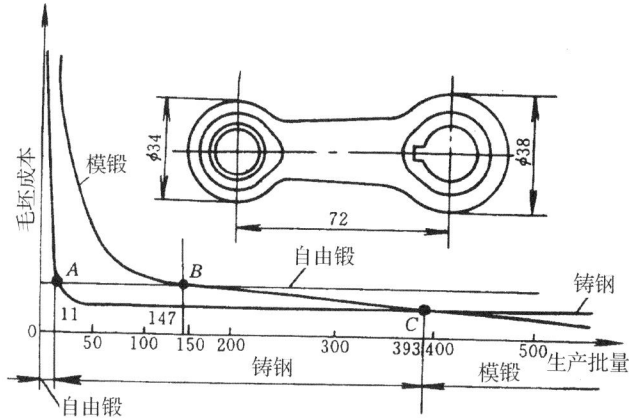

图 9.1.1　不同毛坯生产方法的成本和批量关系

材料,又能大大降低机械加工费用,从而使生产成本显著下降。如汽车的差速齿轮生产由普通模锻改为精密模锻毛坯后,机械加工余量大幅度减少,使单机每班产量由 15 件猛增至 500 余件,单件制造成本由 16 元下降到 6 元,经济效益显著。此外,在选择毛坯时,采用以焊代铸、以铸代锻、以精冲代替切削加工,也能显著提高经济效益。如运煤小车的制动闸由铸造毛坯改为焊接毛坯后,体积减小,节约材料约 20%,机械加工的工作量也大大减少,节约制造工时近 50%。

4. 符合生产条件要求

根据使用性能要求和制造成本分析所选定的毛坯制造方法是否能实现,还必须考虑企业实际的生产条件。因此,选择毛坯时还必须与本企业的具体生产条件相结合,分析本企业的生产设备、技术力量(含工程技术人员和技术工人)、厂房等方面的情况。要考虑当代毛坯生产的先进技术与发展趋势,在不脱离我国国情及本厂实际的前提下,尽量采用比较先进的毛坯生产技术。还要充分考虑外协加工的可能性,当对外订货的价格低于本企业生产成本,且又能满足交货期要求时,应当向外订货。

以上毛坯选择四个原则是相互联系的,应在保证毛坯质量的前提下,力求选用高效、低成本、制造周期短的毛坯生产方法。选择毛坯制造方法的顺序一般首先由设计人员提出毛坯材料和加工后要达到的质量要求。然后由工艺人员根据零件图、生产批量或一定时间内的数量,并综合考虑交货期限及现有可利用的设备、人员和技术水平,选定合适的毛坯制造方法。

9.2　典型零件毛坯的选择

根据毛坯的选择原则,下面分别介绍轴杆类、盘套类和机架箱体类这三大类典型零件的毛坯的选择方法。

9.2.1　轴杆类零件毛坯的选择

轴杆类零件的结构特征是轴向尺寸远大于径向尺寸,是机械产品中支承传动件、承受载荷、传递扭矩和动力的常见典型零件,包括各种传动轴、机床主轴、丝杠、光杠、曲轴、偏心轴、凸轮轴、齿轮轴、连杆、各类管件等,如图 9.2.1 所示。

　　轴类零件最常用的毛坯是型材和锻件,对于某些大型的、结构形状复杂的轴也可用铸件或焊接结构件,如大型船用发动机曲轴、凸轮轴等。对于光滑的或有阶梯但直径相差不大的一般轴,常用型材(即热轧或冷拉圆钢)作为毛坯。对于直径相差较大的阶梯轴或要承受冲击载荷和交变应力的重要轴,均采用锻件作为毛坯,如汽车传动齿轮轴和连杆等。当生产批量较小时,应采用自由锻件;当生产批量较大时,应采用模锻件。对于结构形状复杂的大型轴类零件,其毛坯可采用砂型铸造件、焊接结构件或铸—焊结构毛坯。下面具体举例说明几种轴杆类零件毛坯的选择:

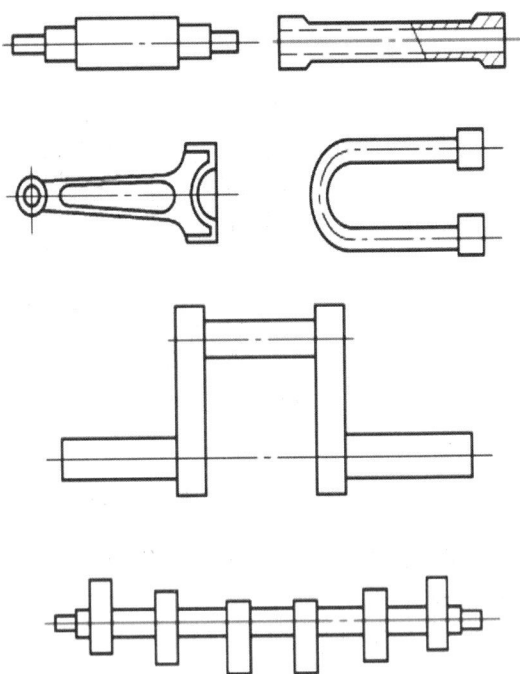

图 9.2.1　轴杆类零件

1. 减速器传动轴

　　如图 9.2.2 所示为减速器传动轴零件图,使用材料为 45 号钢。该减速器工作载荷基本平衡,工作时不承受冲击载荷,且各阶梯轴径相差不大,可选用热轧圆钢作为毛坯,下料尺寸为 45mm×220mm。

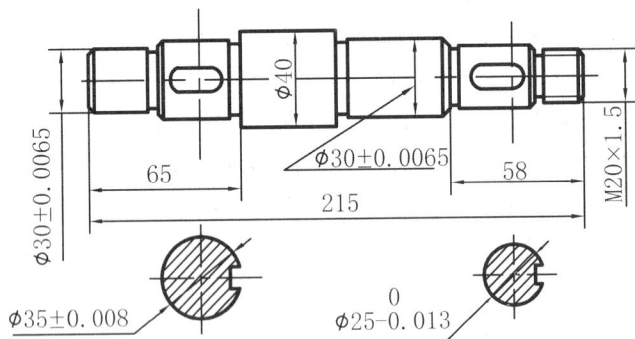

图 9.2.2　减速器传动轴

2. 高精度磨床砂轮主轴

　　如图 9.2.3 所示为高精度磨床砂轮主轴,材料为 38CrMoAlA,生产批量中等。该零件属于设备的关键零件,精度要求很高,承受的载荷较大,根据零件的结构形状和生产批量,生产中应采用模锻件。

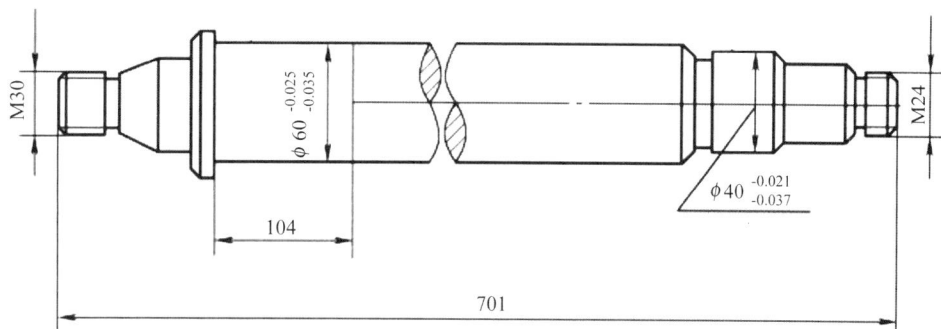

图 9.2.3 高精度磨床砂轮主轴简图

3. 汽车排气阀

如图 9.2.4 所示为汽车排气阀的外形简图。该零件在高温状态下工作,要求材料为耐热钢,大批量生产。在保证满足零件的使用要求的前提下,为节约较贵重的耐热钢,故采用焊接件毛坯。阀杆部分采用耐热钢,阀帽部分采用碳素结构钢,焊接方法采用电阻焊。

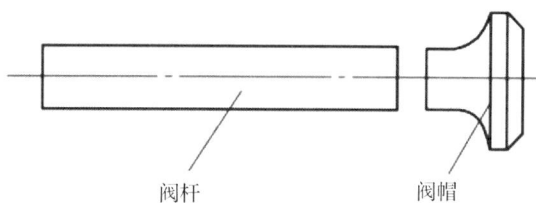

阀杆   阀帽

图 9.2.4 汽车排气阀外形简图

4. 水压机立柱

如图 9.2.5 所示为 12000 吨水压机立柱。该立柱长 18 米,净重 80 吨,材料采用铸钢 ZG270-500,选用铸—焊结构毛坯。立柱先分成六段铸造,经粗加工后再用电渣焊焊接成整体毛坯。

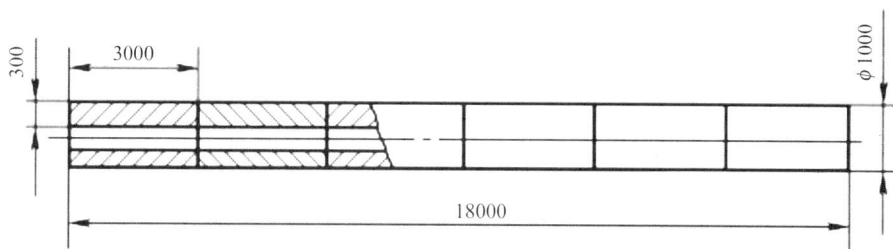

图 9.2.5 水压机立柱简图

9.2.2 盘套类零件毛坯的选择

盘套类零件的结构特征是轴向尺寸小于或接近径向尺寸,常见的零件有各种齿轮、带轮、飞轮、手轮、法兰、联轴器、轴承环、套环、端盖及螺母、垫圈等。如图 9.2.6 所示。

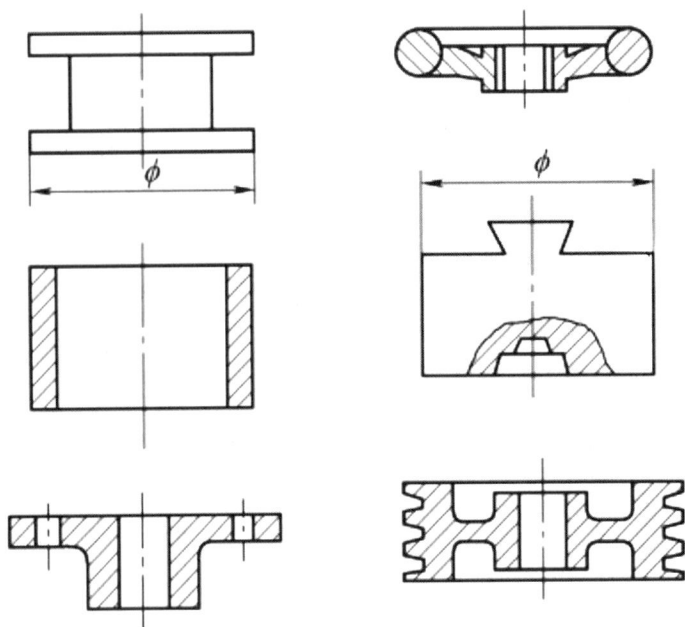

图 9.2.6 盘套类零件

盘类零件由于其用途不同,所用的材料也不相同,毛坯生产方法也较多。下面以几种具有代表性的盘套类零件为例讨论其毛坯选择问题:

1. 圆柱齿轮

齿轮在工作时,轮齿是主要受力部分。齿面承受很大的接触应力和摩擦力,齿根部分承受弯曲应力,运转时有时还要承受冲击力,且以上各种应力均为交叉变载荷,所以要求轮齿表面有足够的接触强度和硬度,轮齿根部有一定的强度和韧性。根据以上分析,一般形状简单、直径较小(<100mm)的低精度、小载荷齿轮,在单件小批生产条件下可选用综合力学性能良好的中碳钢热轧棒料为毛坯。形状简单、精度要求较高、负载较大的中小型齿轮可选用锻件,例如,大批量生产的汽车变速箱齿轮,材料选用 20CrMnTi 钢,为满足结构形状和生产批量要求,其毛坯采用模锻。对于直径比较大(直径 400mm 以上),结构比较复杂的大型齿轮,可采用铸钢毛坯或球墨铸铁毛坯,在单件小批量生产的条件下也可采用焊接毛坯。低速轻载的开式传动齿轮可选用灰铸铁件毛坯。高速轻载低噪音的普通齿轮,常选用铜合金、铝合金、工程塑料等材料,采用棒料作毛坯或采用挤压、冲压、压铸件毛坯,例如,大量生产仪表齿轮时,就常常采用压铸件或冲压件齿坯。

2. 带轮

带轮是通过中间挠性件(各种带)来传递运动和动力的,一般受力不大、载荷比较平稳。因此,对于中小带轮多采用灰口铸铁制造,故其毛坯一般采用砂型铸造。生产批量较小时用手工造型,生产批量较大时可采用机器造型。对于结构尺寸很大的带轮,为减轻重量可采用钢板焊接毛坯。

3. 链轮

链轮是通过链条作为中间挠性件来传递动力和运动的,其工作过程中有冲击载荷,且链齿的磨损较快。链轮的材料大多使用钢材,其最常用的毛坯为锻件。单件小批生产时,采用自由锻造,生产批量较大时使用模锻,对于新产品试制或修配件,亦可使用型材。对于齿数大于 50 的从动链轮也可使用强度较高灰铸铁,采用铸造的方法获得毛坯。

9.2.3 箱体机架类零件的毛坯选择

箱体机架类零件是机器的基础件,结构比较复杂,形状不规则,壁厚不均匀。其工作条件差别较大,一般以承压为主,有些要同时承受压、拉、弯曲应力的作用,有些要承受冲击载荷和摩擦力作用等。常见的箱体机架类零件包括各种机械设备的机身、机架、底座、工作台、齿轮箱、阀体、泵体、轴承座等。这类零件多要求有良好的刚度、密封性、耐磨性和减振性等,它的加工质量将对机器的精度、性能和使用寿命产生直接影响。如图 9.2.7 所示为部分箱体机架类零件。

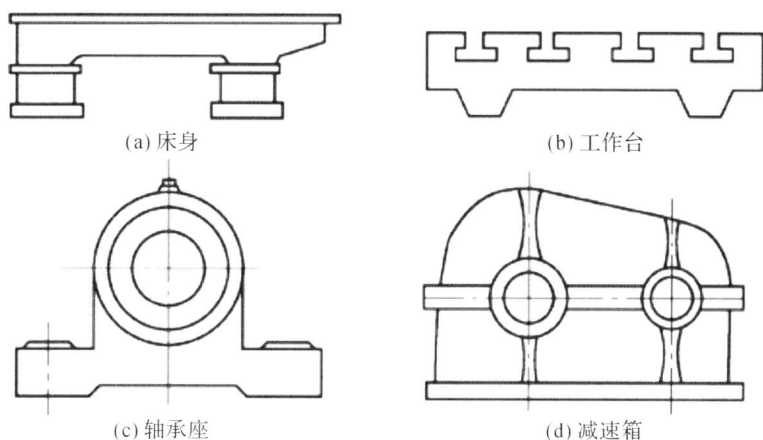

(a) 床身   (b) 工作台

(c) 轴承座   (d) 减速箱

图 9.2.7　箱体机架类零件

由于箱体类零件的结构形状一般都比较复杂,且内部呈腔形,为满足减振和耐磨等方面的要求,其毛坯一般都采用铸造件。为达到结构形状方面的要求,床身、工作台、轴承座、减速箱等箱体机架类零件最常见的毛坯是砂型铸造的铸铁件。航空发动机中的这类零件则通常采用铝合金铸件毛坯,以减轻重量。在单件小批生产、新产品试制或结构尺寸很大时,也可采用钢板焊接毛坯或铸—焊、锻—焊组合毛坯。

如图 9.2.7(d)所示的减速箱箱体,材料为 HT200,大批生产。考虑到该零件是减速器的支承件,结构比较复杂,材料为灰铸铁,而且生产批量大等因素,选择机器造型的砂型铸造方法生产零件毛坯比较适宜。

思考与练习题

9.1　常用的毛坯形式有哪几类?选择毛坯应遵循的基本原则是什么?

9.2　影响毛坯生产成本的主要因素有哪些?根据不同的生产规模,如何降低毛坯的生产成本?

9.3 轴类零件的常用毛坯有哪几种？生产实际中如何选择？

9.4 箱体机架类零件的常用毛坯有哪几种？生产实际中如何选择？

9.5 试为以下齿轮选择毛坯生产方法：

(1)承受冲击载荷的高速齿轮,直径200mm,批量为2万件;

(2)低速中载齿轮,无冲击载荷,直径250mm,批量为50件;

(3)矿井井下提升机大型齿轮,直径1500mm,批量为50件;

(4)钟表用小模数精密传动齿轮,直径15mm,批量10万件。

第三篇　金属切削加工

金属切削加工是利用切削刀具从毛坯(如铸件、锻件、型材等坯料)上切除多余材料,以获得所要求的几何形状、尺寸精度、表面质量的零件的加工过程。目前,切削加工仍然是高精度机械零件制造中应用最广泛的工艺方法。切削加工方法主要有车削、铣削、磨削、镗削、钻削、刨削以及齿轮加工,切削加工所用的机器称为机床,对应的有车床、铣床、磨床、镗床、钻床、刨床及齿轮加工机床等;所用的刀具有车刀、铣刀、砂轮、镗刀、钻头、刨刀、齿轮加工刀具等。

随着机床和刀具不断发展,切削加工的精度、效率和自动化程度不断提高,应用范围也日益扩大,从而促进了现代机械制造业的发展。

第 10 章　金属切削加工基础

对金属切削原理的研究始于 19 世纪 50 年代,此后各种新的刀具材料相继出现。19 世纪末出现的高速钢刀具,使刀具许用的切削速度比碳素工具钢和合金工具钢刀具提高两倍以上,达到 25 米/分左右。1923 年出现的硬质合金刀具,使切削速度比高速钢刀具又提高两倍左右。30 年代以后出现的金属陶瓷和超硬材料(人造金刚石和立方氮化硼),进一步提高了切削速度和加工精度。80 年代以后随着计算机技术,自动控制技术在金属切削生产中的广泛应用,金属切削加工的重点逐步转向切削加工与计算机技术和自动控制技术相结合方面。

10.1　概　　述

10.1.1　金属切削运动

金属切削加工要切除工件上多余的金属,形成已加工表面,必须具备两个基本条件:切削运动和刀具。

1. 工件表面的形成方法

(1)机械零件上常见的表面　机械零件可认为是由各种表面所组成的立体形。其常见的表面有平面 1、圆柱 2、圆锥 3、成型面 4(螺旋面、齿轮面、自由曲面)。如图 10.1.1 所示。

(2)零件表面的形成　根据几何学原理,零件的任何表面是由母线 1 沿导线 2 运动而形成,如图 10.1.2 所示。

2. 机床的运动

就机床上运动的功能来看,可区分为表面成形运动、切入运动、辅助运动。表面成形运动是使工件获得所要求的表面形状和尺寸的运动,它是机床上最基本的运动,是机床上的刀具和工件为了形成母线或导线而作的相对运动,也称切削运动。切入运动是使刀具切入工件表面一定深度,以使工件获得所需的尺寸。辅助运动主要包括刀具或工件的快速趋近和退出、机床部件位置的调整、工件分度、刀架转位、送夹料,启动、变

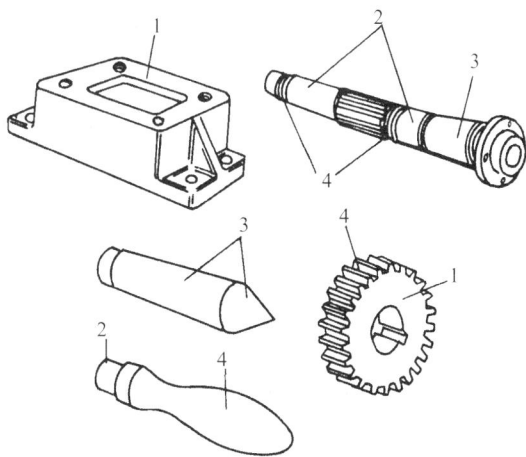

1-平面;2-圆柱;3-圆锥;4-成型面
图 10.1.1　机械零件上常见的表面

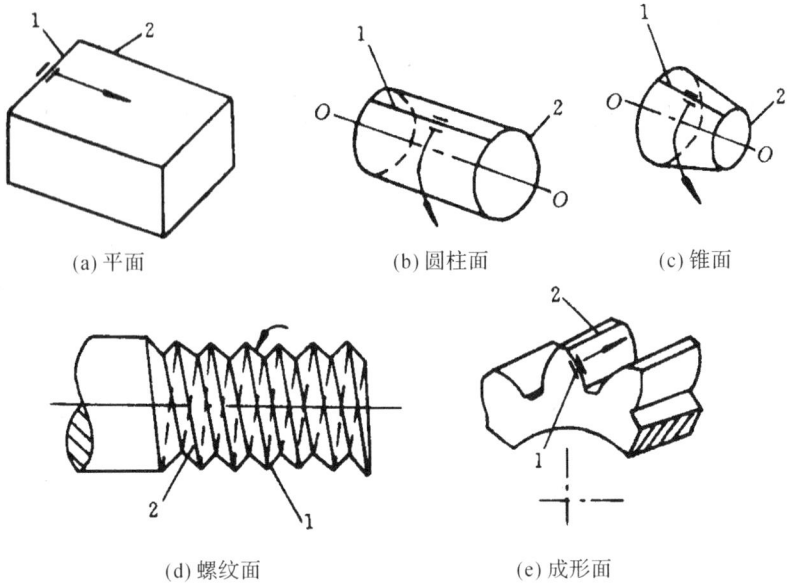

(a) 平面　　　　　　(b) 圆柱面　　　　　(c) 锥面

(d) 螺纹面　　　　　(e) 成形面

图 10.1.2　零件表面的形成原理

速、换向、停止和自动换刀等运动。

以下图 10.1.3 车削外圆表面时的运动为例，Ⅰ、Ⅴ是表面成形运动，Ⅳ是切入运动，Ⅱ、Ⅲ刀具的快速趋近运动，Ⅵ、Ⅶ是刀具退出运动。

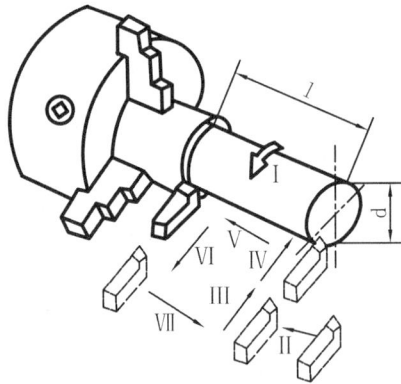

图 10.1.3　车削外圆表面时的运动

3. 切削运动

切削运动是切削加工过程中刀具和工件之间的相对运动。

为了实现切削加工，刀具与工件之间必须有相对的切削运动，根据在切削加工中所起的作用不同，切削运动可分为主运动和进给运动。如图 10.1.4 所示，主运动Ⅰ是切除多余材料所需的基本运动，它的运动速度最高，在切削运动中消耗功率最多。进给运动Ⅱ是使待加工金属材料不断投入切削的运动，使切削工作可连续进行。对于任何切削过程而言，主运动只有一个,进给运动则可以有一个或几个。

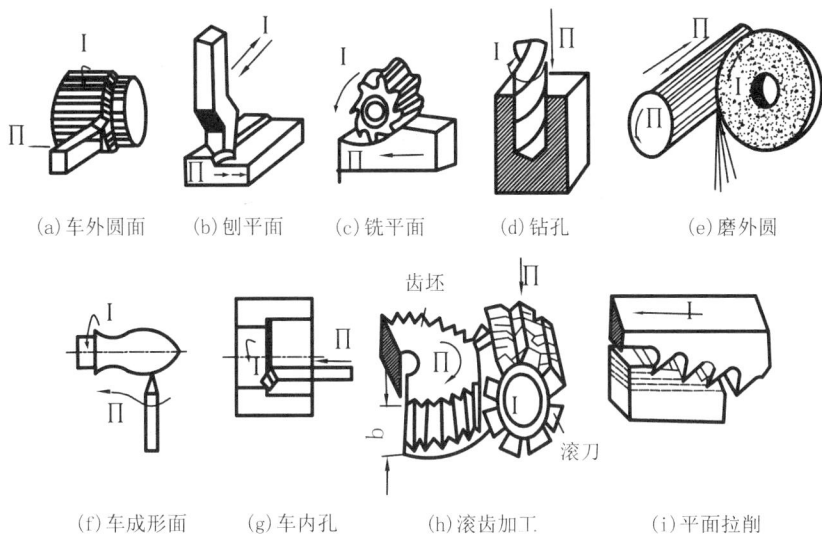

(a)车外圆面　(b)刨平面　(c)铣平面　(d)钻孔　(e)磨外圆

(f)车成形面　(g)车内孔　(h)滚齿加工　(i)平面拉削

图 10.1.4　金属切削运动

4. 切削加工中的工件表面的分类

加工过程中工件上有几个不断变化着的表面。车削加工是一种最常见的、典型的切削加工方法,以车削加工为例。车削加工过程中工件上有三个不断变化着的表面,如图 10.1.5 所示,可分为待加工表面(工件上待切除的表面)、已加工表面(工件上经刀具切削后产生的新表面)、过渡表面(工件上切削刃正在切削的表面。它是待加工表面和已加工表面之间的过渡表面)。

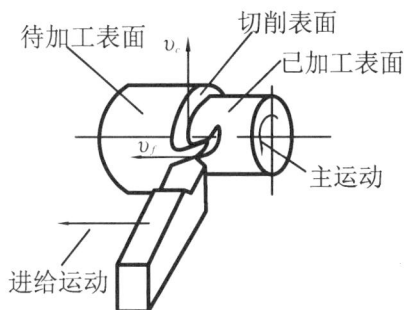

图 10.1.5　切削过程中工件表面

10.1.2　切削用量

是指切削过程中刀具和工件之间的切

削速度、进给量和切削深度的总称。切削用量是指切削时的用量。合理的切削用量使刀具的切削性能和机床的动力性能得到充分发挥,并在保证加工质量的前提下,获得高生产率和低加工成本。以车削加工为例如图 10.1.5 所示。

1. 切削速度 v_c　即工件与刀具接触处刀具相对工件的最高线速度。提高切削速度可以提高生产率,但对刀具寿命影响最大。一般粗加工时,选取较小的切削速度,精加工时,采用较高的切削速度,可提高表面质量。

当主运动为旋转运动时,切削速度 v_c 由下式确定:

$$v_c = \frac{\pi d n}{1000 \times 60}\ (m/s)$$

式中　n——工件或刀具转速(r/min)；

　　　d——工件直径(mm)。

2. 进给量 f　是主运动每转一转或一个往复行程时，刀具或工件沿进给运动方向上的位移量，也称走刀量。当主运动为旋转运动时(如车削、钻削、镗削加工)，进给量单位是 mm/r；当主运动为直线往复运动时(如刨削加工)，进给量单位是 mm/次。

3. 切削深度 a_p　也称背吃刀量。是指一次进给时刀具切入工件表面的深度。也即工件上待加工面和已加工面之间的距离，单位是 mm。

在车削外圆时

$$a_p = \frac{d_w - d_m}{2}$$

式中　d_w——待加工表面直径；

　　　d_w——已加工表面直径。

切削用量是机械加工中最基本的工艺参数。切削用量的选择，对于机械加工质量、生产率和刀具的使用寿命(耐用度)有着直接而重要的影响。切削用量的选择取决于刀具材料、工件材料、工件表面加工余量、加工精度和表面粗糙度要求、生产方式等，可查阅切削加工手册。

10.2　金属切削过程

金属切削过程是指被切削金属层在刀具前刀面和刀刃的作用下，靠近刀刃处的金属材料从弹性变形到塑性变形(剪切滑移变形)，然后从前刀面排出成为切屑的过程。见图 10.2.1。同时在金属切削过程中，有一些现象，如金属材料发生变形，切削力，切削热，刀具磨损，振动等切削现象。

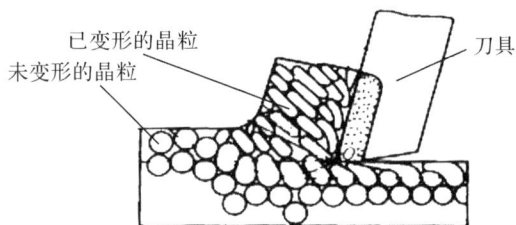

图 10.2.1　金属切削过程

10.2.1　切屑的形成过程

在对金属切削过程进行实验研究时，常用的切削模型是直角自由切削，所谓自由切削就是只有一个直线切削刃参加切削，如图 10.2.2所示。

图 10.2.3是根据金属切削实验绘制的金属切削过程中的变形滑移线和流线，由图可见，工件上的被切削层在刀具的挤压作用下，沿切削刃附近的金属首先产生弹性变形，接着由剪应力引起的应力达到金属材料的屈服极限以后，切削层金属便沿倾斜的剪切面变形区滑移，产生塑性变形，然后在沿前刀面流出去的过程中，受摩擦力作用再次发生滑移变形，最后形成切屑。为了进一步分析切削层变形的规律，通常把被切削刃作用的金属层划分为三个变形区。第Ⅰ变形区位于切削刃和前刀面的前方，面积是三个变形区中最大的，为主变形区；第Ⅱ变形区是切屑与前刀面相接触的附近区域，切屑沿前刀面流出时，受到前刀面的挤

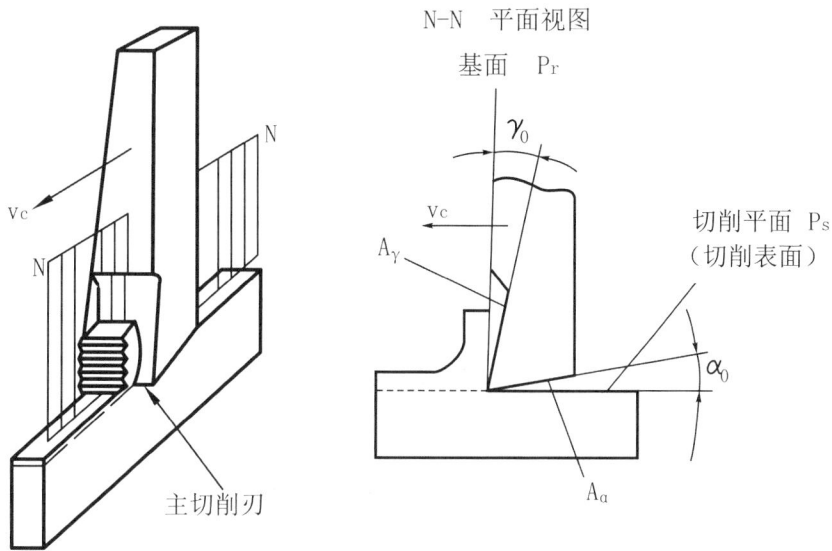

图 10.2.2　直角自由切削模型

压和摩擦,靠近前刀面的切屑底层会进一步发生变形;第Ⅲ变形区是已加工表面靠近切削刃处的区域,这一区域金属受到切削刃钝圆部分和后刀面的挤压、摩擦,发生变形。

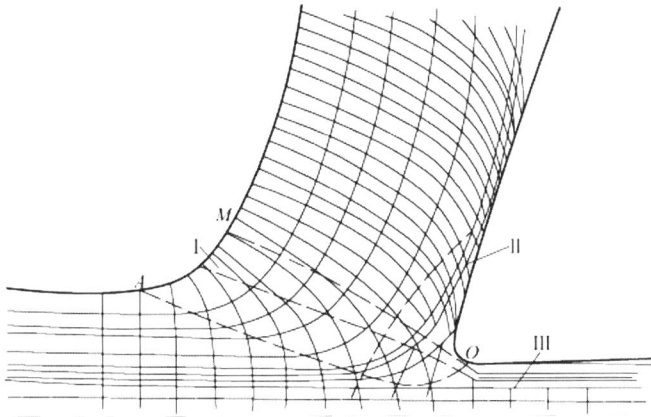

图 10.2.3　金属切削过程中的滑移线和流线

10.2.2　切屑的类型

由于工件材料和切削条件的不同,切屑形成过程中的变形情况也不同,因而产生的切屑形状也不同,从变形的观点来看,可将切屑的形状分为四种类型,如图 10.2.4 所示。

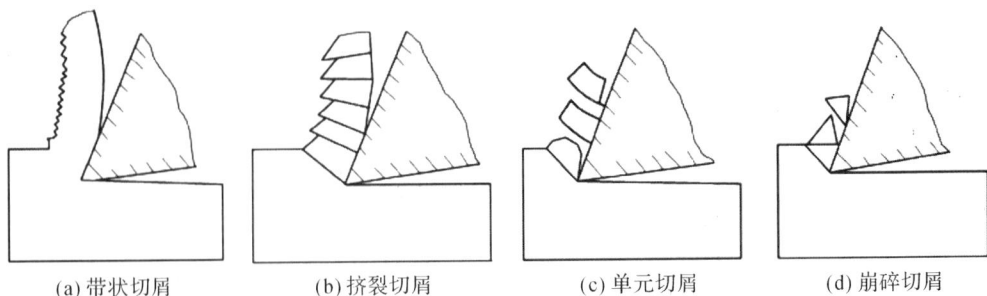

(a) 带状切屑　　(b) 挤裂切屑　　(c) 单元切屑　　(d) 崩碎切屑

图 10.2.4　切屑的类型

（1）带状切屑

是最常见的屑型之一。在切削过程中，切削层变形终了时，如其金属的内应力还没有达到强度极限时，就会形成连绵不断的带状切屑。

带状切屑它的内表面是光滑的，外表面是毛茸茸的。当切削塑性较大的金属材料如碳素钢、合金钢、铜和铝合金，刀具前角较大，切削速度较高时，经常出现这类切屑。

（2）挤裂切屑

在切屑形成过程中，如切屑变形较大，其剪切面上局部所受到的剪应力达到材料的强度极限时，则剪切面上的局部材料就会破裂成节状，但与前刀面接触的一面常互相连接因而未被折断，这就是挤裂切屑。

挤裂切屑的外表面是锯齿形，切屑内外有裂纹。工件材料塑性越差或用较大进给量低速切削钢材时，较容易得到这类切屑。

（3）单元切屑

在切屑形成过程中，如其整个剪切面上所受到的剪应力均超过材料的破裂强度时，则切屑就分离成为粒状切屑，形状似梯形。

在挤裂切屑产生的前提下，当进一步降低切削速度，增大进给量，减小前角时则出现单元切屑。

（4）崩碎切屑

切削铸铁、黄铜等脆性材料时，切削层几乎不经过塑性变形阶段就产生崩裂，得到的切屑呈现不规则的粒状，工件加工后的表面也较为粗糙。

10.2.3　切削力

金属切削时，刀具切入工件使被切金属层发生变形成为切屑所需要的力称为切削力。研究削力对刀具、机床、夹具的设计和使用都具有很重要的意义。

1. 切削力的来源

切削力来自于金属切削过程中克服被加工材料的弹、塑性变形抗力和摩擦阻力，见图10.2.5。

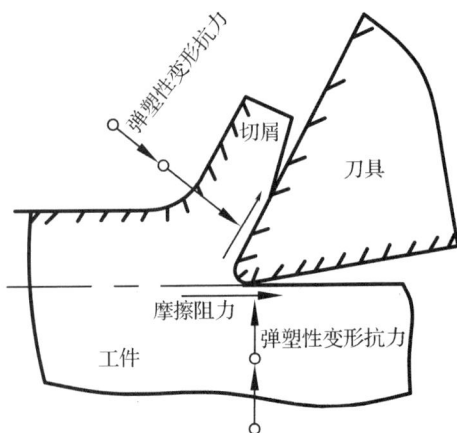

图 10.2.5　切削力的来源

2. 切削力的分解

现以车削为例分解切削力。车削加工通常将切削力 F 分解为相互垂直的三个分力:主切削力 F_z、轴向分力 F_x、径向分力 F_y。见图 10.2.6。

(1)主切削力,用 F_z 表示,总切削力在主运动方向的分力,是计算机床切削功率、选配机床电机、校核机床主轴、设计机床部件及计算刀具强度等必不可少的参数。

(2)轴向分力,用 F_x 表示,总切削力在进给方向的分力,是设计、校核机床进给机构,计算机床进给功率不可缺少的参数。

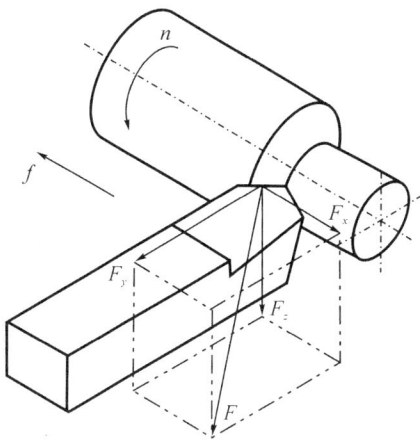

图 10.2.6 切削力的分解

(3)径向分力,用 F_y 表示,总切削力在垂直于工件轴线方向的分力,是进行加工精度分析、计算工艺系统刚度以及分析工艺系统振动时所必需的参数。

10.3 金属切削机床

金属切削机床是用切削的方法将金属毛坯加工成机器零件的一种机器,人们习惯上称为机床。由于切削加工仍是机械制造过程中获取具有一定尺寸、形状和精度的零件的主要加工方法,所以机床是机械制造系统中最重要的组成部分,它为加工过程提供刀具与工件之间的相对位置和相对运动,为改变工件形状、质量提供能量。

10.3.1 机床的分类

金属切削机床是用切削的方法将金属毛坯加工成机器零件的机器,它是制造机器的机器,又称"工作母机",担负着机器总制造量 40%～60% 的工作量。目前,我国常用的机床分类是按机床的加工方式和用途的不同,将机床分为十二大类,可分为车床、钻床、镗床、磨床、齿轮加工机床、螺纹加工机床、铣床、刨插床、拉床、电加工机床、切割机床、其他机床。

除上述基本分类外,机床还可以按工件大小和机床重量可分为仪表机床、中小型机床、大型机床、重型机床和超重型机床;按加工精度可分为普通精度机床、精密机床和高精度机床;按自动化程度可分为手动操作机床、半自动机床和自动机床;按机床的自动控制方式,可分为仿形机床、程序控制机床、数字控制机床、适应控制机床、加工中心和柔性制造系统;按机床的适用范围,又可分为通用、专门化和专用机床。

10.3.2 机床型号的编制方法

机床型号是机床产品的代号,用以简明的表示机床的类型、通用和结构特性、主要技术参数等。GB/T15375—1994《金属切削机床型号编制方法》规定,我国的机床型号由汉语拼音字母和阿拉伯数字按一定规律组合而成,适用于各类通用机床和专用机床(组合机床除外)。机床的型号是由基本部分和辅助部分组成,基本部分需统一管理,辅助部分纳入型号与否由生产厂家自定。

1. 通用机床型号的编制方法

通用机床型号的编制方法如图 10.3.1 所示。

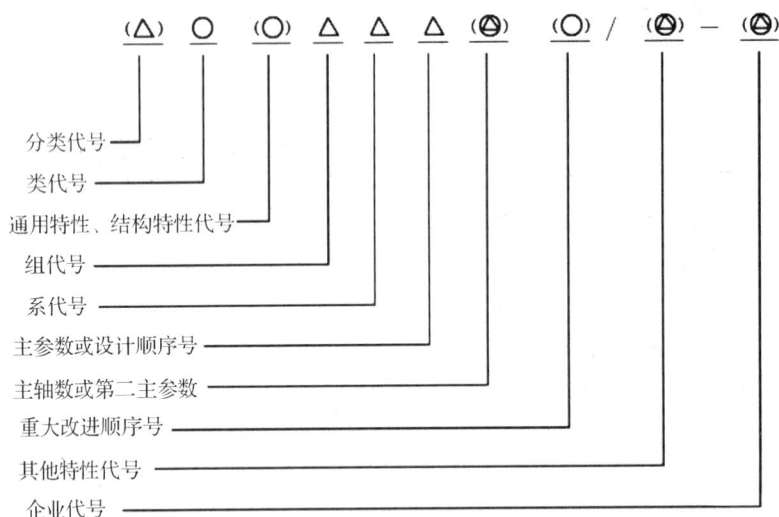

注：①"△"表示阿拉伯数字；②"○"表示大写汉语拼音字母；③"（ ）"表示可选项，无内容时，不表示，有内容时则不带括号；④"◎"表示大写汉语拼音字母或阿拉伯数字或者两者兼有之。

图 10.3.1　通用机床型号的编制方法

2. 机床类别

每类机床分为十组，每组又分为十型。每类机床的代号用其名称的汉语拼音的第一个大写字母表示，组和型代号用数字表示，见表 10.3.1。其中，因磨床的品种较多，故将其分为三个分类，分类代号用数字 1、2、3 表示（数字 1 可省略）。

表 10.3.1　机床的分类及代号

类别	车床	钻床	镗床	磨床			齿轮加工机床	螺纹加工机床	铣床	刨插床	拉床	电加工机床	切割机床	其他机床
代号	C	Z	T	M	2M	3M	Y	S	X	B	L	D	G	Q
参考读音	车	钻	镗	磨	2磨	3磨	牙	丝	铣	刨	拉	电	割	其

3. 机床特性

机床的特性代号也用汉语拼音表示，代表机床具有的特别性能，包括通用特性和结构特性两种，书写于机床类别代号之后。

(1) 通用特性代号　当某型机床除普通形式外，还具有其他各种通用特性，则须在类别代号后加以相应的特性代号。常用的特性代号如表 10.3.2 所示。如某型机床仅有某种通用特性，而无普通形式者，则通用特性不予表达。如在 C1312 型单轴六角自动车床型号中，由于没有普通型，也就不表示"Z（自动）"的通用特性。一般在一个型号中只表示最主要的一个通用特性,通用特性在各机床中代表的意义相同。

表 10.3.2　机床的通用特性代号

通用特性	高精度	精密	自动	半自动	数字程序控制	自动换刀	仿形	万能	轻型	简式
代号	G	M	Z	B	K	H	F	W	Q	J

(2)结构特性代号　为了区分主参数相同而结构不同的机床,在型号中用汉语拼音字母区分。这些字母是根据各类机床的情况分别规定的,在不同型号中意义可以不一样。当有通用特性代号时,结构特性代号应排在通用特性代号之后,凡通用特性代号已用的字母和"I"、"O"均不能作为结构特性代号。

4. 组、系代号

每类机床分为若干组和系(系列),用两位阿拉伯数字表示。每类机床按用途、性能、结构相近或有派生关系分为若干组(如车床分为十组,用"0~9"表示),每组又分为若干系。第一位数字表示组别,第二位数字表示系别。金属切削机床类、组划分见表10.3.3,系别划分请查阅其他资料。

表 10.3.3　金属切削机床类、组划分表

类别＼组别	0	1	2	3	4	5	6	7	8	9
车床 C	仪表车床	单轴自动车床	多轴自动、半自动车床	回转、转塔车床	曲轴及凸轮轴车床	立式车床	落地及卧式车床	仿形及多刀车床	轮、轴、辊、锭及铲齿车床	其他车床
钻床 Z		坐标镗钻床	深孔钻床	摇臂钻床	台式钻床	立式钻床	卧式钻床	铣钻床	中心孔钻床	其他钻床
镗床 T			深孔镗床		坐标镗床	立式镗床	卧式铣镗床	精镗床	汽车、拖拉机修理用镗床	其他镗床
磨床 M	仪表磨床	外圆磨床	内圆磨床	砂轮机	坐标磨床	导轨磨床	刀具刃磨床	平面及端面磨床	曲轴、凸轮轴、花键轴及轧辊磨床	工具磨床
磨床 2M		超精机	内圆珩磨机	外圆及其他珩磨机	抛光机	砂带抛光及磨削机床	刀具刃磨及研磨机床	可转位刀片磨削机床	研磨机	其他磨床
磨床 3M		球轴承套圈沟磨床	滚子轴承套圈滚道磨床	轴承套圈超精机		叶片磨削机床	滚子加工机床	钢球加工机床	气门、活塞及活塞环磨削机床	汽车、拖拉机修磨机床
齿轮加工机床 Y	仪表齿轮加工机		锥齿轮加工机	滚齿机及铣齿机	剃齿及珩齿机	插齿机	花键轴铣床	齿轮磨齿机	其他齿轮加工机	齿轮倒角及检查机
螺纹加工机床 S			套丝机	攻丝机		螺纹铣床	螺纹磨床	螺纹车床		

铣床 X	仪表铣床	悬臂及滑枕铣床	龙门铣床	平面铣床	仿形铣床	立式升降台铣床	卧式升降台铣床	床身铣床	工具铣床	其他铣床
刨插床 B		悬臂刨床	龙门刨床			插床	牛头刨床		边缘及模具刨床	其他刨床
拉床 L			侧拉床	卧式外拉床	连续拉床	立式内拉床	卧式内拉床	立式外拉床	键槽、轴瓦及螺纹拉床	其他拉床
锯床 G			砂轮片锯床		卧式带锯床	立式带锯床	圆锯床	弓锯床	锉锯床	
其他机床 Q	其他仪表机床	管子加工机床	木螺钉加工机床		刻线机	切断机床	多功能机床			

5. 主参数

型号中第三及第四位数字表示机床的主参数或主参数的 1/10 或 1/100（取整数）。如表 10.3.4 所示。

表 10.3.4　各类主要机床的主参数和折算系数

机床	主参数名称	折算系数
卧式车床	床身上最大回转直径	1/10
立式车床	最大车削直径	1/100
摇臂钻床	最大钻孔直径	1/1
卧式镗床	镗轴直径	1/10
坐标镗床	工作台面宽度	1/10
外圆磨床	最大磨削直径	1/10
内圆磨床	最大磨削孔径	1/10
矩台平面磨床	工作台面宽度	1/10
齿轮加工机床	最大工件直径	1/10
龙门铣床	工作台面宽度	1/100
升降台铣床	工作台面宽度	1/10
龙门刨床	最大刨削宽度	1/100
插床及牛头刨床	最大插削及刨削长度	1/10
拉床	额定拉力	1/1

6. 机床重大改进序号

当机床的性能及结构布局有重大改进，并按新产品重新试制和鉴定后，在原机床型号后加上改进的顺序号，以区别原型机床型号。序号按 A、B、C…等字母顺序选用（"I"及"O"不允许用）。

10.3.3　机床的基本组成部分

(1)动力源　提供机床动力和功率的部分。通常由电机或马达组成。

(2)传动系统　传递运动和动力的部分。如主轴箱、进给箱、液压传动装置等。

(3)刀具安装系统　如车床、刨床的刀架，铣床的主轴，数控加工中心的刀库。

(4)工件安装系统　如车床的卡盘，刨床、铣床、钻床、平面磨床的工作台等。

（5）支撑系统　机床的基础构件。如各类机床的床身、立柱、底座等。

（6）控制系统　控制各部件正常工作的部分。主要有电气控制系统、液压或气动控制系统，计算机数字控制系统。

评价机床技术性能的指标最终可归结为加工精度和生产效率。加工精度包括被加工工件的尺寸精度、形状精度、位置精度、表面质量和机床的精度保持性。生产效率涉及切削加工时间和辅助时间，以及机床的自动化程度和工作可靠性。这些指标一方面取决于机床的静态特性，如静态几何精度和刚度；而另一方面与机床的动态特性，如运动精度、动刚度、热变形和噪声等关系更大。

10.3.4　金属切削机床的发展

金属切削机床（以下简称机床）是人类在改造自然的长期斗争中产生的，随着社会生产的发展和科学技术的进步不断完善。

早在 6000 多年前，人类利用弓钻在石斧上钻孔，形成原始的钻床。利用两个支架承木料，通过拉动绕在木料上的绳索使木料旋转，手握刀具进行回转体加工，形成原始的木工车床。17 世纪中，畜力代替人力作为机床动力，创造了加工天文仪上大铜环的平面铣床和磨床。18 世纪，随着蒸汽机的发明，以蒸汽机为动力代替人力，对机床进行驱动和集群驱动，使加工质量和效率有了明显提高，初步形成现代机床的雏形。19 世纪末，随着电动机的问世，电动机取代了蒸汽机，才使机床基本具备了现代的结构形式。

机床未来的发展趋势是：进一步应用电子计算机技术、新型伺服驱动元件、光栅和光导纤维等新技术，简化机械结构，提高和扩大自动化工作的功能，使机床适应于纳入柔性制造系统工作；提高主运动和进给运动的速度，相应提高结构的动、静刚度以适应采用新型刀具的需要，提高切削效率；提高加工精度并发展超精密加工机床，以适应电子机械、航天等新兴工业的需要；发展特种加工机床，以适应难加工金属材料和其他新型工业材料的加工。

10.4　金属切削刀具

在切削加工中，刀具直接担负切削金属材料的工作，为保证切削顺利进行，不但要求刀具在材料方面具备一定的性能，还要求刀具具有合适的几何形状。

10.4.1　切削刀具材料

切削过程中，刀具的切削性能取决于刀具的几何形状和刀具部分材料的性能。切削技术发展的基础是刀具材料的发展。早期使用的碳素工具钢，切削速度只有 10m/min 左右；20 世纪初出现高速钢刀具，切削速度提高到每分钟几十米；20 世纪 30 年代出现了硬质合金刀具，切削速度提高到每分钟一百到几百米；陶瓷刀具和超硬材料刀具的出现，使切削速度提高到每分钟一千米以上。新刀具材料的出现，推动了整个切削加工技术和机床设备的发展。

1. 刀具材料应具备的性能

在切削加工时，刀具切削部分与切屑、工件相互接触的表面上承受了很大的压力和强烈的摩擦，刀具在高温下进行切削的同时，还承受着切削力、冲击和振动，因此要求刀具切削部分的材料应具备以下性能：

(1)硬度。刀具切削部分的硬度,必须高于工件材料的硬度才能切下切屑。一般其常温硬度要求在 HRC60 以上。

(2)强度和韧性。在切削力作用下工作的刀具,必须具有足够的抗弯强度。刀具在切削时会承受较大的冲击载荷和振动,因此必须具备足够的韧性。

(3)耐磨性。为保持刀刃的锋利,刀具材料应具有较好的耐磨性。一般来说,材料的硬度愈高,耐磨性则愈好。

(4)红硬性。由于切削区的温度较高,因此刀具材料要有在高温下仍能保持高硬度的性能,这种性能称为红硬性或热硬性。

(5)工艺性。为了便于刀具的制造和刃磨,刀具材料应具有良好的切削加工性和可磨削性,对于工具钢还要求热处理性能好。

2. 常用刀具材料的种类、性能和用途。

表 10.4.1 为常用刀具材料的种类、性能和用途。

表 10.4.1 常用刀具材料的种类、性能和用途

种类	常用牌号	硬度 HRC(HRA)	抗弯强度 σ_{bb}/GPa	红硬性/℃	工艺性能	用途
优质碳素工具钢	T8A～T10A T12A,T13A	60～65 (81～84)	2.16	200	可冷热加工成形、刃磨性能好	手动工具,如锉刀、锯条等
合金工具钢	9SiCr CrWMn	60～65 (81～84)	2.35	250～300	可冷热加工成形、刃磨性能好,热处理变形小	用于低速成形刀具,如丝锥、板牙、铰刀
高速钢	W18Cr4V W6Mo5Cr4V2	63～70 (83～86)	1.96～4.41	550～600	可冷热加工成形、刃磨性能好,热处理变形小	中速及形状复杂的刀具,如钻头、铣刀等
硬质合金	YG8,YG6, YT15,YT30	(1100～1800HV)	1.08～2.16	800～1 000	粉末冶金成形,多镶片使用,性较脆	用于高速切削刀具,如车刀、刨刀、铣刀
涂层刀具	YBC151, YBM151,YBD150	2900～3 200 HV	1.08～2.16	1 000	在硬质合金基体上涂覆一层 5～12μm 厚的 TiC,TiN 材料	同上,但切削速度可提高 30% 左右。同等速度下寿命提高 2～5 倍多
陶瓷	YNG 151	(2700～3500HV)	0.4～0.785	1 200	硬度高于硬质合金,脆性略大于硬质合金	精加工优于硬质合金,可加工淬火钢等
立方氮化硼	ZB1000 ZB3100 ZF5000	7 300～9 000 HV		1 300～1 500	硬度高于陶瓷,性脆	切削加工陶瓷,可加工淬火钢等
人造金刚石	ND PCD PDC	10 000 HV 左右		600	硬度高于 CBN,性脆	用于非铁金属精密加工,不宜切削铁类金属

10.4.2　刀具切削部分的几何形状

1. 车刀的组成

刀具的种类繁多,形状各异。但无论哪种刀具都由承担切削功能的切削部分和用于装夹的部分组成。刀具的种类繁多,其中以车刀最为简单常用,其他各种刀具的切削部分,均可看作是车刀的演变和组合,如图 10.4.1 所示。因此,在研究金属切削工具时,通常以车刀为例进行分析。

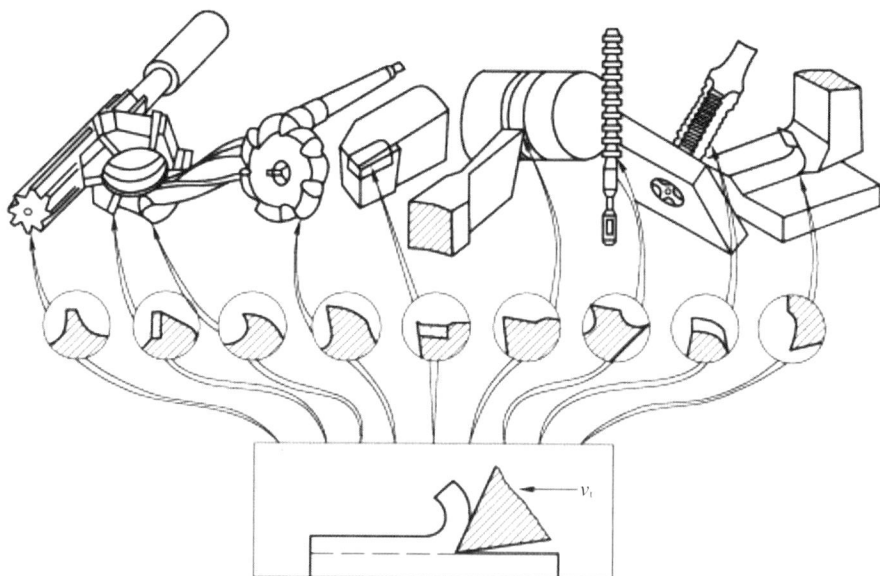

图 10.4.1　各种刀具切削部分的形状

以车刀为例如图 10.4.2 所示,车刀的切削部分为刀头,它由三面(前刀面,主后刀面,副后刀面),二刃(主切削刃,副切削刃),一尖(刀尖)组成。

(1)前刀面　刀具上切屑流过的表面。

(2)主后刀面　是刀具上同前刀面相交形成主切削刃的面。

(3)副后刀面　是刀具上同前刀面相交形成副切削刃的面。

(4)主切削刃　是刀具上主要作切削的刀刃,即前刀面与主后刀面的交线。

(5)副切削刃　即前刀面与副后刀面的交线。

(6)刀尖　是指主切削刃与副切削刃的连接处相当少的那部分切削刃。

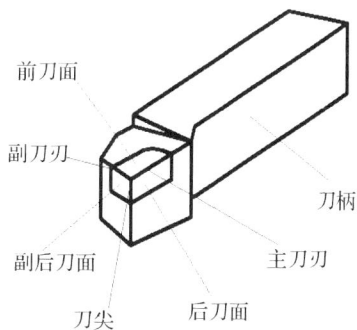

图 10.4.2　车刀的组成

2. 刀具切削部分的几何角度

刀具切削部分的几何角度是刀具设计、制造、刃磨和测量时的基本参数,它是刀具经制造刃磨后形成的结构参数,也是刀具在静止参考系中的一组角度。

(1)刀具静止参考系 刀具静止参考系是为了正确表述刀具切削部分的几何角度而选取的一组坐标平面。包括基面、主切削平面和正交平面。见图 10.4.3。

1)基面 Pr 过切削刃上选定点且垂直于主运动方向的平面。

2)主切削平面 Ps 过切削刃上选定点且垂直于基面、与主切削刃相切的平面。

3)正交平面 Po 过切削刃上选定点,同时垂直于基面和主切削平面的平面。

(2)刀具几何角度 刀具切削部分的几何角度主要包括前角、后角、主偏角、副偏角和刃倾角。见图 10.4.4。

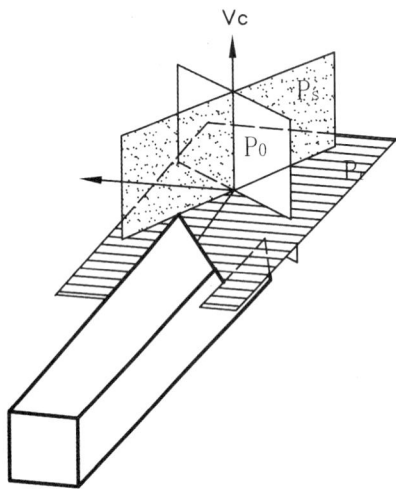

图 10.4.3 刀具静止参考系   图 10.4.4 刀具几何角度

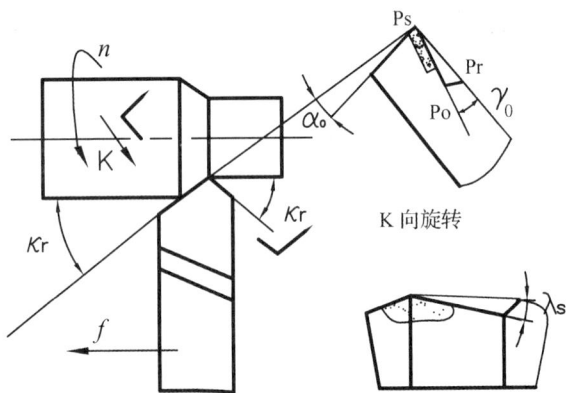

1)前角 γ_o 是刀具前面与基面间的夹角,在正交平面中测量。前角有正负之分,当前刀面在基面下方时为正值,反之为负值。

2)后角 α_o 后角是刀具后刀面与切削平面间的夹角,在正交平面中测量。

3)主偏角 k_r 主偏角是主切削刃与进给运动方向之间的夹角,在基面中测量。

4)副偏角 k'_r 副切削刃与进给运动方向之间的夹角,在基面中测量。

5)刃倾角 λ_s 主切削刃与基面间的夹角,在主切削平面中测量。刃倾角有正负之分,当刀尖处于主切削刃的最低点时,$\lambda_s < 0$;当刀尖处于主切削刃的最高点时,$\lambda_s > 0$;当主切削刃成水平时,$\lambda_s = 0$。

(3)刀具几何角度的选择及其对切削加工的影响

1)前角(γ_o) 前角的大小反映了刀具前刀面倾斜的程度,它影响切屑变形、切削力和刀刃强度。前角大,刀具锋利。这时切削层的塑性变形和摩擦阻力减小,切削力和切削热降低。但前角过大会使切削刃强度减弱,散热条件变差,刀具寿命下降,甚至会造成崩刃。前角的大小,主要根据工件材料、刀具材料和加工要求进行选择:工件材料的强度、硬度低,塑性好,应取较大前角;加工脆性材料,应取较小前角;加工特硬材料,应取负前角。高速钢刀具可取较大前角;硬质合金刀具应取较小前角。精加工应取较大前角;粗加工或断续切削应取较小前角。通常,用硬质合金车刀切削一般钢件,$\gamma_o = 10° \sim 15°$;切削灰铸铁工件,$\gamma_o = 5°$

～10°;切削高强度钢和淬硬钢,$\gamma_o = -10° \sim -5°$。

2)后角(α_o) 后角的作用是减少刀具主后刀面与工件过渡表面之间的摩擦和磨损。增大后角,有利于提高刀具耐用度。但后角过大,也会减弱切削刃强度,并使散热条件变差。通常,粗加工或工件材料的强度和硬度较高时,取 $\alpha_o = 4° \sim 8°$;精加工或工件材料的强度和硬度较低时,取 $\alpha_o = 8° \sim 12°$。

3)主偏角(k_r) 主偏角的大小将影响刀刃的工作长度、切削层厚度、切削层宽度、切削力的比例关系,以及刀尖强度和散热条件等,如图 10.4.5 所示。

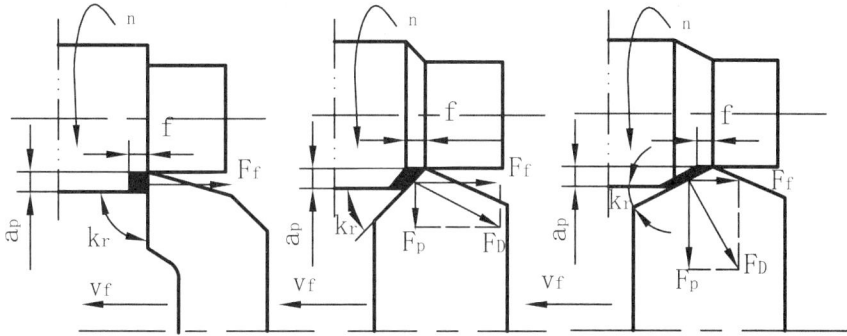

图 10.4.5 主偏角对的对切削加工的影响

在相同的背吃刀量和进给量的情况下,主偏角减小,可使主切削刃单位长度上的负载减小,且刀尖散热条件改善,提高刀具耐用度。但主偏角减小,又会使背向力增大,容易引起振动和使刚度较差的工件产生弯曲变形。一般使用的车刀主偏角有 45°、60°、75° 和 90° 等几种。加工阶梯轴类工件的台肩时,取 kr≥90°,加工细长轴时,常使用 90° 偏刀。

4)副偏角(k'_r) 副偏角的作用是减少副切削刃与工件已加工表面间的摩擦,减小切削振动,其大小还影响工件表面粗糙度。副偏角一般在 5°～15° 之间选取,粗加工取较大值,精加工取较小值。

5)刃倾角(λ_s) 刃倾角的作用主要是控制切屑的流向,其大小对刀尖的强度也有一定的影响,如图 10.4.6 所示。当 $\lambda_s < 0°$ 时,切屑流向工件已加工表面,刀尖强度较好,适宜粗

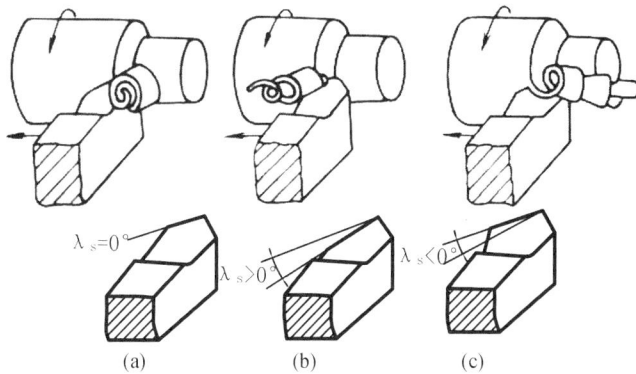

图 10.4.6 刃倾角对切削加工的影响

加工;当 $\lambda_s > 0°$ 时,切屑流向工件待加工表面,保护已加工表面免遭切屑划伤,但此时刀尖强度较差,适应于精加工。

10.5 工件材料的切削加工性

工件材料的切削加工性是指将其加工成合格零件的难易程度。某种材料切削加工的难易,不仅取决于材料本身,还取决于具体的加工要求及切削条件。

10.5.1 工件材料的切削加工性的评定

加工要求和生产条件不同,评定材料切削加工性的指标也不相同。常用的评定指标有下面几种:

1. 刀具寿命指标

在相同的切削条件下,使刀具寿命高的工件材料,其切削加工性好。或者在一定刀具寿命(T)下,所允许的最大切削速度(v_c)高的工件材料,其切削加工性就好。由于材料的切削加工性概念具有相对性,所以我们经常以抗拉强度 $\sigma_b = 0.637$MPa 的 45 钢的 v_{60} 作为基准,写作 $(v_{60})_j$,而把其他被切削材料的 v_{60} 与之相比,可得到该材料的相对切削加工性 k_r,即

$$k_r = \frac{v_{60}}{(v_{60})_j}$$

凡是 $k_r > 1$ 的材料,比 45 钢容易切削;凡是 $k_r < 1$ 的材料,比 45 钢难切削。在一般的生产中,常以保证一定的刀具寿命所允许的切削速度作为评定材料切削加工性的指标。常用金属材料的相对加工性等级见表 10.5.1。

表 10.5.1 常用金属材料的相对加工性等级

加工性等级	名称及种类		相对加工性 K_r	代表性材料
1	很容易切削材料	一般有色金属	>3.0	铜铝合金,铝镁合金
2	容易切削易削钢	易削钢	2.5~3.0	退火 1.5Crσ_b=0.372~0.441 GPa 自动机钢 σ_b=0.392~0.490 GPa
3		较易削钢	1.6~2.5	正火 30 钢 σ_s=0.441~0.549 GPa
4	普通材料	一般钢及铸铁	1.0~1.6	45 钢,灰铸铁,结构钢
5		稍难切削材料	0.65~1.0	2Cr13 调质 σ_b=0.8288 GPa 85 钢轧制 σ_b=0.8829 GPa
6	难切削材料	较难切削材料	0.5~0.65	45Cr 调质 σ_b=1.03 GPa 60Mn 调质 σ_b=0.9319~0.981 GPa
7		难切削材料	0.15~0.5	50CrV 调质,1Cr18Ni9Ti 未淬火 α 相钛合金
8		很难切削材料	<0.15	β 相铁合金,镍基高温合金

2. 已加工表面质量指标

以常用材料是否容易保证得到所要求的已加工表面质量,作为评定材料切削加工性的指标。一般精加工的零件可用表面粗糙度值来评定材料的切削加工性工性的指标。对某些有特殊要求的零件,在评定材料切削加工性时,不仅用表面粗糙度值指标还要用表面层材质的变化指标来全面评定。

3. 切削力或切削温度指标

在相同的切削条件下,凡使切削力加大、切削温度增高的工件材料,其切削加工性就差;反之,其切削加工性就好,在粗加工或机床动力不足时,常以此指标来评定材料的切削加工性。

4. 切屑控制性能指标

在自动机床或自动生产线上,常用切屑控制的难易程度来评定材料的切削加工性。凡切屑容易被控制或折断的材料,其切削加工性就好,反之,则差。

10.5.2 影响材料切削加工性的主要因素

工件材料的切削加工性能与其本身的物理、力学性能有很大关系。主要影响因素有以下几点:

1. 材料的强度和硬度

由前面分析可知,工件材料的硬度和强度越高,切削力就越大,消耗的功率也越大,切削温度也越高,使刀具的磨损加剧,切削加工性就越差。特别是工件材料的耐热性(高温硬度值)越高,这时刀具材料的硬度与工件材料的硬度之比就越低,切削加工性就越差,刀具越容易磨损。这也是某些耐热钢、高温合金钢切削加工性差的主要原因。

2. 材料的塑性

材料的塑性越大,切削时的塑性变形就越大,切削温度就越高,刀具容易出现粘结磨损和扩散磨损。以低速切削塑性高的材料时易产生积屑瘤,影响表面加工质量,而且塑性大的材料,切削时不易断屑。但加工塑性太低的材料时,切削力和切削热集中在切削刃附近,加剧刀具的磨损,也会影响切削加工性。

3. 材料的韧性

韧性较大的材料,在切削变形时吸收的功较多,于是切削力和切削温度也越高,并且不易断屑,影响切削加工性。

4. 材料的导热性

工件材料的导热性越好,由切屑带走和由工件散出的热量就越多,越有利于降低切削区的温度,减小刀具的磨损,切削加工性好。

综上所述,我们可以通过材料的强度、硬度、塑性、冲击韧性、热导率等来分析所加工工件材料的切削加工性。

10.5.3 改善工件材料切削加工性的途径

生产中改善金属工件材料切削加工性最常用的办法之一是通过适当的热处理工艺,改变材料的金相组织,使材料的切削加工性得到改善。例如,高碳钢经球化退火,可降低硬度;低碳钢经正火处理,可降低塑性、提高硬度;马氏体不锈钢经调质处理,可降低塑性;铸铁件切削前进行退火,可降低表面层的硬度。

在满足工件使用要求的前提下,应尽可能选择切削加工性能较好的工件材料,同时还应注意合理选择材料的应力状态。例如,低碳钢经冷拔加工后,可降低塑性,提高其切削加工性;中碳钢以部分球化的珠光体组织的切削加工性最好;高碳钢完全球化退火状态易于切削加工。选用合适的刀具材料,确定合理的刀具角度和切削用量,安排适当的加工方法和加工顺序,也可以改善材料的切削加工性。

10.6　测量基础知识

10.6.1　互换性与机械加工精度

1. 互换性与标准公差

在日常生活中,经常会遇到机械零件或者部件互相代换的情况。零件在使用中失效后,只要换上一个相同规格的新零件即可。例如,在更换自行车上的 M8 螺母时,只要在相同规格的螺母中任选一个就可以旋入使用。相同规格的零、部件,若装配前不需要挑选,装配过程中不需要修配或调整,装配后能保证使用性能要求,则认为这样的零件、部件具有互换性。保证产品具有互换性的生产,称为互换性生产。然而,实际生产中由于加工总是存在着误差,获得绝对准确、完全一致的零件是不可能的,零件加工后的实际几何参数对理想几何参数的偏离程度,称为加工误差。因此,在保证零件使用要求的前提下,必须给予零件几何量某一允许变动的范围,这个规定的允许变动的范围称为公差。

2. 机械加工精度

机械加工精度实际上是指加工零件的几何参数对理想几何参数的偏离程度。它与公差是密切相关的,换句话说,公差取值的大小就反映了对机械加工精度的要求不同。机加工精度具体包括尺寸精度、几何精度和表面粗糙度 3 部分内容。

(1)尺寸精度

同一基本尺寸(设计给定的尺寸)的零件,尺寸公差值的大小就决定了零件尺寸的精确程度。公差值小,精度高;公差值大,精度低。这类精度称尺寸精度。

尺寸公差值大小已标准化,按国家标准 GB/T1800.2—1998 规定,标准公差分为 20 级:IT01、IT0、IT1、IT2…至 IT18。其中 IT01 级精度最高,等级依次降低,IT18 级最低。

随基本尺寸的不同其标准公差值的大小也不同,尺寸小者公差小,尺寸大者公差大。总之,标准公差的数值,一与公差等级有关,二与基本尺寸有关。

(2)几何精度

随着生产的发展,对机械制造产品的要求愈来愈高,为了使机器零件正确装配,有时单靠尺寸精度控制零件的几何形状已经不够了,还要对零件表面的几何形状提出要求。以图 10.6.1 所示轴为例,虽然同样保持在尺寸公差范围内,却可能加工成 8 种不同形状,如果采用这 8 种不同形状的轴组装在精密机械上,对其工作精度、密封性、运动平稳性、耐磨性和使用寿命等性能都会有很大影响。

因此,为了保证产品质量,需要对某些零件的一些表面形状提出精度要求,即给这些表面的形状规定允许的变动范围,以限制零件的形状误差。该允许的变动量称为形状公差。

按照国家标准 GB/T1182—2008 产品几何技术规范规定,表面形状的几何特征和符号如表 10.6.1 所示。

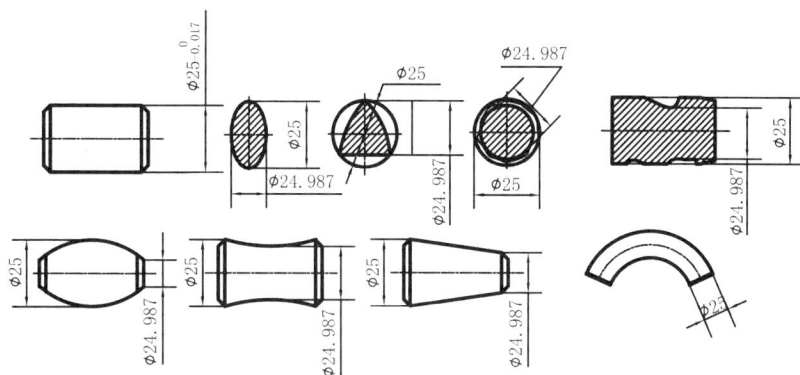

图 10.6.1　轴加工成 8 种不同形状

表 10.6.1　几何特征符号

公差类型	几何特征	符　号	有无基准
形状公差	直线度	—	无
	平面度	▱	无
	圆度	○	无
	圆柱度	⌭	无
	线轮廓度	⌒	无
	面轮廓度	⌓	无
方向公差	平行度	//	有
	垂直度	⊥	有
	倾斜度	∠	有
	线轮廓度	⌒	有
	面轮廓度	⌓	有
位置公差	位置度	⊕	有或无
	同心度 （用于中心点）	◎	有
	同轴度 （用于轴线）	◎	有
	对称度	=	有
	线轮廓度	⌒	有
	面轮廓度	⌓	有
跳动公差	圆跳动	↗	有
	全跳动	⌰	有

3. 表面粗糙度

机械加工后的合格零件,不仅要保证尺寸精度、几何精度,同时还要保证零件表面为预想的几何面,即对表面结构的要求。表面结构是表面粗糙度、表面波纹度、表面缺陷、表面纹理、表面几何形状的总称。表面结构的各项要求在 GB/T131—2006 有具体规定。机械加工常用表面粗糙度表示对表面结构的要求。表面粗糙度的评定参数很多,最常用轮廓算术平均偏差 R_a,如图 10.6.2 所示。

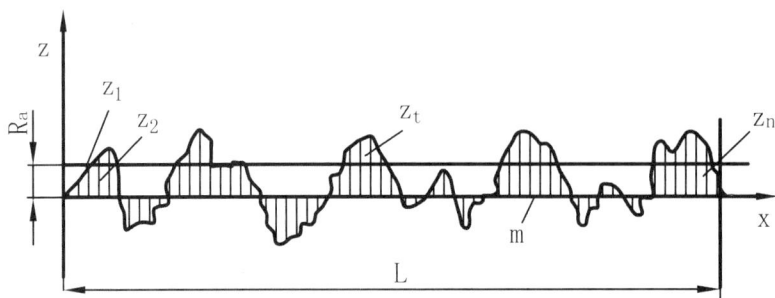

图 10.6.2 轮廓算术平均偏差

$$R_a \approx \frac{1}{n} \sum_{i=1}^{n} | z_i |$$

式中 m——算术平均中线;

z_1、$z_2 \cdots z_n$——轮廓线上的点与算术平均中线之间的距离;

L——取样长度;

R_a——轮廓算术平均偏差。

零件表面的 R_a 值越大,则表面越粗糙。

10.6.2 常用计量器具介绍

为了确保加工零件的质量,就必须用量具来测量。用来测量、检验零件尺寸和形状的工具叫做量具。量具的种类很多,根据其用途和特点,可分为三种类型:

(1)万能量具

这类量具一般都有刻度,在测量范围内可以测量零件形状及尺寸的具体数值,如钢直尺、游标卡尺、万能游标量角器、千分尺、百分表等。

(2)专用量具

这类量具不能测量出实际尺寸,只能测定零件的形状及尺寸是否合格,如卡规、塞规等。

(3)标准量具

这类量具只能制成某一固定尺寸,通常用来校正和调整其他量具,也可以作为标准与被测量件进行比较,如量块。

1. 钢直尺

钢直尺是最基本也是最简单的量具,规格有 150mm、300mm、600mm、1000mm 四种,常用的规格是 150mm。钢直尺主要用于测量工件的毛坯尺寸或精度要求不高的尺寸,使用方便,读数可以直接读出,大格为 1cm,小格为 1mm,1/2 小格为 0.5mm。测量时一般以钢直尺的平端面零位线为基准,与工件的测量基准对齐,钢直尺的侧面要紧靠工件外圆,然后目测被测表面所对准的刻度位,读出读数值。图 10.6.3 所示。

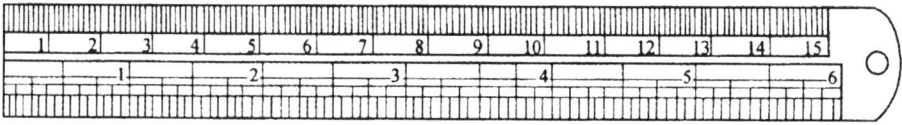

图 10.6.3　钢直尺

2. 游标卡尺

游标卡尺是一种中等精度的量具,可以直接测量工件的外径、内径、长度、宽度和深度等尺寸。按用途不同,游标卡尺可分为:普通游标卡尺,图 10.6.4(a)所示。深度游标尺,图 10.6.4(b)所示。高度游标尺,图 10.6.4(c)所示。游标卡尺的测量精度有 0.1、0.05、0.02mm 三种,测量范围有 0～125mm、0～150mm、0～220mm、0～300mm 等。

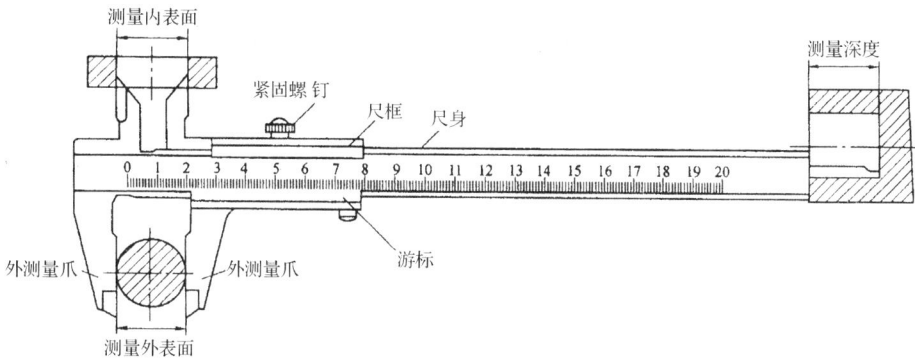

(a) 普通游标卡尺

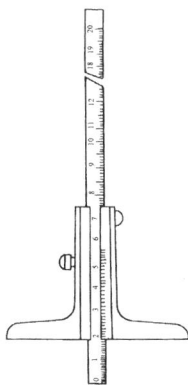

(b) 深度游标尺

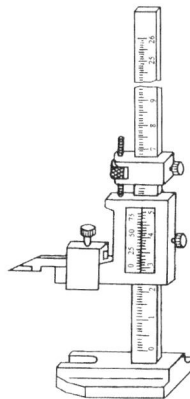

(c) 高度游标尺

图 10.6.4　游标卡尺

3. 万能游标量角器

万能游标量角器是用来测量工件内外角度的量具。万能游标量角器的结构如图10.6.5所示。

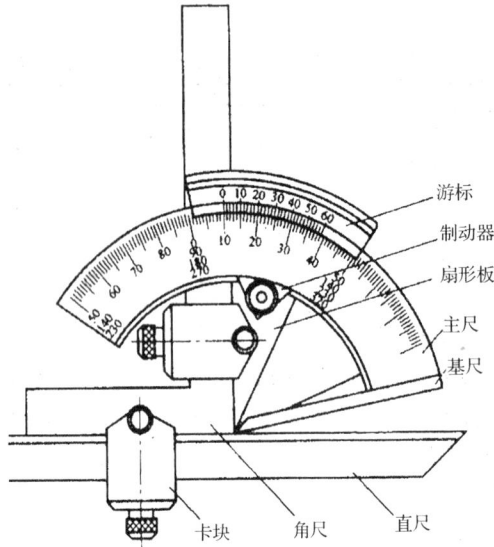

图 10.6.5　万能游标量角器的结构

万能游标量角器的读数方法和游标卡尺相似,先从尺身上读出游标零线前的整度数,再从游标上读出角度的数值,两者相加就是被测物体的角度数值。用万能游标量角器测量工件角度时,应使基尺与工件角度母线方向一致,且工件应与尺的两个测量面在全长接触良好,避免误差。如图 10.6.6 所示。

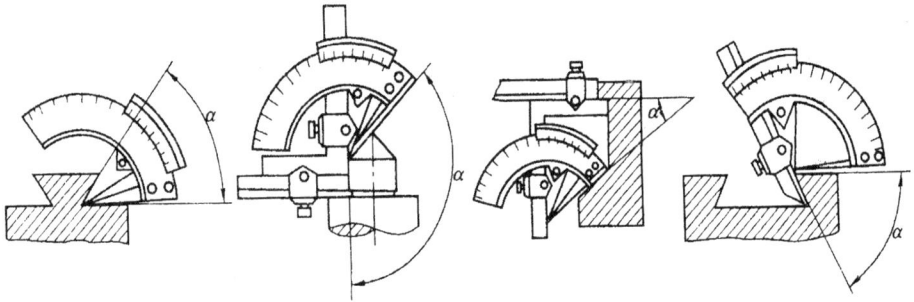

图 10.6.6　万能游标量角器测量工件角度

4. 千分尺

千分尺是一种精密量具,它的测量精度为 0.01mm,比游标卡尺高而且比较灵敏。因此对于加工精度要求较高的工件尺寸要用千分尺来测量。千分尺的种类很多,有外径千分尺(如图 10.6.7(a)所示),内测千分尺如图(10.6.7(b))所示,深度千分尺如图(10.6.7(c))所示,其中以外径千分尺用得最多。外径千分尺的规格按测量范围分为:0～25mm、25～50mm、50～75mm、75～100mm 等多种规格。使用时按被测工件的尺寸选用。

(1)千分尺读数原理　千分尺固定套筒在轴线方向上刻有一条中线,上下两排刻线互相错开 0.5mm,即主尺。活动套筒左端圆周上刻有 50 等分的刻线即副尺。测微螺杆右端螺纹的螺距为 0.5mm,当微分筒每转一格,螺杆就移动 0.5mm/50＝0.01mm。

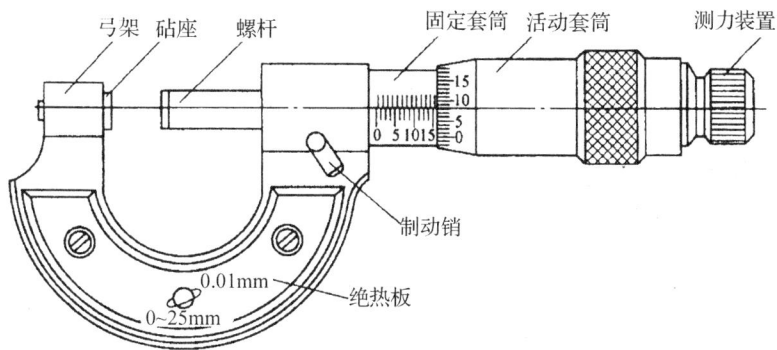

弓架　砧座　螺杆　　　固定套筒　活动套筒　　　测力装置

制动销

0.01mm
0~25mm

绝热板

(a) 外径千分尺

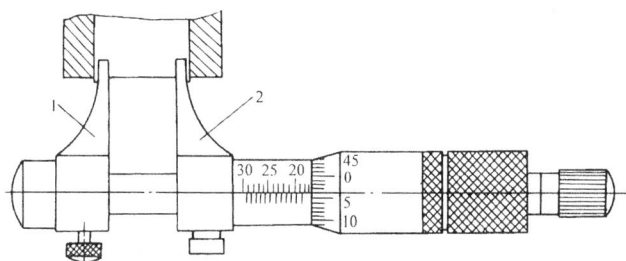

(b) 内测千分尺

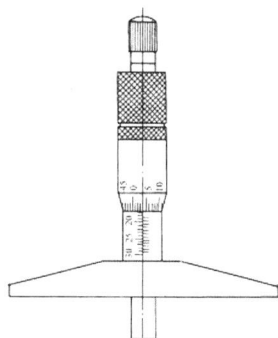

(c) 深度千分尺

图 10.6.7　千分尺

（2）千分尺读数方法　被测工件的尺寸=副尺所指的主尺上整数（应为 0.5mm 的整倍数）+主尺中线所指副尺的格数×0.01mm。如图 10.6.8 所示，还要估计一位。

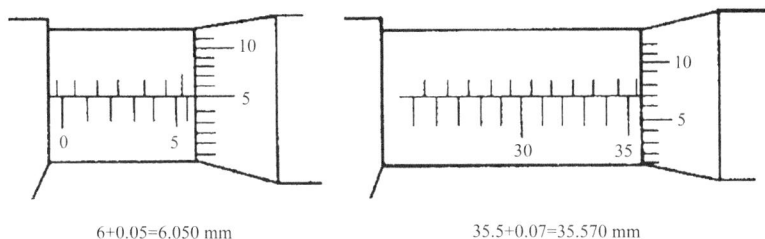

6+0.05=6.050 mm

35.5+0.07=35.570 mm

图 10.6.8　千分尺读数

5．百分表

百分表主要用于检测工件的形状和位置公差,有钟表式和杠杆式两种。

钟表式百分表表面上有长指针和短指针,长指针转动一周为 1mm,表面周围有等分 100 格的刻线,指针每转动 1 小格为 0.01mm,其测量的量程较大,常用的规格是 0~3mm 和 0~10mm,图 10.6.9(a)所示。百分表装夹在磁性表架上,测量时百分表可以上下移动或转动使测量头位置对准工件被测部位,测量时要求测量杆与被测表面保持垂直,图 10.6.9(b)所示。也可安装成内径百分表,用以测量内径,图 10.6.9(c)所示。杠杆百分表及其使用如图 10.6.10 所示,它的球面测量杆与被测表面所夹的角度不宜太大。

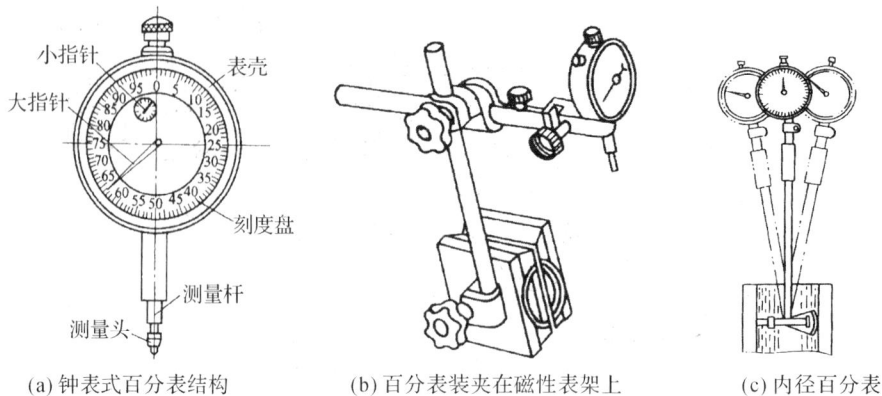

(a) 钟表式百分表结构　　　　(b) 百分表装夹在磁性表架上　　　　(c) 内径百分表

图 10.6.9　钟表式百分表

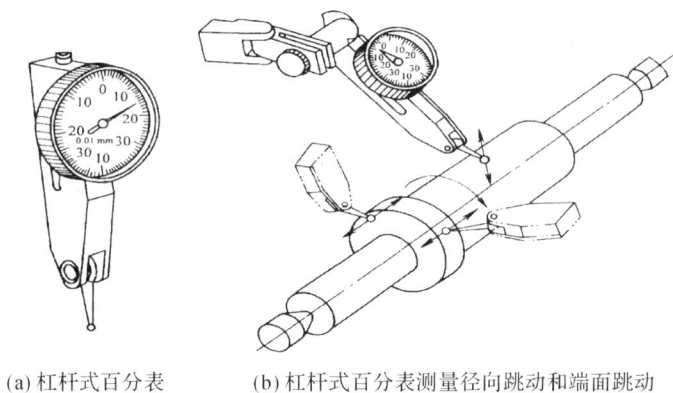

(a) 杠杆式百分表　　　　(b) 杠杆式百分表测量径向跳动和端面跳动

图 10.6.10　杠杆式百分表及测量

6. 角尺

90°角尺是检验直角用非刻线量尺,用于检查工件的垂直度。当 90°角尺的一边与工件一面贴紧,工件的另一面与角尺的另一边之间露出缝隙,即可根据缝隙大小判断角度的误差情况。角尺如图 10.6.11 所示。

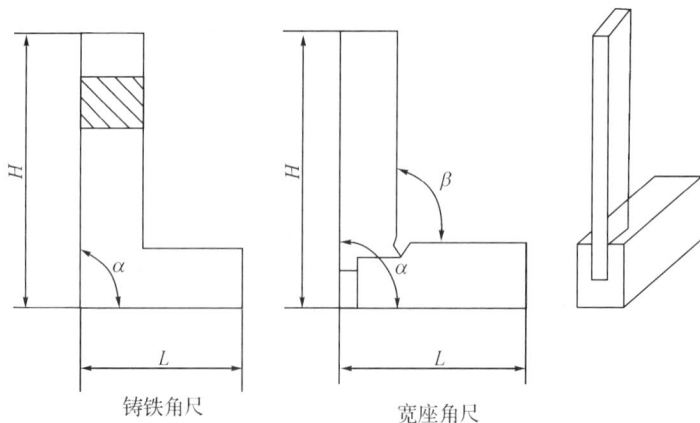

铸铁角尺　　　　宽座角尺

图 10.6.11　角尺

7. 刀口尺

刀口尺是用光隙法检验直线度或平面度的直尺,其形状如图 10.6.12 所示。

刀口尺的规格用刀口长度表示,常用的有 75mm、125mm、175mm、225mm 和 300mm 等几种。检验时,将刀口尺的刀口与被检平面接触,而在尺后面放一个光源,然后从尺的侧面观察被检平面与刀口之间的漏光大小并判断误差情况。

8. 塞尺

塞尺是用来检查两贴合面之间间隙的薄片量尺,如图 10.6.13 所示。

它是由一组薄钢片组成,其每片的厚度 0.01～0.08mm 不等,测量时用厚薄尺直接塞进间隙,当一片或数片能塞进两贴合面之间,则一片或数片的厚度(可由每片片身上的标记读出),即为两贴合面的间隙值。使用塞尺测量时选用的薄片越小越好,而且必须先擦净尺面和工件,测量时不能使劲硬塞,以免尺片弯曲和折断。

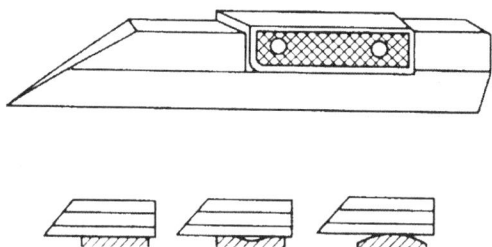

图 10.6.12　刀口尺

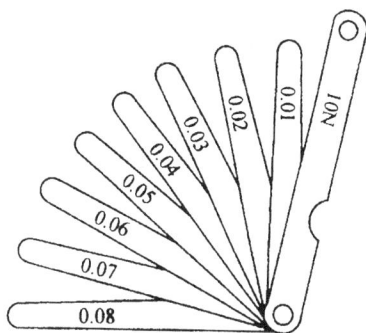

图 10.6.13　塞尺

9. 极限量规

光滑极限量规是一种间接量具,适用于成批生产时使用的一种专用量具。常用量规有塞规和卡规。

塞规是用来测量孔径或槽宽的专用量具,如图 10.6.14(a)所示,它的一端长度较短而

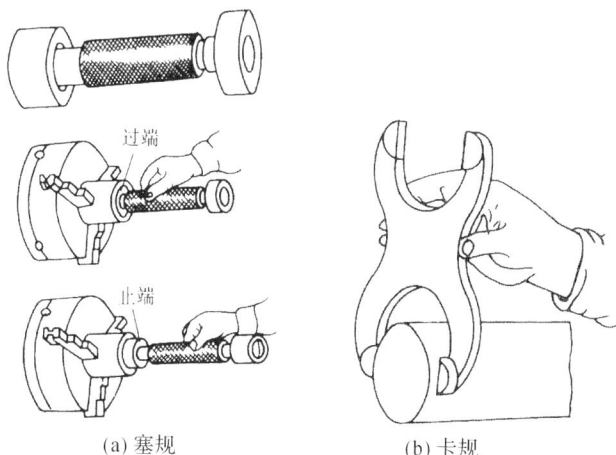

(a)塞规　　　(b)卡规

图 10.6.14　极限量规

直径等于工件的最大极限尺寸,称为"止端";另一端较长,而直径等于工件的最小极限尺寸,称为"过端"。测量时当"过端"能通过,"止端"进不去,说明工件实际尺寸在公差范围内,加工尺寸合格;否则,就是加工尺寸为不合格。

卡规是用来测量外径或厚度的专用量具,如图10.6.14(b)所示。它与塞规类似,但"过端"为工件的最大极限尺寸;"止端"为工件的最小极限尺寸。

10.7 磨刀实习

1. 实习内容

磨1把45°硬质合金焊接式车刀和90°硬质合金焊接式车刀。然后用刀具角度测量仪测量和试切。

2. 刃磨车刀的过程

(1)砂轮的选用

目前常用的砂轮有氧化铝和碳化硅两类。刃磨时必须根据刀具材料来选用砂轮。

1)氧化铝砂轮 氧化铝砂轮的磨粒的韧性好,比较锋利,但硬度稍低,所以适用于高速钢和碳素工具钢刀具的刃磨。

2)碳化硅砂轮 绿色碳化硅砂轮磨粒的硬度高,切削性能好,但较脆,所以适用硬质合金车刀的刃磨。

(2)车刀的刃磨

车刀虽然有各种类型,但刃磨方法大体相同,现以90°车刀为例,介绍如下:

1)先把车刀前面、后面上的焊渣磨去。

2)粗磨主后刀面和副后刀面。粗磨出的后角、副后角、副偏角一般为5°左右,主偏角为93°左右。刃磨方法见图10.7.1。刃磨时采用粒度为46号的绿色碳化硅砂轮。

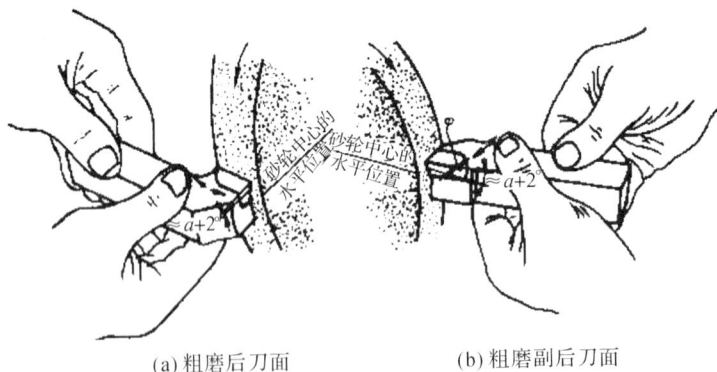

(a)粗磨后刀面   (b)粗磨副后刀面

图 10.7.1 粗磨

3)粗磨前刀面。

4)精磨3个面 刃磨时,将车刀底平面靠在调整好角度的托架上,并使切削刃轻轻靠住砂轮的端面上进行。刃磨时,车刀应左右缓慢移动,使砂轮磨损均匀,车刀刃口平直。精磨时采用杯形、粒度为 80 号以上的绿色碳化硅砂轮。见图 10.7.2。

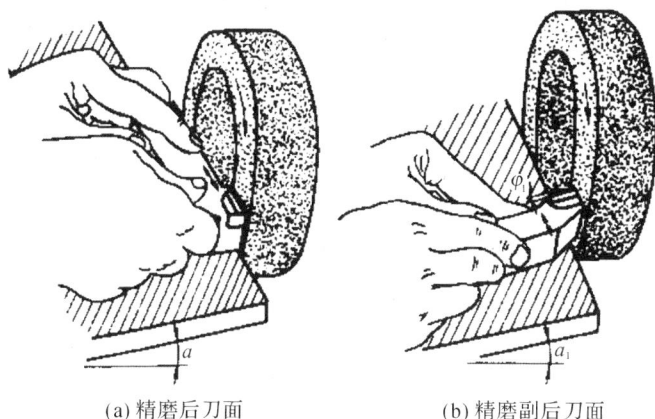

(a) 精磨后刀面　　　　　　　(b) 精磨副后刀面

图 10.7.2　精磨

4）车刀的手工研磨　刃磨后，切削刃有时不够平滑光洁。用放大镜检查，可发现刃口上凹凸不平，呈锯齿形。使用这样的车刀车削时，会直接影响工件的表面粗糙度，而且也会降低车刀的寿命。对于硬质合金车刀，在切削过程中还容易产生崩刃现象。所以对手工刃磨后的车刀还应该进行研磨。

用油石研磨车刀时，手持油石要平稳。研磨后的车刀，应消除刃磨后的残留痕迹，刀面粗糙度应达到 Ra0.4～0.2μm。

3. 磨刀的安全技术

（1）工作前应检查砂轮机的罩壳和托架是否稳固，砂轮是否有裂缝，不准在没有罩壳和托架的砂轮机上工作，砂轮和托架间的间隙不得大于 2mm。

（2）刀具在砂轮上不能压得太重，以防砂轮破裂飞出。

（3）严禁操作者戴手套，也不允许用缠绕物包裹工件。

（4）严禁操作者正面朝着砂轮；磨削时不可撞击砂轮或施加过大的力；更不能因为磨削时工件温度过高而松手，以免发生重大事故。

（5）砂轮机砂轮表面不平而跳动过大时，应及时对其进行修正。

思考与练习题

10.1　试举例说明普通切削机床型号的编制方法。

10.2　切削要素包含哪些内容？它们的单位是什么？它们对控制切削过程有什么意义？

10.3　请说明为什么现在常用高速钢制造铣刀和齿轮刀具这类形状较复杂的刀具，而不采用硬质合金？

10.4　试分析下述加工条件下，存在的主要工艺问题，影响因素及保证质量的主要措施：

(1)车削细长轴;(2)镗薄壁套筒;(3)磨削薄片零件。

10.5　试分析车、铣、刨、磨加工的主运动和进给运动。

10.6　车刀切削部分由哪些要素组成?

10.7　如何合理选择刀具的几何角度?

10.8　切削加工由哪些运动组成?它们各有什么作用?

10.9　刀具正交平面参考系由哪些平面组成?它们是如何定义的?

10.10　常用刀具的材料有哪几类?各适用于制造哪些刀具?

10.11　金属切削过程中三个变形区是怎样划分的?各有哪些特点?

10.12　切屑类型有哪四类?各有哪些特点?

10.13　各切削分力对加工过程有何影响?试述背吃刀量与进给量对切削力的影响规律。

10.14　切削热是如何产生的?它对切削过程有什么影响?

10.15　简述刀具磨损的原因。

10.16　何谓工件材料的切削加工性?它与哪些因素有关?试对碳素结构钢中含碳量大小对切削加工性的影响进行分析。

10.17　说明前角和后角的大小对切削过程的影响。

10.18　说明刃倾角的作用。

10.19　简述半精车切削用量选择方法。

10.20　常用切削液有哪几种?各适用什么场合?

10.21　国家标准中规定,标准公差共分几个等级?基本偏差的代号共有几个?

10.22　机械加工常用量具有哪些?

10.23　如何磨 1 把 45°硬质合金焊接式车刀和 90°硬质合金焊接式车刀。

第 11 章　车削加工

　　轴类、套类和盘类零件是具有外圆表面的典型零件。外圆表面常用的机械加工方法有车削、磨削。车削加工是外圆表面最经济有效的加工方法,但就其经济精度来说,一般适于作为外圆表面粗加工和半精加工;磨削加工是外圆表面主要精加工方法,特别适用于各种高硬度和淬火后零件的精加工。

11.1　车削加工范围

　　在车床上用车刀加工零件的回转表面的切削加工方法称为车削加工。车削加工时,工件作回转运动,车刀作进给运动,刀尖点的运动轨迹在工件回转表面上,切除一定的材料,从而形成所要求的工件的形状。工件的旋转为主运动,而刀具的进给运动可以是直线运动,也可以是曲线运动。不同进给方式车削形成不同的工件表面。在原理上车削所形成的工件表面总是与工件的回转轴线是同轴的。车削能形成的工件型面有内外圆柱面、端面、内外圆锥面、球面、沟槽、内外螺旋面和其他特殊型面,如图 11.1.1 所示。

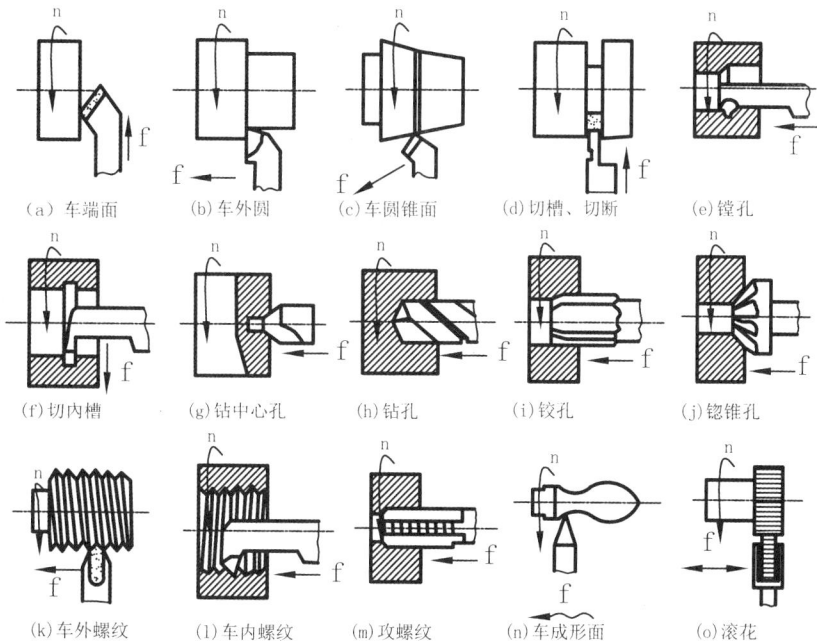

(a) 车端面	(b) 车外圆	(c) 车圆锥面	(d) 切槽、切断	(e) 镗孔
(f) 切内槽	(g) 钻中心孔	(h) 钻孔	(i) 铰孔	(j) 锪锥孔
(k) 车外螺纹	(l) 车内螺纹	(m) 攻螺纹	(n) 车成形面	(o) 滚花

图 11.1.1　车削加工范围

车削加工的精度一般在 IT13～IT6 之间,表面粗糙度 Ra 值在 12.5～1.6μm 之间。对有色金属进行精细车削时,精度可达 IT6～IT5,表面粗糙度 Ra 值可达 0.1～0.4μm。

11.2　车削加工的工艺特点

车削加工是应用最为广泛的加工工艺。其主要特点为:

(1)易于保证各加工面的位置精度　车削时,工件绕某一固定轴回转,各表面具有同一的回转轴线。因此,各加工表面的位置精度容易控制和保证。

(2)切削过程比较平稳　一般情况下车削过程是连续进行的,而铣削和刨削,在一次走刀过程中,刀齿有多次切入和切出,产生冲击。并且当刀具几何形状以及 a_p 和 f 一定时,切削层的截面尺寸稳定不变,切削面积和切削基本不变,故切削过程比铣削、刨削稳定。又由于车削的主运动为回转运动,避免了惯性力和冲击的影响,所以车削允许采用较大的切削用量,进行高速切削或强力切削,有利于生产率的提高。

(3)刀具简单　车刀是机床刀具中简单的一种,制造、刃磨和安装都比较方便。

11.3　车床及其操作

11.3.1　卧式车床的组成与功用

车床的种类很多,按其结构和用途通常分为卧式车床、仪表车床、立式车床、转塔车床、半自动车床、自动车床、数控车床等。随着电子技术的发展,微机数控车床为多品种小批量生产实现高效率、自动化提供了有利的条件和广阔的发展情景。但卧式车床仍是各类车床的基础。

卧式车床功能范围广,适应性强,操作简单,在工业生产中得到广泛应用。卧式车床 C6140 的构造如图 11.3.1 所示。

车床主要由主轴箱、进给箱、光杠和丝杠、溜板箱、刀架、尾座、床身及床腿组成(其他型号的卧式车床类似)。其作用如下:

1. 主轴箱　主轴箱是装有主轴和变速机构的箱形部件。变换箱外的变速手柄位置,可使主轴得到各种不同的转速。主轴为空心件,可装入棒料;其前端内部为锥孔,可插入顶尖或刀具、夹具;其前端外部为螺纹或锥面,用于安装卡盘等夹具。

2. 进给箱　进给箱内装进给运动的变速齿轮,可调整进给量和螺距,并将运动传至光杠或丝杠。

3. 光杠和丝杠　通过光杠或丝杠将进给箱的运动传给溜板箱。自动走刀用光杠,车削螺纹用丝杠。

4. 溜板箱　是车床进给运动的操纵箱,装有各种操纵手柄和按钮。它可将光杠传来的旋转运动变为车刀的纵向或横向的直线运动;可将丝杠传来的旋转运动通过"对开螺母"直接变为车刀的纵向移动,用以车削螺母。

5.床鞍　与溜板箱连接,可带动中滑板沿床身导轨作纵向移动。

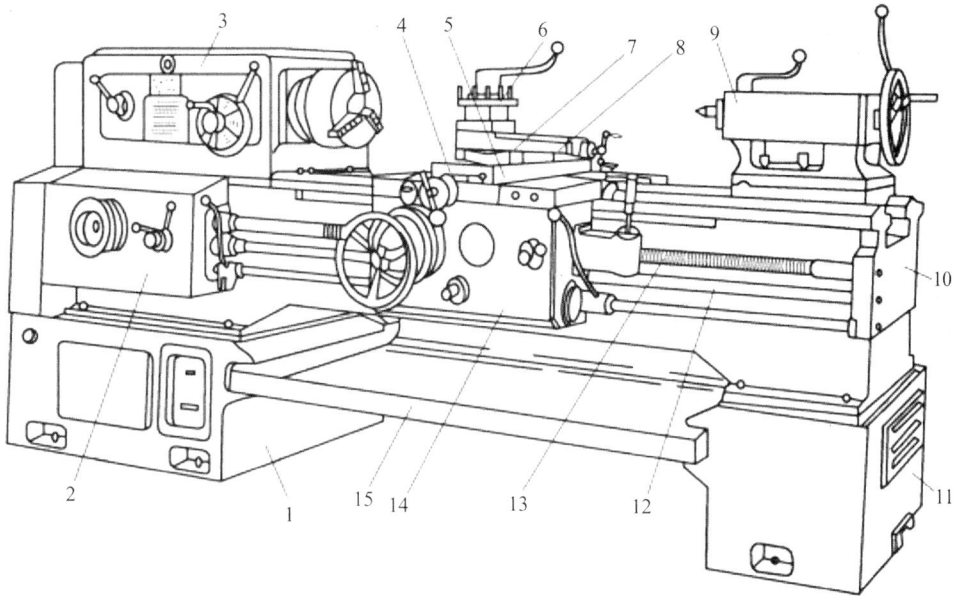

1、11-床腿；2-进给箱；3-主轴箱；4-床鞍；5-中滑板；6-刀架；7-回转盘；
8-小滑板；9-尾架；10-床身；12-光杠；13-丝杠；14-溜板箱；15-铁屑箱
图 11.3.1　C6140 车床正面图

6. 中滑板　可带动转盘沿床鞍上的导轨作横向移动。

7. 转盘　与中滑板连接，用螺栓紧固。松开螺母，转盘可在水平面内扳转任意角度。

8. 小滑板　可沿转盘上的导轨作短距离移动。当转盘扳动一定角度后，小滑板即可带动方刀架作相应的斜向运动。

9. 方刀架　用来安装车刀，最多可同时装四把。松开锁紧手柄既可转位，选用所需车刀。

10. 尾座　安装在床身导轨上，可沿导轨移至所需的位置。尾座套筒内安装顶尖可支承轴类工件，安装钻头、扩孔钻或铰刀，可在工件上钻孔、扩孔或铰孔。

11. 床身与床腿　用于支承和安装车床的各个部件。床身上有一组精密的导轨，床鞍和尾座可沿导轨左右移动。床腿用于支承床身，并用地脚螺栓固定在地基上。

11.3.2　车床的操作

1. 卧式车床的手动操作

（1）操作前的准备

1）断车床的电源，以防止因动作不熟练造成失误而损坏车床。

2）调整中、小滑板塞铁间隙。调整时，如塞铁间隙过大，可将塞铁的小端紧定螺钉松开，将大端处紧定螺钉向里旋紧，使塞铁大端向里，间隙变小；反之，则间隙变大。调整后应试摇滑板手柄几次，以手感灵活、轻便、又无明显间隙为宜。

3）擦净机床外表面及手柄。

（2）变换主轴转速　卧式车床主轴箱外有变换转速的操纵手柄，改变手柄位置即可得到各种不同的转速。由于车床型号不同，手柄布置及其操纵方法也有所不同，但基本可分成两种类型,一种是主轴箱上用铭牌注明各种转速并同时用图形表示出个手柄位置,操作时可按铭牌指示变换手柄位置,即可得到所需要的主轴转速。另一种是不用铭牌,直接将转速标出。

变换主轴转速时,转动手柄的力不可过大,若发现手柄转不动或转不到位,主要是主轴箱内齿轮不能啮合,可用手转动卡盘,使齿轮的圆周位置改变,手柄即能扳动。

(3)变换进给速度 变换手柄位置要根据进给箱铭牌的指示,如变动进给要根据进给量 f 查阅铭牌,如米制螺纹则应按螺距 P 查阅铭牌。

(4)操纵床鞍 溜板箱外操纵手柄用途及工作位置一般都用标牌标明,变换各手柄位置可使床鞍作纵向运动。各种车床溜板箱部分的操纵手柄基本相似。

(5)纵、横向进给和进、退刀动作的要求

1)手动进给要求进给速度达到慢而均匀,不间断。

2)进、退刀操作要求反应敏捷,动作正确。操作的方法是:左手握床鞍手轮,右手握中滑板手柄,双手同时作快速摇动。进、退刀动作必须十分熟练,否则在车削过程中动作一旦失误,便会造成工件报废。

(6)移动尾座和尾座套筒 尾座可以在床身导轨上前后移动,以适应支顶不同长度的工件。尾座套筒锥孔可供安装顶尖或钻头,套筒可以前后移动。

2. 车床的机动操纵

(1)准备工作

1)将车床主轴转速调整在 100r/min 左右。

2)转动床鞍手轮,将床鞍移动至床身的中间位置。

3)调整进给箱手柄位置使进给量 f≈0.3mm/r。

4)用手转动卡盘一周,检查与机床有无碰撞处,并检查各手柄是否处于正确位置。

(2)机动操纵车床的开动、停止和变换速度

1)接通机床电源将旋钮开关转到接通的位置。

2)揿起动按钮指示灯亮,电动机即开始启动,由于操纵杆在中间位置,所以车床主轴尚未转动。

3)操纵杆向上提起,主轴作正向转动,操纵杆放中间,主轴停止转动,此时电动机仍在转动。如需离开机床应按停止按钮,使电动机停止转动。在车削过程中因装夹、测量等需要主轴作短暂停止时,应利用操纵杆停机,不要按停止按钮,因为电动机频繁启动容易损坏。操纵杆向下,主轴做倒转,除车螺纹外一般情况下主轴不使用倒转。注意变换主轴转速时一定要先停车,以免损坏主轴箱内齿轮。

(3)操纵、横向机动进给

1)纵向机动进给 将床鞍移向床身的中间,开动机床。将机动进给选择手柄调整到"纵"位置,操纵机动进给手柄使床鞍向卡盘方向移动,如移动方向相反,可变换换向手柄位置。

2)横向机动进给

①摇动中滑板手柄,使刀架前面后退至离卡盘中心约 100mm 处。

②开动机床。

③将机动进给手柄调整到"横"位置,操纵机动进给手柄使中滑板向卡盘方向移动。横向机动进给应注意中滑板向前移动时刀架前面不要超过卡盘中心,以防止中滑板丝杠与螺母脱开。如反向进给应防止中滑板后退时与刻度盘相撞而损坏。

11.4　车削加工基本方法

11.4.1　车削外圆

根据工件表面的加工精度和表面粗糙度的要求,车外圆一般分粗车和精车两个步骤。由于它们要求不一样,因此,车刀分为外圆粗车刀和外圆精车刀两种。

1. 粗车

粗车的目的是要尽快地切去大部分余量,为精加工留 0.5~1mm 余量。常用的外圆粗车刀有主偏角为 45°、75° 和 90° 等几种。如图 11.4.1 所示。

2. 精车

精车的目的是切去余下的少量金属层,以获得图样要求的精度和表面粗糙度。精车时应采取

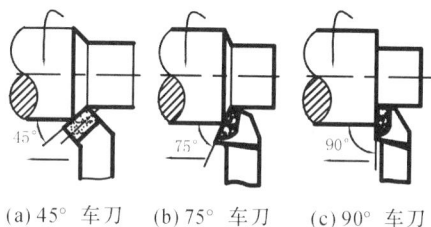

(a) 45° 车刀　(b) 75° 车刀　(c) 90° 车刀

图 11.4.1　常用的外圆车刀

有圆弧过渡刃的精车刀。车刀的前后面须用油石打光。精车时背吃刀量 a_p 和进给量 f 较小,以减小残留面积,使 R_a 值减小。切削用量一般为:$a_p=0.1~0.2$mm,$f=0.05~0.2$mm/r,$v \geqslant 60$m/min。精车的尺寸公差等级一般为 IT8~IT6,半精车一般为 IT10~IT9;精车的表面粗糙度 $R_a=3.2~0.8\mu$m,半精车的表面粗糙度 $R_a=6.3~3.2\mu$m。

3. 车外圆的操作步骤

1)检查毛坯的直径,根据加工余量确定进给次数和背吃刀量。

2)划线痕,确定车削长度。先在工件上用粉笔涂色,然后用内卡钳在钢直尺上量取尺寸后,在工件上划出加工线。

3)车外圆要准确地控制背吃刀量,这样才能保证外圆的尺寸公差。通常采用试切削方法来控制背吃刀量,试切的操作步骤如图 11.4.2 所示。

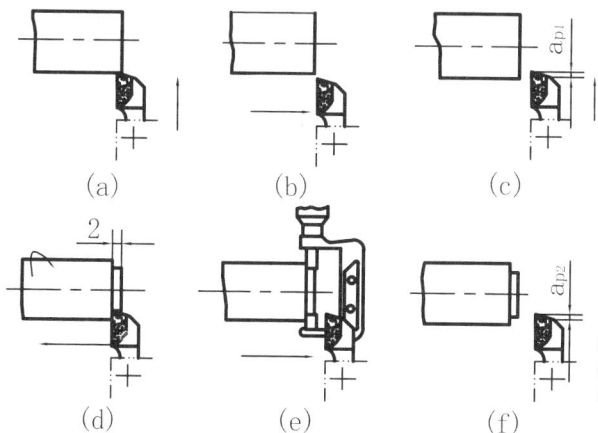

(a)　　(b)　　(c)

(d)　　(e)　　(f)

图 11.4.2　试切的步骤

（1）启动车床,移动床鞍与中滑板,使车刀刀尖与工件表面轻微接触(图(a)),并记下中滑板刻度。

（2）中滑板手柄不动,移动床鞍,退出车刀与工件端面距 2～5mm(图(b))。

（3）按选定的背吃刀量摇动中滑板手柄,根据中滑板刻度作横向进给(图(c))。

（4）移动床鞍,试刀长度约 2～3mm(图(d))。

（5）中滑板手柄不动,向右退出车刀,停车,测量工件尺寸(图(e))。

（6）根据测量结果,调整背吃刀量(图(f))。如尺寸正确,即可手动或自动进刀车削,如不符合要求,则应根据中滑板刻度调整背吃刀量,再进刀车削。

11.4.2 车端面

车台阶轴的方法如图 11.4.3 所示。

1. 车端面时应注意以下几点:

1)车刀的刀尖应对准工件中心,以免车出的端面中心留有凸台。

2)端面的直径从外到中心是变化的,切削速度也是变化的,端面的粗糙度不易得到保证,因此,工件转速可比车外圆时选择的高一些。为减小端面的表面粗糙度值,也可由中心向外切削。

3)车削直径较大的端面,若出现凹心或凸台时,应检查车刀和刀架是否紧固,以及床鞍的松紧度。为使车刀准确地横向进给而无纵向松动,应将床鞍紧固在床身上,此时可用小滑板调整背吃刀量。

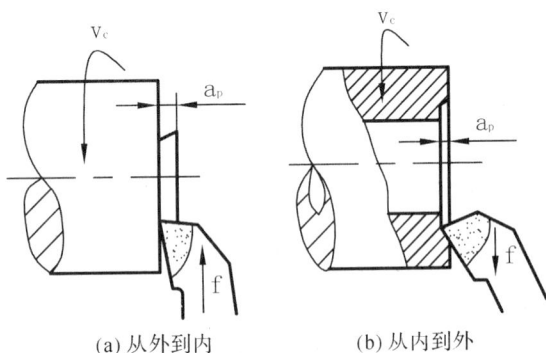

(a) 从外到内   (b) 从内到外

图 11.4.3 车端面的方法

2. 车端面的操作步骤

1)移动床鞍和中滑板,使车刀靠近工件端面后,将床鞍上螺钉扳紧,使床鞍位置固定。

2)测量毛坯长度,确定端面应车去的余量,一般先车的一面尽可能少车,其余余量在另一面车去。车端面前可先倒角,尤其是铸铁表面有一层硬皮,如先倒角可以防止刀尖损坏。车端面和外圆时,第一刀背吃刀量一定要超过硬皮层,否则即使已倒角,但车削时刀尖还是要碰到硬皮层,很快就会磨损。

3)双手摇动中滑板手柄车端面,手动进给速度要保持均匀。当车刀刀尖车到端面中心时,车刀即退回。如精加工的端面,要防止车刀横向退出时将端面拉毛,可向后移动小滑板,使车刀离开端面后再横向退回。车端面背吃刀量 a_p 可用小滑板刻度盘控制。

4)用直尺或刀口直尺检查端面直线度。

11.4.3 车台阶轴

车台阶轴的方法如图 11.4.4 所示。

1. 车刀的选用

台阶轴应选用 90°外圆车刀。

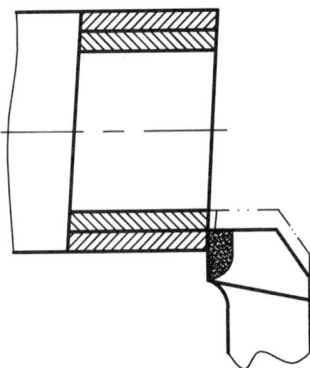

图 11.4.4 车台阶

2. 台阶外圆的车削方法和步骤

(1)确定台阶的车削长度 常用的方法有两种:一种是刻线痕法,另一种是床鞍刻度盘控制法。两种方法都有一定误差,刻线或用床鞍刻度值都应比所需长度略短 0.5～1mm,以留有余地。刻线痕法是以已加工面为基准,用钢直尺量出台阶长度尺寸,开车,用刀尖刻出线痕如图 11.4.5(a)所示。床鞍刻度盘控制法(图 11.4.5(b)是移动床鞍和中滑板,使刀尖靠近工件端面,开机,移动小滑板,使刀尖与工件端面相擦,车刀横向退出,将床鞍刻度调到零位。车削时就可利用刻度值来控制台阶的车削长度。

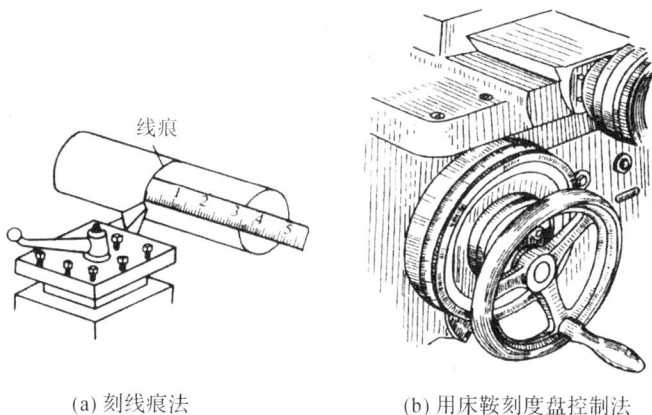

(a) 刻线痕法　　　　　　(b) 用床鞍刻度盘控制法

图 11.4.5　控制台阶长度

(2)机动进给车台阶

开动机床并按粗车要求调整进给量。

调整背吃刀量进行试切削,具体方法与车外圆相同。

移动床鞍,使刀尖靠近工件时合上机动进给手柄,当车刀刀尖距离退刀位置 1～2mm 时停止机动进给,改为手动进给车至所需长度时将车刀横向退出,床鞍回到起始位置。然后再作第二次工作行程。

11.4.4　车圆锥

在车床上车圆锥主要有转动小滑板法、偏移尾座法、靠模法和宽刃刀车削法等四种方法。其中转动小滑板法车削圆锥调整方便,操作简单,可以加工斜角为任意大小的内外圆锥,因而应用广泛。

1. 转动小滑板法车圆锥

(1)准备工作

1)装夹车刀　无论采用何种方法车圆锥,车刀刀尖都必须严格对准工件的旋转中心,中心高或低都会使圆锥的素线不直。

2)计算小滑板转动的角度　车削前应先计算出圆锥半角 $\alpha/2$,$\alpha/2$ 也就是小滑板应转过的角度。计算时可根据已知条件分别代入下列公式即可算出角度值。

$$\tan \frac{\alpha}{2} = \frac{D-d}{2L} = \frac{C}{2}$$

式中　$\dfrac{\alpha}{2}$——圆锥半角;

(a) 转动小滑板法　　　　　　　　　　(b) 偏移尾座法

(c) 靠模法　　　　　　　　　　(d) 宽刀法

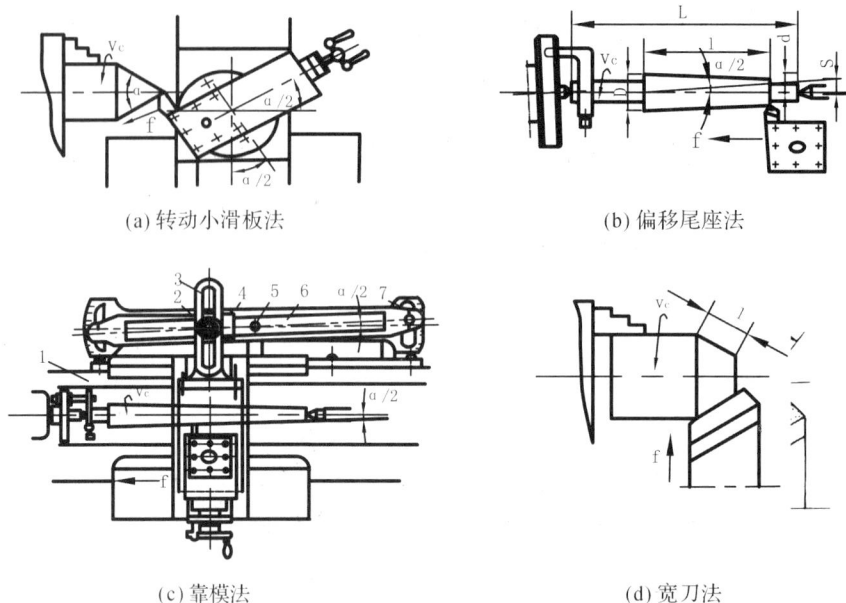

图 11.4.6　圆锥面的车削方法

L——圆锥长度；

D——最大圆锥直径(简称大端直径)；

d——最小圆锥直径(简称小端直径)；

C——圆锥锥度。

当圆锥半角 $\alpha/2$ 在 6° 以下,可采用如下简便公式计算。

$$\alpha \approx 28.7° \times C$$

3)转动小滑板　用扳手将转盘螺母松开,把转盘顺着工件圆锥素线方向转动至所需要的圆锥半角。一般圆锥半角的角度值往往不是整数,其小数部分用目测估计,大致对准以后再通过试车逐步将角度找正。

(2)车外圆锥的操作步骤　车外圆锥一般先按圆锥的大端和圆锥部分长度车成圆柱体,然后再车圆锥。

1)车圆柱体　按图纸要求车圆柱体直径和长度。

2)车圆锥体　车削前要调整好小滑板导轨与镶条的配合间隙,并确定工作行程。

车圆锥与外圆一样,也要分粗、精车。粗车圆锥时,应找正圆锥的角度,留精车余量 0.5 ~1mm。

(3)检验圆锥角度　粗车用锥形套规检验前,要求将圆锥车平整,表面粗糙度应小于 Ra3.2μm 检验时用锥形套规轻轻套在工件圆锥上,使套规在左、右端分别作上下摆动。如发现其中一端有间隙,表明工件的圆锥角度不正确。如大端有间隙说明工件圆锥角度太小。反之,如小端有间隙则说明工件圆锥角度太大。注意锥形套规使用时,套规与工件表面都应擦干净,否则不仅会影响测量的准确性,而且,还会使套规表面拉毛损坏。

圆锥角度基本正确,可采用涂色法再作精确检查。

2. 偏移尾座法

偏移尾座法如图 11.4.6(b)所示。把尾座偏移一个距离 S,因前后顶尖不在平衡与车床导轨的同一直线上,加工时刀具仍随床鞍作纵向自动进给,这时即可加工出锥体。这种方法可以车削较长的锥面,并可手动或自动进给。但不能车内圆锥面。尾座的偏移量受到限制,故只能适用于车削锥度不大的锥面($\alpha<8°$)。

3. 靠模法

靠模法如图 11.4.6(c)所示。在车床床身后面装上有刻度线的托架,托架上有靠模尺可以转动调整角度。车锥度时,将中滑板的横向进给丝杠螺母松开,中滑板前端拉杆上装滑块,滑块嵌入靠模的尺槽内。当床鞍纵向进给时,滑块沿尺槽的斜面移动,车刀刀尖也随着作斜线移动,即可车出锥度。这时将小滑板扳转 90°,用以控制背吃刀量。如将靠模尺槽换成曲线槽,即可车出成形面。这种方法用以加工精度要求较高的内外锥面,生产率高,适宜于成批生产。但受靠模尺角度的限制,只能用来车削锥角不大的中等长度锥面,表面粗糙度 Ra 可达 $3.2\sim1.6\mu m$。

4. 宽刀法

宽刀法如图 11.4.6(d)所示。主要用于成批生产中车削短圆锥体。刀刃应平直,前后刀面应用油石打磨使 R_a 值达 $0.1\mu m$;安装时,应使刀刃与工件回转轴线成斜角 $\alpha/2$。用这种方法加工的工件表面粗糙度 R_a 可达 $3.2\sim1.6\mu m$。

11.4.5 切断

1. 切断刀的种类及选用

常用的切断刀有高速钢切断刀、硬质合金切断刀、弹性切断刀,如图 11.4.7 所示。切断直径较小的工件一般选用高速钢切断刀或弹性切断刀,硬质合金切断刀适用于直径较大的工件或进行高速切割。

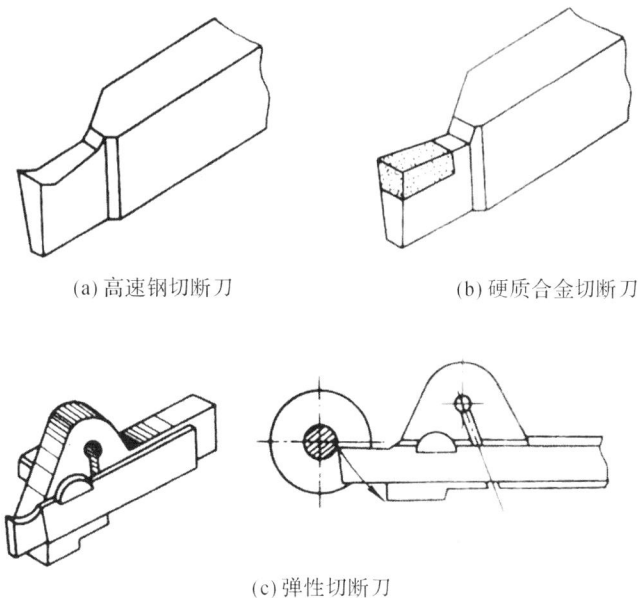

(a) 高速钢切断刀　　　　　　　　　　　(b) 硬质合金切断刀

(c) 弹性切断刀

图 11.4.7　切断刀的种类

2. 切断刀的装夹方法

(1)切断刀伸出长度　切断刀不易伸出过长,主切削刃要对准工件中心,高或低于中心,都不能切到工件中心。如图 11.4.8 所示。如用硬质合金切断刀,中心高或低则都会使刀片崩裂。

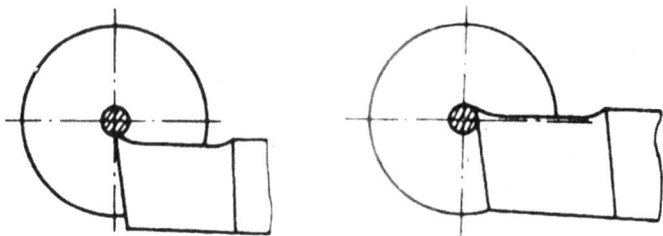

图 11.4.8　切断刀高或低于工件中心

(2)装刀时检查两侧副偏角

3. 切断

切断的方法有直进法、左右借刀法和反切法,如图 11.4.9 所示。

直进法切断,车刀横向连续进给,一次将工件切下,如图 11.4.9(a)所示,操作十分简单,工件材料也比较节省,因此应用最广泛。左右借刀法切断,如图 11.4.9(b)所示,车刀横向和纵向须轮番进给,因费工费料,一般用于机床、工件刚性不足的情况下。反切法切断,车床主轴反转,车刀反装进行切断,如图 11.4.9(c)所示,这种方法切削比较平稳,排削也比较顺利,但卡盘必须有保险装置,小滑板转盘上两边的压紧螺母也应锁紧,否则机床容易损坏。

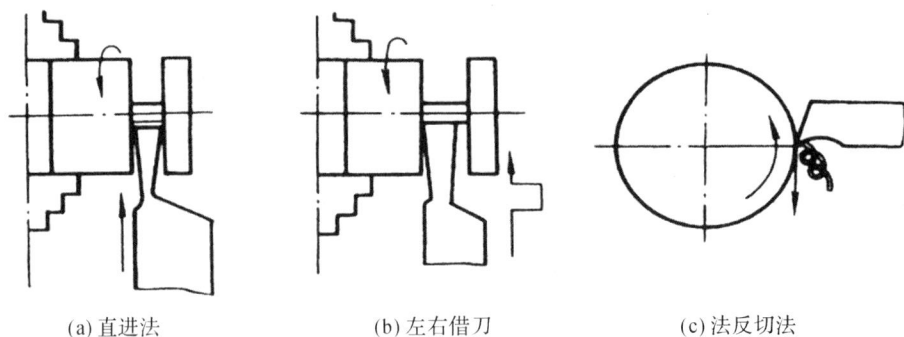

(a)直进法　　　　　　(b)左右借刀　　　　　　(c)法反切法

图 11.4.9　切断的方法

11.4.6　车三角牙型螺纹

1. 螺纹要素

螺纹主要分为三大类:标准螺纹、特殊螺纹与非标准螺纹。标准螺纹具有较高的通用性与互换性,应用较普遍,其中,普通螺纹(牙形角 $\alpha = 60°$)应用最广;特殊螺纹与非标准螺纹一般用于一些特殊的装置中。

螺纹要素主要由截形(俗称牙型)、公称直径、螺距(导程)、线数、旋向、精度等组成。标准螺纹的代号见表 11.4.1。普通螺纹基本牙型和尺寸计算见表 11.4.2。

表 11.4.1　标准螺纹代号

螺纹类型	牙型代号	示例	示例说明
粗牙普通螺纹	M	M16—7H	粗牙普通内螺纹,大径 10mm,中径公差和顶径公差为 7H
细牙普通螺纹	M	M10×1—5g6g	细牙普通外螺纹,大径 10mm,螺距 1mm 中径公差 5g,顶径公差 6g
梯形螺纹	T	T30×10/2—3 左	梯形螺纹,大径 30mm,导程 10mm,线数 2,3 级精度,左旋
锯齿形螺纹	S	S70×10—2	锯齿形螺纹,大径 70mm,螺距 10mm,2 级精度
55°圆柱管螺纹	G	G3/4″	55°圆柱管螺纹,管子孔径为 3/4 英寸
55°圆锥管螺纹	ZG	ZG5/8″	55°圆锥管螺纹,管子孔径为 5/8 英寸
60°圆锥螺纹（圆锥管螺纹）	Z	Z1″	60°圆锥螺纹,管子孔径为 1 英寸

表 11.4.2　普通螺纹基本牙型和尺寸计算

基本牙型	尺寸计算
	1. 牙形角:$\alpha = 60°$ 2. 原始三角形高度:$H = \dfrac{P}{2}\operatorname{ctan}\dfrac{\alpha}{2} = 0.866P$ 3. 削平高度:外螺纹牙顶和内螺纹牙底均在 $H/8$ 处削平,外螺纹牙底和内螺纹牙顶均在 $H/4$ 处削平 4. 牙形高度:$h_1 = H - \dfrac{H}{8} - \dfrac{H}{4} = \dfrac{5}{8}H = 0.5413P$ 5. 大径:$d = D$(公称直径) 6. 中径:$d_2 = D_2 = d - 2 \times \dfrac{3}{8}H = d - 0.6495P$ 7. 小径:$d_1 = D_1 = d - 2 \times \dfrac{5}{8}H = d - 1.0825P$

2. 螺纹车刀及装夹

（1）三角形螺纹车刀主要几何角度　车普通三角形螺纹时,刀尖角应等于 60°。车刀的两侧后角不相等,即进刀方向后角应比另一侧后角大 2°左右,径向前角约为 10°～15°,如图 11.4.10 所示。

（2）装夹螺纹车刀　螺纹车刀刀尖高度应对准工件的中心。螺纹车刀如装得过高,车削时,切削力增大,工件表面粗糙度值增大;装得过低,车削时,容易产生"扎刀"和引起振动。而且,偏高或偏低都会产生牙形角误差。刀尖角 60°中心线应垂直于工件轴线,否则会使车出的螺纹牙形歪斜。

装刀时,将刀尖高度对准工件中心,然后用样

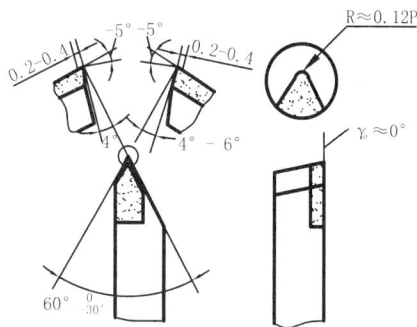

图 11.4.10　硬质合金三角形螺纹车刀

板在已加工外圆或平面上靠平,将螺纹车刀两侧切削刃与样板的角度槽对齐作透光检查,如图 11.4.11 所示。如车刀歪斜,要轻轻用铜棒敲刀柄,使车刀位置对准样板角度,符合要求后将车刀紧固。一般还须再重复检查一次,因为紧固车刀时,有时会使车刀产生很小的位移。

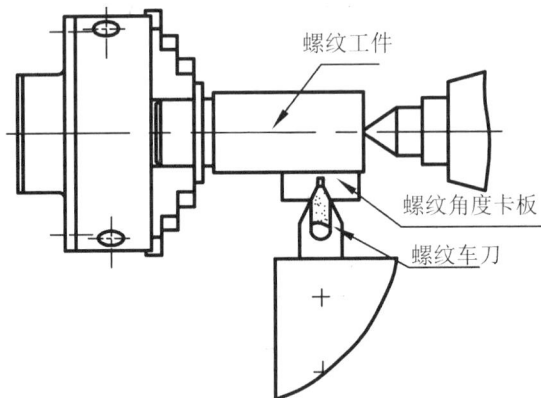

图 11.4.11　三角形外螺纹车刀对刀方法

3. 车螺纹准备工作

(1)车外圆及作车螺纹的退刀标记　练习车螺纹前要先将工件外圆车圆,并用螺纹车刀刀尖在螺纹长度的终止位置上刻出线痕,作为螺纹时的退刀标记。

(2)调整进给箱手柄位置　按螺距 P,查阅进给箱铭牌,调整手柄位置。

(3)调整主轴转速　车螺纹转速范围为 $100\sim300r/min$,开始车削时,转速应低些,以后再逐步提高。

(4)调整中、小滑板间隙　间隙应适当,要求手柄摇动自如,基本无间隙。

4. 车螺纹的操作方法

车螺纹有两种基本的操作方法,一种是用倒顺车螺纹,另一种用开合螺母车螺纹。用开合螺母车螺纹,要求工件螺距与车床丝杠螺距成整数比,当不成整数比时,一定要用倒顺车的方法车削,否则会使螺纹产生乱牙而报废。

用倒顺车车螺纹操作的方法如下:

(1)开动机床,一手提起操纵杆,另一手握中滑板手柄,如图 11.4.12 所示,当刀尖离轴端约 3~5mm 处,操纵杆即刻放在中间位置,使主轴停止转动。

(2)用中滑板刻度控制背吃刀量,因练习的需要,背吃刀量可小些,每次约取 0.05mm。

(3)操纵杆向上提起,车床主轴正转,此时车

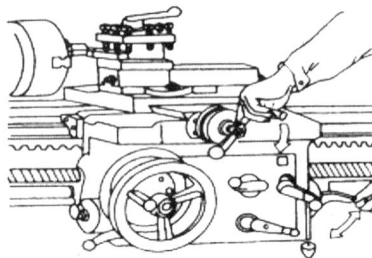

图 11.4.12　用倒顺车车螺纹的操作方法

刀刀尖切入外圆,并迅速向前移动在外圆上切出浅浅一条螺旋槽。当刀离退刀位置约 2~3mm 时,要作好退刀准备,操纵杆开始向下,此时主轴由于惯性作用仍在作顺向转动,但车

速逐渐下降,当刀尖进入退刀位置时,要快速摇动中滑板手柄将车刀退出。当刀尖离开工件时,操纵杆迅速向下推,使主轴作反转,床鞍后退至车刀离工件轴端约 3～5mm 时,操纵杆放在中间位置使主轴停止转动。进退刀动作要反复练习才能达到基本熟练。

5. 用直进法车螺纹的方法

(1)确定车螺纹背吃刀量的起始位置 开动机床,移动床鞍及中滑板使刀尖与螺纹外圆接触,床鞍向外退出,将中滑板刻度调整至零位。

(2)检查螺距的方法

1)用钢直尺或游标卡尺检查 一般先在外圆上用螺纹车刀刀尖车出一条很浅的螺旋线,用钢直尺或游标卡尺检查螺距,如图11.4.13(a)所示。为了减少误差,测量时应多量几牙,并应凑成整数,例如,螺距 1.5mm,可测量 10 牙,即为 15mm,或 8 牙为 12mm。

2)用螺距规检查 检查时,把标明螺距的螺距规平行轴线方向嵌入牙型中,如图 11.4.13(b)所示,如完全符合,则说明被测的螺距正确。

螺距如不符合要求,应检查交换齿轮齿数与安装位置是否正确,同时还应仔细检查进给箱手柄位置是否正确。

(3)控制螺纹背吃刀量的方法 利用中滑板刻度,根据螺纹的总背吃刀量,合理分配每刀切削量。即,第一刀背吃刀量约 1/4 牙型高,以后逐步递减,图 11.4.14 所示,即"直进法"车螺纹。

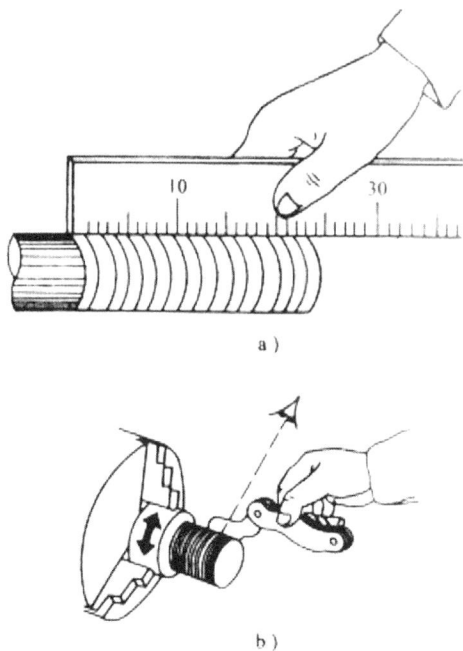

图 11.4.13 检查螺距的方法

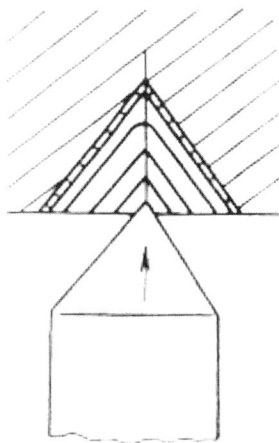

图 11.4.14 直进法车螺纹

11.5　车削实习

11.5.1　锥度圆弧螺纹套加工

锥度圆弧套的加工要求如图 11.5.1 所示。毛坯材料为 45 钢,毛坯尺寸为 $\phi50\times80$。

1. 分析锥度圆弧螺纹套的车削加工方法

(1) $\phi48$ 外圆、$\phi34$ 外圆、$\phi24^{+0.033}_{0}$ 内孔具有同轴度要求,形位精度较高,车削时,应在一次装夹中车削。

(2) 由于毛坯较短,为能保证工艺要求,采用一夹一顶装夹,夹住长度 12mm。

(3) 外螺纹 33×1.5 的精度,可用螺纹环规综合检查。

(4) 车 $M33\times1.5$ 大径时,根据螺纹精度等级,可车得比公称直径小 $0.15\sim0.2$mm。

(5) $\phi24^{+0.033}_{0}$ 内孔和 $16°$ 圆锥孔分别采用内孔塞规和锥度塞规测量。

(6) 车削 R15 圆弧时采用双手控制法车削,圆弧轮廓用样板透光法检查。

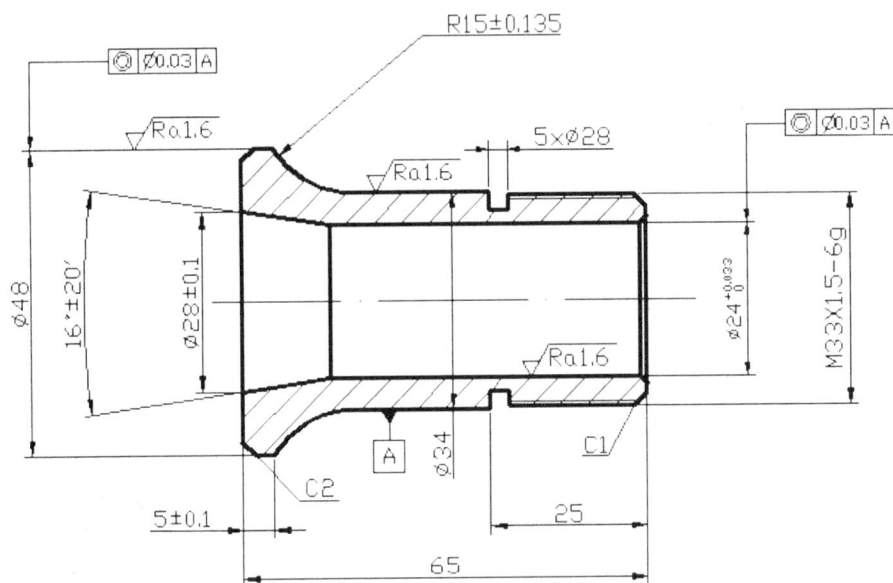

技术要求:

(1) 未注倒角 C0.5;

(2) 未注公差尺寸按 IT14 加工;　　　$\sqrt{Ra3.2}$

(3) 不允许用锉刀,纱布和成形工具修整圆弧。

图 11.5.1　锥度圆弧螺纹套

2. 锥度圆弧螺纹套车削加工步骤

表 11.5.1　锥度圆弧螺纹套车削加工步骤

序号	加工内容	简　图
1	三爪定心卡盘夹住毛坯外圆,找正,车外圆至 ϕ47 长 12mm。	
2	调头,三爪自定心卡盘夹住毛坯外圆,找正,车端面,毛坯车出即可	
3	三爪定心卡盘夹 ϕ47 钻 ϕ3A 型中心孔	
4	1)一端夹住 ϕ47 外圆,一端顶住 2)车端面至顶尖根部,留出凸圆不大于 ϕ24 3)车外圆 ϕ48 至尺寸 4)车外圆 ϕ34 至尺寸长度 47.6 5)车 M33×1.5 大径至 ϕ32.8 长度 25 6)车外沟槽 5× ϕ28 至尺寸 7)倒角 1×45° 8)车螺纹 M33×1.5 至尺寸 59)用双手控制法车成形面 R15	

续表

序号	加工内容	简　图
5	1)三爪定心卡盘夹住φ47外圆 2)钻φ22通孔 3)车孔φ24内孔至尺寸	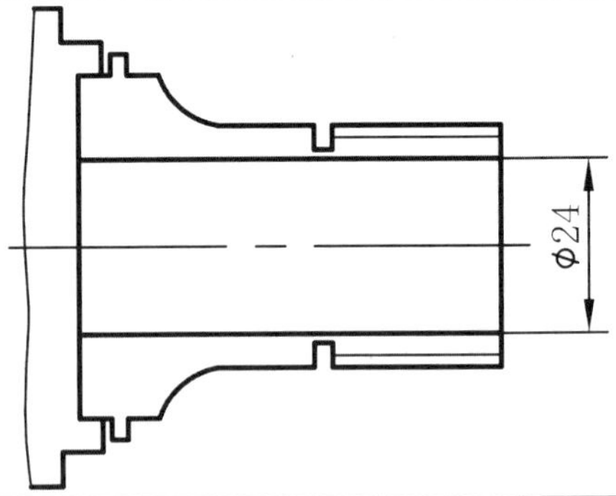
6	1)三爪自定心卡盘夹φ34外圆垫铜皮 2)切断,控制φ48外圆长5mm 3)粗精车16°±20′圆锥孔至大端孔径尺寸φ28±0.1 4)用圆锥塞规涂色法检验	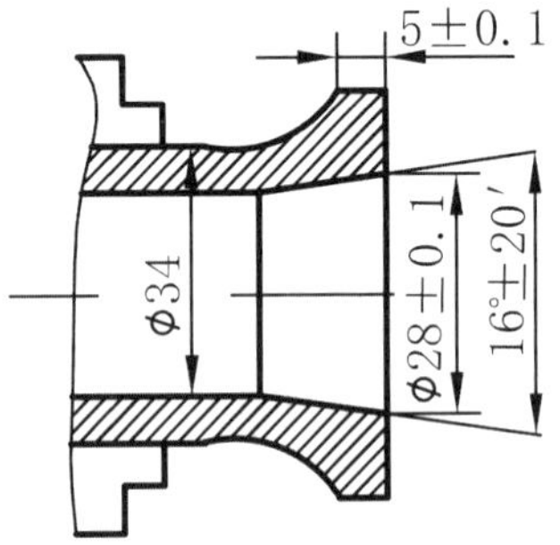

11.5.2　车工安全文明操作规程

1. 安全生产的基本要求

(1)工作时,操作者要穿工作服,袖口要扎紧,女同学要戴工作帽,长发应塞入帽子里。

(2)在车床上工作,严禁戴手套,进入车间生产区域必须穿工作鞋。

(3)工作时头不能靠工件太近,以防止铁屑伤人。如果铁屑细而飞散,则必须戴上防护眼镜。

(4)手和身体不能靠近正在旋转的车床主轴和工件。不准在机床附近嬉笑打闹,车床开动时不要用手抚摸工件,更不能测量工件,不要用手去刹未停止转动的卡盘。

(5)不可用手直接清除切屑,必须用专用钩子清除。

(6)不要任意装拆电气设备,以免发生触电事故。

(7)工作中发现机床电气设备故障,应及时申报检修,未修复不得使用。

2. 文明生产的基本要求

(1)培养端正的实习态度和劳动纪律。

(2)刀具、量具及工具等的放置和保管要整齐合理,便于操作时取用和放置。工具箱内应分类布置,各物件应有固定位置,精度高的应放置稳妥,重物放下层、轻物放上层,不可随意乱放,以免损坏和遗失。

(3)不允许在车床导轨上、卡盘上敲击或校直工件,床面上不准放置工具或工件。装夹、找正较重的工件时,应用木板保护床面。

(4)开机前检查车床各部件机构及防护设备是否完好,各手柄位置是否正确,启动后,应使主轴低转速空转1～2min,使润滑油散布到各处,待车床运转正常后才能工作。

（5）主轴变速必须停车，变换进给箱手柄可在低速时进行，为保持丝杠的精度，除车螺纹外，不得使用丝杠进行进给。

（6）工作完毕后，应清除车床上及车床周围的切屑和切削液，擦净机床，按规定在加油部位加润滑油，将床鞍移至尾座一端，各传动手柄在空挡位置、关闭电源。

（7）图样、工艺卡应置于便于阅读处，并保持清洁。

思考与练习题

11.1　车床由哪些部分组成？各部分有何作用？

11.2　已知工件锥度为 1:5，求车削时小刀架应转过的角度？

11.3　简述外螺纹的车削方法和步骤。

11.4　说明安装车刀需注意的事项。

11.5　说明车床的装夹方法。

11.6　车成型面的方法有哪几种？

11.7　说明滚花的方法。

11.8　在车床上钻孔，若钻头引偏对所加工的孔有何影响？

11.9　在车床上一次装夹的技术特点。

11.10　如何磨三角外螺纹车刀？

第 12 章　铣削加工

　　铣削加工是利用多刃回转体刀具在铣床上对工件表面进行加工的一种切削加工方法。铣削加工时刀具的回转运动是主运动,工件作直线或曲线进给。铣刀是多刃刀具,加工效率较高,但铣削加工同时又是非连续的切削过程,加工中容易产生振动。一般情况下,铣削用于平面、沟槽、等分件和多种成形表面的加工,属于半精加工和粗加工。铣削加工主要向两个方向发展,一是以提高生产效率为目标的强力铣削,一是以提高精度为目标的精密铣削。现代机床与刀具的发展大大推动了铣削加工的发展进程,目前"以铣代磨"已经成了平面和导轨面加工的一种趋势。

12.1　铣削加工基本知识

12.1.1　铣削加工范围

　　铣削基本工作内容包括加工平面(水平面、垂直面、斜面、台阶面)、沟槽(直角沟槽、键槽、燕尾槽、T型槽、螺旋槽)、等分件(花键、齿轮、离合器)和多种成形表面,如图 12.1.1 所示。

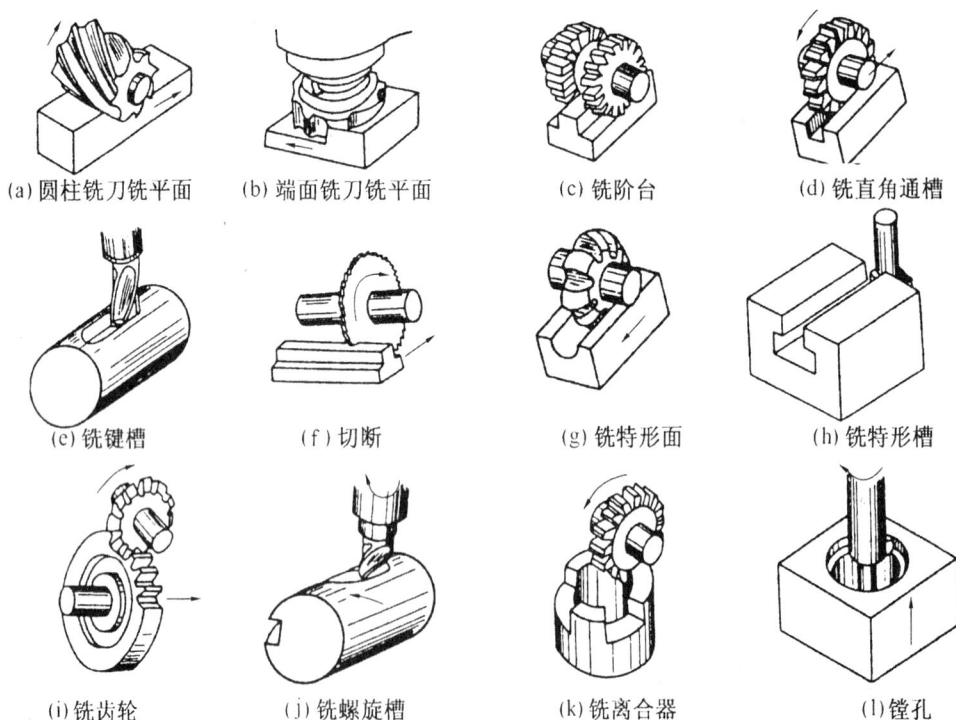

(a) 圆柱铣刀铣平面	(b) 端面铣刀铣平面	(c) 铣阶台	(d) 铣直角通槽
(e) 铣键槽	(f) 切断	(g) 铣特形面	(h) 铣特形槽
(i) 铣齿轮	(j) 铣螺旋槽	(k) 铣离合器	(l) 镗孔

图 12.1.1　铣削的工作内容

12.1.2　铣削加工工艺特点

1. 刀齿散热条件较好

铣刀刀齿在切离工件的一段时间内,可以得到一定的冷却,散热条件较好。但是,切入和切离时热和力的冲击,将加速刀具的磨损,甚至可能引起硬质合金刀片的碎裂。

2. 加工效率较高

因为铣刀是多齿刀具,铣削时有多个刀齿同时参与切削,且铣削速度较高,所以铣削加工的生产效率较高。

3. 容易产生振动

由于铣削过程中每个刀齿的切削厚度不断变化,因此,铣削过程不平稳,容易产生振动,这也限制了铣削加工质量和生产率的进一步提高。

4. 铣削加工的经济精度

铣削加工的经济精度为 IT9~IT7,表面粗糙度 Ra 6.3~1.6μm,最低可达 0.8μm。

12.1.3　铣床的型号和组成

1. 铣床的型号

在现代机器制造中,铣床约占金属切削机床总数的 25% 左右。铣床的种类较多,主要有升降台式铣床、工具铣床、落地龙门铣床及专用铣床等。其中最常用的是卧式升降台铣床和立式升降台铣床。铣床的型号编制方法如图 12.1.2 所示。

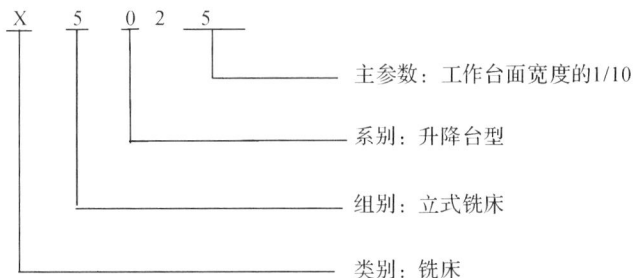

图 12.1.2　铣床型号的编制

2. 铣床的组成

以 X6132 型卧式万能升降台铣床为例,介绍铣床的主要部件,如图 12.1.3 所示。

(1)横梁与支架　横梁 4 和支架 6 用于安装卧铣加工的铣刀杆 5 的外端,以提高刀杆的刚性。横梁 4 可根据铣刀杆的长度在床身 1 的导轨上移动,调节伸出长度。X6132 铣床通常配有孔径分别为 18mm、60mm 的两个支架,以安装不同直径的铣刀杆。

(2)工作台和升降台　纵向工作台 7、横向工作台 9 和升降台 10 这部分结构分别可以实现纵向、横向、升降三个方向的进给运动。松开回转台 8 和横向工作台 9 的锁紧螺母,纵向工作台可作 ±45° 的偏转。升降台上装有进给电机和进给传动机构。

(3)床身和底座　床身 1 是机床的主体,用优质铸铁做成箱体结构,刚性较好。其内部装有孔盘式变速机构和传动机构。底座 11 前端的空心部分用来存贮冷却液。

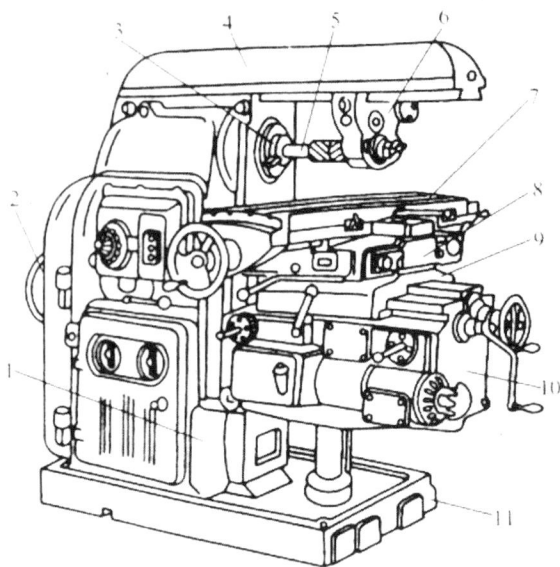

1-床身;2-电动机;3-主轴;4—横梁;5-铣刀杆;6-支架;7-纵向工作台;8-回转台;9-横向工作台;10-升降台;11-底座

图 12.1.3　X6132 型万能卧式升降台铣床

12.1.4　铣削用量

铣削运动中,铣刀的旋转为主运动。工件或铣刀的移动为进给运动。铣削时切削用量包括铣削速度 V_c、进给量 f、铣削深度 a_p、铣削宽度 B,如图 12.1.4 所示。

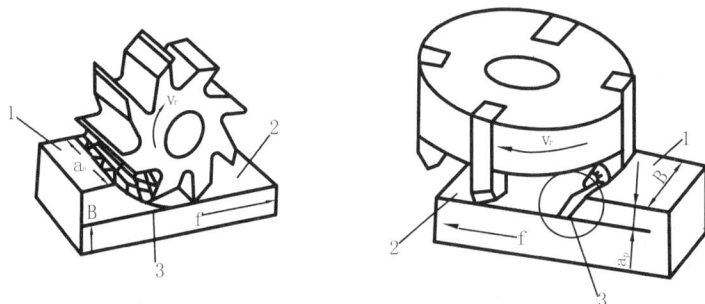

1-待加工表面;2-已加工表面;3—过渡表面

图 12.1.4　铣削运动与铣削要素

1. 铣削速度 V_c

铣刀切削刃上最大的线速度为铣削速度,用 V_c 表示,单位为 m/s,其计算公式为:

$$V_c=\frac{\pi Dn}{1000\times 60}$$

式中　D——铣刀切削刃上最大直径(mm);

　　　n——铣刀转速(r/min)。

2. 进给量 f

铣削时,进给量有三种表示形式:

(1)每齿进给量　铣刀每转过一个刀齿工件的位移量(mm/z)。

(2)每转进给量　铣刀每转一转工件的位移量(mm/r)。

(3)每分钟进给量　每分钟工件相对于铣刀位移量(mm/min)。铣床进给标牌上表示的值即为每分钟进给量。

3. 铣削深度 a_p

铣削深度是在平行于铣刀轴线方向测得的被切削层尺寸,对于周铣,铣削深度是被加工表面宽度。

4. 铣削宽度 B

是指垂直于铣刀轴线方向测得的被切削层尺寸,这在周铣中就是被切金属层的深度。

12.1.5　铣刀的分类及其用途

铣刀的几何形状较复杂,种类较多。按铣刀的形状和用途,铣刀可分为以下几种:

(1)圆柱铣刀(图 12.1.5)。用于铣平面。

(2)端铣刀(图 12.1.6) 主要用于铣平面,应用较多的为硬质合金端铣刀。通常将硬质合金刀片 3 用斜楔 1 与螺钉夹固于刀盘上。

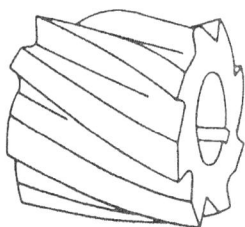 

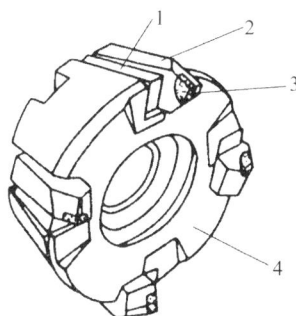

(a) 整体式　　　　(b)镶齿式

图 12.1.5　圆柱铣刀

1-斜楔;2-刀杆;3-刀片;4-刀盘

图 12.1.6　硬质合金端铣刀

(3)三面刃铣刀(图 12.1.7)　主要用于铣沟槽与台阶面。其圆柱刃起主要切削作用,端面刃起修光作用。

 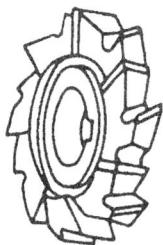 

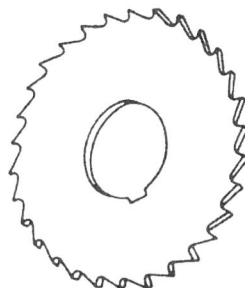

(a) 直齿　　　　(b) 错齿　　　　(c) 镶齿

图 12.1.7　三面刃铣刀

图 12.1.8　锯片铣刀

(4)锯片铣刀(图 12.1.8)　主要用于切断工件及铣窄槽。切削部分仅有圆周切削刃,其厚度沿径向从外至中心逐渐变薄;按齿数不同分为粗齿与细齿两种。

(5)立铣刀(图 12.1.9)　主要用于铣台阶面、小平面和相互垂直的平面。它的圆柱刃起主要切削作用,端面刀刃起修光作用,故不能作轴向进给。刀齿分为细齿与粗齿两种。用于安装的柄部有圆柱柄与莫氏锥柄两种,通常小直径为圆柱柄,大直径为锥柄。

(6)键槽铣刀(图 12.1.10)　用于铣键槽、台阶面,其外形与立铣刀相似,与立铣刀的主要区别在于其只有两个螺旋刀齿,且端面刀刃延伸至中心,故可作轴向进给,直接切入工件。

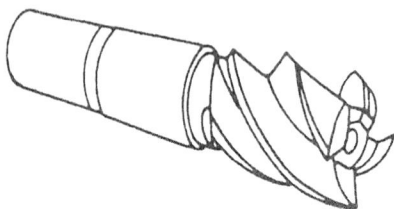

图 12.1.9　立铣刀

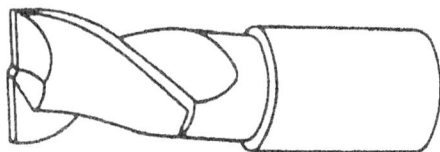

图 12.1.10　键槽铣刀

(7)角度铣刀(图 12.1.11)　主要用于加工带角度零件、多齿刀具的容屑槽等。

(8)成形铣刀(图 12.1.12)　主要用于加工成形面与特形面,如渐开线齿轮、圆弧槽等。

(a)单角度铣刀　　　(b)不对称双角度铣刀

图 12.1.11　角度铣刀

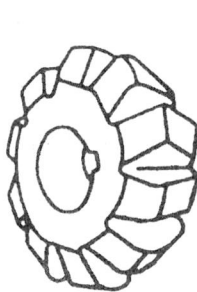

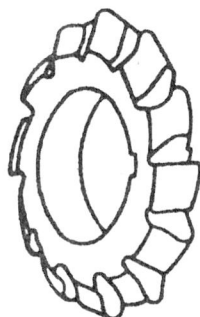

图 12.1.12　成形铣刀

12.1.6　铣刀的安装

1. 带孔铣刀的安装

圆柱铣刀、三面刃铣刀、锯片铣刀等都为带孔铣刀,其安装时都要使用铣刀杆,铣刀杆柄部与铣床主轴间采用锥度为 7:24 的圆锥面定位,用拉杆从主轴的后端拧入刀杆柄部固定于主轴上。如图 12.1.13 所示。

2. 锥柄铣刀的安装

当刀柄锥度与机床主轴锥孔相同时,可直接装入主轴孔中,用拉杆拉紧即可。如刀柄锥度与主轴锥孔的大小不同,则应借助过渡锥套装夹。如图 12.1.14 所示。

3. 直柄铣刀的安装

用弹簧夹头和专用铣刀柄装夹,并通过锥套与铣床主轴连接。如图 12.1.15 所示。

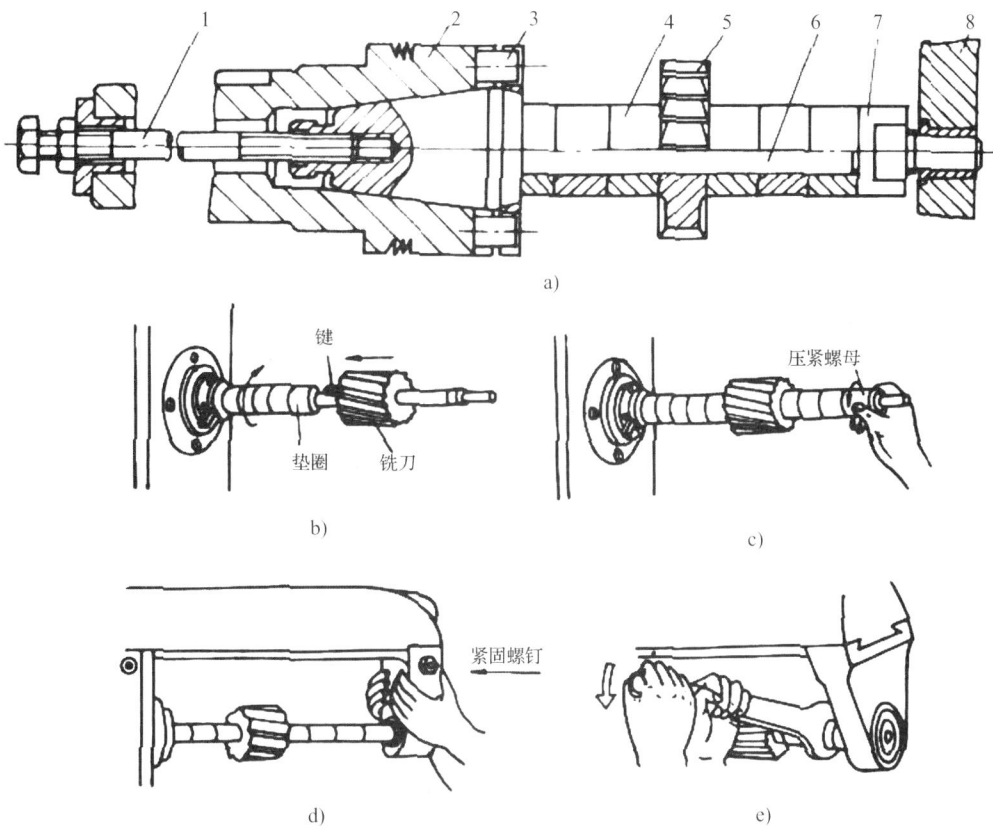

图 12.1.13　带孔铣刀的安装

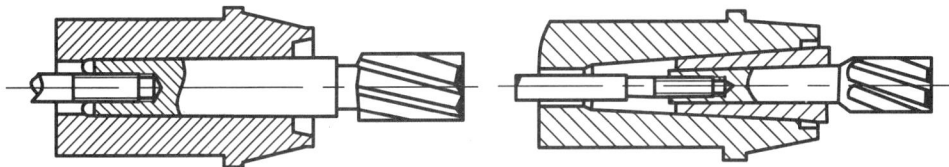

图 12.1.14　锥柄铣刀的安装

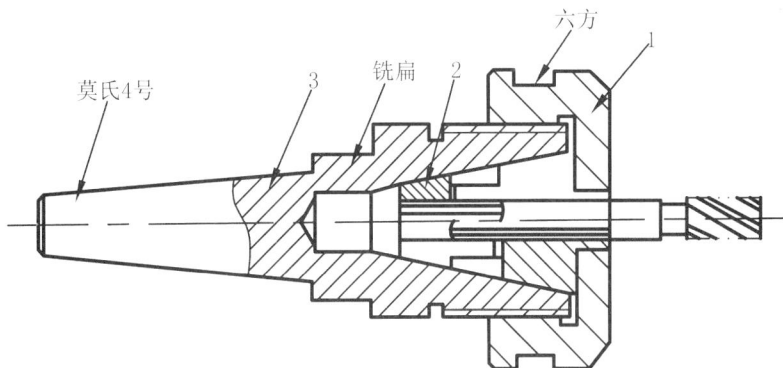

图 12.1.15　直柄铣刀的安装

4. 套式端铣刀安装

应先将端铣刀装入短刀杆,然后再装入主轴锥孔,用拉杆拉紧。如图 12.1.16 所示。

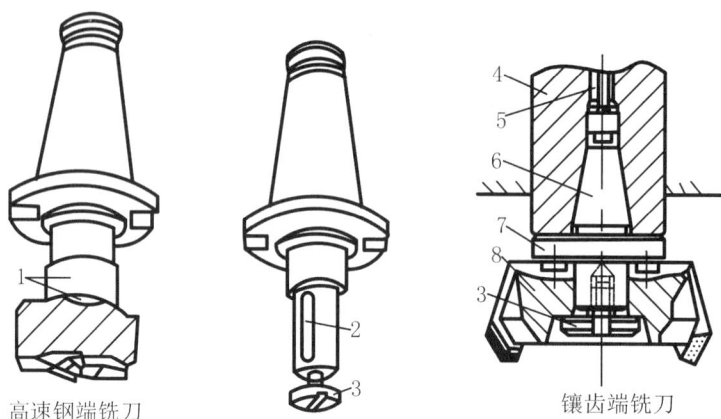

高速钢端铣刀　　　　　　　　　　　镶齿端铣刀

图 12.1.16　套式端铣刀安装

12.1.7　铣床主要附件

1. 平口钳

平口钳是铣床的基本附件,也是最常见的通用夹具,主要用来装夹中小型零件。平口钳用梯形螺栓固定在铣床工作台上。如图 12.1.17 所示。

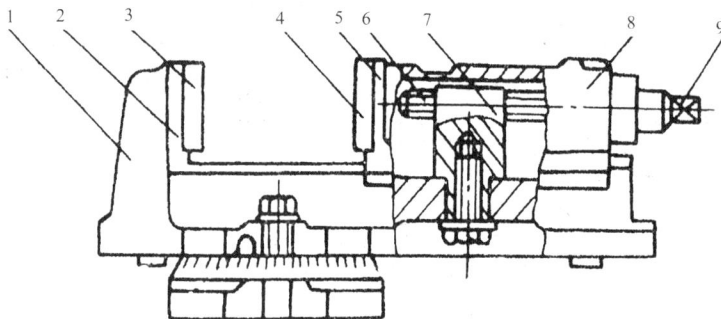

1-虎钳体;2、5-钳口;3、4-钳口铁;6-丝杠;7-螺母;8-活动座;9-方头

图 12.1.17　平口钳

2. 轴用虎钳

轴用虎钳主要用来装夹轴、套类零件,一般情况下可用分度头替代。

3. 分度头

分度头是铣床的重要附件之一,可用来装夹轴类、盘套类零件并实现分度。它是铣床加工齿轮、花键、离合器、螺旋槽等零件时必不可少的工艺装备。

分度头由主轴、回转体、分度装置、传动机构和底座组成。如图 12.1.18 所示。

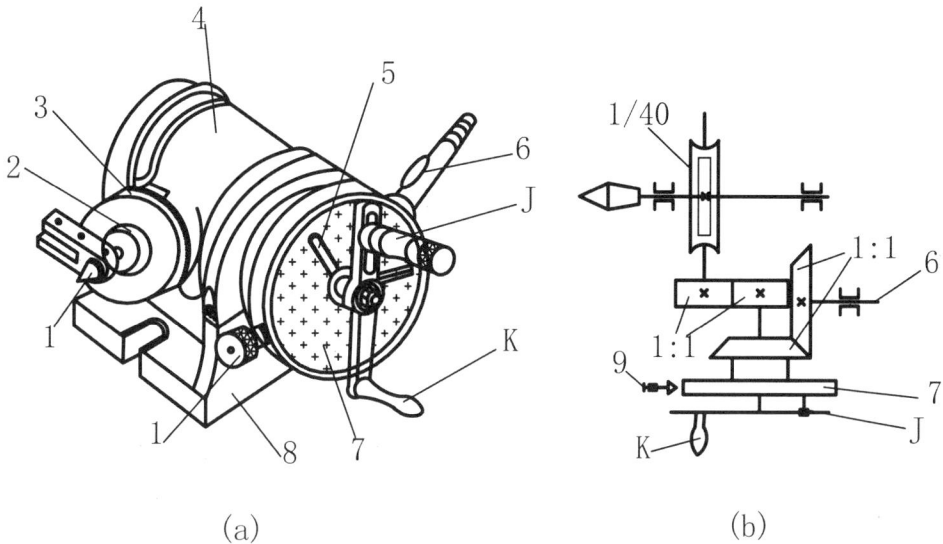

(a)　　　　　　　　　　　　(b)

1-顶尖;2-主轴;3-刻度盘;4-回转体;5-分度叉;6-挂轮轴;7-分度盘;8-底座;9-锁紧螺钉;j-插销;k-分度手柄

图 12.1.18　FW100 分度头及其传动原理

分度头的主轴前端有莫氏锥孔,可安装顶尖支承工件;外部有一定位圆锥体,用于安装三爪卡盘并装夹工件。主轴正面回转体上有刻度值,用于简单多面体加工时直接分度。侧面分度装置由分度盘、分度叉和分度手柄组成,用于精确分度。转动分度手柄 K,经传动比 $i=1$ 的圆柱齿轮副、传动比 $i=1/40$ 的蜗轮蜗杆副,可带动分度头主轴回转,从而实现分度运动。从传动系统图可知,若要工件转一转,分度手柄须转 40 转。因此,如工件的等分数为 z,分度头手柄每次分度所需转动的转数为:

$$n=40\times 1/Z=40/Z(转)$$

例如:$Z=6$,$n=40/6=6+2/3$(转)。当用上式求得 n 不是整数时,就要借助于分度盘来进行分度。分度盘是分度头的配件。每个分度头一般配有两块分度盘供选用。分度盘正反两面各加工有若干个孔距精度很高的孔圈,各圈孔数均不相同。FW100 分度头的两块分度盘的孔圈及其孔数分别为:

第一块　　正面:24,25,28,30,34,37;

　　　　　反面:38,39,41,42,43;

第二块　　正面:46,47,49,51,53;

　　　　　反面:54,57,58,59,62,66

当采用分度盘进行分度时,分度手柄的转数可用下式计算求得:

$$n=40/Z=a+p/q$$

式中　a——每次分度手柄应转过的整转数;

　　　q——所选分度盘孔圈的孔数;

　　　p——分度手柄还应在孔数为 q 的孔圈上转过的孔数。

上例 $n=6+2/3=6+44/66$,即:如采用 FW100 分度头,可选用第二块分度盘,并将手柄定位在孔数为 66 的孔圈上。每次分度,手柄须转过 6 圈又 45 个孔。这时,主轴便准确地转过了分度所需的 1/6 转。

为避免每次分度要数孔数而容易产生的差错,可调整分度叉使两块叉板之间所夹的孔数为 $p+1$。若以顺时针转动分度手柄,分度前应将左侧叉板紧贴定位销,分度时拔出定位销转动 a 圈后在紧贴右侧叉板孔中定位即可。在每次分度后,只需顺着手柄转动方向拨动分度叉,使左侧叉板再次紧贴定位销,为下次分度做好准备。

以上分度方法称为简单分度法,也是最常用的一种分度方法。此外还有直接分度法、角度分度法和差动分度法等。

4. 回转工作台

回转工作台用来安装工件并铣制回转表面或成型曲面。工件固定在转台上,转动手轮可使转台转动,实现圆周进给或分度运动。如图 12.1.19 所示。

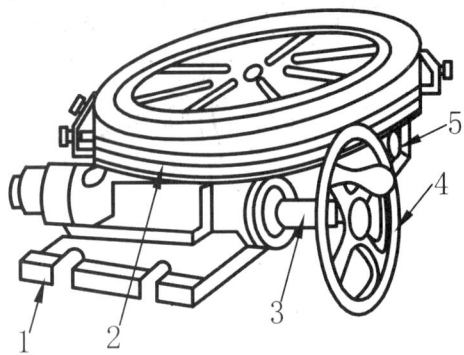

5. 立铣头

主要用于卧式升降台铣床装夹立式铣刀、指形铣刀和键槽铣刀,从而扩大其工艺范围。使用时将其固定在卧式铣床的立柱导轨上,主轴锥孔中装上传动齿轮,以便传动立铣头主轴实现主运动。如图 12.1.20 所示。

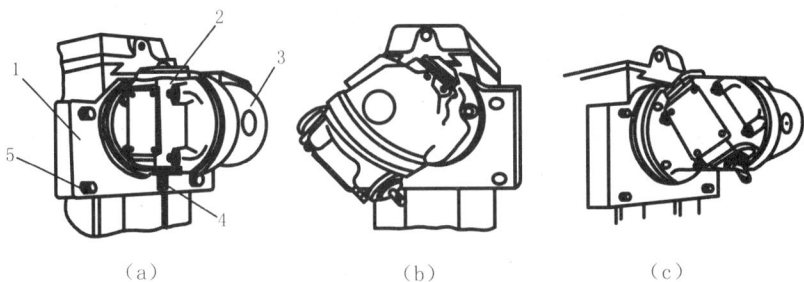

1-底座;2-转台;3-蜗杆轴;4-手轮;5-紧定螺钉
图 12.1.19 回转工作台

（a）   （b）   （c）

1-底座;2、3-壳体;4-立铣刀;5-固定螺栓
图 12.1.20 立铣头及其安装

12.2 铣平面

12.2.1 铣刀及铣削方式的选择

1. 周铣法

用铣刀圆周上的切削刃进行铣削的方法称为周铣法,简称为周铣。如用立铣刀、圆柱铣刀铣削各种不同的表面。根据铣刀旋转方向与工件进给方向的关系,可将周铣法分为顺铣和逆铣两种方式。如图 12.2.1 所示。

（1）顺铣 在切削部位铣刀的旋转方向与工作进给方向相同的铣削方式为顺铣

（2）逆铣 在切削部位铣刀的旋转方向与工件进给方向相反的铣削方式为逆铣

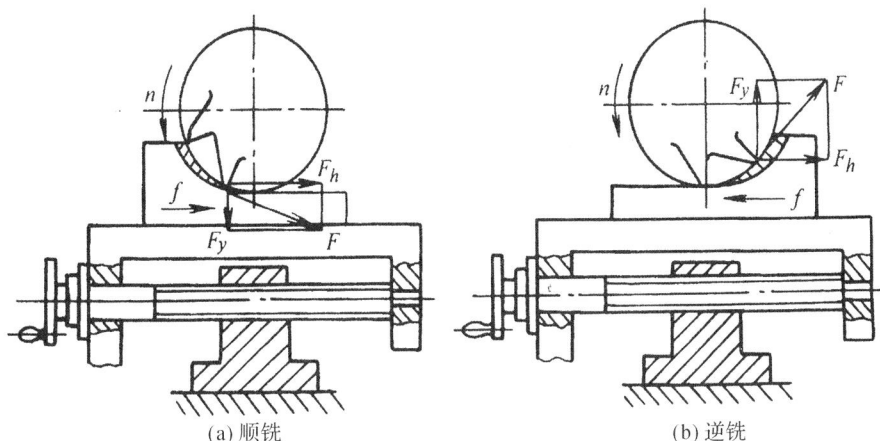

(a) 顺铣　　　　　　　　　　　　　(b) 逆铣

图 12.2.1　铣削方式

(3)顺铣与逆铣的特点

1)由于工作台进给丝杠与螺母间存在间隙,顺铣时水平铣削力 F_h 与进给方向一致,会使工作台在进给方向上产生间歇性的窜动,使切削不平稳,以致引起打刀、工件报废等危害;而逆铣时水平铣削力 F_h 的方向正好与进给方向相反,可避免因丝杠与螺母间的间隙而引起的工作台窜动。

2)顺铣时,作用在工件上的垂直铣削分力 F_x 始终向下,有压紧工件的作用,故铣削平稳,对不易夹紧的工件及狭长与薄板形工件较适合。逆铣时,垂直分力 F_y 方向向上,有把工件从台上挑起的趋势,影响工件的夹紧。

3)顺铣时,刀刃始终从工件的外表切入,因此铣削表面有硬皮的毛坯时,顺铣易使刀具磨损;逆铣时,刀刃不是从毛坯的表面切入,表面硬皮对刀具的磨损影响较小,但开始铣削时刀齿不能立刻切入工件,而是一面挤压加工表面,一面滑行,使加工表面产生硬化,不仅使刀具磨损加剧,并且使加工表面粗糙度变粗。

综上所述,周铣时一般都采用逆铣,特别是粗铣;精铣时,为提高工件表面质量,可采用顺铣,如果工作台丝杠与螺母间有间隙补偿或调整机构,顺铣更具有优势。

2. 端铣法

用分布在铣刀端面上的切削刃进行铣削的方法称为端铣法,简称端铣。根据铣刀在工件上的铣削位置,端铣可分为对称端铣与不对称端铣两种方式。如图 12.2.2 所示。

(1)不对称端铣(图 12.2.2(a)、(b)) 在切削部位,铣刀中心偏向工件铣削宽度一边的端铣方式,称为不对称端铣。

不对称端铣时,按铣刀偏向工件的位置,在工件上可分为进刀部分与出刀部分。图 12.2.2(a)中 AB 为进刀部分,BC 为出刀部分。按顺铣与逆铣的定义,显然,进刀部分为逆铣,出刀部分为顺铣。不对称端铣时,进刀部分大于出刀部分时,称为逆铣;反之称为顺铣。不对称端铣时,通常应采用如图 12.2.2(a)所示的逆铣方式。

(2)对称端铣(图 12.2.2(c)) 在切削部位,铣刀中心处于工件铣削宽度中心的端铣方式称为对称端铣。用端铣刀进行对称端铣时,只适用于加工短而宽或厚的工作,不宜铣削狭长型较薄的工件。

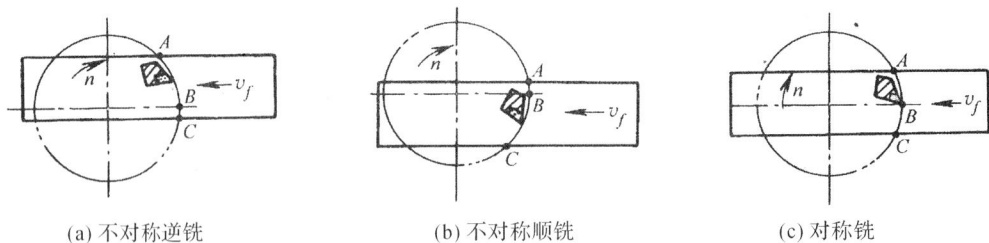

(a) 不对称逆铣　　　　　　(b) 不对称顺铣　　　　　　(c) 对称铣

图 12.2.2　端铣的对称铣和不对称铣

12.2.2　工件的装夹

1. 机用平口虎钳装夹工件

机用平口虎钳俗称机用虎钳,如图 12.2.3 所示。一般对于中小尺寸、形状规则的工作,宜采用机用虎钳装夹。

(1)机用平口虎钳的使用方法　安装虎钳时,应擦净虎钳底面与铣床工作台面,为增加虎钳的刚性,在不需回转角度时,可将回转底盘拆去。安装后,应调整钳口与机床的相对位置,可用固定于主轴上的划针或将一大头针用黄油粘在刀具上代替划针校正(图12.2.3(b))。校正时,将针尖靠近固定钳口,移动工作台,观察针尖与钳口的距离在钳口全长上是否相等,若不等则应调整。也可用百分表代替划针(图12.2.3(a))或者用宽度角尺校正虎钳(图12.2.3(c))。

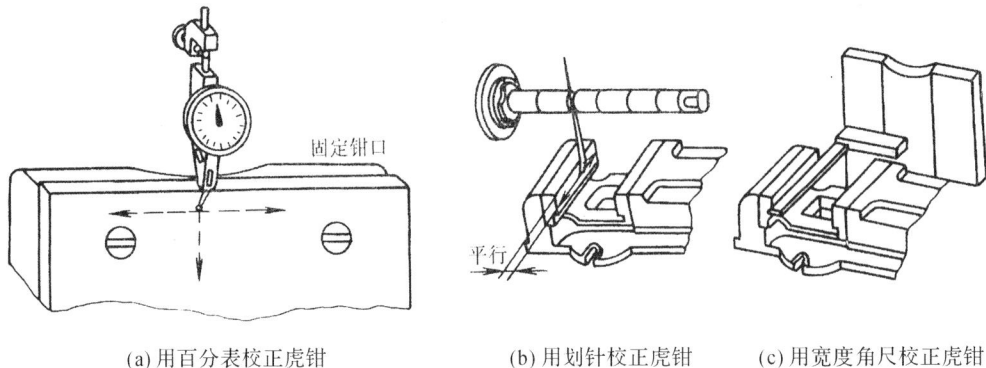

(a) 用百分表校正虎钳　　　(b) 用划针校正虎钳　　　(c) 用宽度角尺校正虎钳

图 12.2.3　校正机用平口虎钳

(2)工件的安装要领

1)应将工件的基准面紧贴固定钳口或钳体的导轨面上,并使固定钳口承受铣削力(图12.2.4)。

2)工件的装夹高度以铣削尺寸高出钳口平面 3～5mm 为宜,如装夹位置不合适,应在工件下面垫上适当厚度的平行垫铁。垫铁应具有合适的尺寸、表面粗糙度及平行度。

为使工件基准面紧贴固定钳口,可在活动钳口与工件之间垫一圆棒(图12.2.5)。

4)为保护钳口与避免夹伤已加工工件表面,应在工件与钳口间垫一块钳口铁(如铜皮)。

5)夹紧工件时,应将工件向固定钳口方向轻轻推压,工件轻轻夹紧后可用铜锤等轻轻敲

(a) 钳体与工作台平行安装　　(b) 钳体与工作台垂直安装

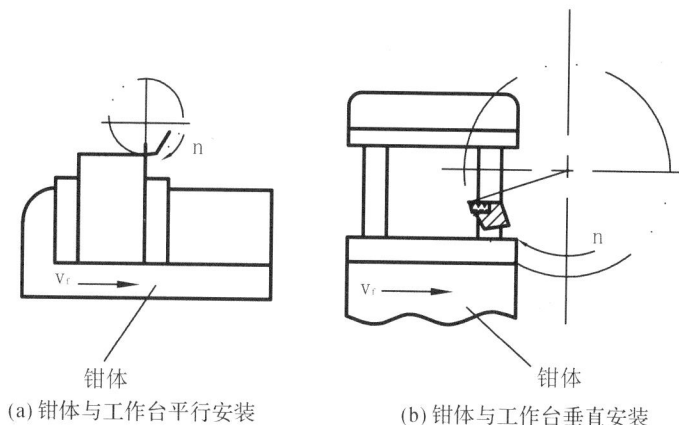

图 12.2.4　使固定钳口承受铣削力

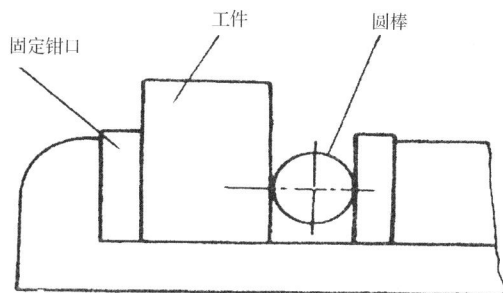

图 12.2.5　在活动钳口与工件之间垫一圆棒

击工件,以使工件紧贴于底部垫铁上,最后再将工件夹紧。图 12.2.6 所示为使用机用平口虎钳装夹工件的几种情况。

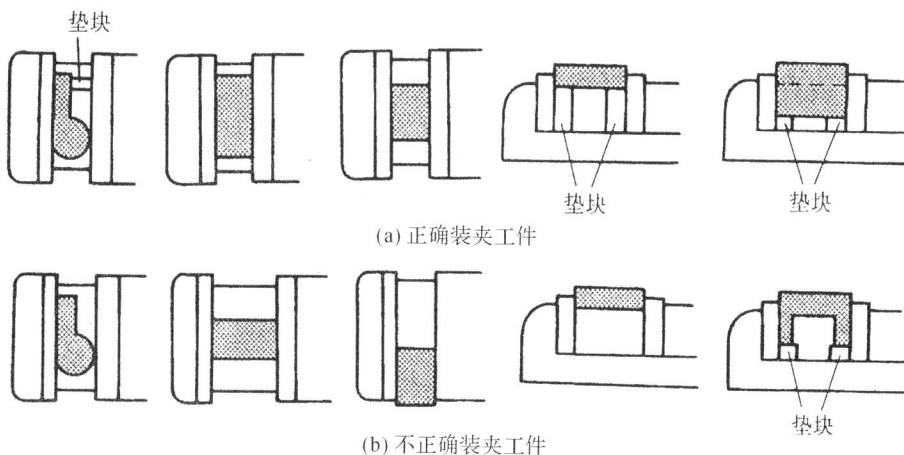

(a) 正确装夹工件

(b) 不正确装夹工件

图 12.2.6　机用平口虎钳装夹工件的几种情况

2. 用压板装夹工件

尺寸较大的工件,可用螺栓、压板直接装夹于工作台上,为确定加工面与铣刀的相对位置,一般均需找正工件(图12.2.7)。压板的正确使用方法如图12.2.8所示。

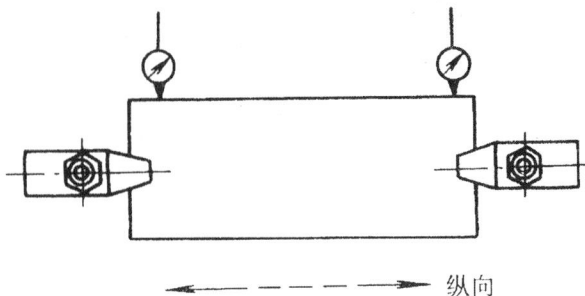

图 12.2.7　用压板装夹找正工件

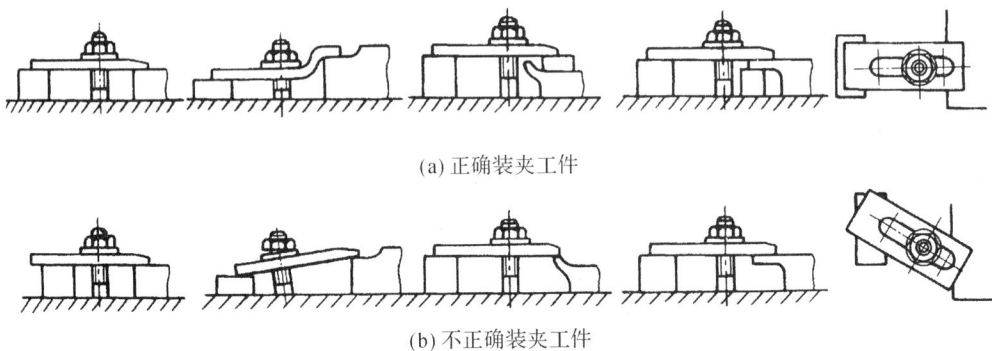

(a) 正确装夹工件

(b) 不正确装夹工件

图 12.2.8　压板的正确使用方法

12.2.3　机床的调整

在卧式铣床上端铣时,若主轴与工作台纵向进给方向不垂直,即回转盘"0"位不准,铣出的平面会出现中间凹;在立式铣床上端铣时,若主轴"0"位不准,即主轴与工作台面不垂直,用纵向进给时也会出现平面中凹现象(图12.2.9)。因此铣削前,应调整铣床"0"位。

1. 卧式万能铣床工作台"0"位不准的调整步骤与要领

(1)松开转盘紧固螺母,扳转回转台使回转台上的"0"线对准表盘的基准线,再轻轻紧固回转盘。

(2)在主轴端面装一百分表,百分表测头绕主轴回转直径应大于300mm。

(3)将主轴置于高速挡位,用手扳动主轴使百分表直接与纵向工作台侧面的一边轻轻接触后置于"0"位,再扳转主轴使百分表回转180°后。在另一边与工作台侧面接触,两个位置上的允许误差在300mm长度内小于0.02mm;如大于此值,应根据实测数值校正回转工作台,直至符合要求后锁紧回转工作台(图12.2.10)。

2. 立式铣床主轴"0"位不准的调整步骤与要领

(1)松开立铣头回转盘紧固螺钉,取出定位圆锥销,扳转立铣头,使回转盘"0"线对准转座上的基准线,再轻轻紧固回转盘。

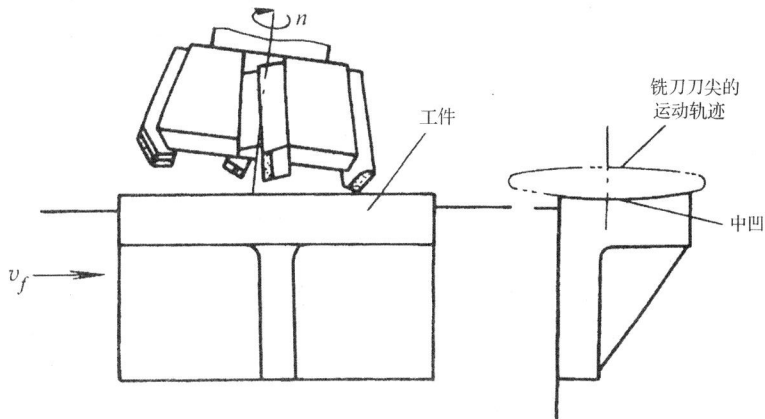

图 12.2.9　平面中凹现象

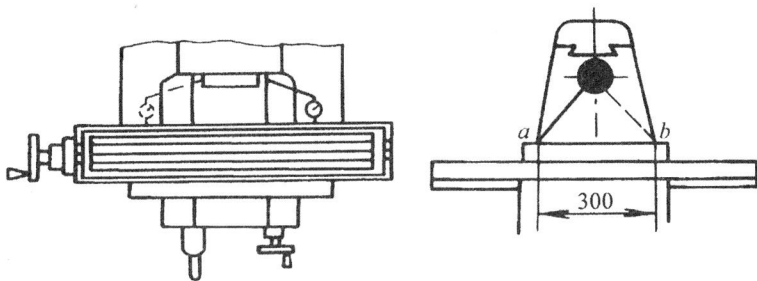

图 12.2.10　卧式万能铣床工作台"0"位不准的调整

(2)在主轴上装一百分表,使其能绕主轴旋转,然后扳转主轴使表头与纵向工作台面的一边轻轻接触后置表于"0"位,再扳转主轴,将百分表回转 180°,使表头在另一边与工作台面接触(图 12.2.11)。保证两个位置上的误差在 300mm 长度内不大于 0.02mm;如大于此值,则应根据表的数值校正主轴,直至符合要求,最后再锁紧立铣头回转盘。

12.2.4　平面铣削操作要领

(1)调整主轴转速与进给量,主轴转速的调整,通过选用铣削速度 v_c 来确定的。采用高速钢铣刀铣削时,粗铣取 $v_c=0.5\sim0.3\text{m/s}$;精铣取 $v_c=1.5\sim2.5\text{m/s}$。

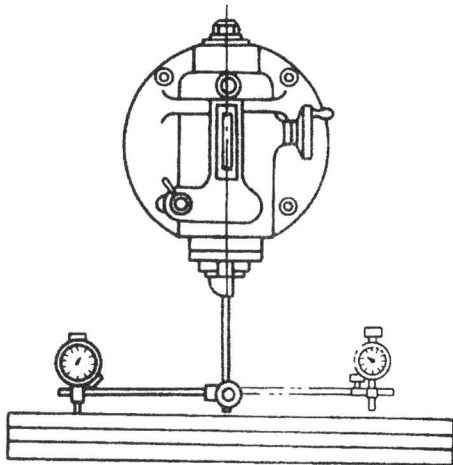

图 12.2.11　立式铣床主轴"0"位不准的调整

进给量的调整,通常通过选择每齿进给量 f_z 来确定。粗铣取 $f_z=0.10\sim0.25\text{mm/z}$;精铣取 $f_z=0.05\sim0.12\text{mm/z}$。

（2）对刀，启动铣床，转动工作台手轮使工作台慢慢靠近铣刀，当铣刀与工件表面轻轻接触后记下工作台刻度，作为进刀起始点，再退出铣刀，以便进刀。注意，通常不允许直接在工件表面进刀。

（3）试切、调整铣削深度，根据工件加工余量，选择合适的铣削深度 a_p。一般情况，粗铣取 $a_p = 2.5 \sim 5\text{mm}$；精铣取 $a_p = 0.3 \sim 1.0\text{mm}$。试切时，先调整铣削深度，再手动进给试切 $2 \sim 3\text{mm}$，然后退出工件，停车测量尺寸，如尺寸符合要求，即可进行铣削；如尺寸过大或过小，则应重新调整铣削深度，再进行铣削。

（4）铣削时，注意加注合适的切削液。为保证铣削质量，进给时应待铣刀全部脱离工件表面后方可停止进给。退刀时，应先使铣刀退出铣削表面，再退回工作台至起始位置，以免加工表面被铣刀拉毛。

（5）平面的检测，平面尺寸可用游标卡尺或千分尺测量。平面度可用刀口形直尺检验，或用百分表检测；平面的垂直度可用宽度角尺检验；平行度可用千分尺或百分表检测。

12.3　铣斜面

斜面是零件加工面与基准面成倾斜的平面，它们之间相交成一个角度。

（1）安装铣刀：用立铣刀铣平面。

（2）装夹工件：在平口钳上安装

1）划线后按划线找正工件：先在工件上按照图样要求划出斜面的轮廓线，然后用划线盘找正划线与工作台面平行，用立铣刀铣平面。如图 12.3.1 所示。

2）也可划线后把工件放平用扳转立铣头的方法加工：扳转立铣头时先拔出定位销，然后松开螺母扳转立铣头。

3）也可划线后用扳转平口钳的方法加工。

图 12.3.1　划线后按划线找正工件铣斜面

（3）选择铣削用量：与铣平面一样。

（4）铣削过程：注意铣削时的余量变化，必须注意从高处或最外逐步铣削。

（5）检测工件：用角度游标卡尺。

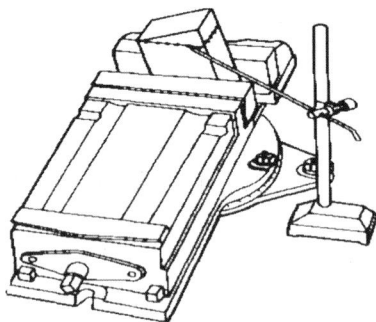

12.4　铣台阶

台阶面是由平行面和垂直面组合而成。台阶往往有一定的尺寸精度和对称精度。如图 12.4.1 所示。

（1）安装铣刀：立铣刀（也可用三面刃铣刀）。

（2）安装工件：在平口钳上安装，使台阶高出钳口。

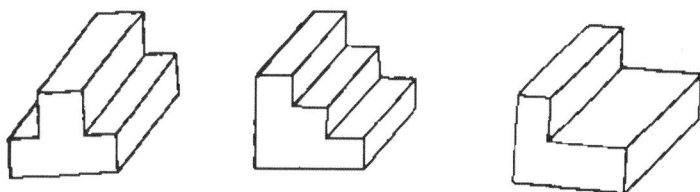

图 12.4.1　台阶

（3）选择铣削用量：与铣平面一样，往往分粗铣和精铣两步进行。粗铣时切去大部分余量，侧面和底面各留 0.5mm 的余量做精铣。

（4）铣削过程：

1）先铣好方块，使六面互平行互垂直。

2）粗铣一边台阶，再粗铣另一边台阶，侧面和底面各留 0.5mm 的余量，必须用逆铣。

3）测量余量后，精铣两边的侧面和底面，可用顺铣。

4）当对称度要求较高时，也可用换面法加工，即一侧台阶加工完毕后，松开平口钳，将工件转 180 度，并使工件底面紧贴平行垫铁，夹紧后再加工另一侧面台阶。

（5）检测工件：

1）较低精度用游标卡尺和深度游标卡尺。

2）高精度用平板、百分表和千分尺。测量对称度时把对称基准贴在平板上测量加工面。两边平行面的读数差就是对称度误差。

12.5　铣沟槽

常见的直角沟槽，有敞开式、封闭式和半封闭式。直角沟槽除了对宽度、长度、深度有要求外，还有槽的位置要求和表面质量要求。如图 12.5.1 所示。

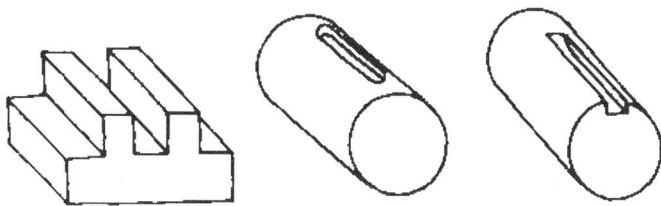

图 12.5.1　直角沟槽

1．安装铣刀

敞开式、半封闭式直角沟槽可选用立铣刀（也可用三面刃铣刀卧铣），封闭式直角沟槽选用键槽铣刀。

2. 安装工件

(1)在平口钳上。

(2)如果是轴类零件可用 V 形铁和压板安装在工作台上,或用分度头装夹。

3. 选择铣削用量

与铣台阶一样。

4. 铣削过程

(1)对刀。

(2)粗铣沟槽,两侧面和底面留 0.5mm 余量。

(3)精铣时可采用铣刀直径等于槽宽的铣刀一次成型,也可选用铣刀直径小于槽宽的铣刀二次成型。

5. 检测工件

(1)与台阶一样。

(2)可用自制塞规检测。

6. 键槽质量分析

(1)键槽宽度尺寸超差:一般原因有铣刀磨损,铣刀直径未选对,对刀不准。

(2)键槽对称度超差:一般原因有工作台未紧固产生位移,未考虑铣削时让刀,对刀误差大。

(3)槽侧偏斜:原因有垫铁不平行,粗加工时工件因未夹紧造成铣削时工件拉起,粗加工时铣刀未夹紧造成铣刀逐渐被拉出。

12.6 铣燕尾槽

燕尾槽与燕尾块是配合使用的,如图 12.6.1 所示。一般的燕尾槽和燕尾块的角度、宽度、深度、对称度要求都比较高。加工时先用立铣刀加工出台阶成凹槽,方法如上节所述,在此基础上用燕尾槽铣刀在台阶处加工凸燕尾块,在凹槽处加工凹燕尾槽。如图 12.6.2 所示。

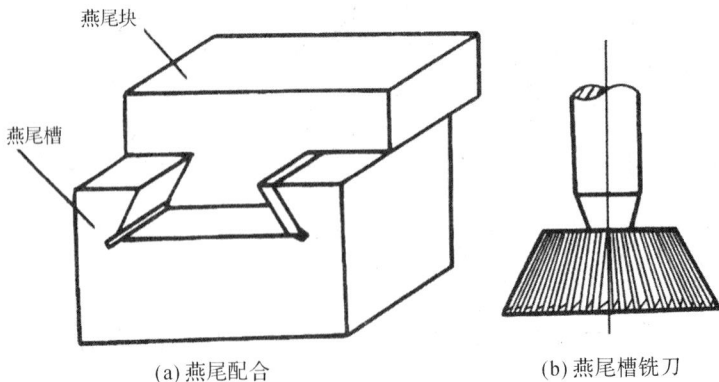

(a)燕尾配合   (b)燕尾槽铣刀

图 12.6.1 燕尾配合和燕尾槽铣刀

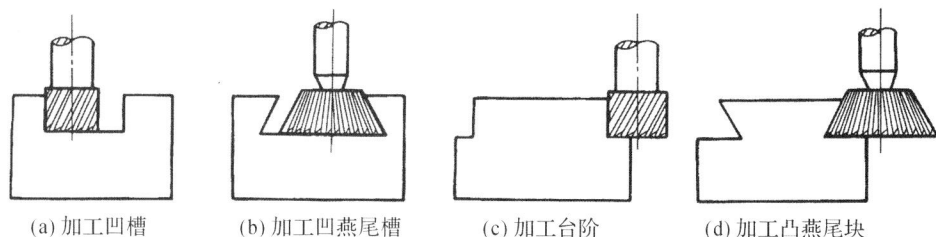

(a) 加工凹槽　　(b) 加工凹燕尾槽　　(c) 加工台阶　　(d) 加工凸燕尾块

图 12.6.2　加工凹燕尾槽和凸燕尾块

（1）安装铣刀：先用立铣刀加工凹槽台阶，然后换用燕尾铣刀。

（2）安装工件：工件安装方法如上所述。

（3）选择铣削用量：铣刀转速一般选用 100～300r/min，纵向进给量选用小于 50mm/min。

（4）铣削过程：

1）用立铣刀加工台阶和凹槽。

2）用燕尾铣刀加工凹燕尾槽，然后再使用燕尾铣刀加工凸燕尾块。加工凸燕尾块时可先划出燕尾尖的二条线，然后按划线加工。

3）凹、凸燕尾槽加工完成后须立即去毛刺，否则会影响配合。

（5）检测工件：一般用游标卡尺和深度游标卡尺即可测量。当凹燕尾槽宽大于燕尾铣刀宽度时，必须配合圆柱量棒进行测量。凹、凸燕尾的精密测量如图 12.6.3 所示。

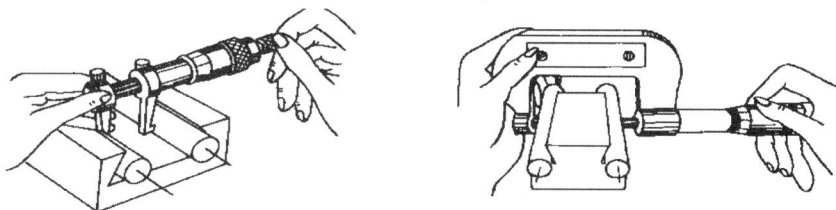

图 12.6.3　凹、凸燕尾的精密测量

12.7　螺旋槽的铣削加工

在铣削加工中，经常会遇到铣削有螺旋形沟槽的工件，如圆柱斜齿轮的齿槽，螺旋形刀具的沟槽等。

基本概念：

一条曲线（或直线）围绕一圆柱做螺旋运动所形成的表面叫做螺旋面，而该曲线上任一点的运动轨迹称为螺旋线。根据螺旋线相对轴线的分布，螺旋线有两种类型。

圆柱螺旋线——圆柱斜齿轮及蜗杆的齿槽、等速圆柱凸轮的工作表面等。

平面螺旋线——等速盘形凸轮的工作表面及三爪卡盘内平面螺纹的沟槽等。

1. 螺旋线的形成及其特点

(1)圆柱螺旋线　在圆柱体作等速旋转运动的同时,又使动点 A 在圆柱体上作等速直线运动,则在这两种运动的配合下,A 点在圆柱表面的轨迹就是一条圆柱螺旋线。如图 12.7.1 所示。

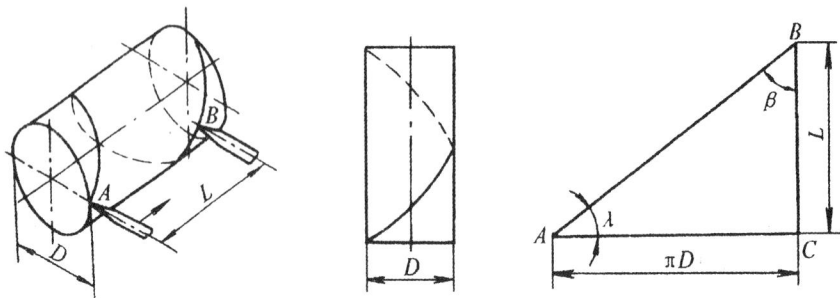

图 12.7.1　圆柱螺旋线的形成

螺旋线要素可以用直角三角形 ABC 来加以分析。

导程 L——圆柱体每转一转,动点 A 沿其母线移动的距离叫做螺旋线的导程。即三角形中的 BC。

螺旋角 β——螺旋线与圆柱体轴线之间的夹角叫做螺旋角。

螺旋升角 λ——螺旋线与圆柱体端面之间的夹角叫做螺旋升角,即三角形中的∠BAC。

由三角形 ABC 中可看出导程 L 与螺旋角 β 有以下关系:

$$导程\ L＝\pi D\cot\beta$$

式中　D——圆柱体的直径,mm。

上式是计算螺旋槽的基本公式。一般螺旋形刀具的螺旋角都规定在外圆柱面,D 应该是刀具的外径;而圆柱斜齿轮的螺旋角是规定在分度圆上,因此,D 应该是分度圆直径。

有时候,在圆本体的螺旋槽不止一条,而是两条或更多,则称为多头螺旋线,在习惯上常把螺旋线的线数叫做"头数"。平时所见的圆柱斜齿轮,多头蜗杆及螺旋形刀具都是具有多头螺旋线的实例。

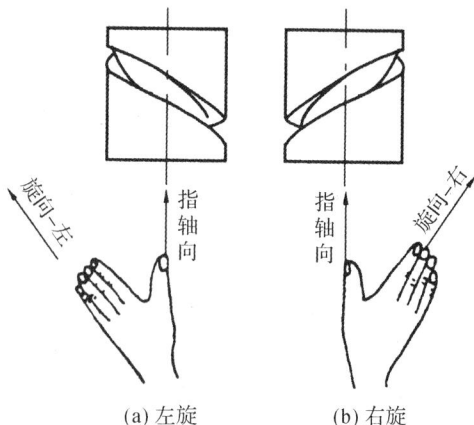

多头螺旋线的要素和计算和单线螺旋线基本相同,有导程 L,螺旋角 β 和螺旋升角 λ。此外,还用螺距 P 来表示相邻两螺旋线的轴向周节,并以 n 表示螺旋线的头数。螺距 P 和导程 L 之间的关系为:

$$L＝n \cdot P\ 毫米$$

此外,螺旋线还有右旋和左旋之分。一般可用左、右手来判断其旋向。若以手的四指表示螺旋线的旋向;以大拇指表示螺旋线圆柱轴线的方向,则所判断的螺旋线方向,若与右手四指方向相符为右旋;反之,与左手四指方向相符为左旋。如图 12.7.2 所示。

图 12.7.2　判断螺旋线旋向

2. 配换挂轮的计算

根据螺旋线的形成原理,在铣床上铣削螺旋槽时,除了铣刀做旋转运动外,在工作台带动工件作纵向进给的同时,还要使工件匀速转动,这两者之间的运动关系必须保证:工作台每匀速移动一个等于工件导程 L 的距离同时,工件必须同时匀速旋转一周。这就需要将工件装夹在分度头上,并通过挂轮把铣床工作台的直线运动和分度头主轴的旋转运动联系起来。挂轮的速比需满足上述运动的要求。如图 12.7.3 所示。

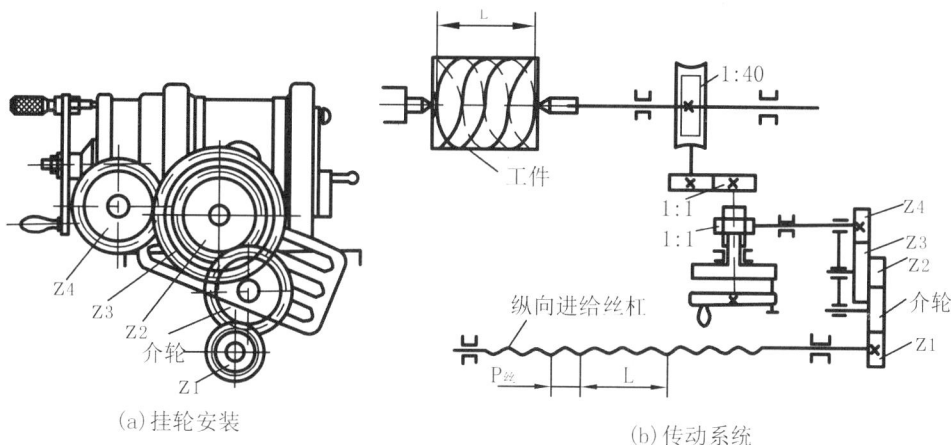

(a)挂轮安装   (b)传动系统

图 12.7.3 铣床上铣削螺旋槽

由传动系统图可知:当工作台每移动一个导程 L 时,分度头主轴必须转一转,则挂轮的速比可计算如下:

移项整理后得:

$$\frac{z_1 \times z_3}{z_2 \times z_4} = \frac{40 P_{丝}}{L}$$

式中 z_1、z_3——主动挂轮齿数;

  z_2、z_4——被动挂轮齿数;

  40——分度头定数;

  L——工件导程,mm;

  $P_{丝}$——纵向传动丝杠螺距,mm。

目前国产铣床的纵向传动丝杠螺距多数为 6 毫米,所以可将上式简化成:

$$\frac{z_1 \times z_3}{z_2 \times z_4} = \frac{240}{L}$$

用上述方法确定挂轮时,计算较繁琐,而且有时算得的挂轮比往往无法分解成因子,故在实际工作中,为了方便起见,可根据挂轮的速比或工件的导程 L 直接从金属切削手册的相应表中查取挂轮的齿数。

当挂轮确定后,在安装挂轮时应注意以下几点:

(1)主动挂轮和被动挂轮的位置切不可颠倒,但有时为了便于搭配,主动挂轮 z_1 和 z_3 的位置可以互换,同样,被动挂轮 z_2 和 z_4 的位置也可以互换。

(2)挂轮之间应保持一定的啮合间隙,切勿过紧或过松。

(3)由于工件螺旋槽有左旋和右旋之分,所以安装挂轮时要注意工件的转向,如转向不对,可增加或减少中间挂轮来纠正。

(4)挂轮安装后,要检查挂轮的计算和搭配是否正确,一般可采用如下的方法检查:即在纵向工作台和床鞍之间用粉笔作一标记,然后摇动工作台手轮,使工件旋转360°,检查工作台是否移动了一个导程。当工件导程较大时,可使工件转180°和90°,然后检查工作台是否移动了二分之一或四分之一的导程。

3. 圆柱螺旋槽的铣削

螺旋槽铣削的干涉现象　为了要准确地加工出螺旋槽,除了铣刀和工件之间的相对运动需满足螺旋线形成的要求外,铣刀的形状和直径选择是一个相当重要的问题。

由于具有螺旋槽工件的用途不同,其螺旋槽的截形也是多种多样的,例如:各种螺旋形刀具齿槽的端面截形有的是呈三角形,也有的是曲线形。等速圆柱凸轮的螺旋槽的法向截形为矩形。而阿基米德蜗杆的轴向截形又是梯形。由此可见,铣削螺旋槽时,铣刀的形状和工件螺旋槽截形的关系是首先要解决的问题之一。

下面分析矩形螺旋槽的加工情况。如图12.7.4(a)所示。该螺旋槽的法向截形N-N,似乎只要选用直径等于槽宽W的立铣刀就能准确地加工出螺旋槽来,其实情况并不那么简单,因为根据计算螺旋槽导程L的公式可知:在工件导程L已确定的情况下,在不同直径的圆柱表面上,其螺旋角是不等的,直径越大,螺旋角也越大,如果将工件的外圆柱表面和工件槽底的圆柱表面展开并迭合在一起,就可发现,只有外圆柱上螺旋线和立铣刀外圆相切,而槽底圆柱面上的螺旋线,由于其螺旋角小于外圆螺旋线的螺旋角,因此不可能和立铣刀外圆相切,这样立铣刀必然会将外圆柱面以下的螺旋面多切去一部分,使螺旋槽的法向截形发生变化,这就是铣螺旋槽的干涉现象。

如果改用三面刃盘铣刀加工上述矩形螺旋槽时,则由于铣刀的两侧切削刃其运动轨迹是一平面,无法使工件槽侧螺旋面相贴合,因此,干涉现象较立铣刀铣螺旋槽时更为严重,如图12.7.4(b)所示。加工出来的螺旋面实际上是由三面刃铣刀两侧刀尖的运动轨迹所切成,铣刀的侧面刀刃是不参加切削的。

根据以上分析,可得出如下结论:

(1)由于干涉现象的存在,用形状和螺旋槽法向截形完全一致的铣刀是不可能铣出形状正确的螺旋槽。

(2)从实际出发,为了减小干涉过切量,要求铣刀的直径尽可能地小,一般在加工截形为直线的螺旋槽时,立铣刀的过切量比盘形刀小;而用盘形刀切削时,用圆锥面上的刃口切削比用端面上的刃口切削过切量要小,这些问题应在选择铣刀时予以考虑。

(3)在用盘形铣刀铣螺旋槽时,除了解决挂轮的计算和配置,工作铣刀的选择以外,当工件装夹好后在具体加工时还应注意以下几点:

1)在铣削螺旋槽时,工件需随着纵向工作台的进给而连续转动,必须将分度头主轴的紧固手柄和分度盘的紧固螺钉松开。

2)当工件的螺旋槽导程小于80毫米时,由于挂轮速比较大,最好采用手动进给。在实际工作中,手动进给时可转动分度手柄,使分度盘随着分度手柄一起转动。

3)加工多头螺旋槽时,由于铣床和分度头的传动系统内都存在着一定的传动间隙,因此

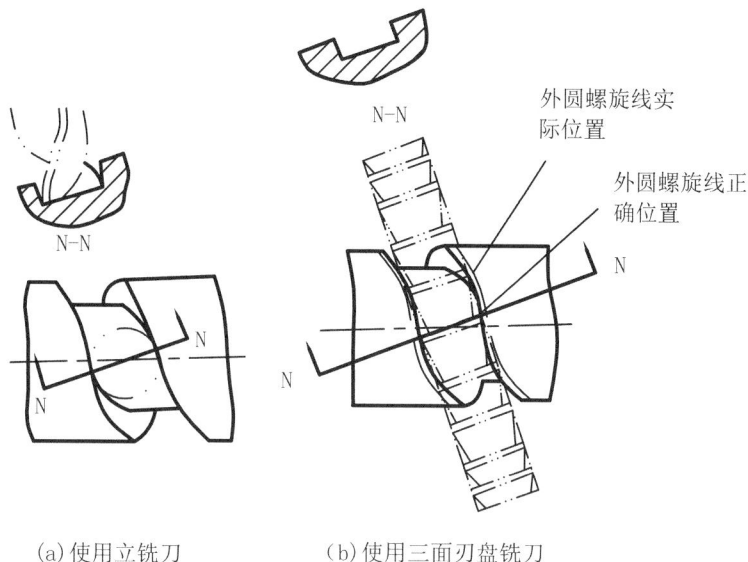

(a)使用立铣刀　　　(b)使用三面刃盘铣刀

图 12.7.4　螺旋槽铣削的干涉现象

在每铣好一条螺旋槽后,为了防止铣刀将已加工好的螺旋表面切伤,应在返程前将升降工作台下降一段距离,使工件返程时铣刀不会切伤工件已加工表面。

4)在确定铣削方向时要注意以下两种情况。当工件和芯轴之间无定位键时,要注意芯轴螺母是否会自动松开。工件在切削力的作用下,有相对芯轴作逆时针转动的趋向,由于端面摩擦力的关系,所以螺母也会跟着逆时针转动而逐渐松开。

另外,当用立铣刀铣螺旋槽时,如果铣刀轴线相对工件中心有一偏距 e,则在确定分度头转向时,应保证已铣好的槽底是逐渐离开铣刀端面。而不是顶向铣刀端面,否则会造成切削振动。

5)在采用专用的成形铣刀铣螺旋槽时,铣刀的切削位置调整必须遵照铣刀设计时的预定数据进行,否则不可能铣出形状正确的螺旋槽。

12.8　直齿轮加工

12.8.1　直齿圆柱齿轮的基本尺寸计算

常用齿轮的齿形一般由渐开线所组成,如图 12.8.1 所示。直齿圆柱齿轮各部分名称(图12.8.2)、代号、定义及计算公式列于表12.8.1。

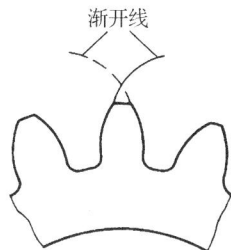

图 12.8.1　齿轮的齿形

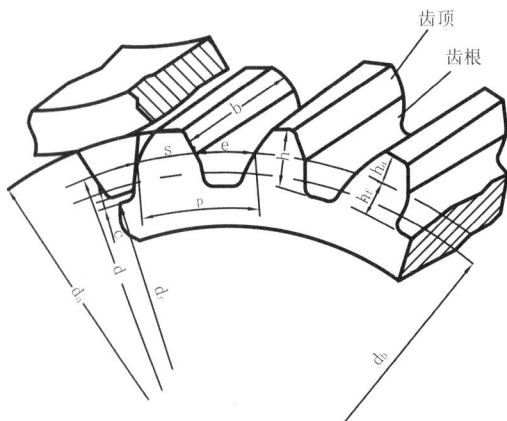

图 12.8.2 直齿圆柱齿轮各部分名称

表 12.8.1 直齿圆柱轮各部分名称、代号、定义及计算公式

名称	代号	定义	计算公式
模数	m	通过计算定出或图样给出	
齿形角	a	在分度圆上用力方向线与运动方向线之间的夹角	$a = 20°$
齿数	z	一齿轮整个圆周上,轮齿的总数	由传动计算求得
分度圆直径	d	在一个标准齿轮中,齿间和齿厚相等的那个圆	$d = mZ$
周节	p	在任意圆周上,相邻两轮齿同侧渐开线间的弧长	$p = \pi m$
齿顶高	h_a	分度圆与齿顶圆之间的径向距离	$h_a = h_a^* m$ h_a^*——齿顶高系数
齿根高	h_f	分度圆与齿根圆之间的径向距离	$h_f = (h_a^* + c^*)m = 1.25m$
齿隙	c	当两个齿轮完成啮合时,一个齿轮的齿顶与另一个齿轮的齿根之间的间隙	$c = c_m^* = 0.25m$ c^*——齿隙系数
全齿高	h	齿根圆和齿顶圆之间的径向距离	$h = h_a + h_f = 2.25m$
齿顶圆直径	d_n	通过齿轮各轮齿顶部的圆的直径	$d_a = d + 2h_a = m(z+2)$
齿根圆直径	d_f	过齿轮各齿间底部的圆	$d_f = d - 2h_f = m(z-2.5)$
齿厚	s	沿任意圆周上,轮齿两侧开线间的弧长	$s = p/2 = \pi m/2$
齿间	e	沿任意圆周上,相近轮齿近侧渐开线间的弧长	$\theta = p/2 = \pi m/2 = s$
基圆直径	d_b	形成渐开线圆的直径	$d_b = d \cdot \cos\alpha$
基节	p_b	沿基圆圆周上,相邻两轮齿同侧渐开线间的弧长	$p_b = p \cdot \cos\alpha$
齿宽	b	沿齿轮轴线方向的轮齿宽度	$b = (6\sim10)m$,通常取 $b = 10m$
中心距	a	相互啮合的一对齿轮两轴线间的距离	$a = d_1/2 + d_a/2 = m/2 \cdot (z_1 + z_2)$

12.8.2 齿轮盘铣刀的构造和选择

在铣床上铣齿是采用仿形法加工齿轮,利用刀刃形状和齿槽形状相同的刀具来切制齿形。如图 12.8.3 所示。

从渐开线性质可知:渐开线的形状与基圆大小有关,而基圆直径又与模数 m、齿数 z 和齿形角 α 有关,其关系是:

$$d_b = mz\cos\alpha$$

式中齿形角 $\alpha = 20°$ 是标准值,因此基圆直径的大小只与齿轮的模数和齿数有关,在理论上讲,每一个模数、每一种齿数,应制造一把铣刀。比较合理的办法是把铣刀铣削的齿数按照它们的齿形曲线接近的情况划分成段,每段定一号数,且以该段中最小齿数的齿形作为铣刀的齿形,以避免产生干涉。实践证明:它的齿形误差极微,对精度要求不十分高的齿轮是

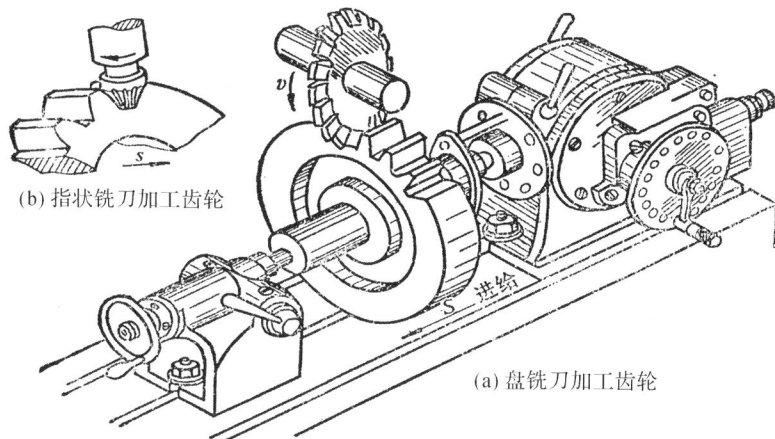

(b) 指状铣刀加工齿轮

(a) 盘铣刀加工齿轮

图 12.8.3 仿形法加工齿轮

可行的。

圆柱直齿轮铣刀在同一个模数中分成八个号数或十五个号数,每号铣刀所铣齿数范围是不同的。齿轮齿数越少,相邻齿数齿形误差越大;齿数越多,相邻齿数齿形误差就越小。

表 12.8.2 是一组八把的铣刀号数。选刀时,先按所铣齿轮的齿数从表中查得铣刀号数,再选择与工件相同模数的铣刀。

表 12.8.2 一组八把铣刀号数

所铣齿轮齿数	12~13	14~16	17~20	21~25	26~34	35~54	55~134	135~∞
铣 刀 号 数	1	2	3	4	5	6	7	8

12.8.3 圆柱直齿轮的测量

1. 公法线长度测量

测量公法线长度是采用普通游标卡尺或公法线百分尺作为测量工具,利用卡尺两卡脚或百分尺的两个测量面测量齿轮两个或两个以上轮齿齿面(不相对的两齿面)相切时两平面之间的垂直距离,如图 12.8.4 所示。这种测量方法的优点是测量方便、简单、精确度较高、W_k 值的大小不受齿轮外径的影响。

卡脚之间的跨测齿数 k,是根据齿轮的齿数 z 和齿形角 α 而规定的,它的目的是使卡脚与齿面接触处尽量接近分度圆周。公法线长度 W_k 值和跨测齿数 k 可按下式计算:

$$W_k = m \times \cos\alpha[(k-0.5)\pi + z(\tan\alpha - \alpha)]$$

$$K = \frac{\alpha}{180°}z + 0.5$$

当齿形角 $\alpha = 20°$

$$W_k = m2.9521[(k-0.5)+0.014z]$$

$$K = 0.111z + 0.5$$

式中　W_k——公法线长度,mm;

z——被测齿轮齿数;

m——被测齿轮的模数,mm;

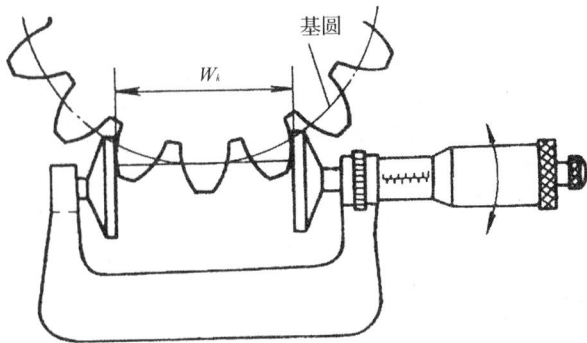

图 12.8.4 公法线长度测量

k——跨测齿数。

通常计算跨齿数 k 时,其结果有时有小数出现,此时可用四舍五入法取整数。

在工作中,除用上式计算外,还可以根据被测齿轮中的模数、齿数和齿形角,从金属切削手册表中查出卡脚应跨过的齿数和模数 $m=1$ 时的不同齿数的公法线长度。表中数值是根据 $a=20°$,模数 $m=1$ 毫米时计算的,因此查出的 W 值要乘被测齿轮的模数 m,得出的结果才是被测齿轮的公法线长度 W_k 值。

2. 分度圆弦齿厚的测量

测量分度圆弦齿厚要在分度圆圆周上测得,量具使用齿轮游标卡尺,测量时将卡尺足尖落在分度圆周上。由于卡尺是一种直线量具,这时测得的齿厚实际上是 AB 两点间的弦长,该弦长称为统弦齿厚 s,而不是齿厚 s。但根据几何学关系,若量得的弦齿厚 s 准确,则齿厚 s 也准确。同时,要使卡尺足尖在分度圆上,还需要确定垂直主尺的弦齿高 h_a 的数值。如图 12.8.5 所示。

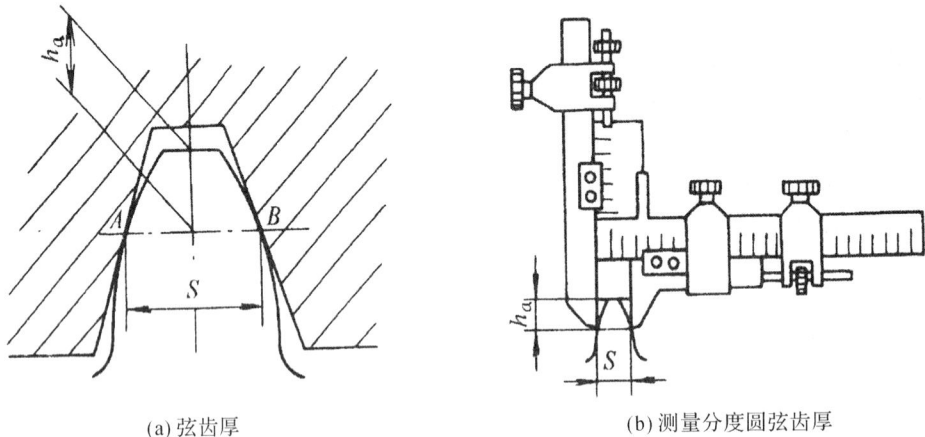

(a) 弦齿厚　　　　　　　　　　　　　(b) 测量分度圆弦齿厚

图 12.8.5 分度圆弦齿厚的测量

弦齿厚 s 和弦齿高 h_a 的计算式为:

$$s = m \cdot z \cdot \sin\frac{90°}{z}$$

$$h_a = m\left[1 + \frac{z}{2}\left(1 - \cos\frac{90^\circ}{z}\right)\right]$$

式中　　s——分度圆弦齿厚,毫米;

　　　　m——齿轮模数,毫米;

　　　　z——齿轮的齿数;

　　　　h_a——分度圆弦齿高,毫米。

测量时,根据计算的弦齿高数值调整好垂直主尺上的游标,以齿顶圆为基准,使垂直主尺的量爪与齿顶圆接触,尔后调整水平主尺上的游标位置,量其弦齿厚,使其两量爪分别和两侧齿面接触,此时水平主尺上的读数即为分度圆弦齿厚 s。若水平游标上的读数等于按公式计算的 s(若不考虑齿厚公差值),则齿厚准确。

12.8.4　圆柱直齿轮的铣削

铣削圆柱直齿轮是铣工分度头工作中的主要内容之一,也是铣削螺旋齿轮和圆锥直齿轮的基础。

1. 铣削前的准备工作

(1)必须先熟悉齿轮的工作图,图上注明模数、齿数、齿形角、加工精度和表面粗糙度等技术要求,这些要求是加工中调整计算的依据。

(2)检查齿坯　齿轮质量的优劣与齿坯有很大关系,一般检查齿顶圆和孔径的尺寸及同轴度,轮坯端面和齿坯轴线的垂直度等。检查齿坯的各项数据是否符合图样要求,不符合图样要求的齿坯,应不予加工。

(3)安装分度头及尾架　安装方法与前面介绍的一样,调整时要保证前后顶尖的中心连线与工作台面平行,且与纵向工作台进给方向一致。

(4)按照齿轮齿数分度计算与调整

(5)选择铣刀

(6)检查机床

(7)安装齿坯,检查装夹精度,如图 12.8.6 所示。

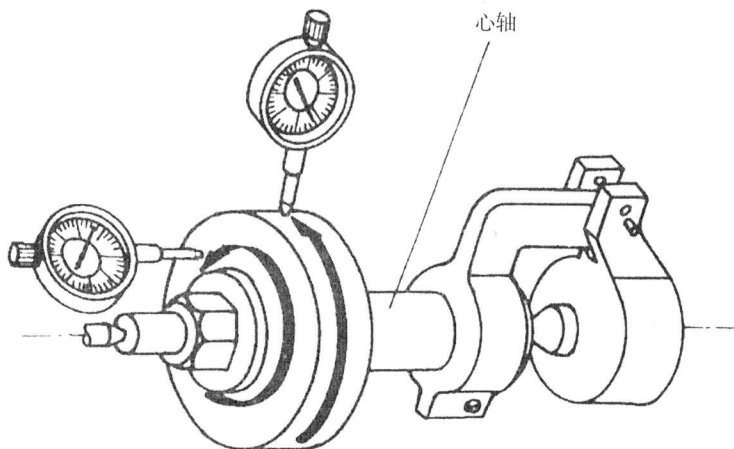

图 12.8.6　用百分表检查齿坯装夹精度

（8）对中心　使铣刀齿形对称中心线对准轮坯的中心。对中心是一项重要的工作，若中心不对准，则会影响加工齿轮的质量，铣出的齿形将会出现倒牙现象。

在生产实践中，采用划线法对中心比较普遍。把装好轮坯的心轴顶在已经校正的两顶尖之间，在轮坯圆柱面上划线。调整划针使其低于（或高于）轮坯中心划 AB 线。将轮坯转 $180°$，移动划针盘在轮坯 AB 线的一边划出 CD 线，然后将轮坯上的 AB 线和 CD 线转到上面，AB 线和 CD 线是对称于轮坯中心的。使铣刀调整到位于两线中间即可。铣浅印，再观其浅印是否居于两线之中，如偏斜，再调横向工作台，直至铣出的槽在两线中间。如图 12.8.7 所示。

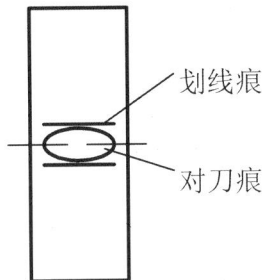

图 12.8.7　划线法对中心

（9）选择切削速度、进给量及切削液　铣削时的切削速度与轮坯材料有关，此外还与刀具的几何形状有关。齿轮铣刀是铲齿成形铣刀。此种铣刀的切削阻力大，故其切削速度比普通高速钢铣刀略低，表 12.8.3 所示是铣制正齿轮的切削速度的选择。

表 12.8.3　铣制正齿轮的切削速度

齿轮材料	45　钢	合金钢 40Cr	合金钢 20Cr	铸铁 HB150~180 硬青铜	中等硬青铜 黄铜
切削速度（米/分）	粗　　铣				
	32	30	22	25	40
	精　　铣				
	40	37.5	27	31	50

进给量与轮坯材料、模数大小、机床刚性、夹具、刀具等都有关。其中轮坯材料为主。粗加工时进给量取较大值，精加工时取较小些。粗加工钢料时应选用乳化油、肥皂水，或轻柴油等切削液，并对准刀具注足切削液。精加工钢料时，可选用柴油和锭子油混合而成的切削液。铣削铜和铸铁件时，通常不加切削液。

2. 铣削方法

（1）试铣　应先铣浅刀痕，然后检查刀痕数是否与所铣齿数相同。

（2）铣削深度的调整与进刀补充值的确定　对于齿面的表面粗糙度要求不高的或模数较小的齿槽，可一次进给铣出全齿深（2.25m）。在实际工作中，为了保证齿面的表面粗糙度和齿厚精度等达到要求，往往分粗铣和精铣。大部分余量在粗铣中切去，精铣时根据粗铣后的实际余量再作第二次进刀。补充进刀值按下面两种情况计算：

1）分度圆弦齿厚的进刀值 Δs

当 $a=20°$ 时，$\Delta s=1.37(s_实-s)$；

2）公法线长度的补充进刀值 ΔW

当 $a=20°$ 时，$\Delta W=1.462(W_实-W)$；

式中　$s_实$——粗铣后测量的实际分度圆弦齿厚；

　　　　$W_实$——粗铣后测量的实际公法线长度。

12.9　铣削实习

12.9.1　铣床的操作实习

1. 机床启动、停止

打开电源开关 7,按按钮 18,机床启动;按按钮 17,机床停止。见图 12.9.1。

2. 主轴转速、进给量调整

首先要注意运转时不能变速。铣床变速是通过滑移齿轮机构实现的,即当大齿轮带动小齿轮时增速,反之减速。这种变速机构如果在机床运转时调速,会引起啮合齿轮的相互撞击,发生轮齿变形、折断等事故。

转速调整方法:向外拉开,转动调速手柄,把箭头指准需要的转速合上手柄。如出现手柄合不上的情况,可按电气箱左边的点动按钮,停几秒钟后合上手柄。

3. 手动进给

三个方向分别通过三个手柄控制,手柄顺时针转时工作台向前(上)移动,逆时针转时向后(下)移动。要特别注意手柄转向和工作台移动方向的关系,进给方向反了会引起撞刀等事故。每个手柄都有刻度盘,纵、横向刻度的精度 0.05mm/格,上下方向 0.02mm/格。刻度盘上有锁紧螺钉,松开螺钉可完成对零。

4. 机动进给

由两个手柄控制,都是直观操纵,即手柄扳动方向就是进给方向。横向工作台上的手柄控制纵向移动(左右)。升降台上的手柄控制横向、升降运动(前后、上下)。

快速移动:用两个机动进给手柄选择方向,按下电动的快速移动按钮。注意此时工作台移动速度很快(纵向 2700mm/分,横向 1800mm/分,升降 1000mm/分),要留安全距离防止相撞。

5. 锁紧机构

铣床各工作台是依靠丝杆螺母机构实现传动的。丝杆螺母机构存在一定的间隙,使得工作台受力后产生移动影响工件尺寸精度,所以铣床三个工作台都有机械锁紧机构。手柄位置分别在各工作台上。如图 12.9.1 所示 2、4、10 号手柄。

6. 铣床的日常保养

(1)由上往下用毛刷刷掉铁屑,T 型槽内的铁屑刷到两端后用铁屑盘接住刷出。

(2)用回丝擦机床导轨、表面。

(3)注油孔、导轨面加油。

(4)下班时纵向工作台摇到中间位置,横向工作台摇到靠近床身位置。

12.9.2　矩形工件的铣削步骤

矩形工件是铣削加工最常见的工件形状,其加工内容主要是铣平行面和垂直面,现以图 12.9.2 所示矩形工件为例,介绍实习加工铣削平面和垂直面的步骤:

(1)铣 A 面(图 12.9.3(a))　工件以 B 面为粗基准并靠向固定钳口装夹,并在虎钳的导轨面上垫上平行垫铁。用榔头轻敲工件至垫铁不会摇动。开启机床,均匀摇动升降手柄至

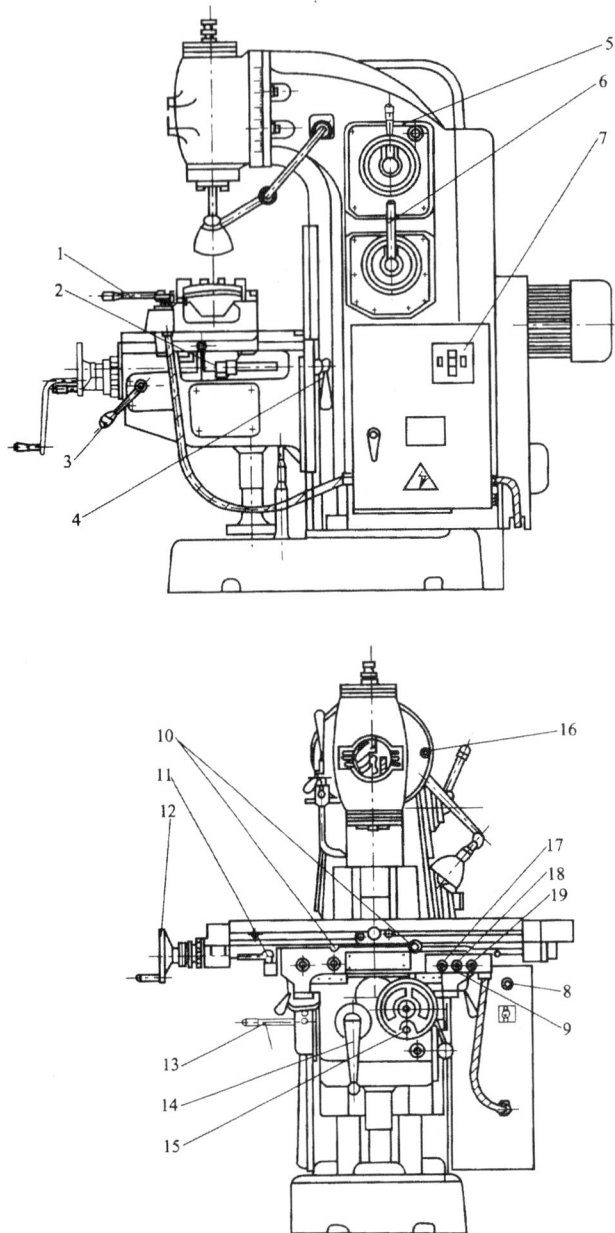

图号	用　　途
1	纵向机动操纵手柄
2	横向刹紧手柄
3	升降台润滑泵手柄
4	升轴刹紧手柄
5	主变速操纵手柄
6	进给传动变速手柄
7	电源开关
8	变速突动按钮
9	电泵电源开关
10	纵向移动刹紧螺钉
11	工作台润滑泵手柄
12	纵向移动操纵手柄
13	横向及升降机动操纵手柄
14	升降移动摇把
15	横向移动手轮
16	立铣头 0 位定位销钉
17	停止按钮
18	启动按钮
19	快速移动按钮

图 12.9.1　XQ5025B 型铣床

工件与刀具轻轻相擦后移动纵向工作台退出工件。升降手柄刻度盘调零,摇需要的切深后扳纵向进给手柄加工平面。

(2)铣 B 面(图 12.9.3(b))　工件以 A 面为精基准并靠向固定钳口装夹,虎钳导轨面上垫高度合适的平行垫铁。活动钳口处放置一圆棒以夹紧工件。

铣完 B 面后,应用 90°角尺检验面 A 与 B 的垂直度。如面 A 与 B 的夹角大于 90°,则应在固定钳口下方垫上合适的垫片(纸片或薄钢片)。

(3)铣 C 面(图 12.9.3(c))　工件仍以 A 面为基准并紧贴固定钳口装夹,在虎钳的导轨

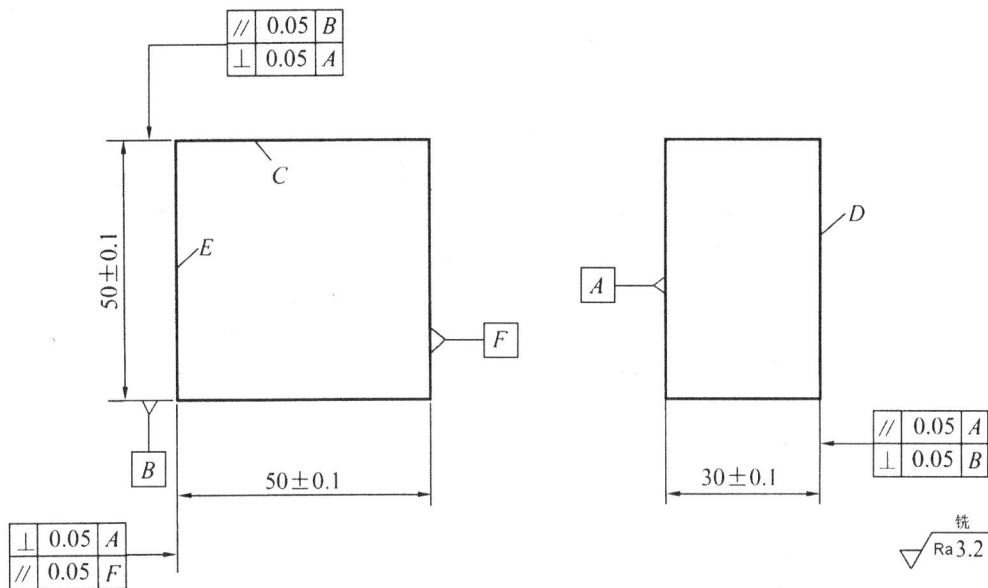

图 12.9.2　矩形工件

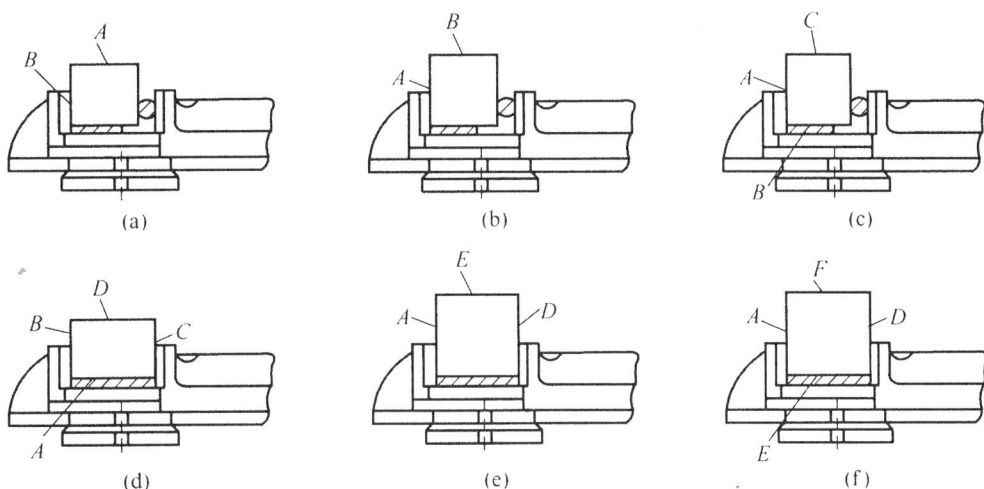

图 12.9.3　矩形工件的铣削步骤

面上放置平行垫铁,活动钳口处放置圆棒后轻轻夹紧;然后用锤子轻敲 C 面使 B 面紧贴平行垫铁,最后将工件夹紧即可铣削 C 面。铣削时,应注意长度尺寸 50±0.1mm,留 0.5mm左右的精铣余量。

　　铣完 C 面后,应用千分尺测量工件 B、C 面间的各点尺寸。若尺寸变化量在 0.05mm 以内,则符合平行度要求;如超差,则应按上述 2 的修正方法重新装夹后,再进行精铣,确保尺寸在 50±0.10mm。

　　(4)铣 D 面(图 12.9.3(d))　工件以 B 面为基准并紧贴固定钳口装夹,在 A 面下放置平行垫铁并用铜棒轻敲工件,使工件与钳口贴合。铣削时,应注意留宽度尺寸 30±0.10mm

的精铣余量。

粗铣完 D 面后,应预检平行度,再根据实测尺寸调整铣削深度进行精铣,精铣后确保尺寸 30±0.10mm,并保证平行度与垂直度在 0.05mm 以内。

(5)铣 E 面(图 12.9.3(e)) 工件以 A 面为基准并紧贴固定钳口装夹,工件轻轻夹紧后,用 90°角尺找正 B 面或 C 面,以保证 B 面与 E 面的垂直度,最后夹紧工件,铣 E 面。

精铣完 E 面后,应以 E 面为基准,用 90°角尺检测 E 面与 A、B 面的垂直度。如误差大,应重新装夹、校正,然后再进行铣削,直至垂直度达到要求。

(6)铣 F 面(图 12.9.3(f)) 工件以 A 面为基准并紧贴固定钳口装夹,确保 E 面与平行垫铁贴合。粗铣时注意宽度尺寸 50±0.10mm 留 0.5mm 左右的精铣余量。

用千分尺测量 E、F 两面间的尺寸,若尺寸变化量在 0.05mm 以内,则平行度、垂直度符合工件要求,工件合格;如超差,则应按上述 5 方法重新装夹、校正,最后精铣 F 面保证尺寸 50±0.10mm。

12.9.3　铣削实习安全操作规程

(1)在开始工作以前,必须穿戴好劳防用品,如扣紧衣服,扎紧袖口,必须戴上工作帽,不准穿裙子、汗背心、拖鞋、凉鞋、高跟鞋、围围巾、戴手套工作,以免被卷入机床的旋转部分,造成事故。

(2)铣床机构比较复杂,操作前首先要熟悉铣床性能及操作调整方法。未了解机床的性能和未得到实习指导老师的许可前,不擅自进行工作。

(3)开机床前必须检查下列事项:

1)机床各转动部分的润滑情况是否良好;

2)主轴、工作台在运转时是否会受到阻碍;

(4)装夹刀具及工件时必须停车,必须装卡得牢固可靠。

(5)不许把刀具、工件及其他物件或用具放置在机床导轨和工作台面上。

(6)对刀时,刀具和工件接触必须缓慢小心,以免损伤刀具和发生事故。

(7)开车后应注意下列事项:

1)不要用手去接触工作中的刀具、工件或其他运转部分。也不要将身体靠在机床上。

2)进行操作切断工作时,不要用手抓住将要切断的工件。

3)禁止在机床运行时测量工件的尺寸或探试机床、润滑液等现象。

(8)二人以上同时操作一台机器时,需密切配合,开车时应打招呼,以免发生事故。

(9)铣床运转时不得调整速度(扳动手柄),如需调整铣削速度,必须先停车。

(10)注意铣刀转向及工作台运动方向,学生实习一般只准用逆铣法。

(11)铣削齿轮用分度头分齿时必须等铣刀完全离开工件后方可转动分度头手柄。

(12)用快速移动靠近工件时,应在刀具与工件相距 10mm 以外停止;每次启动机床时,工件和刀具要保持一定的距离,以免相撞。

思考与练习题

12.1　什么是顺铣、逆铣?顺铣和逆铣加工各有什么优缺点?

12.2　分度头的主要用途是什么？

12.3　试说明铣削的主运动和进给运动。铣削加工和车削加工有哪些异同点？

12.4　如何铣螺纹槽？

12.5　利用简单分度公式计算下列几组等分数：$Z=16,Z=20,Z=54,Z=68$,分度头手柄分别应转多少转？

12.6　试述铣削齿轮的加工步骤。

12.7　试述铣削实习安全操作规程。

第 13 章　刨磨镗拉

车床主要加工轴类、套类和盘类等具有外圆特征的表面。铣床主要加工平面、沟槽、等分件和多种成形表面。刨床对加工窄长的平面、沟槽、成形面很有效。镗床对加工大孔、平行孔系、垂直孔系很有效。磨削加工适用于各种高硬度和淬火后零件的精加工。拉削加工是专用于非淬火零件的高精度、高效率的加工方法。各种加工方法各有所长。

本章介绍刨削、磨削、拉削、镗削。

13.1　刨削加工

13.1.1　刨削加工基本知识

1. 刨削加工范围

刨削是以刨刀相对工件作往复直线运动而实现切削加工的方法。刨削的基本工作内容包括加工平面(水平面、垂直面、斜面)、直线型沟槽(直槽、T 型槽、V 型槽)及某些成形面等,见图 13.1.1。

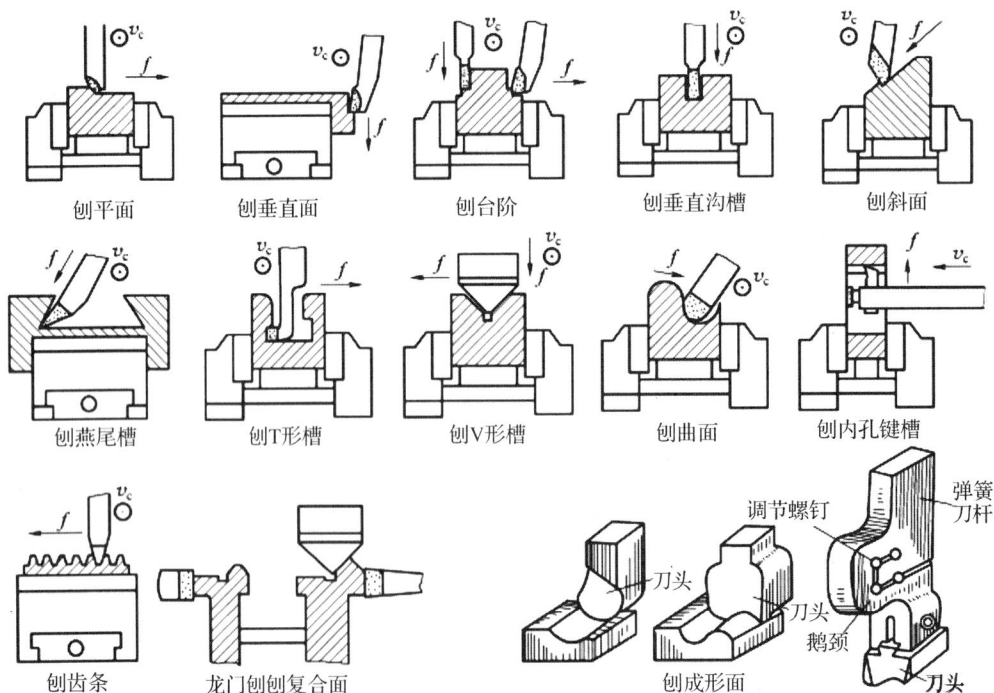

| 刨平面 | 刨垂直面 | 刨台阶 | 刨垂直沟槽 | 刨斜面 |

| 刨燕尾槽 | 刨T形槽 | 刨V形槽 | 刨曲面 | 刨内孔键槽 |

| 刨齿条 | 龙门刨刨复合面 | 刨成形面 |

图 13.1.1　刨削的工作内容

2. 刨削用量

刨削时工件上已加工表面和待加工表面之间的垂直距离，称为刨削深度 a_p（单位：mm）。刨刀或工件每往复行程一次，刨刀与工件之间相对移动的距离称为进给量 f（单位：mm/往复行程）。工件和刨刀在切削时相对运动速度的大小，称为切削速度 v_c（单位：m/min）。

3. 刨削加工工艺特点

刨削加工是一个断续切削的过程，在刨刀开始切入时有冲击，切削不平稳。但是刨床的结构简单，调整方便，刨刀与车刀基本相同，制造、刃磨、安装都比较方便，所以经济性、通用性好。

4. 牛头刨床的组成

牛头刨床主要用来加工单件小批生产的中小型狭长零件，一般刨削长度不超过1m。牛头刨床的组成与操作系统如图 13.1.2 所示。

（1）滑枕与刀架　刀架 3 安装于滑枕 4 的前端，滑枕带动刀架一起在床身水平导轨上作往复运动。刀架由刻度转盘、滑板、丝杆手轮、刻度环、拍板、拍板座、夹刀座等组成，刀架既用于装夹刨刀，又能作垂直方向或倾斜方向进给。

（2）横梁与工作台　横梁 15 可根据工件加工高度需要上、下调整。工作台 2 安装在横梁的水平导轨上，其台上与侧面均有 T 形槽，以便安装夹具与工件。工作台可沿着横梁的水平导轨作机动或手动进给运动。

（3）床身与底座　床身 13 用来支承和安装刨床的各个部件；滑枕 4 在其上部水平导轨上作往复直线运动；横梁 15 在其前端导轨上作上、下移动。床身固定于底座 14 上，其内部安装有曲柄摇杆机构和传动机构。底座的空心部分用来存贮润滑油。

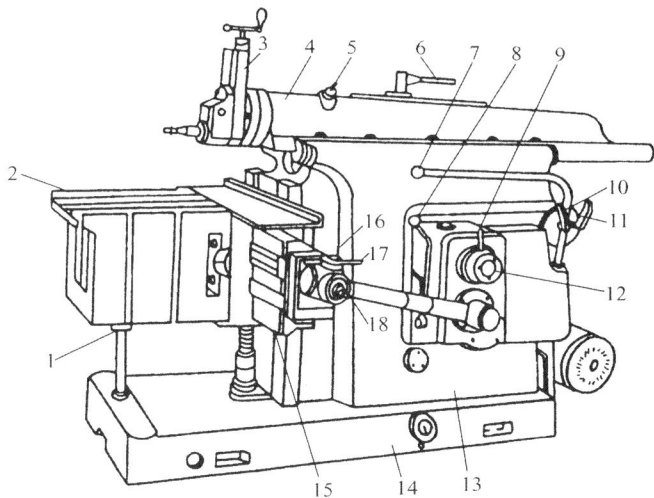

1-工作台支承座；2-工作台；3-刀架；4-滑枕；5-调整滑枕位置方头；6-紧固手柄；7-操作手柄；
8-工作台快速移动手柄；9-进给量调节手柄；10、11-变速手柄；12-调节行程长度方头；13-床身；
14-底座；15-横梁；16-工作台横向或垂直进给转换手柄；17-进给运动换向手柄；18-工作台手动进给方头

图 13.1.2　牛头刨床

13.1.2 刨削平面的操作实习

1. 牛头刨床的调整与操纵

(1)行程长度的调整

滑枕行程长度必须与被加工工件的长度相适应。具体操作如图13.1.3所示。先松开锁紧螺母2,再用扳手4转动调节行程长短的方头1,顺时针转动,行程加长;反之,行程缩短。调整后,应旋紧锁紧螺母2。

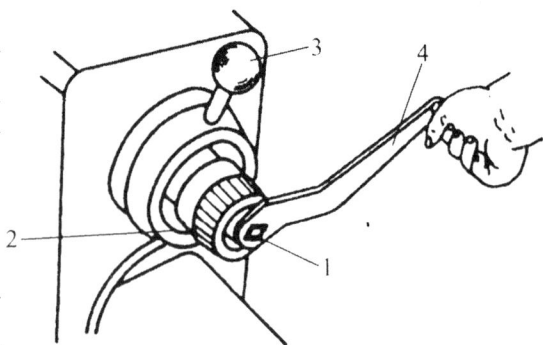

(2)行程起始位置的调整

如图13.1.2所示,松开滑枕上部的紧固手柄6,转动调节滑枕起始位置方头5,顺时针转动,行程起始位置向后移;反之,行程起始向前移。调好后,应锁紧滑枕紧固手柄。

图13.1.3　调整滑枕行程长度

(3)切削用量的调整

进给量大小可通过拨动调节手柄9实现,逆时针转调小,顺逆时针转调大。进给方向通过调节转换手柄16、17的不同组合实现。滑枕移动速度的快慢可根据标牌,通过推拉变速手柄10、11到不同位置实现。

2. 刨平面

平面刨刀的刀体结构形式主要有二种:直体刨刀和弯刀刨刀。弯头刨刀用于粗加工,直体刨刀用于精加工。装夹刨刀应注意不同结构刨刀地伸出长度。刨平面的操作步骤与要领如下。

(1)工件加工面必须高于钳口,若工件高度不够,可用平行垫铁调整。

(2)工件与刨刀装夹正确后,应调整工作台高低位置及滑枕的行程与起始位置。

(3)对刀后应将刀停在起始位置处,工件向刨刀主切削刃所在的方向退出。

(4)调整进给量,粗刨时,取进给量 $f=0.3\sim1.2$mm/往复行程;精刨时,取 $f=0.1\sim0.5$mm/往复行程。

(5)开机试刀时,当工作台横向进给 $2\sim5$mm 后应停车检查刨削尺寸是否符合要求。

(6)平面刨完后应按要求倒角,或用锉刀修去锐边与毛刺。

13.1.3 其他刨床

1. 龙门刨床

图13.1.4是龙门刨床的外形图,因它具有一个"龙门"式框架而得名。龙门刨床工作时,工件装夹在工作台9上,随工作台沿床身10的水平导轨作直线往复运动以实现切削过程的主运动。装在横梁2上的垂直刀架5、6可沿横梁导轨作间歇的横向进给运动,用以刨削工件的水平面,垂直刀架的溜板还可使刀架上下移动,作切入运动或刨竖直平面。此外,刀架溜板还能绕水平轴调整至一定角度位置,以加工斜面或斜槽。横梁2可沿左右立柱3、7的导轨作垂直升降以调整垂直刀架位置,适应不同高度工件的加工需要。装在左右立柱上的侧刀架1、8可沿立柱导轨作垂直方向的间歇进给运动,以刨削工件竖直平面。

龙门刨床主要用于刨削大型工件,也可在工作台上装夹多个零件同时加工。

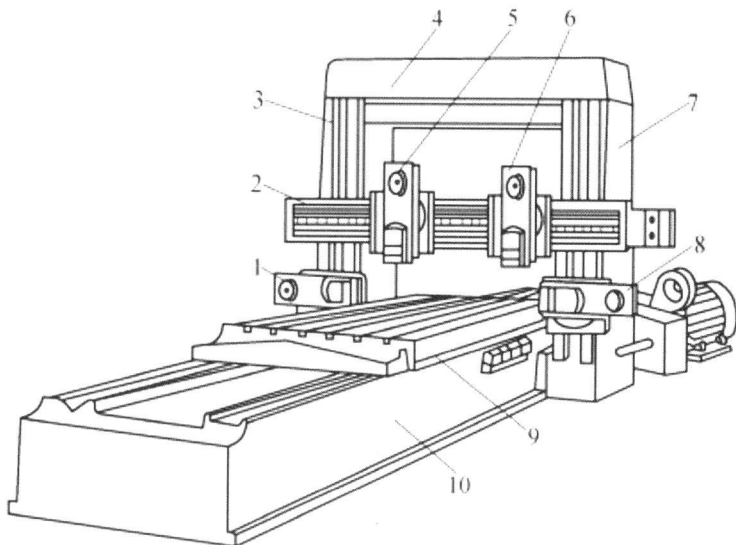

1、8-左、右侧刀架;2-横梁;3、7-立柱;4-顶梁;5、6-垂直刀架;9- 工作台;10-床身
图 13.1.4 龙门刨床的外形图

2. 插床

插削和刨削的切削方式基本相同,只是插削是在竖直方向进行切削。因此,可以认为插床是一种立式的刨床。图 13.1.5 是插床的外形图。插削加工时,滑枕 2 带动插刀沿垂直方向作直线往复运动,实现切削过程的主运动。工件安装在圆工作台 1 上,圆工作台可实现纵向、横向和圆周方向的间歇进给运动。此外,利用分度装置 5,圆工作台还可进行圆周分度。滑枕导轨座 3 和滑枕一起可以绕销轴 4 在垂直平面内相对立柱倾斜 $0°\sim8°$,以便插削斜槽和斜面。

插床的生产率和精度都较低,多用于单件或小批量生产中加工内孔键槽或花键孔,也可以加工平面、方孔或多边形孔等。

13.1.4 刨削安全技术与维护保养

刨削加工应遵循冷加工的一般操作规程,同时,还应注意下述事项:

(1)工作时,禁止站在工作台前方,以防止切屑与工件落下伤人。

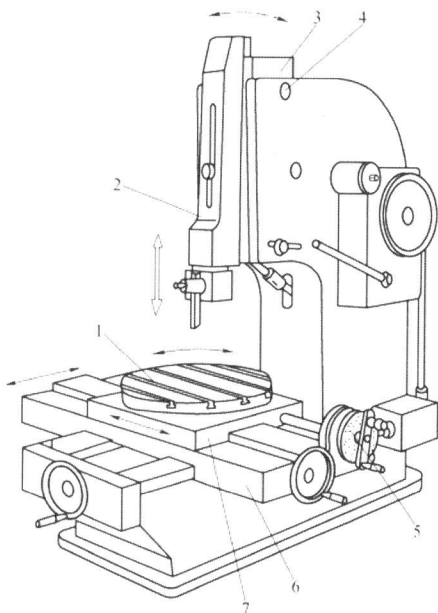

1-圆工作台;2- 滑枕;3-滑枕导轨座;4-销轴
5-分度装置;6-床鞍;7-溜板
图 13.1.5 插床的外形图

(2)禁止从滑枕正前方探视工件,以免滑枕运动时碰伤头部。

(3)安装、测量工件时,应先停机并将工件退出刨削区。

(4)开动机床时要前后照顾,避免机床碰伤人或损坏工件和设备,开动机床后,绝不允许擅自离开机床。

（5）工作结束后，应将牛头刨床的工作台移到横梁的中间位置，并紧固工作台前端下面的支承柱，使滑枕停在床身的中部；应将龙门刨床的工作台移动到床身的中间，将刀架移动到横梁两侧与立柱较近的位置上。

13.2　磨削加工

13.2.1　磨削加工基本知识

1. 磨削加工的工艺范围

磨削加工是以磨具（常用的有砂轮、砂条、砂带）或磨料为切削工具对工件表面进行微量切削的一种加工方法。磨削加工的工艺范围很广。以砂轮磨具为例，它可以制成各种形状并利用不同类型的磨床分别磨削外圆表面、内孔、平面、沟槽和各种成型面，如图13.2.1所示。

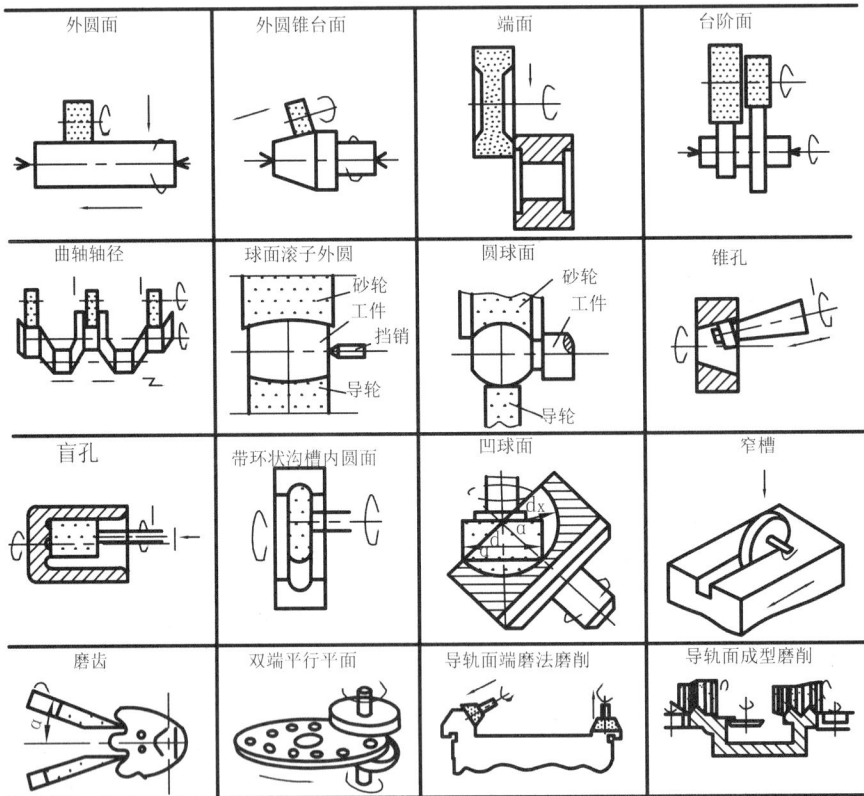

图 13.2.1　磨削加工的工艺范围

2. 磨削加工的工艺特点

由于磨具中起切削作用的磨粒具有很高的硬度和红硬性,但往往没有锋利而规则的切削刃,而且磨削过程中容易脱落。因此,磨削加工的切削过程,实质上是磨具上高速运动中的磨粒对工件表面的切削、刻划、抛光等综合作用的过程。这就使得磨削加工具有以下工艺特点:

(1)切削速度高　在磨削时,砂轮的转速很高,普通磨削可达 $30\sim35\text{m/s}$,高速磨削可达 $45\sim60\text{m/s}$,甚至更高。

(2)切削深度小　磨粒的切削厚度极薄,均在微米以下,比一般切削加工的切削厚度小几十倍甚至数百倍。因此,加工余量比其他切削加工要小得多。粗磨时:$a_p=0.01\sim0.04\text{mm/次}$,精磨时:$a_p=0.005\sim0.025\text{mm/次}$。

(3)切削温度高　砂轮线速度可达 $2000\sim3000\text{m/min}$,约为其他切削加工的 10 倍,同时砂轮与工件接触面积又很大,所以在磨削区因磨擦产生大量的热,故磨削温度很高。磨削加工中磨粒表面的瞬时温度可达 $400\sim1000℃$,且 80% 以上的热量将传给工件,极易烧伤工件表面。因此,在磨削时要充分供给切削液,将热量带走,以保证良好的冷却。

(4)加工精度高,表面质量好　磨削加工的经济精度可达 IT6～IT5,表面粗糙度 Ra1.25～0.16μm。在高精度镜面磨削时,表面粗糙度可达 Ra 0.04～0.01μm,磨削表面光整如同镜面。一般普通磨削表面粗糙度 0.8～0.2μm,精密磨削表面粗糙度 0.025μm,镜面磨削表面粗糙度 0.01μm。

(5)磨削时的背向分力比其他切削方法的背向分力大　因为磨削时,磨具与工件在吃刀方向的接触面积比较大。

(6)加工范围广　磨削加工的应用范围很广,可用于加工其他刀具难以切削的高硬度、超硬度材料,如淬硬钢、硬质合金和各种宝石等;能磨削外圆、内孔、平面、螺纹、齿轮、花键、导轨和成形面等各种表面;并可用于粗加工(磨钢坯、浇冒口和飞边等)和精加工和超精加工。

3. 砂轮

磨床上所使用的磨具有很多种,如油石、砂轮、沙带等,但是磨削加工经常使用的磨具是砂轮。砂轮是由磨料和结合剂以适当比例混合,经压坯、干燥、烧结而成的疏松体。每一颗小磨粒就相当于一把带有切削刃的刀具。

(1)砂轮的特性　包括磨料、粒度、结合剂、硬度、组织、最高工作线速度、形状与尺寸七个方面。

1)磨料　是砂轮的主要成分,其磨粒担负着切削工作。常用的磨料有刚玉类与碳化物两大类,可根据不同的工件材料选用。

2)粒度　表示磨料颗粒的大小。粒度号越大,颗粒越细。粗磨时,选用粒度号较小的粗粒度砂轮;精磨时,选用粒度号数大的细粒度砂轮。

3)结合剂　其作用是把磨料粘合在一起,使砂轮具有良好的切削性能。常用的结合剂有陶瓷结合剂、树脂结合剂与橡胶结剂三类。

4)硬度　表示磨粒在磨削力的作用下脱落的难易程度。磨粒容易脱落,则砂轮的硬度低;反之,则砂轮的硬度高。用同一种磨粒可以做出不同硬度的砂轮。砂轮的硬度分为软、中、硬不同级别。

5)组织　指磨粒和结合剂的疏密程度,它反映了磨粒、结合剂与孔隙三者间的关系,通常用磨粒在砂轮中所占的体积的百分比——磨粒率表示,共分十五个号码,号码越大,磨粒率越低,磨粒的组织越疏松。

6)最高线速度　表示砂轮许用的磨削速度。

7)形状和尺寸　指砂轮的各种形状与尺寸。

(2)砂轮的标记

砂轮各种特性、尺寸和参数的标注次序举例如下:

$$A60L5B35PSA400\times100\times127$$

其中 A-磨料为棕钢玉;60-粒度为 60♯;L-硬度为中软;5-组织号为 5;B-树脂结合剂;35-最高工作线速度(m/s);PSA-形状为双面凹;400×100×127-砂轮尺寸:外径 400mm,厚度 50mm,孔径 127mm。

(3)砂轮的安装　磨削时砂轮转速很高,如安装不当,会使砂轮破裂飞出,造成事故。为此,安装砂轮前,应仔细检查所选砂轮是否有裂纹。可通过外形观察或用木棒轻敲砂轮,发清脆声音为良好;发嘶哑声音者为有裂纹,有裂纹的砂轮绝对禁止使用。安装砂轮时,要求砂轮孔与主轴配合松紧适当,一般配合间隙为 0.1～0.8mm。在砂轮和法兰盘之间应垫上 0.5～1mm 的弹性垫板,且必须从法兰盘圆周外露出 1～2mm。

(4)砂轮的平衡　为使砂轮在高速下能够平稳地工作,在装机前必须经过静平衡过程,如图 13.2.2 所示。砂轮的静平衡过程是:将砂轮 1 装于平衡心轴 2 上,放在平衡架 6 的圆柱形平衡导轨 5 上,砂轮会作来回摆动,直至摆动停止,如果砂轮不平衡,较重的部分总是转到下面。这时可移动法兰盘 3 端面环槽内的平衡铁 4 进行平衡,然后再使其摆动,这样反复进行,直至砂轮的任意位置都可以在圆柱形导轨上静止不动时,说明砂轮各部分重量均匀,即砂轮已经平衡,一般直径大于 125mm 的砂轮都应进行静平衡。

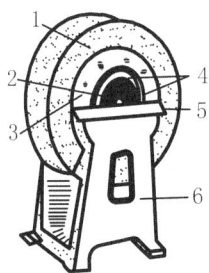

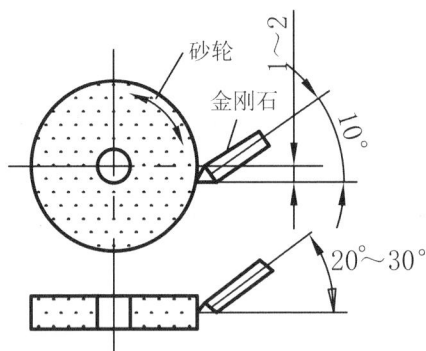

图 13.2.2　砂轮的平衡　　　　　　　　图 13.2.3　砂轮的修整

(5)砂轮的修整　砂轮在工作一段时间后,其表面的磨粒会逐渐变钝,且空隙被堵塞。若继续使用,工件表面会烧伤或出现振动波纹,使工件表面粗糙度增大,磨削效率降低。因此必须对磨钝的砂轮进行修整,使磨钝的磨粒脱落,以恢复砂轮的切削能力及外形精度。砂轮常用金刚石修整,如图 13.2.3 所示。修整时要使用充分的冷却液冷却,以避免金刚石因温度剧升而损坏。

13.2.2　磨削加工方法

1. 外圆磨削

(1)外圆磨削基本方法

1)纵磨法　磨削时,主运动是砂轮的高速旋转运动,进给运动有工件转动(圆周进给运动)、工作台移动(纵向进给运动)和砂轮架横向间歇移动(横向进运动),如图 13.2.4(a)所示。此方法可磨削较长的表面,且磨削质量较高,适用于精磨及单件小批量生产。

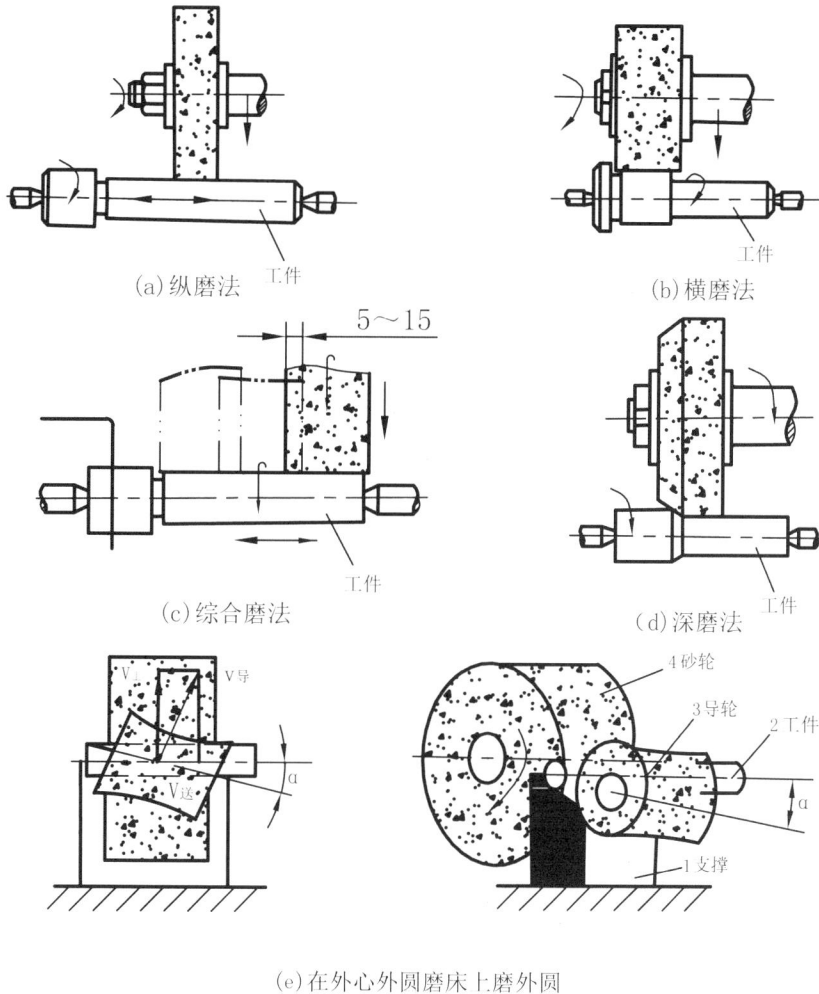

(a)纵磨法　　　　　　　　　　　　　(b)横磨法

(c)综合磨法　　　　　　　　　　　　(d)深磨法

(e)在外心外圆磨床上磨外圆

图 13.2.4　外圆磨削方法

2)横磨法　磨削时,工件只作旋转运动,工作台不作纵向往复移动,砂轮在高速旋转的同时,还需作连续缓慢地横向移动,如图 13.2.4(b)所示。此方法生产效率很高,但磨削精度较低,适用于磨削表面精度要求不高、刚性好、磨削表面较短(小于砂轮宽度)的工件和成形磨削。

3)综合磨削法　此方法是先在工件全长上分段进行横磨,并留有直径上精磨余量 0.02

～0.04mm,然后再用纵磨法精磨,如图13.2.4(c)所示。综合磨削法生产效率高,磨削质量好,应用较广。

4)深磨法 这是一种在一次纵向进给中磨去全部余量(＞0.02～0.3mm)的高效率磨削方法,如图13.2.4(d)所示。磨削时,工件随工作台作连续缓慢的纵向进给,砂轮架一次切入后磨削过程中不作横向进给。

5)在无心外圆磨床上磨外圆 无心磨削的最大特点是工件装夹方便,易于实现自动化,故生产效率很高,但无法磨削圆周上断续的表面(如带有键槽或平面的外圆)。如图13.2.4(e)所示

(2)外圆磨床

外圆磨床是使用最广泛的,能加工各种圆柱形和圆锥形外表面及轴肩端面的磨床。万能外圆磨床还带有内圆磨削附件,可磨削内孔和锥度较大的内、外锥面。不过外圆磨床的自动化程度较低,只适用于中小批单件生产和修配工作。外圆磨床中最常用的是万能外圆磨床,其结构形式如图13.2.5所示。

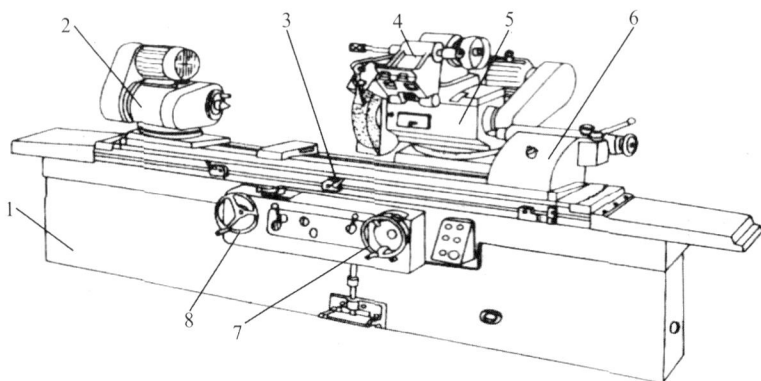

1-床身;2-头架;3-工作台;4-内圆磨具;5-砂轮架;6-尾座;7-进给手轮;8-工作台移动手轮
图13.2.5 M1432型万能外圆磨床

万能外圆磨床的组成部分及其运动:

1)砂轮架5 砂轮架用来安装砂轮主轴,实现主运动。砂轮架通过转盘安装在横向导轨上,可带动砂轮完成横向进给运动。砂轮架可在水平面内转动使主轴偏转一定角度(最大调整角度为±45°)。

2)头架2与尾座6 头架和尾座用来装夹或支撑工件。头架主轴前端可以装顶尖,也可以装三爪卡盘。头架有专门传动机构传动工件实现圆周进给运动。头架主轴可在水平面内偏转一定角度(最大调整角度为90°)。

3)工作台3 工作台由上、下二层构成。上工作台用来固定头架与尾座,并可通过调整装置相对于下工作台水平偏转。下工作台由液压传动系统驱动带动工件实现纵向进给运动。

4)内圆磨具5 内圆磨具用来安装磨内圆的砂轮,并实现高速旋转(转速在10000r/min以上)。内圆磨具只有在磨内圆表面时才转到工作位置。

5）床身 1　床身主要用来支承和连接其他部件，顶部纵向和横向导轨分别用来支承和引导工作台和砂轮架。床身内装有液压传动装置和操纵机构等。

（3）万能外圆磨床的典型工艺方法及其操作要点

如图 13.2.6 万能外圆磨床的典型工艺方法所示。

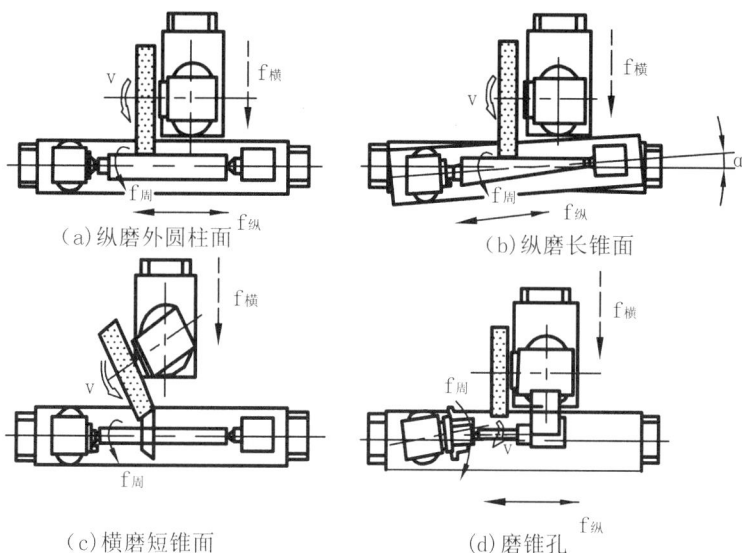

（a）纵磨外圆柱面

（b）纵磨长锥面

（c）横磨短锥面

（d）磨锥孔

图 13.2.6　万能外圆磨床的典型工艺方法

1）纵磨外圆柱面　砂轮架、头架、工作台均处于基准位置。工件用死顶尖支承，并由拨盘通过拨杆传动旋转，头架主轴不转动。工作台的纵向往复移动由液压传动系统传动，行程可通过工作台前侧的控制挡块调整。砂轮架的横向间歇进给一般为手动。横向进给手轮有两种刻度值，粗磨时选 0.01mm／格，精磨时选 0.0025mm／格。

2）纵磨长锥面　工件装夹和工作运动与纵磨外圆柱面时完全相同。但上工作台必须相对下工作台偏转二分之一工件锥角，磨削前应进行精确调整。

3）横磨短锥面　根据工件结构特点可采用两顶尖支承或用卡盘装夹。磨削前应调整砂轮架使其在水平面内偏转二分之一工件锥角。磨削时工作运动同前述"横磨法"磨外圆。

4）纵磨锥孔　工件用卡盘装夹。磨削前应调整头架使其在水平面内偏转二分之一工件锥角，并将内圆磨具转到与工件轴线平行位置。内圆磨具的砂轮必须小于工件内孔直径，并选用与工件孔结构相适应的接杆连接。进给运动及其调整与纵磨外圆柱面相同。

2. 内圆磨削

内圆磨削就是用直径较小的砂轮磨削内孔表面，包括圆柱孔、圆锥孔、成形内孔、盲孔等。由于内圆磨削时，砂轮必须深入工件内孔，砂轮直径必须小于工件孔径，砂轮必须用相对应的接长杆与主轴连接。因此，在内圆磨削时，砂轮的转速很高（10000r／min 以上），但仍然常常达不到所需的磨削速度；砂轮与工件的接触面积较大，发热量集中，但冷却散热条件却很差；砂轮及其接长杆与主轴的运转平稳性要求很高，但其刚性往往较差。不仅如此，由于砂轮直径小，磨耗大，需要经常修整、更换，增加了辅助时间；砂轮系统刚性差，横向进给量小,又增加了磨削次数;当加工孔径小、深度大时,给工件测量造成很大难度。因此,内圆磨削的工艺特点往往是精度较低(IT8~IT6),表面粗糙度较大(Ra1.6~0.4μm),生产效率低。

3. 平面磨削

(1)平面磨削方法

平面磨削主要有两种方法:用砂轮周边磨削或用砂轮端面磨削,如图 13.2.7 所示。用砂轮周边磨削时,由于砂轮与工件表面为线接触,砂轮与工件都有良好的散热条件,磨削表面质量容易保证,但生产效率往往较低。用砂轮端面磨削时,砂轮与工件之间为面接触,因为有较多的磨粒同时参加磨削,因此,生产效率较高,但因散热条件差,容易出现磨削缺陷,表面质量不易保证。

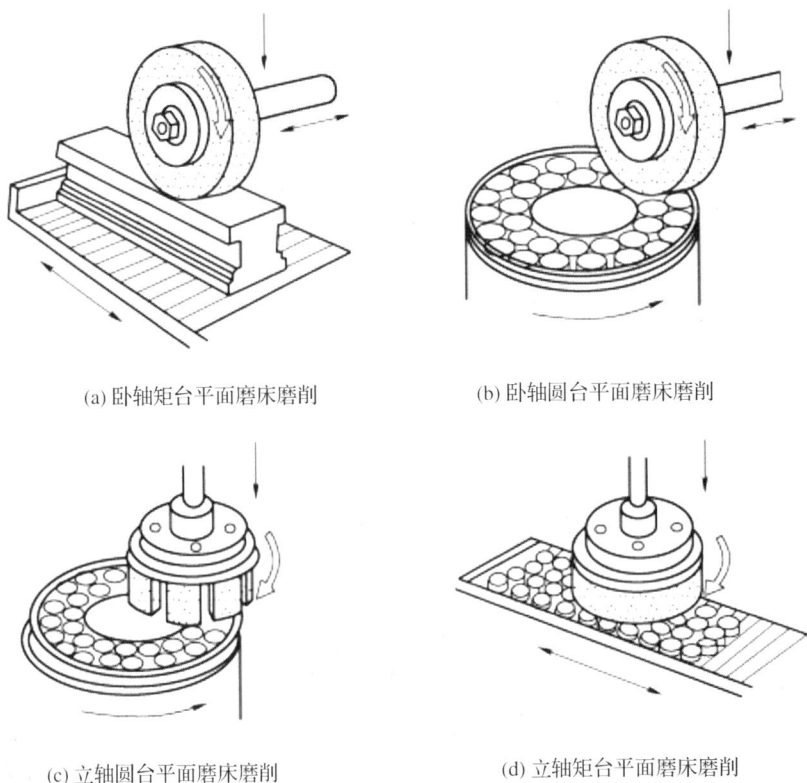

(a)卧轴矩台平面磨床磨削　　　　　　　(b)卧轴圆台平面磨床磨削

(c)立轴圆台平面磨床磨削　　　　　　　(d)立轴矩台平面磨床磨削

图 13.2.7　平面磨削方法

(2)平面磨床

平面磨床的工件一般是夹紧在工作台上,或靠电磁吸力固定在电磁工作台上,然后用砂轮的周边或端面磨削工件平面的磨床。图 13.2.8 所示为 M7120 型卧轴距台式平面磨床,是平面磨床中应用最广泛的结构类型。磨头 9 不仅能实现砂轮旋转运动,还能由液压传动机构实现轴向进给。工作台 3 上的电磁吸盘用来固定工件或平口钳等夹具。床身 1 内的液压传动装置可驱动工作台 3 实现工件的纵向往复进给运动。砂轮的径向进给(或调整)由操作手轮 2 实现。工作台纵向位置,可通过手轮 10 调整,行程开关 4 用来调整工作台往复行程。

砂轮架上有一个手柄和手轮,手柄是来控制砂轮架自动进给和手动进给的,将手柄向里扳动,砂轮架自动进给,手动进给失效;将手柄向外扳动,砂轮架手动进给,自动进给按钮失效。旁边的手轮是砂轮架手动进给手柄,顺时针旋转,砂轮架向外移动;逆时针旋转,砂轮架向里移动。一般手动进给是在加工台阶面时采用的进给方式。

4. 磨削新工艺

磨削工艺在不断地发展,如高速磨削(砂轮圆周速度高于 45m/s 的磨削)、深切缓进给磨削、砂带磨削、精密磨削等。还有如精整加工和光整加工工艺也在不断的应用。精整加工是指在精加工后从工件上切除极薄的材料层,以提高工件的精度和降低表面

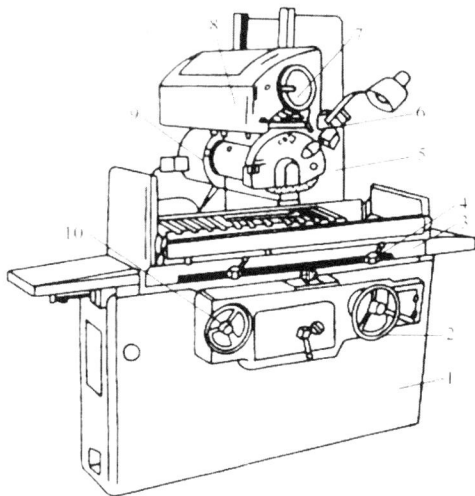

1-床身;2、7、10-手轮;3-工作台;4-行程开关;
5-立柱;6-砂轮修整器;8-砂轮架;9-磨头
图 13.2.8 M7120 型卧轴距台平面磨床

粗糙度的方法,如珩磨、研磨、超精加工等。光整加工是指不切除或切除极薄金属层,用以降低表面粗糙度或强化表面的加工过程,如抛光轮抛光、胶质硅抛光、双盘研抛等。

13.2.3 磨削加工安全技术

(1)应根据工件材料、硬度及磨削要求,合理选择砂轮。新砂轮要用木槌轻敲检查是否有裂纹,有裂纹的砂轮禁止使用。

(2)各种磨床的砂轮,都必须安装完好的防护罩。

(3)磨削前应仔细检查工件装夹是否正确牢固,特别是平面磨床,一定要检查磁性工作台的吸力是否足够。在磨削高而窄的工件时,其前后两端应放置挡铁,以免倾翻。

(4)开机前必须调整好换向挡块的位置并将其固定,特别是外圆磨床,应避免工作台纵向行程终点时砂轮与卡盘、夹头或工件轴肩等相撞。

(5)启动砂轮时,禁止任何人站在砂轮正对面。磨削前砂轮应空运转两分钟以上。

(6)当采用快速移动使砂轮接近工件时,必须事先调整好砂轮架的快速移动行程终点。

(7)磨削不连续表面时,切入量要适当减小,以防止磨削过程中因切削力的变化顶出工件造成事故。

(8)装卸工件,或者测量工件尺寸时,必须将砂轮退回到快速行程起点位置,以免高速旋转的砂轮伤及量具和操作者自身。

(9)禁止用一般砂轮的端面磨削较宽的平面;禁止在无心外圆磨床上磨削弯曲的零件。

(10)磨床操作时必须精力集中,磨削加工中不允许操作者离开机床或违章操作。

(11)取工件之前要看看砂轮是否停止转动,如果没有停下来,绝对不允许动手取工件。砂轮没有停止旋转,不允许擦拭工作台,特别是用棉纱擦拭,更不允许放置任何东西在工作台上。

(12)在加工过程当中,工件记得要擦干净,倒毛刺,擦干净工作台。电磁吸盘通电后,应检查工件是否被吸牢,如果没有吸牢,不能开启机床进行磨削加工的。

(13)操作之前要确认各按钮的功能,平时不要随意触摸按钮,湿的手不能触摸开关和按钮。

(14)调整工作台和砂轮架的工作行程时,试运行之前一定要将挡铁锁紧螺栓拧紧,以免发生事故,如横向油缸严重撞缸。

(15)对刀和垂直方向的进给深度不宜超过 0.04mm,以防过载而产生砂轮爆裂或烧毁电机。

13.3 镗削加工

1. 镗削加工范围

镗削加工通常作为大直径和箱体零件上的孔的半精加工或精加工工序,其切削运动由刀具回转来实现,进给运动可通过工件或刀具的移动来完成。在卧式镗床上可以完成钻孔、镗孔、车外圆、车螺纹、车端面、铣平面等工作。

镗削加工的经济精度为 IT7~IT6,表面粗糙度 Ra 为 $0.63\mu m$。

2. 镗削加工工艺特点

(1)镗刀作回转运动,工作平稳,加工精度较高,适应于有孔距精度要求的孔系加工。

(2)镗刀可采用浮动镗刀,或有孔径精密调整机构,特别适合精密长孔和大孔的孔系加工。

(3)使用镗杆和支撑进行镗削,适用于箱体零件、非回转体零件和大型零件的孔系加工。

(4)镗削能靠多次走刀来校正孔的轴线偏斜。

(5)适应性较强,可通过粗镗、半精镗和精镗来达到不同的精度和表面粗糙度,可对有色金属进行精密加工。用一把镗刀可对不同孔径和长度范围的孔进行加工。

3. 卧式镗床

镗床是孔加工类机床,在镗床上加工的孔,一般孔的长径比不能太大。镗床按结构形式可分为立式镗床、卧式镗床、坐标镗床、专门化镗床等,用得最多的为卧式镗床和坐标镗床。镗床加工精度要求较高,且孔的轴线有严格的同轴度、垂直度、平行度及孔间距。

卧式镗床是应用最为广泛的一种镗床(图 13.3.1)。

4. 卧式镗床镗削运动可分为

(1)主运动 是主轴的旋转。镗刀装在主轴上,随主轴旋转进行切削运动。

(2)进给运动 能适合镗削、钻削、铣削、切螺纹等不同要求的进给方式。可进行进给运动的有:主轴轴向、主轴箱垂向、滑座纵向、工作台横向、工作台回转等。

5. 卧式镗床典型加工方法

见图 13.3.2,其中,图(a)为利用装在镗轴上的镗刀镗孔,纵向进给运动 f_1 由镗轴移动完成;图(b)为利用后立柱支架支撑长镗杆镗削同轴孔,纵向进给运动 f_1 由工作台移动完成;图(c)为利用平旋盘上刀具镗削大直径孔,纵向进给运动 f_3 由工作台完成;图(d)为利用装在镗轴上的端铣刀铣平面,垂直进给运动 f_2 由主轴箱完成;图(e)、(f)为利用装在平旋盘径向刀架上的刀具车内沟槽和端面,径向进给运动 f_4 由径向刀架完成。

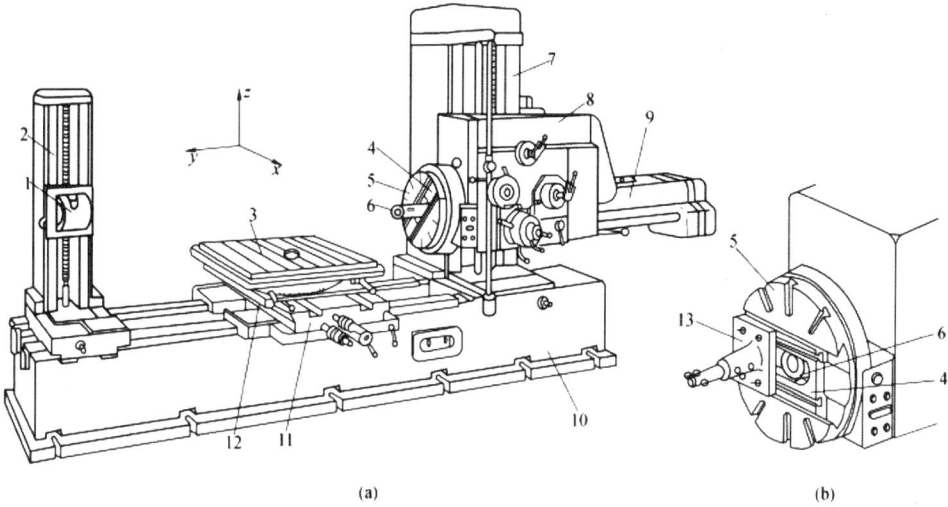

1-支架;2-后立柱;3-工作台;4-径向刀架;5-平旋盘;6-镗轴;7-前立柱;
8-主轴箱;9-后尾筒;10-床身;11-下滑座;12-上滑座;13-刀座

图 13.3.1　卧式镗床

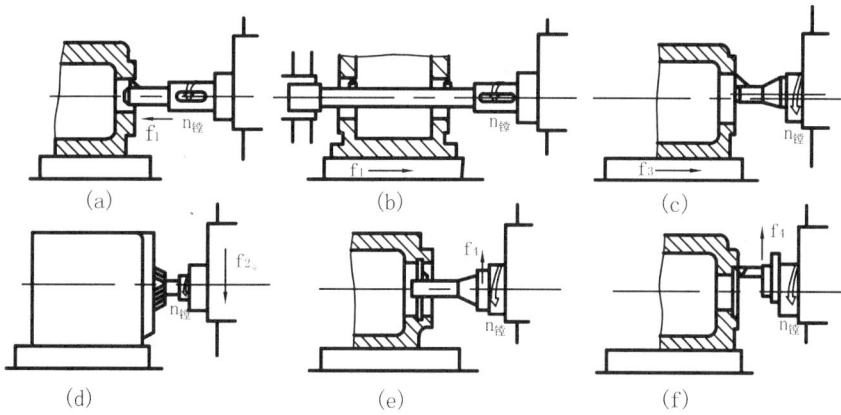

图 13.3.2　卧式镗床的典型加工方法

13.4　拉削加工

1. 拉削加工范围

在拉床上用拉刀加工工件的工艺过程，称为拉削加工。拉刀是阶梯分层或分段组合为特征的多齿结构刀具。拉削是用拉刀切削材料的高精度、高效率加工方法。拉削加工可拉平面、齿形及在已有孔上拉出各种形状的孔(图 13.4.1)

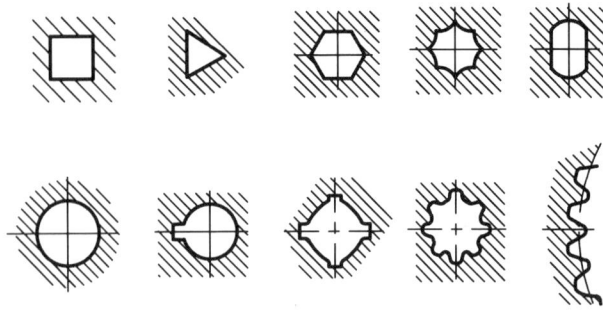

图 13.4.1　拉削加工各种形状的孔

2. 拉削加工工艺特点

拉刀是一种多齿刀具,拉削时由于后一个刀齿直径大于前一个刀齿直径,从而能够一层层切除工件上的金属。图 13.4.2 为拉削圆孔的圆孔拉刀。拉削时,拉刀的移动作为主运动,而没有进给运动。拉削用量包括拉削速度和齿升量。目前普通拉床的拉削速度小于 11m/min,高速拉床的最高拉削速度已达 100m/min 以上,个别的已达 150m/min,常用 36m/min 左右。拉削的连续切削是由后齿对前齿的齿升量实现的。拉刀的齿升量对加工表面粗糙度、拉刀磨损和拉削力都有影响。随着齿升量的增加,加工表面粗糙度、拉刀磨损和切削力都增大。与其他切削方法相比,拉削加工具有以下特点。

(1)生产率高　由于拉刀同时工作的刀刃多,且一次拉削行程中完成粗、精加工,故生产率高。在自动拉削时,班产可达 3000 件。

(2)加工精度高,表面粗糙度低　拉削精度为 IT9~IT7,最高可达 IT6。表面粗糙度 Ra 为 3.2~1.6μm,最低可达 0.2μm。

(3)拉削只适宜于加工短孔,当长度超过孔径 3~5 倍时,不宜采用拉削。盲孔、阶梯孔以及薄壁零件的孔也不能采用拉削加工。

(4)批量生产时成本低　拉削成本一般为车削为 1/4~1/40,为铣削的 1/80~1/300,为钻削的 1/60~1/450。

(5)机床结构和操作都较简单。

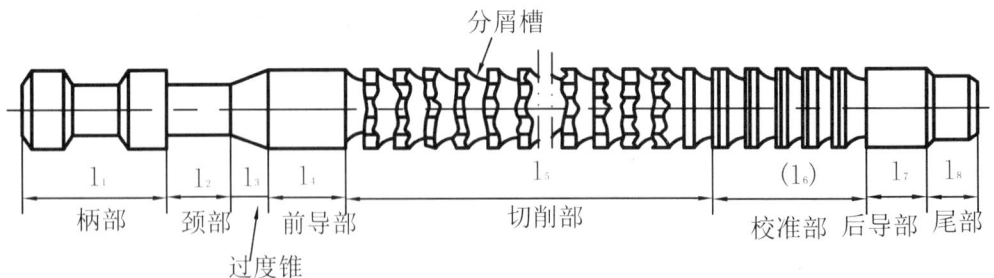

图 13.4.2　圆孔拉刀

13.5　磨削实习

平衡轴用于砂轮的静平衡,其精度要求很高,必须经过磨削才能达到技术要求。零件图见图 13.5.1。平衡轴加工工艺见表 13.5.1。

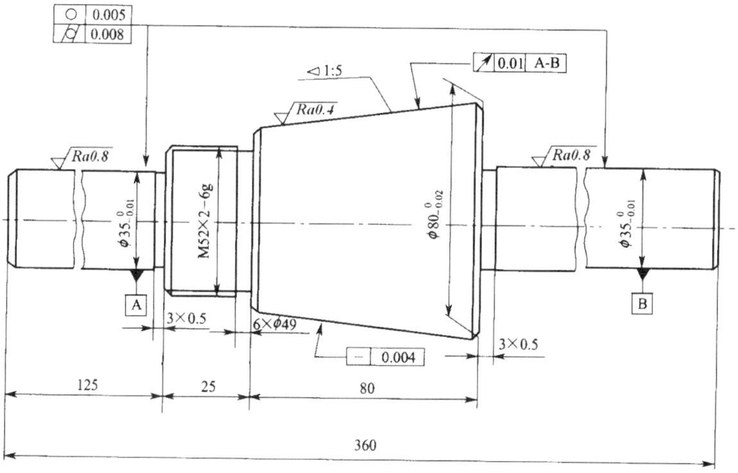

技术要求:

1. 两端钻中心孔 B2/6.3 并经修研;

2. 材料 45,淬火至硬度 42HRC;

3. 锥面用环规检查,接触面≥75%。　$\sqrt{Ra3.2}$ （$\sqrt{}$）

图 13.5.1　平衡轴零件图

表 13.5.1　平衡轴加工工艺

步骤	序号	工序内容	主要工艺装备
工艺准备	1	阅读图样,检查磨削余量,调整机床,准备工具、夹具、量具、金刚石笔	
	2	清理并研磨两端中心孔,使其达到精度和接触面要求。	M1432 磨床,中心孔油石
	3	擦净中心孔,加注润滑油,将工件支撑在前、后顶尖之间,调整尾座顶紧力。	油壶,扳手
	4	检测径向跳动,不应大于 0.15mm。	百分表
	5	修整砂轮	金刚石笔
磨削加工	6	粗磨左轴颈,留余量 0.03～0.05mm,径向圆跳动不大于 0.15mm。	千分尺、百分表
	7	精磨右轴颈,留余量 0.03～0.05mm,径向圆跳动不大于 0.15mm。	千分尺、百分表
	8	精磨左轴颈至 $\phi 35^{0}_{-0.01}$,光磨 2～3 个行程。	千分尺
	9	精磨右轴颈至 $\phi 35^{0}_{-0.01}$,光磨 2～3 个行程。	千分尺
	10	调整砂轮架,粗磨锥面,留余量 0.03～0.05mm,径向圆跳动不大于 0.15mm。	千分尺、百分表
	11	精磨锥面,光磨 2～3 个行程。	千分尺、百分表
检验	15	检验全部精度	千分尺、百分表、跳动仪

思考与练习题

13.1 试说明刨削、磨削的主运动和进给运动。

13.2 牛头刨床主要由哪几部分组成？各有何作用？刨削运动有何特点？

13.3 刨床进给量的大小和进给方向靠什么来调整？

13.4 试从加工范围、加工质量、生产率、成本和应用场合等方向对铣削和刨削加工进行比较。

13.5 镗床上可加工哪些工件？

13.6 拉削加工有什么特点？其切削运动与一般机加工方法有什么不同？

13.7 简述在万能外圆磨床上用纵磨法磨外圆的操作步骤。

13.8 磨削加工有何特点？

13.9 如何选用砂轮？

第 14 章 钳 工

钳工是一种以手工作业方式为主的机械制造工种,主要从事机械零件加工、产品装配,机器设备维修,工、模具制造等工作。根据钳工的作业范围不同,钳工又可分为普通钳工、工具钳工、模具钳工、装配钳工、机修钳工等。

14.1 概 述

14.1.1 钳工的工艺范围

钳工的工艺范围很宽,钳工作业的主要应用范围包括以下几个方面:

(1)机械零件加工的准备工序。如毛坯表面的处理,单件小批生产工件的划线等。

(2)某些精密零件的加工。如样板、工具、模具、夹具、量具等零件的加工制作。

(3)机器及部件装配前某些零件上的孔加工、螺纹加工,以及去毛刺修整加工等。

(4)机器及部件的装配、调整、试车。

(5)设备维修。

(6)单件小批生产中某些普通零件的加工。

钳工作业的主要内容有:划线、錾削、锯削、锉削、钻孔、扩孔、铰孔、攻螺纹和套螺纹、矫直与弯曲、刮削与研磨、铆接以及机器的拆卸、零件修复和装配调试等。

钳工工作的特点是:使用的设备、工具简单,作业方式灵活,操作方便,能完成一些机械加工不方便或难以完成的工作。但是,钳工工作劳动强度大,生产率低,对工人技术水平要求高。本章着重介绍工(模)具钳工的一些主要作业内容。

14.1.2 钳工的主要设备

钳工常用的设备有钳工工作台、台虎钳、砂轮机、钻床等。

1. 台虎钳

台虎钳是钳工在錾削、锯削、锉削、矫直与弯曲等手工作业中用来夹持工件的设备。见图 14.1.1。台虎钳使用前一定要牢固的固定在钳工工作台上,夹紧工件时只能用手直接操作夹紧手柄,禁止采用加长套管或用手锤敲击手柄,以免损坏丝杠螺母乃至钳身。工件应尽量装夹在钳口中部,作业过程中应防止錾子、锯子等切削工具直接伤及钳口。

2. 砂轮机

砂轮机主要用来刃磨各种刀具和工具,也可用于磨去工件上的毛刺、飞边与锐角。钳工用砂轮机主要为固定式砂轮机。见图 14.1.2。

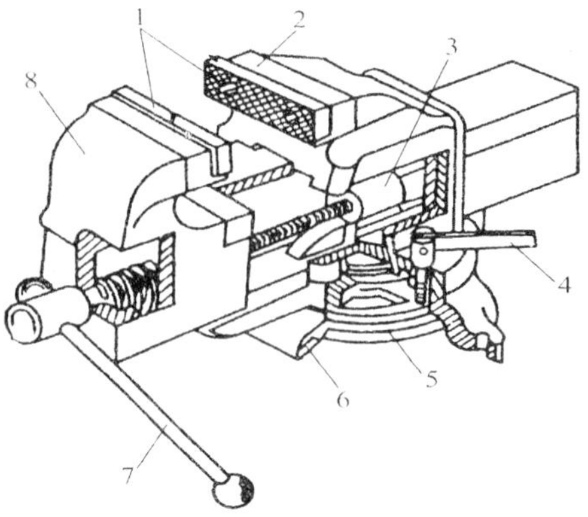

图 14.1.1 台虎钳

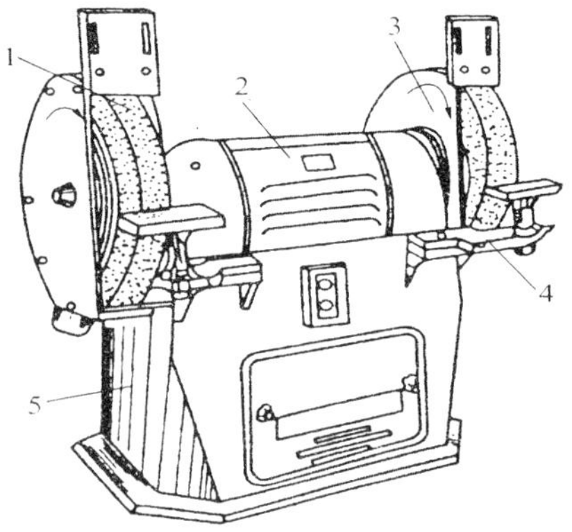

图 14.1.2 砂轮机

3. 钻床

钻床是钳工进行孔加工作业的主要设备。根据其规格大小有台式钻床、立式钻床和摇臂钻床之分,分别用于加工直径在 12mm、40mm、125mm 以下的孔。其中钳工作业中最常用的是台式钻床,见图 14.1.3。

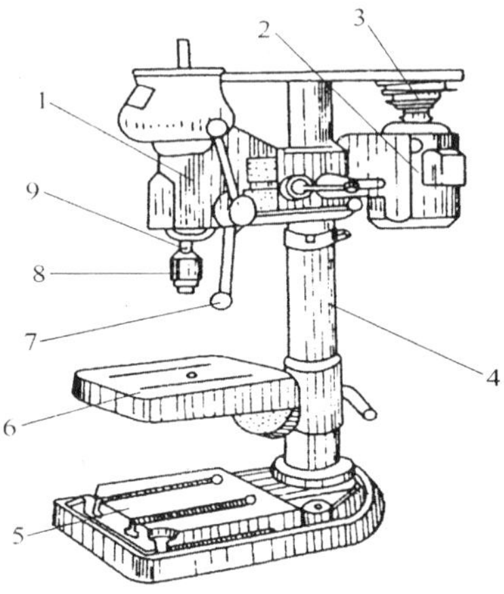

14.1.3 钳工安全操作技术

(1)在砂轮机和钻床上作业时,严禁操作者戴手套,也不允许用缠绕物包裹工件。

(2)用砂轮机磨削工具或工件时,严禁操作者正面朝着砂轮;磨削时不可撞击砂轮或施加过大的力;更不能因为磨削时工件温度过高而松手,以免发生重大事故。

图 14.1.3 台式钻床

(3)砂轮机砂轮表面不平而跳动过大时,应及时对其进行修正。

(4)钻削加工过程中严禁用手直接清理铁屑;钻床主轴停转过程中,严禁手握钻夹头实施制动。

(5)使用电动工具时,一定要有绝缘保护和安全接地措施,使用后应及时切断电源,放归原处。

(6)要正确使用手工工具,禁止使用装配不牢固或存在缺陷的工具,禁止野蛮操作。对属于管制范围的工具,应妥善保管。

(7)要正确使用和规范存放各种量具,避免与工具或工件混放。

(8)机电设备维修前,应切断电源,严禁带电操作。修理现场应有明确告示。

14.2 划线

14.2.1 划线种类与作用

1. 划线及其种类

根据图纸要求,在工件毛坯或半成品表面上用划线工具划出加工界线、定位基准线或其他标志线的作业,称为划线。划线的种类有平面划线与立体划线,见图 14.2.1。

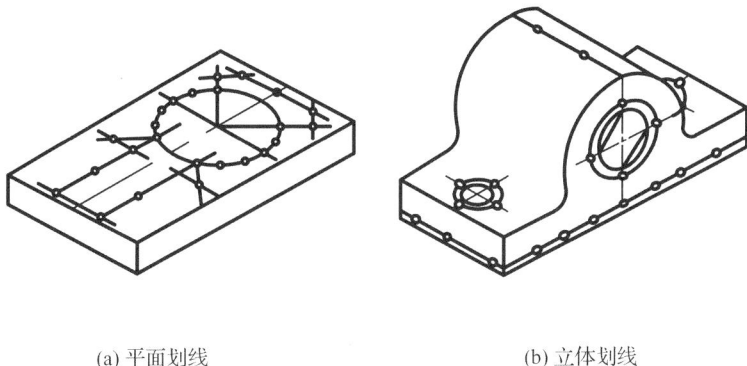

(a) 平面划线   (b) 立体划线

图 14.2.1 平面划线与立体划线

2. 划线的作用

(1) 检查毛坯制造质量,发现和处理不符合图样要求的毛坯件。或通过合理分配各加工表面余量(俗称"借料")的方法,补救有缺陷的毛坯件。

(2) 确定加工部位的相对位置,确定对刀或找正的位置,给出加工余量。以便工件在加工时实现快速准确的定位和找正,并对加工表面尺寸和形状位置精度加以控制。

(3) 在板料上划线下料,可通过合理排料提高材料利用率。

14.2.2 划线钳工工具及其使用

1. 划线平台

划线平台是划线的基准工具,又称平板,是划线时的基准平面。使用时,不允许在平板上进行敲击或拆装作业,划线时工具和工件在平板上应稳拿轻放,避免撞击或划伤表面。长期不用时,应涂油防锈,并加防护罩,见图 14.2.2。

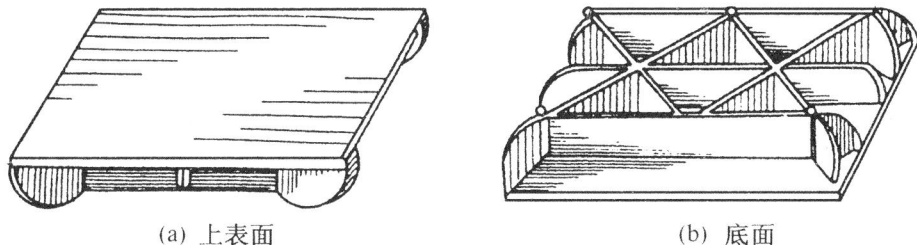

(a) 上表面   (b) 底面

图 14.2.2 平板

2. 划线方箱

划线方箱六个面均经过精加工,相邻平面互相垂直,相对平面互相平行,其中一面上有V型槽并附有紧固装置,用来固定尺寸较小的工件,通过翻转方箱,可以在工件表面上划出互相垂直的线条,见图14.2.3。

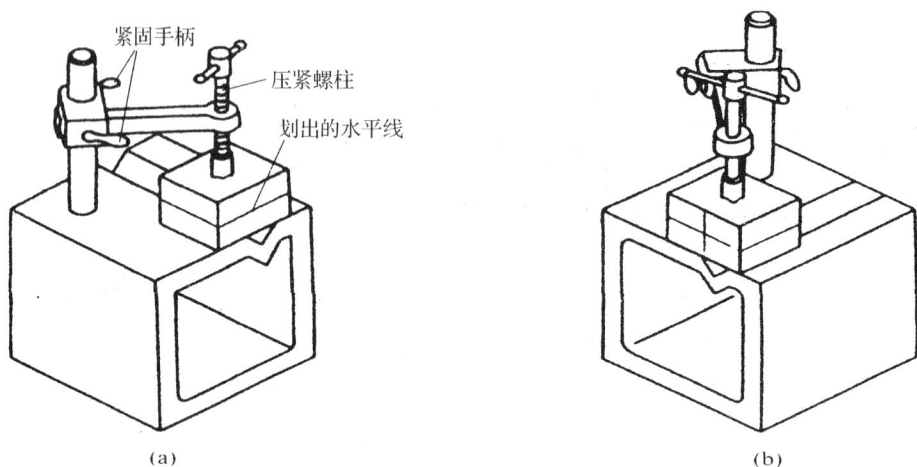

(a)   (b)

图 14.2.3　划线方箱

3. V 型铁

V型铁主要用于安放轴、套筒等圆柱形工件,见图14.2.4。

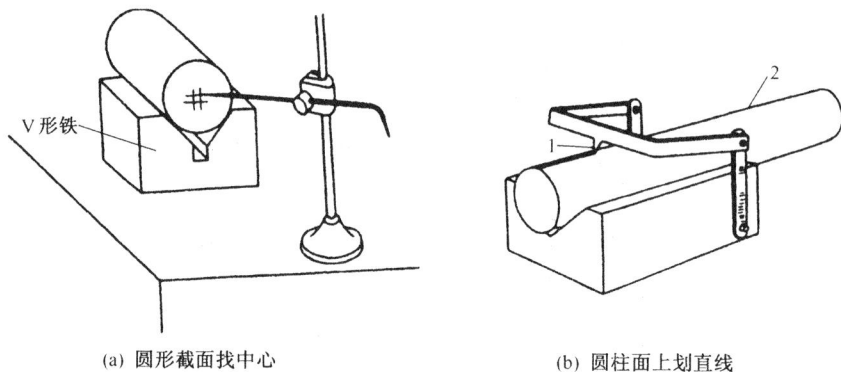

(a) 圆形截面找中心　　　　　　　　(b) 圆柱面上划直线

图 14.2.4　V 型铁

4. 千斤顶

千斤顶常用于支承毛坯、形体较大或不规则的工件,通常是三个一组使用,见图14.2.5。

5. 划针

划针通常由直径 2～5mm 的调质钢丝或工具钢制成,针尖经淬火后,磨成 15°～20°尖角。也可用 3～4mm 的弹簧钢丝直接磨制而成。使用时,应使针尖紧贴钢直尺或样板底边,并使划针向划线方向倾斜 45°～75°角度,见图 14.2.6。

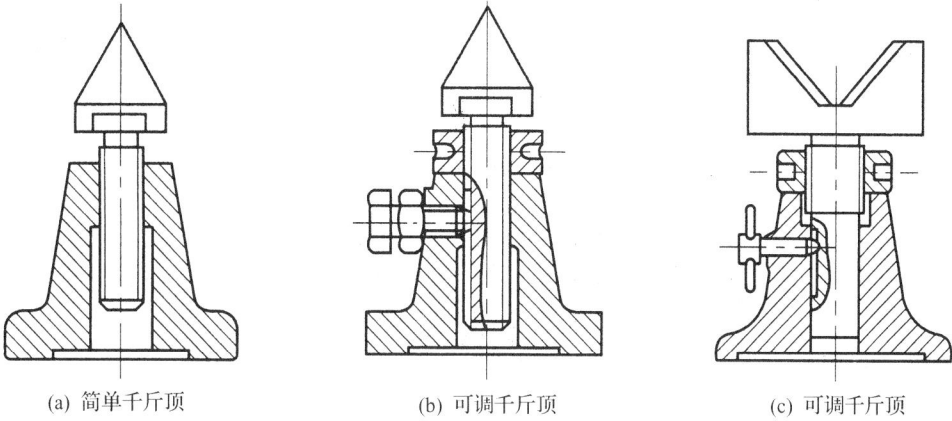

(a) 简单千斤顶　　　　(b) 可调千斤顶　　　　(c) 可调千斤顶

图 14.2.5　千斤顶

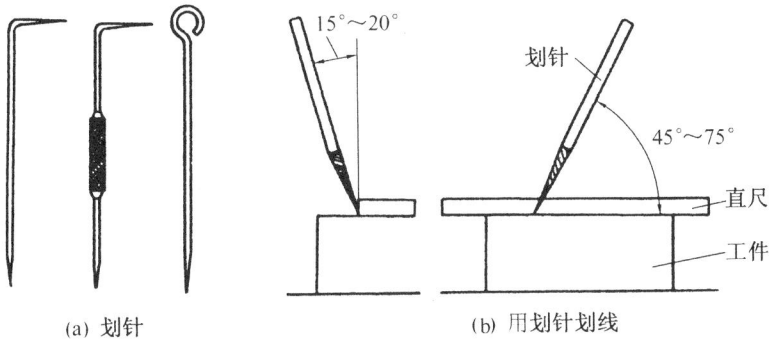

(a) 划针　　　　　　　　(b) 用划针划线

图 14.2.6　划针

6. 划线盘

划线盘是在工件上进行立体划线和找正工件位置时的常用工具,分普通划线盘和可微调划线盘。使用时,应将划针针尖调到所需高度。划线时,划针沿划线方向与划线表面要倾斜 30°～60°角度。见图 14.2.7。

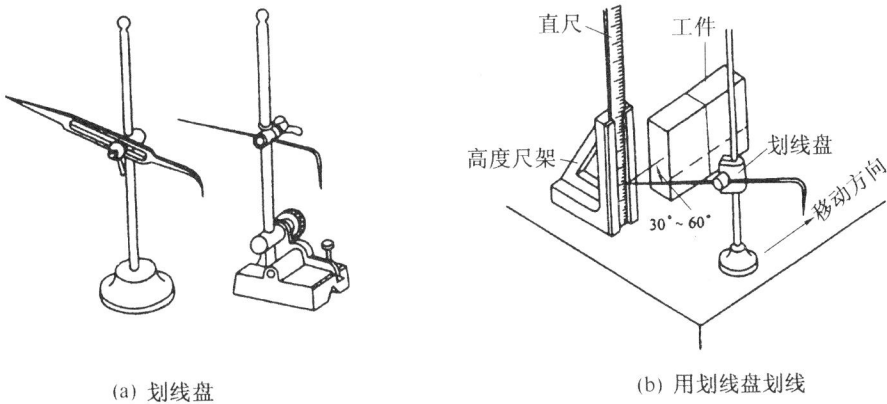

(a) 划线盘　　　　　　　　　　　(b) 用划线盘划线

图 14.2.7　划线盘

7. 划规与划卡

划规也称划线圆规,主要用来划圆、划弧、等分线段或角度、量取尺寸等,见图14.2.8,划卡(也称卡规)主要用来寻找轴或孔的中心位置,也可用来划平行线,见图14.2.9。

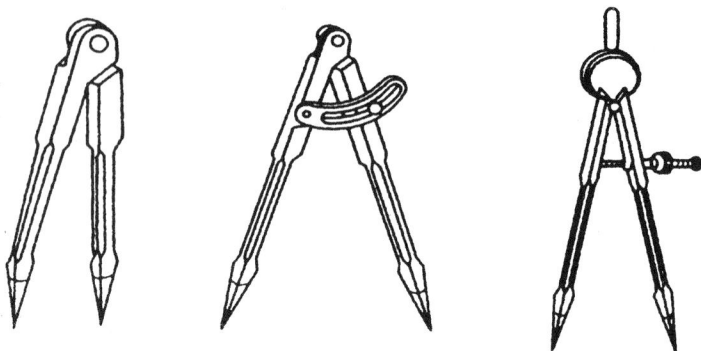

图14.2.8 划规

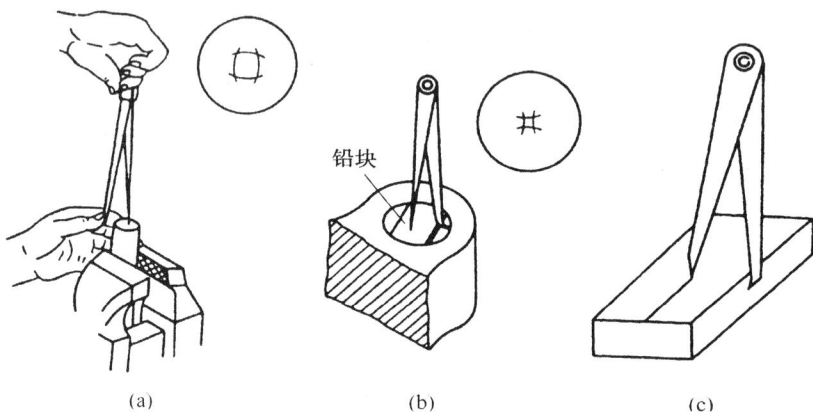

(a)　　　　　　　(b)　　　　　　　(c)

图14.2.9 划卡

8. 样冲

样冲用于在所划加工界线上和圆、圆弧的中心打样冲眼,目的是加深划线标记,便于加工或钻孔时定心。它常用工具钢制成并淬硬,冲尖应磨成60°~90°锥角,也可用废弃铰刀磨制而成。样冲及其使用方法如图14.2.10所示。

14.2.3 划线的步骤与方法

1. 划线前的准备

(1)工量具的准备 (2)工件的清理 (3)工件的涂色

2. 划线基准的选择

划线时,首先应选定工件上某个面或某条线作为划线的依据。这种被选定的面或线称作划线基准。合理选择划线基准,能使划线工作更加方便、准确、迅速。选择划线基准时一般应遵循以下原则:

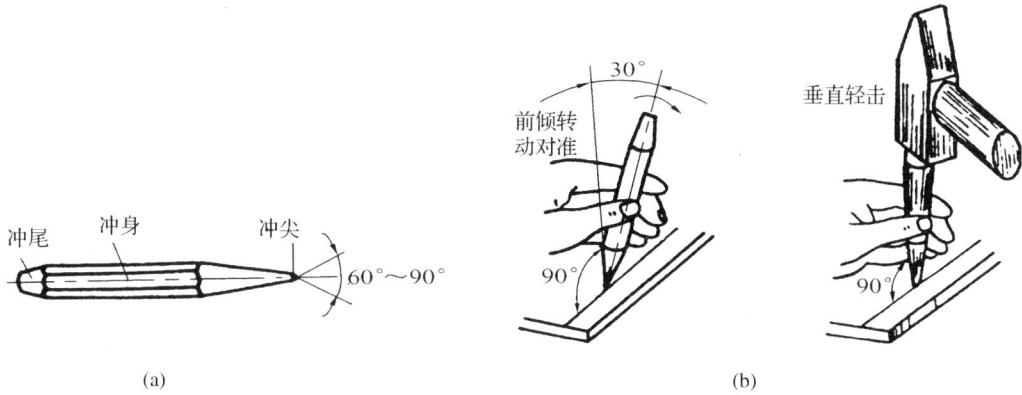

图 14.2.10 样冲及其使用方法

（1）尽量使划线基准与工件图样的设计基准重合。

（2）工件上有已加工表面时，应以已加工表面作为划线基准。工件上没有已加工表面时，应以较大的不加工表面或者重要的毛坯孔轴线作为划线基准。

（3）需二个以上的划线基准时，应以互相垂直的表面或中心线作为划线基准。

14.3 锯削和锉削

14.3.1 锯削

用手锯对材料或工件进行切断或锯槽的加工方法称为锯削。

1. 手锯

手锯是钳工的基本工具之一。手锯由锯弓和锯条组成。如图 14.3.1 所示。

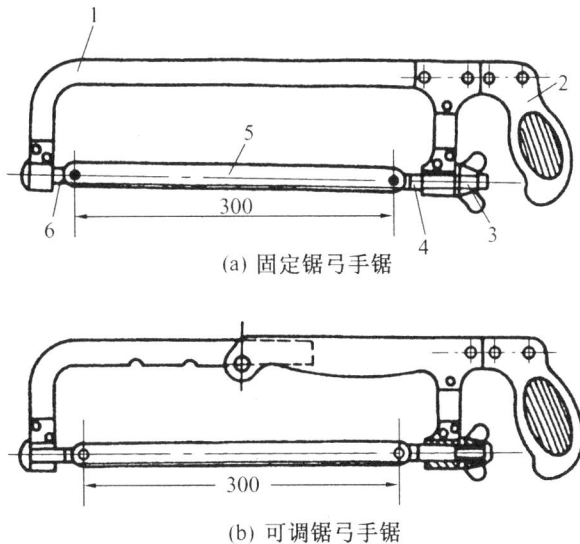

(a) 固定锯弓手锯

(b) 可调锯弓手锯

图 14.3.1 手锯

(1)锯弓 锯弓用来夹持和张紧锯条,有固定式和可调式两种,如图 14.3.2 所示。锯弓由弓架 1、锯柄 2、拉杆 4、6 和蝶形螺母 3 组成。

(2)锯条 锯条一般由碳素工具钢制成,经淬火处理。锯条是锯削加工的刀具,其切削部分是具有锋利刃口的锯齿。为减少锯削时的摩擦阻力,增大锯缝宽度,防止夹锯,通常将锯齿制成左右交错排列的两排。根据锯齿的大小,锯条分为粗齿、中齿、细齿三种类型。常用的锯条规格是:长 300mm,宽 12mm,厚 0.8mm。

(3)锯条的安装 锯削加工中手锯向前推进是切削过程,返回时为排屑过程,所以安装锯条时必须使锯齿的方向朝前,如图 14.3.2 所示。装好后的锯条应与锯弓的中心平面平行,而且,锯条的张紧程度要适当。否则,在锯切过程中就容易造成锯条折断和锯缝歪斜等现象。

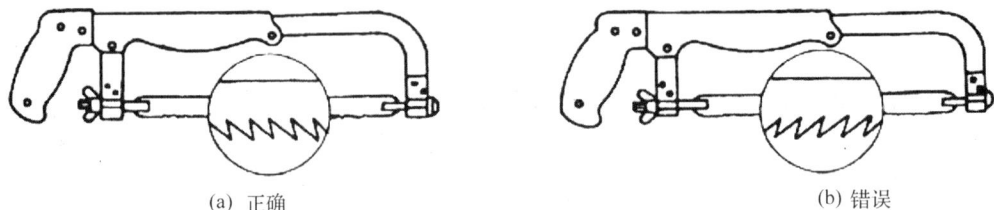

(a) 正确　　　　　　　　　　　　　　　　(b) 错误

图 14.3.2　锯条的安装

2. 锯削操作要领。

(1)手锯的握法

常见的握锯方法是:右手紧握锯柄,左手轻扶锯弓前端,如图 14.3.3 所示。食指也可抵在弓锯侧面。锯削时,右手主要控制推力,左手配合右手扶正锯弓,并稍微施加压力。

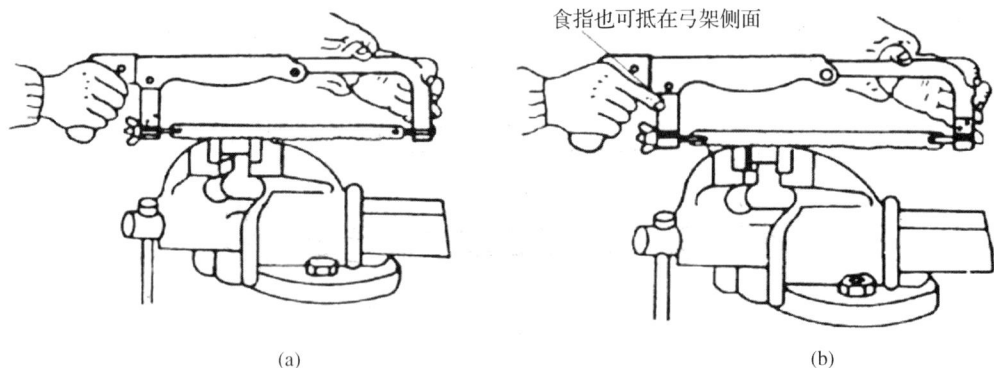

食指也可抵在弓架侧面

(a)　　　　　　　　　　　　　　　　(b)

图 14.3.3　手锯的握法

(2)锯削姿势

在台虎钳上锯削时,操作者面对台虎钳,锯削位置应在台虎钳左侧,站立位置如图 14.3.4所示,锯削时前腿微微弯曲,后腿伸直,两臂推拉自然,目视锯条。

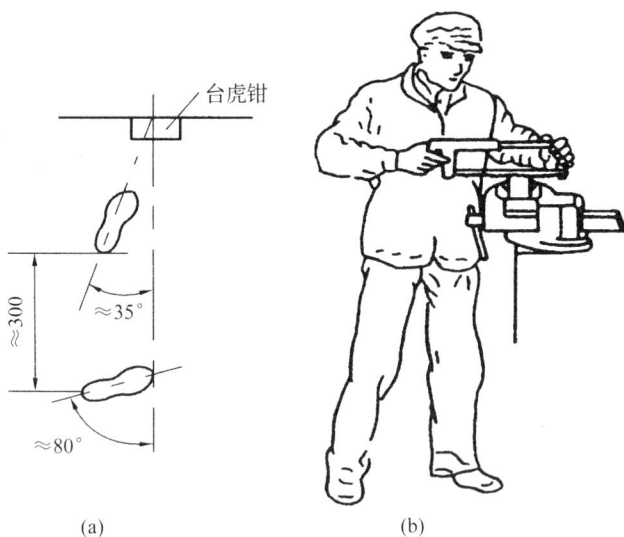

图 14.3.4 锯削姿势

（3）锯削操作方式

1）直线往复式 手锯向前推进和返回时,锯条始终处于水平状态。通过两手的协调控制,使手锯在向前推进过程中对工件施加基本恒定的切削力,返回时手锯微微抬起。这种操作方式适用于锯切薄壁工件和底部要求平整的锯削加工。

2）摆动式 手锯在向前推进过程中,前手臂逐步上提,后手臂逐步下压,使锯条形成上下摆动中向前推进的切削运动。这种操作方式动作比较自然,可以减轻疲劳,特别适用于无特殊要求的锯断加工。

（4）锯削步骤

1）选择锯条 锯削前应根据工件的材料种类、硬度、结构形状和尺寸等实际情况选择锯齿的粗细。一般来说,锯切铜、铝、铸铁等软材料或较厚的工件时应选用粗齿锯条;锯切普通钢及中等厚度工件时应选用中齿锯条;锯切硬材料和薄壁工件或材料时,如薄钢板、管子、角铁等应选用细齿锯条。

2）装夹工件 工件通常装夹在台虎钳左侧,但锯削加工线离虎钳不能太远,而且要与地面垂直,以防止锯削时发生振动和锯缝偏斜。

3）起锯 起锯分为远起锯和近起锯两种,如图 14.3.5 所示。在平面上起锯,一般应采用远起锯。起锯时以左手拇指靠住锯条,右手稳推手柄,起锯角度约为 $10°\sim15°$。起锯操作时锯弓往复行程要短,压力要小,速度要慢。当起锯槽深达 $2\sim3mm$ 后,左手拇指即可离开锯条,进行正常锯削。

4）锯削 无论采用哪种操作方式,推锯时用力要均匀,速度不宜过快(每分钟往复 $40\sim60$ 次),锯弓要扶稳,不能左右摇摆;回锯时应将手锯稍微抬起以减少锯齿的磨损,回锯速度可稍快。锯削时,应使锯条全长参加工作,以防止因全长不均匀磨损而造成断锯和浪费。

锯断加工临结束时,速度要慢,用力要轻,行程要小,手锯后部抬起略向前倾,以避免锯齿折断和造成事故。

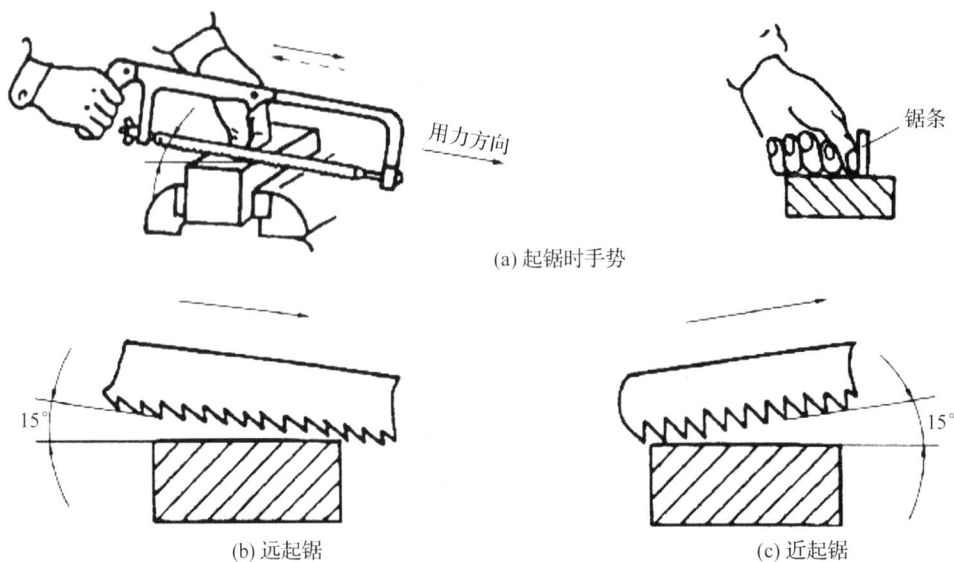

(a) 起锯时手势

(b) 远起锯

(c) 近起锯

图 14.3.5　起锯方法

14.3.2　锉削

用锉刀对工件进行切削的加工方法称为锉削加工。锉削加工精度可达 IT8～IT7,表面粗糙度值可达 Ra1.6～0.8μm。锉削加工是钳工作业的主要内容之一,锉削操作技能往往是衡量工模具钳工技术水平的重要标志。

1.锉刀

锉刀是锉削加工的刀具,用碳素工具钢 T12A 制成,经热处理后其切削部分硬度达 HRC62～67。

(1)锉刀的构造

锉刀的构造如图 14.3.6 所示,主要由锉身与锉柄两部分组成。锉身的工作部分是带锉齿的上下锉面和锉边。锉刀的锉齿由专门的剁锉机上剁出,其形状及切削原理如图 14.3.7 所示。

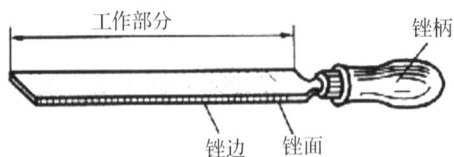

图 14.3.6　锉刀的构造

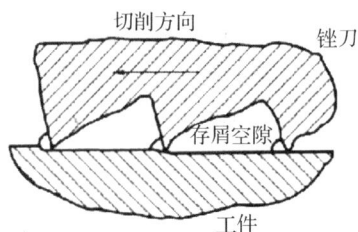

图 14.3.7　锉削原理

(2)锉刀的种类与规格

根据锉刀的用途不同,锉刀可分为普通锉刀、整形锉刀、特种锉刀三种,。普通锉刀(图

14.3.8(a))有扁锉、方锉、三角锉、圆锉等多种结构形式,用于锉削一般工件;整形锉刀(图
14.3.8(b))又称什锦锉刀,主要用于各种内腔表面的修整加工;特种锉刀(图 14.3.8(c))品
种较少,用于复杂行腔内表面的加工。

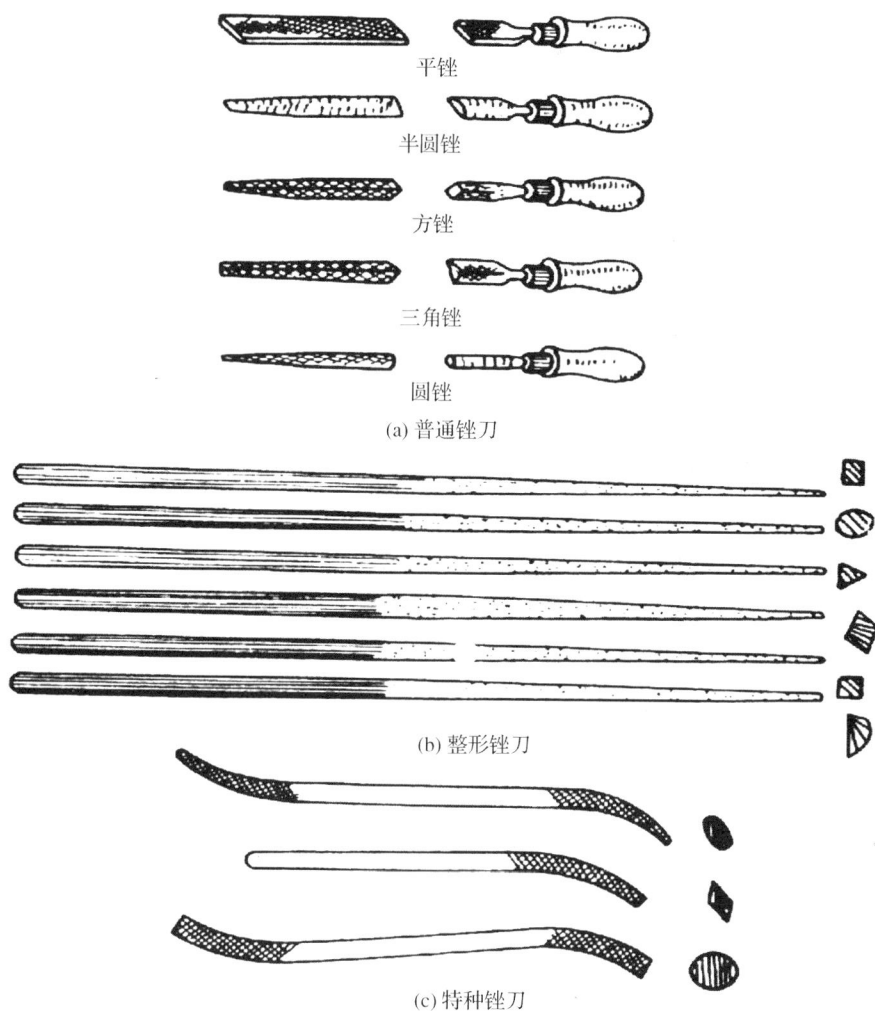

平锉

半圆锉

方锉

三角锉

圆锉

(a) 普通锉刀

(b) 整形锉刀

(c) 特种锉刀

图 14.3.8　锉刀的种类

　　锉刀的规格一般用长度尺寸表示。为适应不同锉削加工需要,锉刀的锉纹按齿距的大
小分为粗齿锉刀、中齿锉刀、细齿锉刀、双细齿锉刀和油光锉。

　　(3)锉刀的选用

　　1)锉齿粗细的选择　锉齿粗细的选择主要取决于工件加工余量大小、尺寸精度和表面
粗糙度要求。粗加工用粗齿锉刀,精加工用细齿锉刀。

　　2)锉刀的规格尺寸与截面形状选择　锉刀的规格尺寸取决于工件的加工面积与加工余
量。一般加工面积大、余量多的工件,使用较大的锉刀。锉刀的截面形状取决于工件加工部
位的形状。

2．锉削操作要领

（1）锉刀的握法

锉削时，一般用右手握住锉刀柄，左手握住或压住锉刀。普通锉刀的基本握法如图14.3.9所示。中小型锉刀、整形锉刀和特种锉刀的握法如图14.3.10所示。

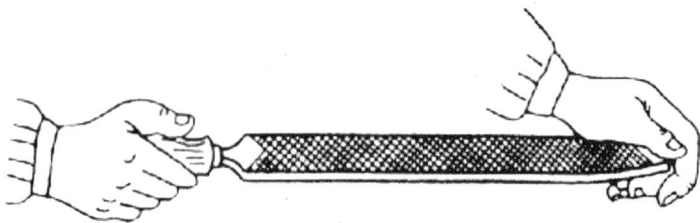

图 14.3.9　锉刀的基本握法

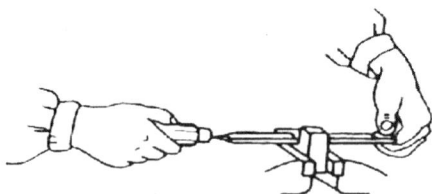

(a) 中型锉刀握法　　　　　　　　　(b) 小型锉刀握法

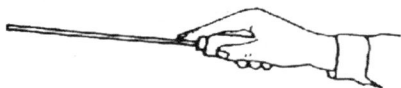

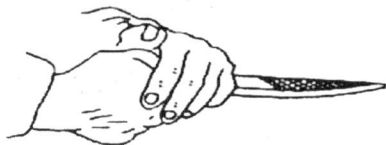

(c) 整形锉刀握法　　　　　　　　　(d) 小特种锉刀握法

图 14.3.10　中小锉刀的握法

（2）锉削姿势及动作要领

锉削时，身体的重心放在左脚上，右腿伸直，左腿稍弯，身体前倾，双脚站稳，靠左腿屈伸产生上身的往复运动，同时完成两臂的推锉和回锉两个动作。在推锉过程中，身体的前倾角度应随着锉刀位置的变化而不断调整，如图14.3.11所示。锉削速度每分钟40～60次，要求推锉时的速度稍慢，回锉时的速度稍快。整个锉削动作应配合协调、自然连续。

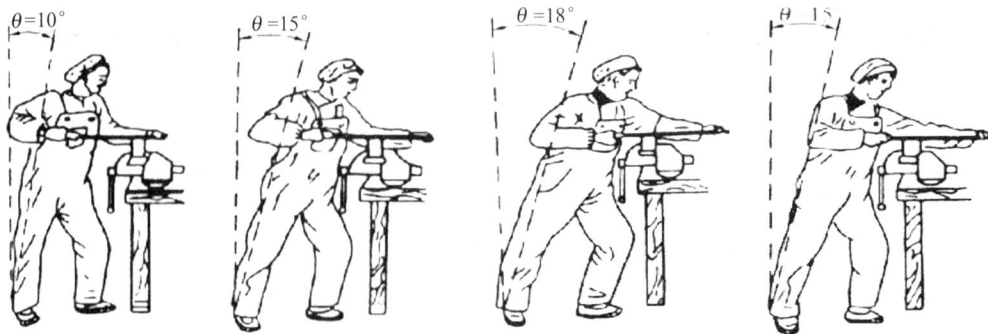

图 14.3.11　锉削姿势

为了锉出平整的平面,在推锉过程中必须使锉刀始终保持水平位置而不能上下摆动。因此,在锉削过程中,右手的压力应随锉刀的前进逐渐增加,而左手的压力则随锉刀的推进而不断减少。回锉时,两手不能施加压力,以减少锉齿的磨损。

3. 锉削加工方法

(1)装夹工件 工件必须牢固地夹在台虎钳钳口的中部,并使锉削面略高于钳口。工件夹持面已精加工时,应在钳口与工件之间垫上铜制或铝制垫片。

(2)平面锉削方法

1)顺向锉法 锉削时,锉刀始终沿一个方向锉削(图 14.3.12(a))。由于其锉纹整齐一致,比较美观,适用于中小平面加工,或者对大平面进行最后的锉光锉平。

2)交叉锉法 锉刀与工件成一定角度(50°～60°),交叉变换锉削方向(图 14.3.12(b))。特点是锉刀与工件的接触面大,去屑快,适用于粗锉。

3)推锉法 推锉是用两手推锉刀,沿工件表面作推锉运动(图 14.3.12(c))。推锉切削量小,主要用于修正较小的工作表面,以获得较细的表面粗糙度。

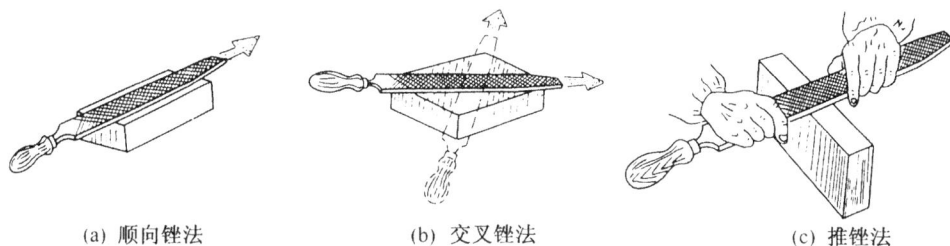

(a) 顺向锉法　　　　　(b) 交叉锉法　　　　　(c) 推锉法

图 14.3.12　平面锉削方法

(3)曲面锉削方法

1)顺向锉法 顺向锉时,锉刀顺着圆弧曲面的方向推进,同时右手下压,左手上提,使锉刀"上下摆动"。这种方法的动作要领比较容易掌握,锉出的表面光滑,适用于外曲面的精锉。

2)横向锉法 横向锉时,锉刀既向前推进,又要绕圆弧中心转动。这种方法动作要领的掌握相对较难,但是内曲面的锉削唯有此方法。因此,曲面锉削时,往往先沿着圆弧面横向方向将曲面锉成多棱面,然后采用上述方法进行精锉。

4. 锉削表面的检测

(1)尺寸精度检测 通常可用游标卡尺或千分尺测量。

(2)平面度的检测 一般用刀口形直尺或直角尺作透光检验。

(3)垂直度的检测 一般用90°角尺检测作透光检验。

(4)角度和曲线度检测 锉削加工的角度和曲线度通常采用专用角度样板和曲线样板检验。

14.4　钻孔、扩孔、锪孔与铰孔

14.4.1　钻孔

用钻头在工件实体上加工孔的方法称为钻孔。钻孔加工时,钻头既要作旋转运动,又要作轴向进给,工件一般固定不动。钻孔加工一般用于较小直径孔的粗加工,钻孔加工的尺寸精度为 IT10 以下,表面粗糙度 Ra50～12.5μm。

1. 钻头

钻头是钻孔加工的刀具,通常由高速钢制成,最常用的是麻花钻,如图 14.4.1 所示。

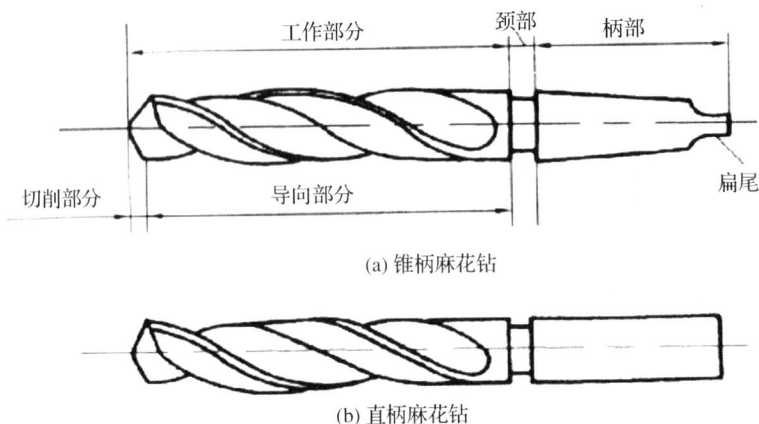

工作部分 颈部 柄部

切削部分 导向部分 扁尾

(a) 锥柄麻花钻

(b) 直柄麻花钻

图 14.4.1 麻花钻的组成

(1)麻花钻的结构组成

1)柄部 柄部是麻花钻的夹持部分,有直柄与锥柄两种。一般直径小于 12mm 的钻头制成直柄。直径大于 13mm 的制成锥柄,并带有扁尾,以便传递较大的扭矩。

2)颈部 颈部标有钻头的规格、商标或材料牌号等。

3)工作部分 工作部分包括导向部分与切削部分。导向部分由对称分布的两条螺旋槽和两条棱边组成,起排屑与导向作用。切削部分(见图 14.4.2)由两个前刀面、两个后刀面、两条主切削刃和一条横刃组成,担负着主要的切削工作。

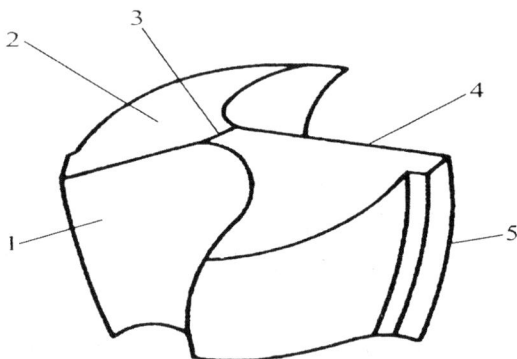

1-前刀面;2-后刀面;3-横刃;

4-主切削刃;5-棱边(副切削刃)

图 14.4.2 麻花钻的切削部分

(2)麻花钻的刃磨

1)麻花钻的刃磨角度

麻花钻的刃磨部位主要是两个后刀面。麻花钻的刃磨角度主要是指顶角 2φ、后角 α_0 与横刃斜角 ψ,如图 14.4.3 所示。标准麻花钻的顶角为 $118°\pm2°$,横刃斜角为 $50°\sim55°$,后角为 $8°\sim14°$,钻头直径越大后角越小。

麻花钻的切削性能与其切削部分的几何角度紧密相关。麻花钻刃磨后,两主切削刃应对称等长,后角必须为正值,且应沿着主切削刃从中心向外逐步减小,以保证其切削性能和强度要求。

3)标准麻花钻的缺陷及其改进

由于标准麻花钻横刃很长,且横刃处的后角为负值($-50°\sim-60°$)。因此,标准麻花钻

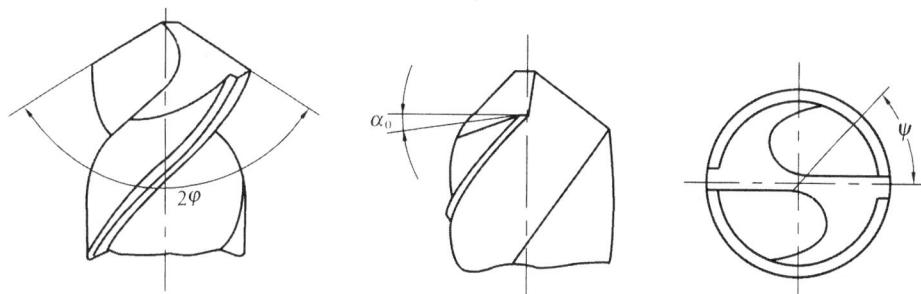

图 14.4.3　麻花钻的刃磨角度

的定心性差,轴向切削阻力大,切削效果很差。不仅如此,由于标准麻花钻主切削刃外缘处刀尖角较小,前角很大(30°),加工中切削速度又最高,因此极易磨损。而且,主切削刃各点前角的大幅变化,又使得切屑极易卷曲,造成排屑和冷却困难。

正是因为标准麻花钻的存在这样一些缺陷,在实际工作中,往往需要对切削部分进行修磨。如:修磨横刃来缩短横刃长度,增大钻心处的前角($-15°\sim0°$);在后刀面上磨月牙槽和分屑槽,以改善主切削刃切削性能,提高断屑排屑效果;还可以通过修磨主切削刃、棱刃、前刀面和刀尖角来减少标准麻花钻的固有缺陷,从而满足铸铁、有色金属和薄板等特殊材料或工件的加工。

2. 钻孔加工方法

(1)钻头的装夹

直柄麻花钻通常用钻夹头装夹,如图 14.4.4(a)所示。装夹时,将钻头柄部装入钻夹头内,转动锥齿紧固扳手,使三个自动定心夹爪夹紧钻头。

锥柄麻花钻一般在立式钻床或摇臂钻床上使用,可以直接将柄部装入机床主轴锥孔内,如图 14.4.4(c)所示。对于直径较小的钻头,可以用钻套来安装,如图 14.4.4(b)所示。钻套尾端的长方形通孔(主轴上也有)用于拆卸钻头时插入斜铁,如图 14.4.4(d)所示。

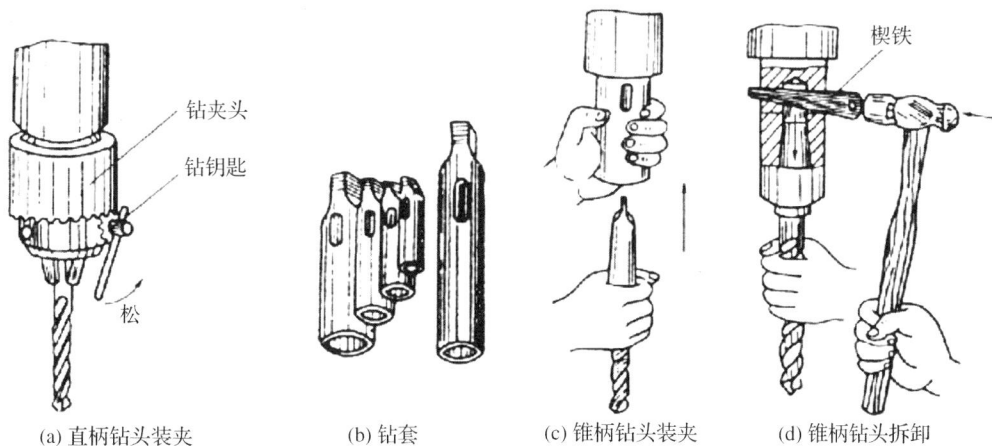

(a) 直柄钻头装夹　　(b) 钻套　　(c) 锥柄钻头装夹　　(d) 锥柄钻头拆卸

图 14.4.4　钻头的装夹方法

（2）工件的装夹

为保证钻孔加工质量和操作安全，工件必须用专门附件或夹具装夹。小型钻床上常用的工件装夹方法如图 14.4.5 所示。

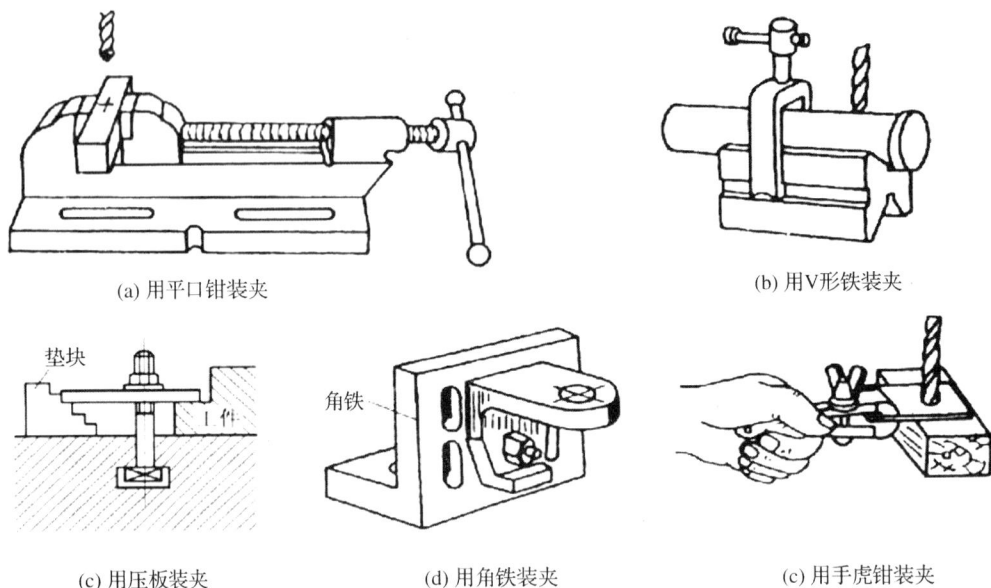

(a) 用平口钳装夹

(b) 用V形铁装夹

(c) 用压板装夹

(d) 用角铁装夹

(c) 用手虎钳装夹

图 14.4.5　工件的装夹方法

（3）钻孔加工操作要点

1）通过划线钻孔时，应先将钻头对准孔中心样冲眼钻一浅窝，以检查钻孔中心是否准确。如发现偏心，应重新打一较大的样冲眼后再钻。

2）手动进给时，进给力不可过大。当孔将要钻穿时，必须减小进给力，以防止折断钻头或使工件转动造成事故。

3）韧性材料钻孔时，应使用切削液。钻小孔或深孔时，应经常退出钻头排屑，并及时冷却。

4）钻大直径的孔应分两次以上完成，其中第一次钻孔直径必须超过下一次钻孔钻头的横刃长度。

5）在圆柱表面钻孔，应先用定心工具（如 V 形铁和定心锥）找正工件。在斜面上钻孔应先用中心钻钻出浅孔或者用立铣刀加工出小平台后再进行钻孔。

6）钻孔加工操作时，不能戴手套，更不许用手直接抓握工件，也不能用手清除铁屑。

14.4.2　扩孔与锪孔

1. 扩孔

扩孔是用扩孔钻对工件上已有的孔（包括铸孔、锻孔和已钻孔）进行扩大加工的方法。

扩孔钻的结构形状与锥柄麻花钻相似。不同的是扩孔钻有 3～4 个切削刃且无横刃，螺旋槽较浅，钻心粗，故扩孔钻导向性和刚度较麻花钻好。

2. 锪孔

锪孔是用锪孔刀具（锪孔钻或平面锪刀）在已加工孔的端部进行沉孔或平面加工的

方法。

14.4.3　铰孔

铰孔是用铰刀对已经钻孔或扩孔加工并留有较小余量的孔进行精加工的方法。铰孔加工可以提高孔的尺寸形状精度,但不能改变已加工孔的位置精度。铰孔加工的尺寸精度可达 IT9～IT7,表面粗糙度可达 Ra1.6～0.8μm。

1. 铰刀

铰刀是精度很高的孔加工标准刀具。常用的铰刀有圆柱形铰刀和圆锥形铰刀两种,分别用于加工圆柱孔和圆锥孔。图 14.4.6 所示为圆柱形铰刀,它由工作部分和柄部组成。工作部分又分切削部分和修光部分,切削部分用于切除余量,修光部分则起到校准孔径和修光孔壁的作用。机用铰刀(图 14.4.6(a))的工作部分较短,导向锥角 2φ 较大,因为在钻床上使用,所以柄部大多做成莫氏锥度。手用铰刀(图 14.4.6(b))的工作部分较长,导向锥角 2φ 较小,柄部为圆柱,末端有方头,以便用铰杠进行手工操作。

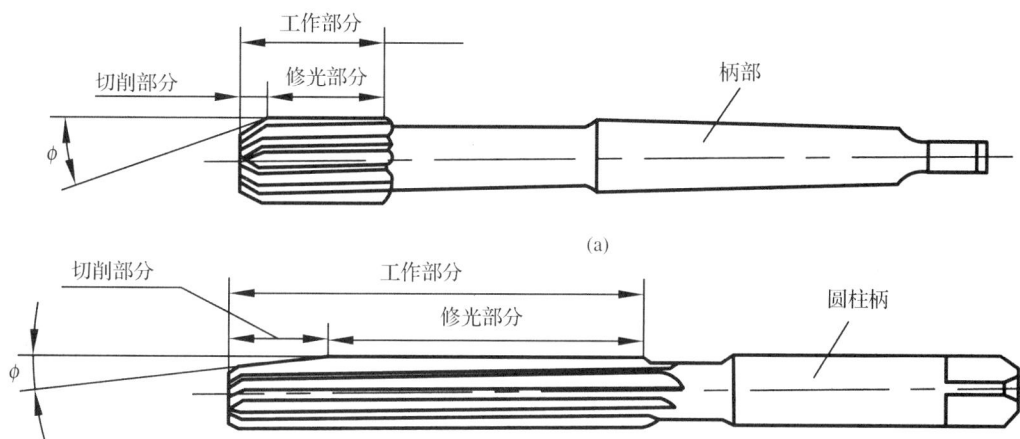

图 14.4.6　铰刀

铰刀与钻头和扩孔钻在结构上的最大区别是,铰刀是一种多齿直刃刀具,而且有机用和手用之分。

2. 铰孔加工

(1)铰孔加工的切削用量

1)铰孔余量　铰孔前必须先加工(钻孔或钻孔—扩孔)底孔并留出铰孔余量。余量太大,不但孔铰不好,而且铰刀易磨损;余量太小,则不能铰去上道工序的加工痕迹,也达不到孔的尺寸精度和表面质量要求。通常,直径小于 5mm 的圆柱孔,铰孔余量为 0.08～0.15mm;直径 6～20mm 的圆柱孔,铰孔余量为 0.12～0.25mm;直径 20～35mm 的圆柱孔,铰孔余量为 0.2～0.3mm。

直径较小的锥孔按小端直径钻孔后铰孔,较大直径的锥孔应分级钻出阶梯孔后再铰孔。

2)切削速度和进给量　机动铰孔时,应根据铰刀、工件材料和铰孔要求正确选择切削速度和进给量。如采用高速钢铰刀在钢件上铰孔的切削速度和进给量分别为:

切削速度:粗铰时取 1.5～5m/min,精铰时取 4～10m/min;

进给量:0.2～1.2mm/r。

(2)铰孔加工操作要点

1) 铰削时,必须选用适当的切削液,以减少铰刀与孔壁的摩擦,降低刀具的温度,去除粘附在工件上的切屑,从而可细化孔壁的粗糙度,减少铰孔误差。一般钢制工件铰削时用乳化液,铸铁用煤油。

2) 无论是手工铰孔还是机床铰孔,铰刀都不允许反转,以免损坏刀具破坏铰孔表面。

3) 手工铰孔时,铰杠应放平,两手用力应均匀,转动要平稳,不能使铰杠摇摆,以保证铰刀不发生偏斜,避免孔口呈喇叭形或孔径扩大。进刀时压力不可过大,以防止发生"扎刀",孔壁出现棱边。

4) 机动铰孔时,一般应一次装夹就完成孔的钻(扩)、铰加工,以保证铰孔精度。铰刀退出时,主轴应保持原有运转状态。

14.5 攻螺纹与套螺纹

14.5.1 攻螺纹

用丝锥加工内螺纹的方法称为攻螺纹(俗称攻丝),攻螺纹加工主要用于工件上紧固螺孔的螺纹加工。

1. 攻螺纹工具

(1)丝锥 丝锥是加工内螺纹的标准刀具,分手用和机用两种。每种规格的手用丝锥由两支或三支(M6～M24之间为两支,其余为三支)组成一套,分别称作头锥、二锥和三锥。他们的主要区别在于切削部分结构。头锥的切削部分较长,锥角较小,有利于攻丝开始时导入。二锥和三锥的锥角较大,切削部分很短,以便保证螺孔尺寸,如图 14.5.1,14.5.2 所示。

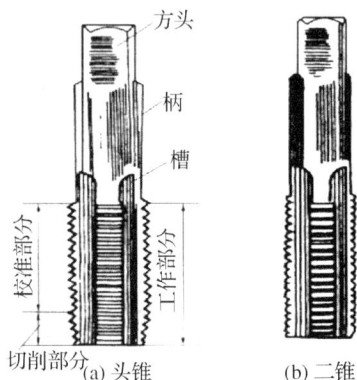

图 14.5.1 丝锥

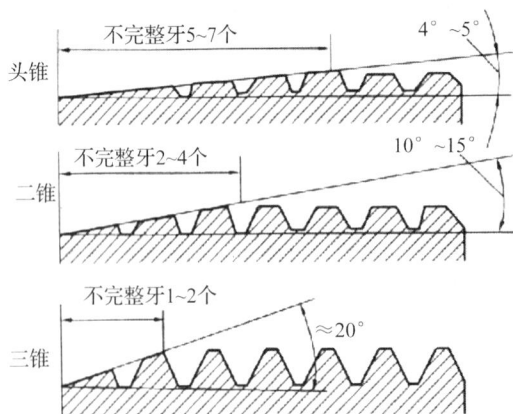

图 14.5.2 头锥、二锥和三锥的区别

（2）丝锥扳手　丝锥扳手俗称铰杠（或铰手），是用来夹持和扳动丝锥（或铰刀）的工具，其构造如图 14.5.3 所示。

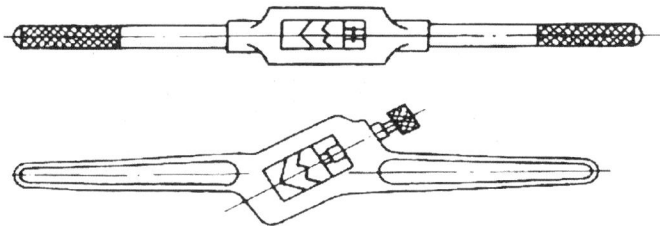

图 14.5.3　丝锥扳手

2．攻螺纹加工方法

（1）螺纹底孔直径的确定

攻螺纹加工的常规步骤是钻孔、孔口倒角、首攻丝、二次（三次）攻丝。由此可知，攻螺纹必须首先确定螺纹底孔直径，以便选用钻头加工底孔。螺纹底孔的直径 d 可以查阅有关手册，也可以根据螺纹大径 D 和螺距 P 按下述经验公式确定：

加工钢件和塑性材料时　$d=D-P(mm)$

加工铸铁和脆性材料时　$d=D-1.1P(mm)$

（2）手工攻螺纹加工操作要领及注意事项

1）手工攻螺纹的关键是起攻。起攻时必须用头锥，而且丝锥要放正，工件要夹紧。用一只手正向压住丝锥，另一只手轻轻转动铰杠。待丝锥转过 1～2 圈后用直角尺检验丝锥与工件孔口表面的垂直度。如有偏斜，应及时纠正。

2）用头锥攻螺纹过程中，丝锥每转动 0.5～1 圈后都要倒转四分之一圈以上，以便断屑和及时排屑。盲孔攻丝时尤其应经常旋出丝锥进行彻底排屑。攻丝时如遇阻力过大，也应及时倒转，或者先换用二锥攻几圈再用头锥续攻，千万不可强行转动，以免折断丝锥。

3）在塑性材料上攻丝，应加以足够的切削液。

4）头锥攻完后二锥和三锥攻丝时，应先将丝锥旋入孔中，再用铰杠转动，转动时不能施加压力。

14.5.2　套螺纹

用板牙加工外螺纹的方法称为套螺纹（俗称套丝）。

1．套螺纹工具

（1）板牙　板牙是加工外螺纹的标准刀具，一般用合金工具钢制造，并经过淬火处理。如图 14.5.4 所示。

（2）板牙架　板牙架用来装夹板牙，如图 14.5.5 所示。

2．套螺纹加工方法

（1）螺杆外圆直径的确定

需要套螺纹的螺杆毛坯一般由车削加工完成，其外圆直径 d 可按下述公式确定：

$$d=D-0.2P(mm)$$

式中　D—加工螺纹大径（mm）；

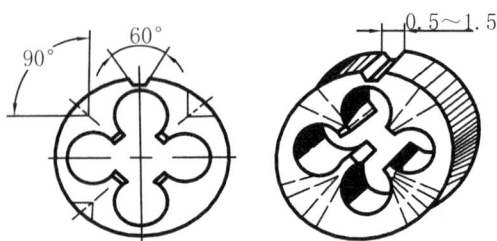

图 14.5.4 板牙

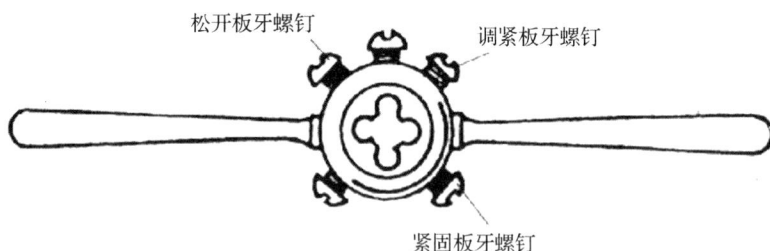

松开板牙螺钉　调紧板牙螺钉

紧固板牙螺钉

图 14.5.5 板牙架

P —螺距(mm)。

(2)螺纹加工操作要领及注意事项

1)套螺纹前工件端部必须倒角(15°～20°),以便板牙对准工件中心,同时也容易切入。

2)板牙在板牙架内要放正顶紧,以防套丝过程中松动和偏斜。

3)工件要用 V 型垫铁或软材料夹紧夹正,以防外表面夹扁或套丝时产生转动。套丝时,工件露出钳口不宜过长。

4)套丝过程中的操作要领与攻丝类似。为了断屑,套丝过程中板牙也要经常倒转。要注意加切削液。发现板牙偏斜要及时纠正,以防止套出螺纹歪斜。

14.6 刮 研

在工件已加工表面上,用刮刀刮去一层很薄的金属以满足技术要求的操作叫刮削。刮削后表面具有良好的平面度,表面粗糙度 Ra 值可达 $1.6\mu m$ 以下。刮削属钳工中的一种精密加工方法,广泛应用于工具和机器制造及修理。

1. 刮刀

刮刀的种类分为平面刮刀和曲面刮刀两种,平面刮刀用于刮削工件的平面,曲面刮刀用于刮削曲面。

2. 平面刮削操作

平面刮削采用平面刮刀,基本操作方法有手刮法和挺刮法两种。手刮法操作时,右手握刀柄,推动刮刀前进,左手在接近端部的位置施压并引导刮刀沿刮削方向移动,刮刀与工件约倾斜 25°~30°角。挺刮法则将刮刀柄(装有厚的橡皮垫)顶在小腹右侧肌肉处,双手握住刀身进行刮削操作,如图 14.6.1 所示。

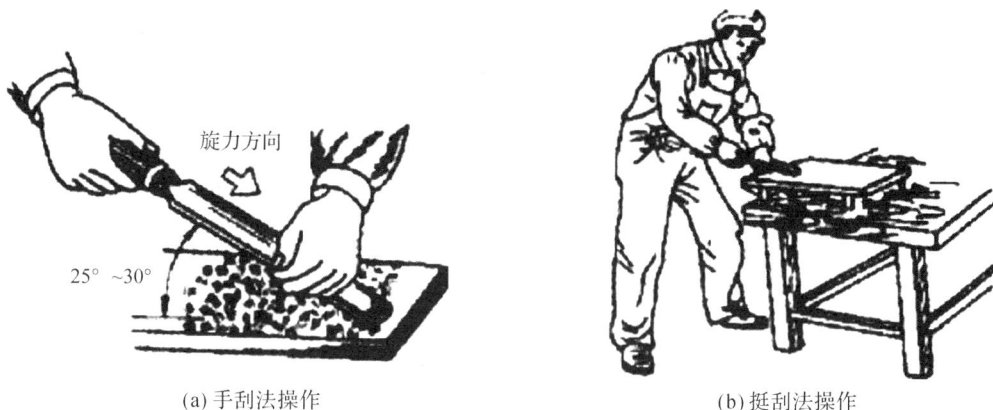

(a)手刮法操作 (b)挺刮法操作

图 14.6.1 平面刮削操作

3. 曲面刮削操作

曲面刮削较常用三角刮刀。曲面刮削时,右手握住刀柄,左手掌向下用四指横握刀杆,拇指抵着刀杆。刮削动作为右手做半圆转动,左手辅助右手除做圆周运动外,还顺着曲面做拉动或推动,使刮刀除做圆周运动外,还做轴向移动。

4. 标准平板研点检验

研点是刮削操作中检验质量的主要方法,具体操作是在工件表面涂上一层显示剂(一般为红丹油或蓝油),然后与标准平板作相对配研。工件表面上的凸起点经研动后,显示剂被磨去而显出亮点(即贴合点),而不亮的地方为凹下的部分。刮削的目的就是要把亮点(凸出的部分)刮除。刮削表面的精度是以 $25 \times 25 mm^2$ 的面积内,贴合点的数量与分布疏密程度来表示。一般普通机床的导轨面为 8~10 点,精密配合面为 12~15 点。如果达不到要求,则用刮刀刮去亮点,反复研点,直至合格。

14.7 装 配

14.7.1 装配工艺过程

按规定的技术要求,将零件或部件进行配合和连接,使之成为半成品或成品的工艺过程称为装配。

装配工作是产品制造工艺过程中的最后一道工序,装配工作的好坏,对产品的质量起着决定性的作用。相配零件之间的配合精度不符合要求,相对位置不准确,有的要影响机器的工作性能,严重时会使机器无法工作。在装配过程中,不重视清洁工作、粗心大意和不按工艺要求装配,也不可能装配出好的产品。而装配质量差的机器,其精度低、性能差、功耗大和寿命短,将造成很大的损失。相反,虽然某些零件的精度并不很高,但经过仔细的修配、精确的调整后,仍可能装配出性能良好的产品来。装配是一项十分重要而细致的工作,必须认真地去做。

产品的装配工艺过程由以下四部分组成:

1. 装配前的准备工作 它包括:(1)研究和熟悉装配图,了解产品的结构、零件的作用以及相互的连接关系。(2)确定装配的方法、顺序和准备所需的工具。(3)对零件进行清理和清洗。(4)对某些零件有时要进行修配、密封性试验或平衡工作等。

2. 装配工作 它通常分为部装和总装。

(1)部装:把零件装配成部件(若干零件结合为机器的一部分即称为部件)的过程称为部件。

(2)总装:把零件和部件装配成最终产品的过程称为总装。有些大型机器的总装常在其工作现场进行。

3. 调整、精度检验和试车

调整是指调节零件或机构的相对位置、配合间隙和结合松紧等,如轴承间隙、齿轮啮合的相对位置和摩擦离合器松紧的调整。精度检验包括工作精度检验和几何精度检验(有的机器则不需要做这项工作)。试车是机器装配后,按设计要求进行的运转试验。包括运转灵活性、工作时温升、密封性、转速、功率、振动和噪声等。

4. 油漆、涂油和装箱。

14.7.2 装配方法

为了使相配零件得到要求的配合精度,按不同情况可采用以下四种装配方法之一。

1. 互换装配法 在装配时各配合零件不经修配、选择或调整即可达到装配精度的方法,称为互换装配法。互换装配法的特点是:(1)装配简单,生产率高;(2)便于组织流水作业;(3)维修时更换零件方便。

但这种方法对零件的加工精度要求较高,制造费用将随之增大。因此仅在配合精度要求不是太高和产品批量较大时采用。

2. 分组装配法 在成批或大量生产中,将产品各配合副的零件按实测尺寸分组,装配时按组进行互换装配以达到装配精度的方法,称为分组装配法。分组装配法的特点是:(1)经分组后再装配,提高了装配精度;(2)零件的制造公差可适当放大,降低了成本;(3)要增加零件的测量分组工作,并需加强管理。

3. 调整装配法 在装配时用改变产品中可调整零件的相对位置或选用合适的调整件以达到装配精度的方法,称为调整装配法。调整装配法的特点是:(1)零件不需任何修配即能达到很高的装配精度;(2)可进行定期调整,故容易恢复精度,这对容易磨损或因温度变化而需改变尺寸位置的结构是很有利的;(3)但调整件容易降低配合副的连接刚度和位置精度,在装配时必须十分注意。

4. 修配装配法 在装配时修去指定零件上预留修配量,以达到装配精度的方法,称为修配装配法。修配装配法的特点是:(1)零件的加工精度可大大降低,无需采用高精度的加工设备,而又能得到很高的装配精度;(2)但使装配工作复杂化,故仅适宜于单件生产、小批生产中采用。

14.7.3 装配工作的要点

要保证产品的装配质量,主要是应按照规定的装配技术要求去执行。不同的产品其装配技术要求虽不尽相同,但在装配过程中有许多工作要点是必须共同遵守的,它们包括:

1. 做好零件的清理和清洗工作 清理工作包括去除残留的型砂、铁锈、切屑等,对于孔、槽、沟及其他容易存留杂物的地方,尤其应仔细进行。零件加工后的去毛刺倒角工作应保证做得完善,但要防止因动作粗糙而损伤其他表面或影响精度。

零件的清洗工作一般都是不可缺少的,其清洁的程度,可视相配表面的精密性高低允许有所差别,例如对于轴承、液压元件和密封件等精密零件的清洁程度,要求应十分严格。特别要引起注意的是:对于已经仔细清洗过的零件,装配时随意拿纱头再去擦几下,这反而是一种不清洁的做法。

2. 相配表面在配合或连接前,一般都需加油润滑 因为如果在配合或连接之后再加油润滑,往往不方便和不全面。这将导致机器在启动阶段因一旦不能及时供油而加剧磨损。对于过盈连接件,配合表面如缺乏润滑,则当敲入或压合时更易发生拉毛现象。活动连接的配合表面当缺少润滑时,即使配合间隙准确,也常常因有卡滞而影响正常的活动性能,而有时被误认为配合不符合要求。

3. 相配零件的配合尺寸要准确 装配时,对于某些较重要的配合尺寸进行复验或抽验,这常常是很必要的,尤其是当需要知道实际的配合间隙或过盈时。过盈配合的连接一般都不宜在装配后再拆下重装,所以对实际过盈量的准确性更要十分重视。

4. 做到边装配边检查 当所装的产品较复杂时,每装完一部分就应检查一下是否符合要求,而不要等大部分或全部装完后再检查,此时发现问题往往为时已晚,有的甚至不易查出问题产生的原因。

在对螺纹连接件进行紧固的过程中,还应注意对其他有关零部件的影响,即随着螺纹连接件的逐渐拧紧,有关的零部件位置也可能有所变动,此时要防止发生卡住、碰撞等情况,以免产生附加应力而使零部件变形或损坏。

5. 试车时的事前检查和启动过程的监视 试车意味着机器将开始运动并经受负荷的考验,不能盲目从事,因为这是最有可能出现问题的阶段。试车前,作一次全面的检查是很必要的,例如装配工作的完整性、各连接部分的准确性和可靠性、活动件运动的灵活性、润滑系统是否正常等。在确保都准确无误和安全的条件下,方可开车运转。

当机器开始启动后,应立即全面观察一些主要工作参数和各运动件的运动是否正常。主要工作参数包括润滑油压力和温度、振动和噪声、机器有关部位的温度等。只有当启动阶段各运行指标均正常稳定时,才有条件进行下一阶段的试车内容。启动一次成功的关键在于装配全过程的严密和认真。

14.8 钳工实习

14.8.1 小手锤的制作

加工工艺:

(1)把工件加工至长方体 12×12×70。

(2)倒角。

(3)加工圆弧:R16,R116。

(4)钻孔:直径 6.8 的底孔。

(5)攻丝:M8。

(6)手锤全面修整,砂皮打光,打上钢印。

14.8.2　方形块镶配的制作

加工工艺:

先制作两个分别为 60×60,30×30 的方块。先加工 30×30 方块的垂直度和平行度都达标,再以 30×30 方块为基准修配 60×60 的凹块。技术要求如下:

(1)垂直度和平行度要求在 0.04 以内。

(2)配合间隙小于 0.05。

(3)30×30 的方块四面都得换位配合。

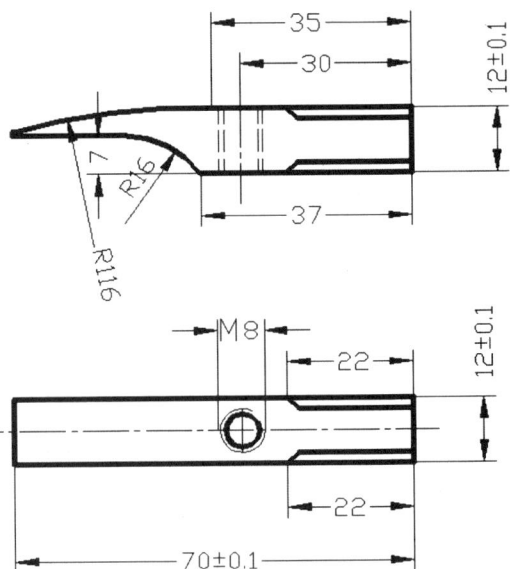

图 14.8.1　小手锤

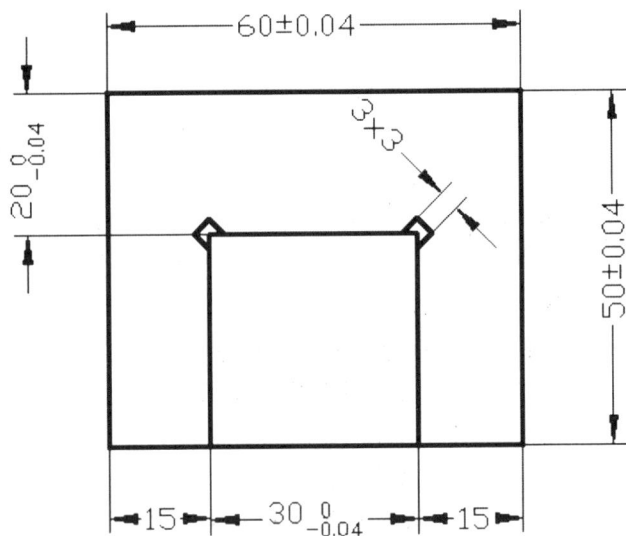

图 14.8.2　方形块

14.8.3　五角星的制作

加工工艺:

(1)将工件小头圆夹持在分度头上,将划线高度尺调 105 划出上边线。

(2)转动分度头,每转 72 度划一次,划出五角星。

(3)先锯锉五角星外的部分。

(4)再在台虎钳上夹住工件小头圆,平面倾斜用锉刀沿对角线斜锉五角星 10 条斜边,中间凸,边缘低,使立体感强。

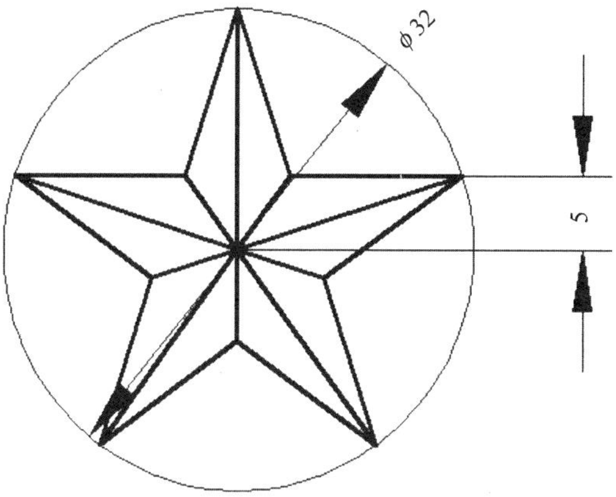

图 14.8.3 五角星

思考与练习题

14.1 划线基准如何选择？

14.2 试述锯削、锉削、钻削、绞削、攻螺纹的操作要点。

14.3 零件加工时为什么要划线，在哪些情况下可以不划线？

14.4 说出 8 种在金工实习中常用钳工工具及其用途。

14.5 交叉锉、推锉有何优缺点？怎样正确使用？

14.6 刮削有何特点和用途？

第15章 其他机械制造技术

机械制造通常分为冷加工(机械加工)、热加工和特种加工。

冷加工是研究如何利用切削的原理使工件成形而达到预定的设计要求。与热加工相比较,冷加工由于加工成本低,能量消耗少,能加工各种不同形状、尺寸和精度要求的工件。因此,预计在21世纪,它仍将是获得精密机械零件的最主要的加工方法。

热加工即材料成形技术,一般理解为铸造成形、锻压成形、焊接成形方法。现代科学技术的发展使热加工的内容远远超出了这个范围,如快速成形技术等。

特种加工去除材料的原理完全不同于常规的切削方法。它是直接利用电能、热能、声能、光能、化学能和电化学能,有时也结合机械能对工件进行的加工。特种加工主要用于难加工材料、形状特别复杂、细微结构以及高精度、表面质量有特殊要求的零件的加工。

15.1 特种加工

随着科技与生产的发展,具有高强度、高硬度、高韧性、高脆性、耐高温等特殊性能的新材料不断现出,使切削加工出现了新的困难和问题。特种加工工艺正是在这种新要求下迅速发展起来的,与传统的切削加工相比其加工机理完全不同。

15.1.1 特种加工的特点

特种加工工艺是直接利用电能、光能、化学能、电化学能、声能、热能等或上述能量与机械能组合对工件进行加工的工艺方法,它与传统的机械加工方法比较,具有以下特点。

(1)特种加工的工具与被加工零件基本不接触,加工时不受工件的强度和硬度的制约,故可加工超硬脆材和精密长细零件,而加工工具材料的硬度也可低于工件材料的硬度。

(2)加工时主要用电、化学、电化学、声、光、热等能量去除工件的多余材料,而不是主要靠机械能量切除多余材料。

(3)加工机理不同于一般金属切削加工,不产生宏观切屑,不产生强烈的弹性和塑性变形,故可获得很低的表面粗糙度,其残余应力、冷作硬化、热影响程度等也远比一般金属切削加工小。

(4)加工能量易于控制和转换,故加工范围广,适应性强。

由于特种加工方法具有其他加工方法不可比拟的优点,并已成为机械制造学科中一个新的重要领域,故在现代加工技术中,占有越来越重要的地位。目前在生产中应用的有电火花加工、电火花线切割加工、电铸加工、电解加工、超声加工和化学加工等。

15.1.2 特种加工的分类

特种加工一般按照所利用的能量形式来分类:

电能、热能类——电火花加工、电子束加工、等离子弧加工；

电能、机械能类——离子束加工；

电能、化学能类——电解加工、电解抛光；

电能、化学、机械能类——电解磨削、电解珩磨；

光能、热能类——激光加工；

化学能类——化学加工、化学抛光；

声能、机械能类——超声加工；

机械能类——磨料喷射加工、磨料流加工、液体喷射加工

值得注意的是将两种以上的不同能量和工作原理结合在一起，可以互相取长补短，获得很好的加工效果，近年来这些新的复合加工方法在不断出现。

15.1.3 电火花加工和电火花线切割加工

电火花加工是指在一定介质中，通过工具电极和工件电极之间脉冲放电的电蚀作用，实现对工件进行加工的方法，又称电腐蚀加工。

1. 电火花加工的基本原理 电火花加工的原理见图 15.1.1。

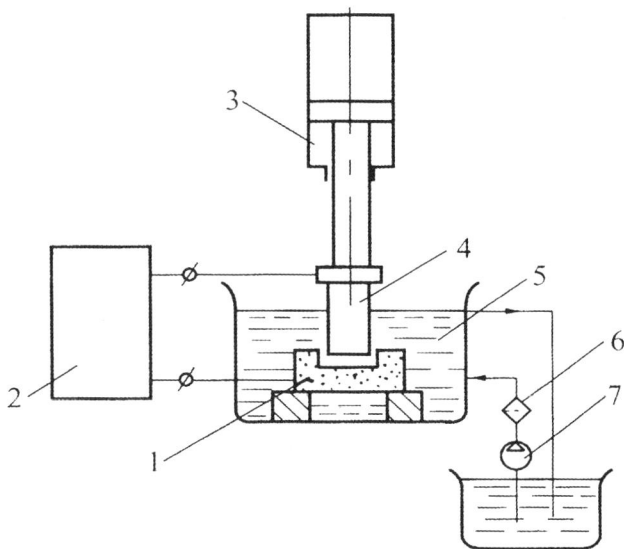

1-工件；2-脉冲电源；3-自动进给调节装置；4-工具电极；5-工作液；6-过滤器；7-工作液泵
图 15.1.1 电火花加工的基本原理

电火花加工时，工具电极和被加工工件放入绝缘液体介质中，在两者之间加上 100V 左右的脉冲直流电压。因为工具电极和工件电极的微观表面不是完全光滑的，存在着无数个凹凸不平处，所以当两者逐渐接近，间隙变小时，在工具电极和工件表面的某些点上，电场强度急剧增大，引起绝缘液体的局部电离，于是通过这些间隙发生火花放电现象。放电时放电通道受放电时磁场力和周围的液体介质的压缩，其截面积极小，电流强度可达 $10^5 \sim 10^6$ A/mm^2，因此在两极之间沿放电通道形成一个温度高达 $10000 \sim 12000$℃的瞬时高温热源。在热源作用区的工具电极和工件电极表面层金属会很快熔化甚至气化。放电通道的高温产生热膨胀，瞬时热膨胀具有爆炸的特性，爆炸力将熔化和气化了的金属抛入液体介质中，工具电极和工件电极表面都将形成一个微小的圆形凹坑，见图 15.1.2。

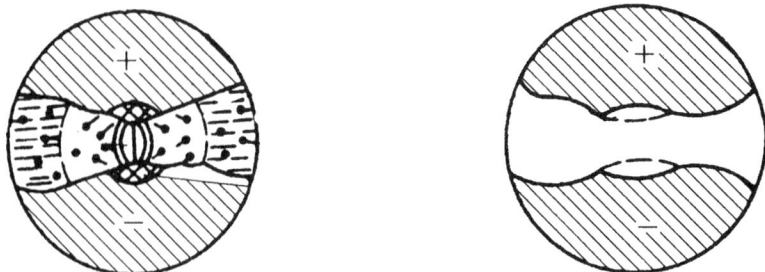

图 15.1.2 电蚀凹坑的形成

电火花加工时，一秒种会发生数十万次脉冲放电，每次放电后工件表面上产生微小凹坑，这些放电凹坑的大量积累就实现了工件的电火花加工。最终工具电极的形状相当精确地"复印"在工件上，并完成对工件的加工。生产中可以通过控制极性和脉冲的长短（放电持续时间的长短）控制加工过程。

2. 电火花加工的应用　电火花加工的电源脉冲参数可以任意调节，因此在一台电火花加工机床上可以连续进行粗、半精、精加工。精加工时精度为 0.01mm，表面粗糙度 Ra 值为 0.08μm。

电火花加工的适应性强，被加工材料不受工具材料硬度、耐热性等的限制，可以加工任何硬、脆、韧、软、高熔点的导电材料，在一定条件下，还可以加工半导体材料和非导电材料。加工时"无割削力"，工件装夹十分方便。有利于小孔、薄壁、窄槽以及各种复杂形状的孔、螺旋孔、型腔等零件的加工，也适合于精密微细加工。见图 15.1.3。

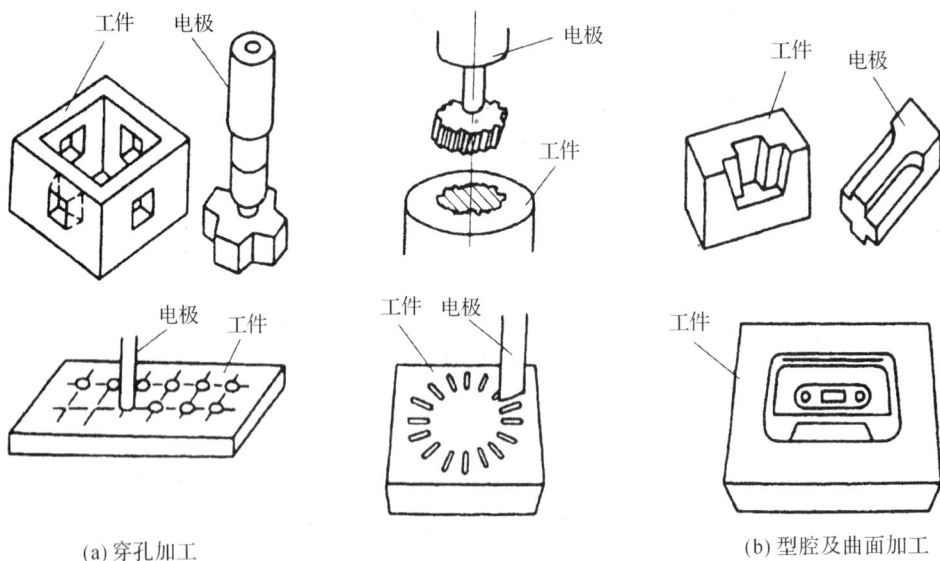

(a) 穿孔加工　　　　　　　　　　　　　　　(b) 型腔及曲面加工

图 15.1.3　电火花成形加工

（1）穿孔加工

电火花加工可以对各种圆孔、方孔、多边形孔、弯孔、螺旋孔、曲线孔以及直径在 0.01～1mm 范围内的微细小孔等进行加工。例如，各种拉丝模上的微细孔、化纤异形喷丝孔、电子显微镜光栅孔等,见图 15.1.3(a)。

(2)型腔及曲面加工

电火花加工可以对各类锻模、压铸模、落料模、复合模、挤压模、塑模等型腔以及叶轮、叶片等各种曲面进行加工。由于电火花加工可以在淬火后进行,因此不存在工件热处理变形的问题。见图 15.1.3(b)。

(3)电火花线切割加工

将电火花加工中的工具电极改为线电极,利用线电极与工件间的火花放电切割工件即为电火花线切割加工。

电火花线切割加工采用移动的金属丝作电极,工件接脉冲电源正极,电极丝接脉冲电源负极,工件(工作台)相对电极丝按预定的要求运动,从而使电极丝沿着要求的路线进行电腐蚀,实现切割加工。在加工中电极丝以一定的线速度运动(走丝运动),其目的是减少电极损耗,且不被电火花放电烧断,见图 15.1.4。

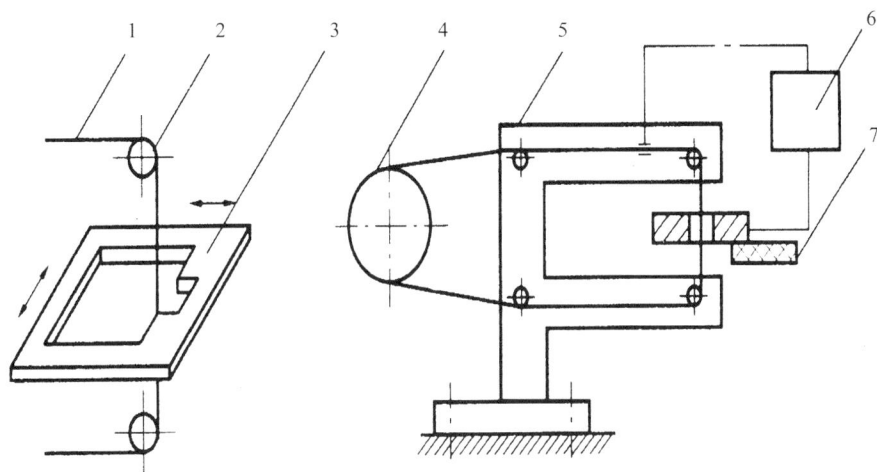

1-电极丝;2-导向轮;3-工件;4-滚丝筒;5-支架;6-脉冲电源;7-绝缘底板

图 15.1.4 电火花线切割加工

目前,我国广泛使用的线切割机床主要是数控电火花线切割机床,按其走丝速度分为快走丝和慢走丝线切割机床两种。快走丝线割机床采用钼丝或铜丝作电极。走丝速度为 8~10m/s,双向往复循环,成千上万次反复通过加工间隙,直到用断为止。快走丝线切割机床目前能达到的加工精度为 ±0.01mm,表面粗糙度 Ra = 2.5~0.63μm,最大切割速度 50mm/min 以上;慢速走丝线切割机床采用铜丝作为电极,走丝速度为 3~12mm/min。电极丝单向通过间隙,不重复使用,可避免电极丝损耗对加工精度的影响。慢速走丝线切割机床加工精度可达 ±0.001mm,粗糙度可达 Ra0.32μm。

电火花线切割加工机床可以切断、切割各类复杂的图形和型孔,例如冲压模具、刀具、样板、各种零件和工具等。

15.2 数控加工

近年来,在机械行业中随着高精度、高速度、复杂曲面等加工的要求,同时单件、小批量的生产所占有的比例也越来越大,普通机床越来越难以满足加工需要,所以各类机床都向着实现数控化的方向发展。目前,数控技术不断发展,数控机床的价格在不断地下降,因此,数控机床在机械行业中的使用已十分普遍。

目前数控机床上常用软件有 PRO/E、MasterCAM、CAXA、UG。这些软件功能强大,覆盖了制造业信息化设计、工艺、制造和管理四大领域。

数控机床种类繁多,典型的有数控车床、数控铣床、数控线切割机床、数控电火花机床、加工中心等。当前数控技术的发展逐渐从单机制造向制造系统发展,出现了柔性制造系统FMS,甚至也出现了具有一定人工智能的智能制造系统 IMS 以及范围更大更复杂的计算机集成制造系统 CIMS,可以说,数控技术的广泛应用是机械制造业的一次重大飞跃。数控技术水平高低和数控设备的拥有量,是体现国家综合国力水平,衡量国家工业现代化的重要标志之一。

15.2.1 数控机床的组成

数控加工是把工件加工的工艺过程用数控语言编写成数控加工程序,然后将程序输入到数控机床的数控装置中,通过数控机床自动地完成对零件的加工。所以,数控机床是高度的机电一体化产品,一般由输入输出设备,计算机数控装置,伺服系统,测量反馈装置和机床主机组成,如图 15.2.1 所示。

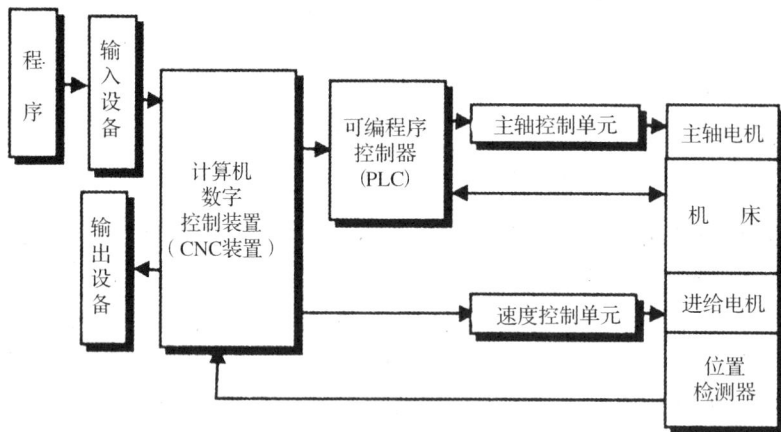

图 15.2.1 数控机床的组成

下面将主要组成部分介绍一下:

1. 计算机数控装置 CNC 计算机数控装置是数控机床的核心,它主要用于正确识别和解释数控加工程序,并对解释结果进行各种数据计算和逻辑判断处理,完成各种输入、输出任务,其主要功能如下:

(1)多坐标联动功能。

(2)多种函数的插补(直线,圆弧等)。

(3)补偿功能(刀具半径补偿,刀具长度补偿,螺距误差补偿,传动链反向间隙补偿等)。

(4)具有故障自诊断功能。

(5)通讯和联网功能。

(6)多种辅助功能(M、S、T 等功能)。

CNC 装置的硬件包括 CPU、存储器、输入输出接口部分。CNC 软件部分包括管理软件和控制软件。管理软件由输入输出程序、显示程序、诊断程序、通信程序等组成,控制软件由译码程序,刀具补偿程序、速度控制程序,插补运算程序,位置控制程序等组成。

2. 输入输出设备 数控加工程序和各种外部控制信息都是通过输入输出设备进入计算机数控装置,作为控制的依据。输入输出设备主要包括显示器、操作面板、键盘、手摇脉冲发生器、通信接口,存储卡等。

3. 伺服系统 伺服系统用来接受数控装置输出的指令,并经功率放大,带动机床移动部件作精确定位或按照规定的轨迹和速度作运动。伺服系统分为驱动单元和执行机构两大部分。执行机构一般采用步进电机,直流伺服电机,交流伺服电机,驱动单元包括主轴驱动单元(主要是速度控制),进给驱动单元(主要有位置控制和速度控制)。

4. 测量反馈装置 该装置可以包括在伺服系统中,它由检测元件和相应的电路组成,其作用是检测位移和速度,并将信息反馈回来,构成闭环控制。常用的测量元件有脉冲编码器,旋转变压器,感应同步器,光栅,测速发电机等。

5. 机床主机 机床主机是数控机床的机械系统,包括床身,主轴,进给机构,刀架等,为充分发挥数控机床的特点,其在外形、布局、传动系统等方面与普通机床有较大的差别。为了保证数控机床功能的充分发挥,还有一些配套部件(如冷却、排屑、防护、润滑、照明、储运等)和附属设备(对刀仪等)。

15.2.2 数控加工的特点

1. 可以加工复杂曲面 因为数控机床能实现多轴联动,可以完成普通机床难以完成或无法加工的复杂曲面。

2. 加工精度高 数控装置的脉冲当量(每输出一个脉冲,机床移动部件的移动量)一般为 0.001mm,而且一般数控机床都有测量反馈装置,也有间隙补偿功能,因此可获得比机床本身精度高的加工精度,且质量稳定。

3. 柔性好 改变加工零件时,只需更换刀具,更换加工程序,就可立即进行加工,所以数控机床灵活性强,可以适应多品种小批量的零件加工。

4. 生产率高 采用数控加工,可大大缩短零件加工过程中的辅助动作时间(如空行程、换刀、变换切削用量等),加上机床良好的结构刚性,因此生产率高,尤其对复杂零件的加工。

5. 数控机床不适合需要反复找正的零件加工,对大量生产的零件也并不经济。

15.3 快速成形技术

20 世纪 80 年代后期发展起来的快速成形技术,被认为是近年来制造技术领域的一次重大突破,其对制造业的影响可与数控技术的出现相媲美。快速成形技术是一种基于离散堆积成形思想的新型成形技术,是集计算机、数控、激光和新材料等最新技术而发展起来的先进的产品研究与开发技术。

1. 快速成形技术原理

快速成形技术是先进制造技术的重要分支,它不仅体现在制造思想和实现方法上有了突破,更重要的是在制作零件的质量、性能、大小和制作速度等方面,也取得了很大的进展。它是建立在 CAD/CAM 技术、激光技术、数控技术和材料科学的基础上,基于离散/堆积成形原理的成形方法。其基本原理是:任何三维零件都可看成是许多二维平面沿某一坐标方向叠加而成,因此可先将 CAD 系统内三维实体模型离散成一系列平面几何信息,采用粘接、熔结、聚合作用或化学反应等手段,逐层有选择地固化液体(或粘接固体)材料,从而快速堆积制作出所要求形状的零部件(或模样)。制造方式是不断地把材料按照需要添加在未完成的工件上,直至零件制作完毕。即所谓"使材料生长而不是去掉材料的制造过程",其实现的流程如图 15.3.1 所示。

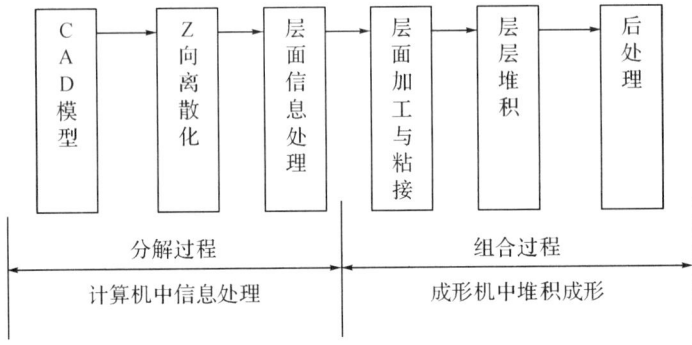

图 15.3.1　快速成形的离散/堆积成形流程

2. 典型的快速成形技术

快速成形技术按原型的成形方式分为立体印刷(SLA)、选择性激光烧结(SLS)、融积成形(FDM)、三维印刷(3DP)等。

(1)立体印刷(SLA)　立体印刷又称之为激光立体造型或激光立体光刻。是基于液态光敏树脂的光聚合原理工作的,这种液态材料在一定波长和强度的紫外光的照射下能迅速发生光聚合反应,分子量急剧增大,材料也就从液态转变成固态。SLA 工作原理图如图15.3.2所示。

首先由 CAD 系统对准备制造的零件进行三维实体造型设计,再由专门的计算机切片软件将三维

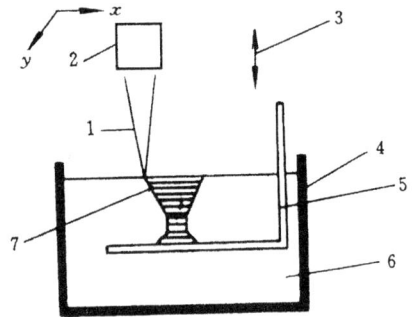

1-激光束;2-扫描镜;3-Z轴升降;
4-树脂槽;5-托盘;6-光敏树脂;7-零件原型
图 15.3.2　立体光刻装置示意图

CAD 模型切割成若干薄层平面图形数据。所示的容器中,盛有在紫外光照射下可固化的液态树脂,如环氧树脂、乙烯酸树脂或丙烯酸树脂,不同树脂样件的机械特性不同。立体印刷

开始时,升降台通常下降到距液面不到 1mm(相当于 CAD 模型最下一层切片的厚度)处。随后 x—y 激光扫描器根据第一层(即最下一层)切片的平面几何信息对液面扫描,液面这一层被激光照射到的那部分液态树脂由于光聚合作用而固化在升降台上。接着升降装置又带动升降台使其下降相当于第二层切片厚度的高度,x—y 激光扫描器再按照第二层切片的平面几何信息对液面扫描,使新一层液态树脂固化并紧紧粘在前一层已固化的树脂上,如此重复进行直至整个三维零件制作完成。

(2)选择性激光烧结(SLS) 选择性激光烧结是用二氧化碳类红外激光对已预热(或未预热)的金属粉末或者塑料粉末一层层地扫描加热,使其达到烧结温度,最后烧结出由金属或塑料制成的立体结构。制作过程如图 15.3.3 所示,随着工作台的分步下降,将粉末一层一层地撒在工作台上,再用平整滚将粉末滚平、压实,每层粉末的厚度均对应于 CAD 模型的切片厚度。各层上经激光扫描加热的粉末被烧连到基体上,而未被激光扫描的粉末仍留在原处起支撑作用,直至烧出整个零件。

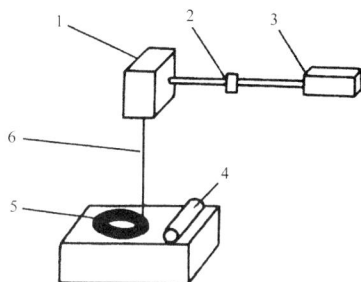

1-扫描镜;2-透镜;3-激光器;
4-压平辊子;5-零件原型;6-激光束
图 15.3.3　选择性激光烧结示意图

(3)融积成形(FDM)　融积成形系统采用专用喷头,成形材料以丝状供料,材料在喷头内被加热熔化,喷头直接由计算机控制沿零件截面轮廓和填充轨迹运动,同时将熔化的材料挤出沉积成实体零件的一超薄层,材料迅速凝固,并与周围的材料凝结。整个模样从基座开始,由下而上逐层堆积生成。融积成形其成形材料可用铸造石蜡、尼龙(聚酯塑料)、ABS 塑料及医用 MABS 塑料,可实现塑料零件无注塑成形制造。如图 15.3.4 所示。

FDM 工艺不用激光器件,因此使用、维护简单,成本较低,无毒无味和运行稳定可靠,适合办公室环境使用,符合环保要求。用石蜡成形的零件原型,可以直接用于熔模铸造。用 ABS 制造的原型因具有较

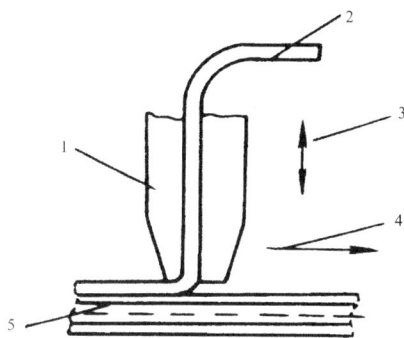

1-加热装置;2-丝材;3-z 向送丝;
4-x—y 驱动;5-零件原型
图 15.3.4　融积成形示意图

高强度而在产品设计、测试与评估等方面得到广泛应用。由于以 FDM 工艺为代表的熔融材料堆积成形工艺具有一些显著优点,该类工艺发展非常迅速。

(5)三维印刷(3DP)　三维印刷工艺与 SLS 工艺类似,采用粉末材料成形,如陶瓷粉末,金属粉末。所不同的是材料粉末不是通过烧结连接起来的,而是通过喷头用粘结剂(如硅胶)将零件的截面"印刷"在材料粉末上面。用粘结剂粘接的零件强度较低,还须后处理。先烧掉粘结剂,然后在高温下渗入金属,使零件致密化,提高强度。

15.4 超高速加工技术

超高速加工技术是指采用超硬材料的刃具,通过极大地提高切削速度和进给速度来提高材料切除率、加工精度和加工质量的现代加工技术。超高速加工的切削速度范围因不同的工件材料、不同的切削方式而异。目前,一般认为,超高速切削各种材料的切速范围为:铝合金已超过 1600m/min,铸铁为 1500m/min,超耐热镍合金达 300m/min,钛合金达 150～1000m/min,纤维增强塑料为 2000～9000m/min。各种切削工艺的切速范围为:车削 700～7000m/min,铣削 300～6000m/min,钻削 200～1100m/min,磨削 250m/s 以上等等。

1. 超高速加工技术的内容

(1)超高速切削、磨削机理。

(2)超高速主轴单元制造技术。

(3)超高速进给单元制造技术。

(4)超高速加工用刀具磨具及材料。

(5)超高速加工测试技术。

2. 超高速加工技术的发展

在超高速加工技术中,超硬材料工具是实现超高速加工的前提和先决条件,超高速切削磨削技术是现代超高速加工的工艺方法,而高速数控机床和加工中心则是实现超高速加工的关键设备。目前,刀具材料已从碳素钢和合金工具钢、高速钢、硬质合金钢、陶瓷材料,发展到人造金刚石及聚晶金刚石、立方氮化硼及聚晶立方氮化硼(CBN)。切削速度亦随着刀具材料创新而从以前的 12m/min 提高到 1200m/min 以上。砂轮材料过去主要是采用刚玉系、碳化硅系等,美国 50 年代首先在金刚石人工合成方面取得成功,60 年代又首先研制成功 CBN。90 年代陶瓷或树脂结合剂 CBN 砂轮、金刚石砂轮线速度可达 125m/s,有的可达 150m/s,而单层电镀 CBN 砂轮可达 250m/s。因此有人认为,随着新刀具(磨具)材料的不断发展,每隔十年切削速度要提高一倍,亚音速乃至超声速加工的出现不会太遥远了。在超高速切削设备方面,日本日立精机的加工中心主轴最高转速达 36000～40000r/min,工作台快速移动速度为 36～40m/min。采用直线电机的美国 Ingersoll 公司的高速加工中心进给移动速度为 60m/min。瑞士米克朗公司凭借着新型的系列产品,高速铣削加工中心主轴转速达 60 000min/min,进给速度达 80m/min,加速度达 2.5g,可加工 HRC62 的淬硬钢。

15.5 超精密加工

超精密加工当前是指被加工零件的尺寸精度高于 $0.1\mu m$,表面粗糙度 Ra 小于0.025 μm,以及所用机床定位精度的分辨率和重复性高于 $0.01\mu m$ 的加工技术,目前正在向纳米级加工技术发展。它综合利用了机床、刀具、测量、环境控制、微电子、数控等技术进步的成果,形成了一套完整的制造技术体系。现代超精密加工技术具有以下特点:加工精度在亚微米级以上并向纳米级精度挑战;若干种工艺相结合,形成了复合加工技术;亚微米级超精密加工机床已实现了商品化;为满足特定产品需求、降低成本和缩短研制周期发展模块化机床;利用计算机技术向加工测量一体化方向发展。超精密加工技术在发达国家已有近 40 年的发展历史,其生命力不仅在于包括航空技术在内的高科技发展对它的需求,而且在于它综合利用了高科技进步的成果,更重要的是在利用这些成果的基础上有所创新,将其以新颖的构思巧妙地加以重组不断获得新的设备和工艺技术,模块式超精密加工机床的诞生和复合超精密加工技术的出现就是很好的例证。

超精密加工技术的内容有以下几个内容。

(1)超精密加工的加工机理研究。

(2)超精密加工设备制造技术。

(3)超精密加工刀具、磨具及刃磨技术研究。

(4)精密测量技术及误差补偿技术研究。

(5)超精密加工工作环境条件研究。

超精密加工方法有金刚石刀具精密切削、精密和镜面磨削、精密研磨和抛光等方式。

1. 金刚石刀具超精密切削

金刚石刀具拥有很高的高温强度和硬度,而且材质细密,经过精细研磨,切削刃可磨得极为锋利,表面粗糙度值很小,因此可进行镜面切削。此外,金刚石与有色金属的亲和力极低,摩擦系数小,切削有色金属不易产生积屑,所以用金刚石刀具切削有色金属和非金属材料时,可得到表面粗糙度值 $Ra=0.02\sim0.0002\mu m$ 的镜面。金刚石刀具的切削加工余量仅为几微米,切削层非常薄(常在 $0.1\mu m$ 以下),使用金刚石刀具的双坐标数控超精密机床,可使被加工的平面和非球曲面达到很高的几何精度。

金刚石刀具超精密切削主要用于加工铜、铝等有色金属,如高密度硬磁盘的铝合金基片、激光器的反射镜、复印机的硒鼓,光学平面镜,凹凸镜、抛物面镜等。

2. 精密和镜面磨削

磨削时尺寸精度和几何精度主要靠精密磨床保证,可达亚微米级精度(指精度为 $1\sim10^{-2}\mu m$)。在某些超精密磨床上可磨削出数十纳米精度的工件。在精密磨床上使用细粒度磨粒砂轮可磨削出 $Ra=0.1\sim0.05\mu m$ 的表面。使用金属结合剂砂轮的在线电解修整砂轮的镜面磨削技术可得到 $Ra=0.01\sim0.002\mu m$ 的镜面。

3. 精密研磨和抛光

精密研磨和抛光技术意指:使用超细粒度的自由磨料,在研具的作用和带动下冲击加工表面,产生压痕和微裂纹,依次去除表面的微细突出处,加工出 $Ra=0.01\sim0.002\mu m$ 的镜面。由于研磨剂含有化学活性剂,故研磨、抛光工具加工是一种机械与化学的复合作用过程。研磨、抛光是常用的超精密加工方法,它不仅可获得很小的表面粗糙度值,还可得到很高的平面度,控制好时还可使加工表面变质层很小。研磨、抛光常作为大规模集成电路的硅基片、标准量块、光学平面镜、棱镜、高精度钢球、计量用标准球等的最后精加工工序。

超精密加工是以精密元件(零件)为加工对象。超精密加工必须具有稳定的加工环境,即必须在恒温、超净、防振等条件下进行。高精度的加工设备也是实施超精密加工的必备条件之一。如机床主轴采用空气静压轴承和液体静压轴承,以保证主轴具有极高的回转精度及很高的刚性和热稳定性;机床必须配备位移精度极高的微量进给机构,以实现微量进给,且不产生爬行现象;机床应采用计算机控制系统、自适应控制系统,以避免手工操作引起的随机误差。另外,精密测量是超精密加工的必要手段,否则无法判断加工精度。

15.6 虚拟制造技术

虚拟制造技术是 80 年代后期提出并得到迅速发展的一个新思想。它是以虚拟现实和仿真技术为基础,对产品的设计、生产过程统一建模,在计算机上实现产品从设计、加工和装配、检验、使用整个生命周期的模拟和仿真。这样,可以在产品的设计阶段就模拟出产品及其性能和制造过程,以此来优化产品的设计质量和制造过程,优化生产管理和资源规划,以达到产品开发周期和成本的最小化,产品设计质量的最优化和生产效率最高化,从而形成企业的市场竞争优势。

虚拟制造技术按其功能可划分为:产品的虚拟设计技术;产品的虚拟制造技术;虚拟制造系统。

虚拟制造技术是 CAD/CAE/CAM/CAPP 和仿真技术的更高阶段。利用虚拟现实技术、仿真技术等在计算机上建立起的虚拟制造环境是一种接近人们自然活动的一种"自然"环境,人们的视觉、触觉和听觉都与实际环境接近。人们在这样环境中进行产品的开发,可以充分发挥技术人员的想象力和创造能力,相互协作发挥集体智慧,大大提高产品开发的质量和缩短开发周期。

15.7 柔性制造系统

1. 柔性制造系统的定义和组成

柔性制造系统 FMS 是在柔性制造单元的基础上扩展而形成的一种高效率、高精度、高柔性的加工系统。对 FMS 进行直观的定义:"柔性制造系统至少是由两台数控加工设备、一套物料运储系统(装卸高度自动化)和一套计算机控制系统所组成的制造系统。它通过简单地改变软件的方法便能制造出多种零件中任何一种。"

从上述定义可以看出,FMS 主要由以下三部组成:

(1)加工系统

该系统由自动化加工设备、检验站、清洗站、装配站等组成,是 FMS 的基础部分。加工系统中的自动化加工设备通常由两台以上数控机床、加工中心以及其他加工设备所组成。

(2)物料运储系统

物料运储系统在计算机控制下,主要完成工件和刀具的输送及入库存放,它由自动化仓库、自动运送小车、搬运机器人、上下料托盘、交换工作台等组成。

(3)信息系统

信息系统由一套计算机控制系统构成,能够实现对 FMS 的运行控制、刀具管理、质量控制,以及 FMS 的数据管理和网络通信。除上述的三个主要组成部分外,FMS 还包含冷却系统、排屑系统、刀具监控和管理等附属系统。

2. FMS 的优点和效益

由于 FMS 备有较多刀具、夹具以及数控加工程序,因此能接受各种不同零件加工,解决了多品种、中小批量生产的生产率与柔性之间的矛盾,对扩大变形产品的生产和新产品开发特别有利。因集中控制、灵活性好,加工过程中工件输送和刀具更换等实现了自动化,人的介入减少到最低程度,提高了生产连续性和数控设备利用率,所以生产周期短、成本低。通过计算机的数据处理,在加工过程中采用自动检测设备,可随时发现机床精度、刀具磨损及加工质量等方面出现的问题,能及时采取措施,使加工质量得到保证。另外,由于 FMS 具有高柔性、高生产率以及准备时间短的特点,能够对市场的变化作出迅速反应,没有必要保持较大的在制品和成品库存量,这对企业的竞争力和资金周转也是十分有利的。

思考与练习题

15.1 简述特种加工的特点。

15.2 简述以下加工方法的原理:电火花加工、电解加工、高能束加工、化学加工、超声波加工。

15.3 与传统机械加工相比,特种加工技术应用对现代制造技术产生了什么影响?

15.4 虚拟制造的含义是什么? 有何优点?

15.5 试论未来制造业的发展方向。

第16章 机械制造工艺

　　各种类型的机械零件,由于其结构形状、精度、表面质量、技术条件和生产数量等要求各不相同,所以针对某一零件的具体要求,在生产实际中要综合考虑机床设备、生产类型、经济效益等诸多因素,确定一个合适的加工方案,并合理安排加工顺序,经过一定的加工工艺过程,才能制造出符合要求的零件。本章将主要介绍与制定机械加工工艺过程及工艺规程有关的一些基础知识。

16.1 机械制造工艺基本知识

16.1.1 机械加工工艺过程

1. 生产过程

　　生产过程是指从原材料进厂到产品出厂相互关联的劳动过程的总和。工人的劳动过程是利用劳动工具(设备、工具、刀具、夹具等),按一定程序和工艺方法对劳动对象(零、部件或整个产品)进行加工,从而改变其尺寸、形状、结构和性能,使之成为人们所需产品的过程。机械工厂的生产过程一般包括原材料的验收、保管、运输、生产技术准备、毛坯制造、零件加工(含热处理)、产品装配、检验以及涂装等,而且还包括生产准备阶段中生产计划编制、工艺文件制订、刀夹量具准备,生产辅助阶段中原料与半成品运输和保管,设备维修和保养、刀具刃磨、生产统计与核算等等。

2. 工艺过程

　　把生产过程中改变生产对象的形状、尺寸、相对位置和物理、力学性能等,使其成为成品或半成品的过程称为工艺过程。工艺过程根据其具体工作内容分为铸造、锻造、冲压、焊接、机械加工、热处理、表面处理、装配等不同的工艺过程。

3. 机械加工工艺过程及其组成

　　机械加工工艺过程是指用机械加工方法(主要是切削加工方法)逐步改变毛坯的形态(形状、尺寸以及表面质量),使其成为合格零件所进行的全部过程。它一般由工序、工步、走刀等不同层次的单元所组成。

　　(1)工序　一个或一组工人,在一个工作地点,对一个或同时对几个工件所连续完成的那部分工艺过程叫工序。

　　(2)工步　在加工表面、切削刀具、转速和进给量都不变的情况下,所连续完成的那部分工艺过程,称为一个工步。

　　(3)走刀　在一个工步内,有些表面由于加工余量太大或由于其他原因,需用同一把刀具以及相同的转速和进给量对同一表面进行多次切削。这样刀具对工件的每一次切削就称为一次走刀。

（4）安装　工件在机床或夹具中定位并夹紧的过程称为装夹。工件在一次装夹下所完成的那部分工艺过程称为安装。

16.1.2　零件的年生产纲领和生产类型

1. 年生产纲领

产品的年生产纲领就是产品的年生产量。按下列公式计算：

$$N = Qn(1+a)(1+b)$$

式中　N——零件的生产纲领，单位为件/年；

　　　Q——产品的年产量，单位为台/年；

　　　n——每台产品中所含该零件的数量，单位为件/台；

　　　a——零件的备品百分率；

　　　b——零件的废品百分率。

2. 生产类型

是指企业（或车间、工段、班组、工作地）生产专业化程度的分类。一般可分为：单件生产，大量生产，成批生产。

（1）单件生产　产品品种不固定，每一品种的产品数量很少，大多数工作地点的加工对象经常改变。例如，重型机械、造船业等一般属于单件生产。

（2）大量生产　产品品种固定，每种产品数量很大，大多数工作地点的加工的对象固定不变。例如，汽车、轴承制造等一般属于大量生产。

（3）成批生产　产品品种基本固定，但数量少，品种较多，需要周期性地轮换生产，大多数工作地点的加工对象是周期性的变换。在成批生产中，根据批量大小可分为小批、中批和大批生产。小批生产的特点接近于单件生产的特点，大批生产的特点接近于大量生产的特点，中批生产的特点介于单件和大量生产特点之间。因此生产类型表16.1.1列出生产类型和生产纲领的关系，表16.1.2列出各类生产类型的主要工艺特征。

表 16.1.1　生产类型和生产纲领的关系

生产类型		同种零件的年产量（件）		
		重型（30kg 以上）	中型（4～30kg）	轻型（4kg 以下）
单件生产		5 以下	10 以下	100 以下
成批生产	小批生产	5～100	10～200	100～500
	中批生产	100～300	200～500	500～5000
	大批生产	300～1000	500～5000	5000～50000
大量生产		1000 以上	5000 以上	50000 以上

表 16.1.2　各种生产类型工艺特征

项目	单件、小批生产	成批生产	大批、大量生产
产品数量	少	中等	大量
加工对象	经常变换	周期性变换	固定不变
毛坯制造	手工造型和自由锻	部分采用金属模样造型和模锻	机器造型、压力铸造、模锻

续表

项目	单件、小批生产	成批生产	大批、大量生产
设备和布置	通用设备(万能的),按机群布置	通用的和部分专用设备,按工艺路线布置成流水线	广泛采用高效率专用设备和自化生产线
夹具	通用夹具	广泛使用专用夹具和特种工具	广泛使用高效率专用夹具和特种工具
刀具和量具	一般刀具、通用夹具和量具	部分采用专用刀具和量具	高效率专用刀具和量具
安装方法	划线找正	部分划线找正	不需划线找正
加工方法	根据测量进行试切	用调整法加工,可组织成组加工	使用调整法自动加工
装配方法	钳工试配	普遍应用互换性,保留某些试配	全部互换,不需钳工试配
工人技术水平	需技术熟练	需技术比较熟练	技术熟练程度要求低
生产率	低	中	高
成本	高	中	低
工艺文件	编写简单工艺过程卡	详细编写工艺卡	详细编写工艺卡和工序卡

16.1.3 机械加工工艺规程

机械加工工艺规程的种类有机械加工工艺过程卡、机械加工工艺卡和机械加工工序卡。

(1)机械加工工艺过程卡

单件、小批生产可采用较简单的机械加工工艺过程卡,如表 16.1.3 所示。它主要说明零件加工的整个工艺路线应如何进行,其中包括每道工序名称、内容以及所用的机床和工艺装备、经过的车间、工段,所用的机床、刀具、夹具、量具,工时定额等。主要用于单件小批生产以及生产管理中。

表 16.1.3 机械加工工艺过程卡

企业名称	机械加工工艺过程卡片			产品型号	零(部)件型号		共 页
				产品名称	零(部)件名称		第 页
材料牌号		毛坯种类		毛坯外形尺寸	每毛坯件数	每台件数	备注

工序号	工序名称	工序内容	车间	工段	设备	工艺装备	工时	
							准终	单件
				编制(日期)	审核(日期)	会签(日期)		

标记	处记	更改文件号	签字	日期	标记	处记	更改文件号	签字	日期			

（2）机械加工工艺卡　它是以工序为单位，详细说明零件的机械加工工艺过程，其内容介于工艺过程卡片和工序卡片之间，如表 16.1.4 所示。它用来指导工人进行生产和帮助车间干部和技术人员掌握整个零件加工过程的一种主要工艺文件，广泛用于成批生产和单件小批生产中比较重要的零件或工序。

表 16.1.4　机械加工工艺卡

企业名称	机械加工工艺卡片		产品型号		零(部)件型号		共　页
			产品名称		零(部)件名称		第　页
材料牌号	毛坯种类	毛坯外形尺寸		每毛坯件数	每台件数	备注	

工序	装夹	工步	工序内容	同时加工零件数	背吃刀量/mm	切削速度/(m/min)	每分钟转数或往复次数	进给量/(mm/r)	设备名称及编号	工艺装备名称及编号			技术等级	工时定额	
										夹具	刀具	量具		单件	准终

| | | | | | | 编制(日期) | 审核(日期) | 会签(日期) | |

| 标记 | 处记 | 更改文件号 | 签字 | 日期 | 标记 | 处记 | 更改文件号 | 签字 | 日期 |

（3）机械加工工序卡　它是根据工艺卡片的每一道工序制订的，主要用来具体指导操作工人进行生产的一种工艺文件，如表 16.1.5 所示。多用于大批大量生产或成批生产中比较重要的零件。该卡片中附有工序简图，并详细记载了该工序加工所需的资料，如定位基准选择、工序尺寸及公差以及机床、刀具、夹具、量具、切削用量和工时定额等。

16.1.4　制订机械加工工艺规程的原则及步骤

制订机械加工工艺规程的原始资料有产品整套装配图、零件图、质量标准、生产纲领、生产类型、毛坯情况、本厂现有生产条件、先进技术、工艺、有关手册、图册。

（1）原则　保证加工质量、保证生产效率、较低制造成本、良好劳动条件。

（2）步骤　分析研究产品图纸、工艺性分析、选择毛坯、拟订工艺路线、选择设备、工装、确定工序余量、工序尺寸、确定切削用量、工时定额、技术经济分析、填写工艺文件。

表 16.1.5　机械加工工序卡

企业名称	机械加工工序卡片		产品型号		零(部)件型号		共　页
			产品名称		零(部)件名称		第　页
材料牌号	毛坯种类	毛坯外形尺寸		每毛坯件数		每台件数	备注

			车间	工序号	工序名称	材料牌号
			毛坯种类	毛坯外形尺寸	毛坯件数	每台件数
			设备名称	设备型号	设备编号	同时加工数
			夹具编号	夹具名称		冷却液
						工序　工时
						准终 / 单件

工步号	工步内容	工艺装备	主轴转速 /(r/min)	切削速度 /(m/min)	进给量 /(mm/r)	背吃刀量 /mm	进给次数	工时定额
								机动 / 辅助

编制(日期)　审核(日期)　会签(日期)

标记	处记	更改文件号	签字	日期	标记	处记	更改文件号	签字	日期

16.1.5　工艺路线的拟订

1. 表面加工方法选择

(1)加工方法的经济精度、表面粗糙度与加工表面的技术要求相适应。

(2)加工方法与被加工材料的性质相适应。

(3)加工方法与生产类型相适应。

(4)加工方法与本厂条件相适应。

一般零件重要的表面往往是平面、外圆和内圆,3 种表面的加工方法的选择如表 16.1.6,表 16.1.7,表 16.1.8 所示。

表 16.1.6　平面加工方案

序号	加工方案	经济精度级	表面粗糙度 Ra 值/μm	适用范围
1	粗车—半精车	IT9	6.3~3.2	回转体零件的端面
2	粗车—半精车—精车	IT8~IT7	1.6~0.8	
3	粗车—半精车—磨削	IT8~IT6	0.8~0.2	
4	粗刨(或粗铣)—精刨(或精铣)	IT10~IT8	6.3~1.6	精度不太高的不淬硬平面

序号	加工方案	经济精度级	表面粗糙度 Ra 值/μm	适用范围
5	粗刨（或粗铣—精刨（或精铣）—刮研	IT7～IT6	0.8～0.1	精度要求较高的不淬硬平面
6	粗刨（或粗铣）—精刨（或精铣）—磨削	IT7	0.8～0.2	精度要求较高的淬硬或不淬硬平面
7	粗刨（或粗铣）—精刨（或精铣）—粗磨—精磨	IT7～IT6	0.4～0.02	
8	粗铣—拉	IT9～IT7	0.8～0.2	大量生产，较小平面（精度与拉刀精度有关）
9	粗铣—精铣—精磨—研磨	IT5 以上	0.1～0.06	高精度平面

表 16.1.7　外圆表面加工方案

序号	加工方法	经济精度（公差等级）	经济粗糙度 Ra 值/μm	使用范围
1	粗车	IT13～IT11	50～12.5	适用于淬火钢以外的各种金属
2	粗车—半精车	IT10～IT8	6.3～3.2	
3	粗车—半精车—精车	IT8～IT7	1.6～0.8	
4	粗车—半精车—精车—滚压	IT8～IT7	0.2～0.025 5	
5	粗车—半精车—磨削	IT8～IT7	0.8～0.4	主要用于淬火钢，也可用于未淬火钢，但不适用于有色金属
6	粗车—半精车—粗磨—精磨	IT7～IT6	0.4～0.1	
7	粗车—半精车—粗磨—精磨—超精加工（或轮式超精磨）	IT5	0.1～0.012（或 Ra0.1）	
8	粗车—半精车—精车—精细车（金刚车）	IT7～IT6	0.4～0.025	主要用于要求较高的有色金属
9	粗车—半精车—粗磨—精磨—超精磨（或镜面磨）	IT5 以上	0.025～0.006（或 Ra0.1）	极高精度的外圆加工
10	粗车—半精车—粗磨—精磨—研磨	IT5 以上	0.1～0.012（或 Ra0.1）	

表 16.1.8　内圆表面加工方案

序号	加工方法	经济精度级	表面粗糙度 Ra 值/μm	适用范围
1	钻	IT12～IT11	12.5	加工未淬火钢及铸铁实心毛坯，也可加工有色金属（但表面粗糙度稍粗糙，孔径小于15～20nm）
2	钻—铰	IT9	3.2～1.6	
3	钻—铰—精铰	IT8～IT7	1.6～0.8	
4	钻—扩	IT11～IT10	12.5～6.3	同上，但孔径大于 15～20mm
5	钻—扩—铰	IT9～IT8	3.2～1.6	
6	钻—扩—粗铰—精铰	IT7	1.6～0.8	
7	钻—扩—机铰—手铰	IT7～IT6	0.4～0.1	
8	钻—扩—拉	IT9～IT7	1.6～0.1	大批大量生产（精度由拉刀精度决定）

续表

序号	加工方法	经济精度级	表面粗糙度 Ra 值/μm	适用范围
9	粗镗(或扩孔)	IT12～IT11	12.5～6.3	除淬火钢外各种材料,毛坯有铸出孔或锻出孔
10	粗镗(粗扩)—半精镗(精扩)	IT9～IT8	3.2～1.6	
11	粗镗(扩)—半精镗(精扩)—精镗(铰)	IT8～IT7	1.6～0.8	
12	粗镗(扩)—半精镗(精扩)—精镗—浮动镗刀精镗	IT7～IT6	0.8～0.4	
13	粗镗(扩)—半精镗—磨孔	IT8～IT7	0.8～0.2	主要用于淬火钢,也可用于未淬火钢,但不宜用于有色金属
14	粗镗(扩)—半精镗—粗磨—精磨	IT7～IT6	0.2～0.1	
15	粗镗—半精镗—精镗—金刚镗	IT7～IT6	0.4～0.05	主要用于精度要求高的有色金属加工
16	钻—(扩)—粗铰—精铰—街磨; 钻—(扩)—拉—珩磨; 粗镗—半精镗—精镗—珩磨	IT7～IT6	0.2～0.025	精度要求很高的孔
17	以研磨代替上述方案中珩磨	IT6 级以上		

2. 加工阶段的划分

划分加工阶段的原因有保证加工质量、合理使用设备、便于安排热处理工序、便于及时发现毛坯缺陷、避免重要表面损伤。

(1)粗加工阶段　切除大量多余材料,主要提高生产率。

(2)半精加工阶段　完成次要表面加工(钻、攻丝、铣键槽等),主要表面达到一定要求,为精加工作好余量准备。

(3)精加工阶段　主要表面达到图纸要求。

(4)光整加工阶段　进一步提高尺寸精度降低粗糙度,但不能提高形状、位置精度。

3. 加工顺序的安排

(1)机械加工顺序的安排　基面先行、先粗后精、先主后次、先面后孔。

(2)热处理工序的安排　预备热处理(退火、正火)位置在粗加工前,目的是改善切削性能,消除内应力。最终热处理(淬火、渗碳、氮化等)位置在半精加工后、精加工前,目的是提高强度、硬度。去除内应力处理(自然时效、人工时效)位置在粗加工后,半精加工、精加工前,目的是消除内应力,防止变形、开裂。

(3)辅助工序的安排　表面处理工序(金属镀层、非金属镀层、氧化膜)位置在工艺过程最后;质量检验工序位置在粗加工后、关键工序后、送往外车间加工前、零件全部加工结束之后;还有其他工序的安排,如去毛刺、倒钝锐边、去磁、清洗、涂防锈油等。

16.2 常用零件的工艺路线

16.2.1 轴类零件加工

以齿轮传动轴为例进行分析。图 16.2.1 所示齿轮轴零件,现以其加工为例,说明在单件小批生产中,一般轴类零件加工工艺过程。

模数	m	2
齿数	z	31
齿形角	α	20°
公法线长度	W_k	$21.53^{-0.123}_{-0.403}$
跨齿数	k	4
精度等级		9

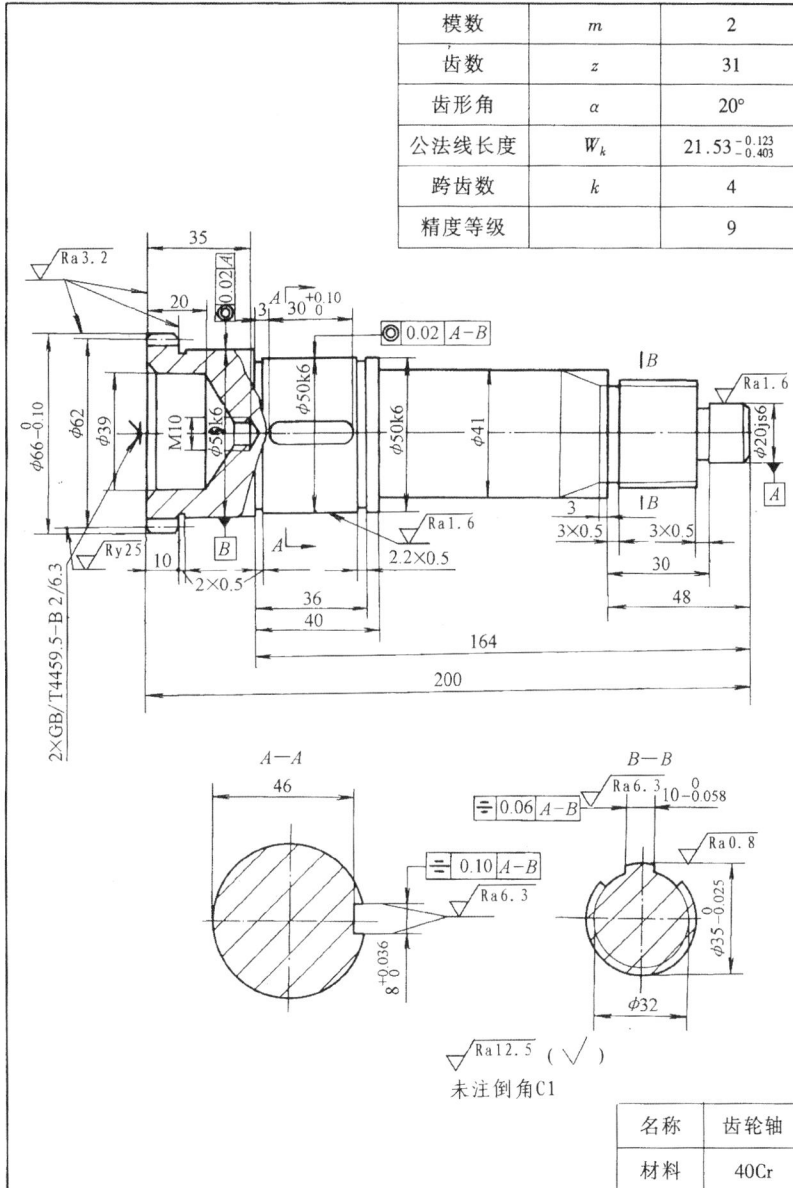

名称	齿轮轴
材料	40Cr

图 16.2.1 齿轮轴零件

1. 零件各主要部分的功用和技术要求

(1)外圆柱部分是轴类零件的主体。本例是一根台阶轴,按从左到右顺序其外圆柱部分包括 $\phi 66_{-0.10}^{0}$ mm 齿轮外圆、$\phi 55_{+0.002}^{+0.021}$ mm 轴承档外圆、$\phi 50_{+0.002}^{+0.021}$ mm 带键槽外圆、$\phi 41$ mm 外圆、$\phi 35_{-0.025}^{0}$ mm 带花键外圆及 $\phi 20$ mm ± 0.008 mm 外圆。各档外圆柱连接部有窄槽。

(2)在轴左端有内孔、螺孔。

(3)模数 m=2,齿数 z=31 的标准圆柱直齿。

(4)封闭键槽。

(5)外花键。$\phi 41$ mm 外圆柱上留有花键铣削残痕。

2. 工艺分析

根据本例的技术要求及生产数量,加工阶段按常规划分为:

坯料 $\xrightarrow{\text{正火}}$ 粗加工 $\xrightarrow{\text{调质}}$ 半精加工 $\longrightarrow$ 精加工。

(1)坯料为自由锻件。各外圆尺寸由车削余量与锻造余量确定,一般车削余量 6mm,锻造余量 10mm。

(2)正火处理的目的是消除锻造应力,改善金属组织,细化晶粒,降低硬度便于切削。

(3)粗加工阶段主要是通过车削加工外圆端面,切除大部分余量,留余量 2mm。

(4)调质处理的目的是提高轴的强度和硬度,改善材料的综合力学性能。

(5)半精加工包括精车各外圆(主要表面留磨削余量 0.3mm)、粗磨花键大径键槽档外圆(留精磨余量 0.10mm)、铣齿轮、铣外花键、铣键槽。经过半精加工零件基本成形。

(6)精加工包括磨削 $\phi 55$ mm、$\phi 20$ mm 外圆与精磨 $\phi 35$ mm、$\phi 50$ mm 外圆。

3. 定位基准选择

根据零件图分析,该轴的主要基准是两端中心孔,为了获得较高的尺寸精度、几何精度,本工艺安排了粗加工定位用中心孔加工工序。在调质后,安排了中心孔修整工序,符合基准重合原则,在铣齿轮,铣键槽时采用一夹一顶和外圆定位,虽然基准作了转换,但因定位外圆经过精车、粗磨后均与中心孔连线同轴,故定位误差很小,此外,在加工中用百分表进行找正,能达到图样零件的各项技术要求。

4. 工艺过程

在划分加工阶段后,应列出加工工艺过程。加工工艺过程包括工序名称、工序内容、选用机床设备、工装等项目。表 16.2.1 列出了本例加工工艺过程。

表 16.2.1　齿轮轴加工工艺过程

序号	工序名称	工序内容	工序简图(略)	设备
1	整体备料	自由锻 $\phi 78214$		空气锤
2	热处理	正火处理		热处理炉
3	车	车端面、倒角、粗车外圆、钻中心孔		车床
4	车	车端面、钻中心孔		车床
5	车	粗车 $\phi 50$ mm、$\phi 41$ mm、$\phi 35$ mm 及 $\phi 20$ mm 外圆		车床
6	车	粗车 $\phi 66$ mm、$\phi 55$ mm 外圆		车床
7	热处理	调质处理 236HBS		热处理炉
8	车	找正外圆钻中心孔		车床

续表

序号	工序名称	工序内容	工序简图（略）	设备
9	车	精车φ66mm、φ41mm 外圆至图样要求 精车φ55mm、φ50mm、φ35mm 及φ20mm 外圆		车床
10	磨	粗磨φ55mm、φ35mm 外圆		磨床
11	铣	铣齿		铣床
12	铣	铣花键		铣床
13	铣	铣键槽		铣床
14	钳			
15	磨	精磨φ55mm、φ50mm、φ35mm 及φ20mm 外圆至图样要求		磨床
16	车	车φ39mm 孔、钻 M10-7G 螺纹底孔		车床
17	钳	攻 M10-7G 内螺纹		
18	清洗			
19	检验			
20	上油入库			

16.2.2 套类零件加工

图 16.2.2 为套筒齿轮零件。现以其加工为例,说明在单件小批中,套类零件的加工工艺过程。

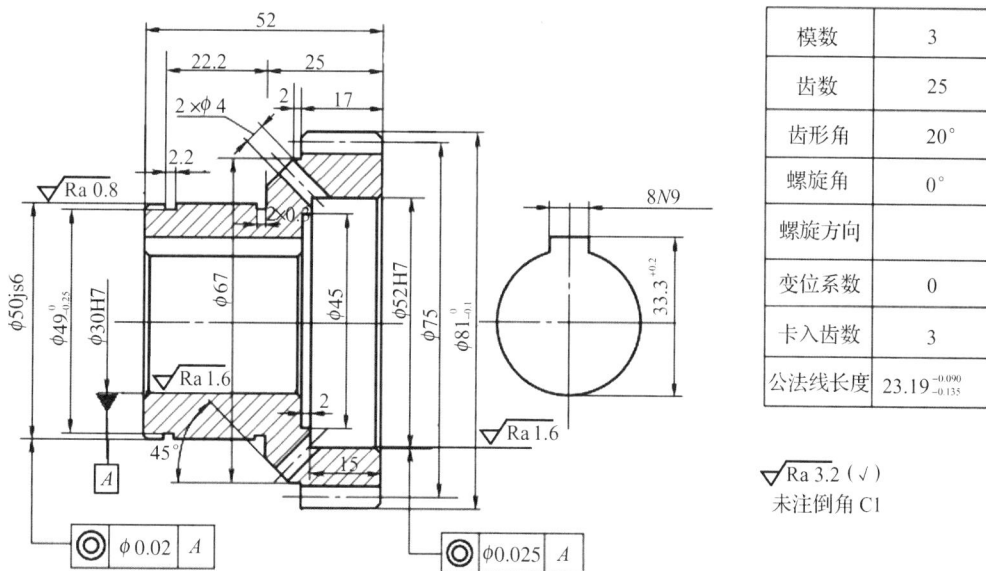

模数	3
齿数	25
齿形角	20°
螺旋角	0°
螺旋方向	
变位系数	0
卡入齿数	3
公法线长度	$23.19^{-0.090}_{-0.135}$

$\sqrt{}$ Ra 3.2 (√)
未注倒角 C1

图 16.2.2 衬套零件图

1. 零件各主要部分的功用和技术要求

(1)φ50js6 外圆上设置滚动轴承并安装在箱体轴承孔内,起支撑作用,左边另外一根轴的右轴端可插入φ30H7 孔内,与套筒齿轮联在一起转动;右边另外一根轴的左轴端可通过滚动轴承被支承在φ52H7 孔内。

(2)内孔表面粗糙度 Ra 值都为 1.6μm,φ50js6 外圆表面粗糙度 Ra 值为 0.8μm。

（3）ϕ50js6 外圆对 ϕ30H7 孔同轴度允差为 ϕ0.02mm，ϕ52H7 孔对 ϕ30H7 孔同轴度允差 ϕ0.025mm。

（4）工件材料选用 45 钢，毛坯为锻件，经正火处理，布氏硬度为 HBS190。

2. 工艺分析

根据工件材料及热处理和具体尺寸精度、粗糙度的要求，可采用粗车→正火→精车→滚（插）齿→磨的工艺来满足。孔 ϕ52H7 相对孔 ϕ30H7 的同轴度要求，可以在一次安装中用车加工来保证。外圆 ϕ50js6 相对于孔 ϕ30H7 的同轴度要求，可以在孔 ϕ30H7 精加工后用胀胎心轴或锥度心轴装夹后，用磨削加工来保证。

3. 定位基准选择

为了给车削大端时提供一个精基准，先以工件毛坯大端外圆作粗基准，粗车小端外圆和端面。这样在车削大端时保证了加工余量均匀。然后调头卡住小端外圆，以小端外圆和肩面为定位基准，在一次安装中，加工大端外圆、各内孔及端面，以保证所要求的位置精度。再调头卡住大端齿轮外圆加工小端其余部分，ϕ50js6 外圆放磨削余量 0.3mm。最后可用胀胎心轴或锥度心轴，以 ϕ30H7 孔定心，磨削 ϕ50js6 外圆，以保证其同轴度要求。

4. 工艺过程

表 16.2.2　套筒齿轮零件加工工艺过程

序号	工序名称	工序内容	工序简图	设备
1	车	① 卡住大端，粗车小端外圆 ϕ52×27，ϕ69×8 及各端面。 ② 钻孔 ϕ28。 ③ 调头卡住小端，粗车大端外圆 ϕ83×19，内孔 ϕ50×15 及大端面		车床
2	热处理	正火处理 HBS 190		热处理炉
3	车	① 以小端外圆和肩面为定位基准，精车大端外圆 ϕ81×19，大端面。 ② 车内孔 ϕ52×15，ϕ45×2，ϕ30_0^{+0.025}$ ③ 倒角 C1		车床

续表

序号	工序名称	工序内容	工序简图（略）	设备
4	车	① 以大端外圆和端面为定位基准，精车小端外圆，$\phi 50.3^{0}_{-0.05} \times 27$，肩面，并保证 25mm 尺寸；$\phi 67 \times 8$ 外圆，并保证 17mm 齿轮宽度尺寸；车小端面，并保证总长尺寸。 ② 车 45°锥面。 ③ 割 2×0.3 和 $2.2 \times \phi 49^{0}_{-0.25}$ 槽。 ④ 倒角 C1。		车床
5	滚齿（插齿）	① 以孔和大端为定位基准，滚齿（插齿）加工齿轮轮齿部分至尺寸。 ② 修去齿端毛刺。		滚齿机（插齿机）
6	磨	磨削外圆 $\phi 50 \pm 0.008$		磨床（胀胎心轴）

续表

序号	工序名称	工序内容	工序简图(略)	设备
7	拉(或插)	拉内孔键槽宽 $8^{0}_{-0.036}$，深 $33.3^{+0.2}_{0}$ 至尺寸。	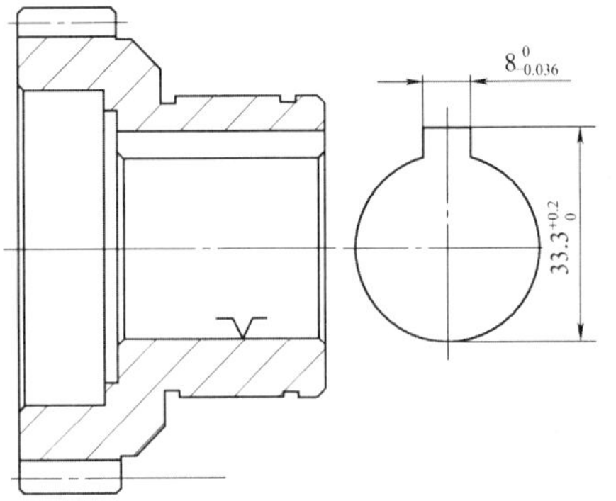	拉床(导套)(或插床)
8	钳	① 钻 $2\times\phi4$ 孔② 修去毛刺	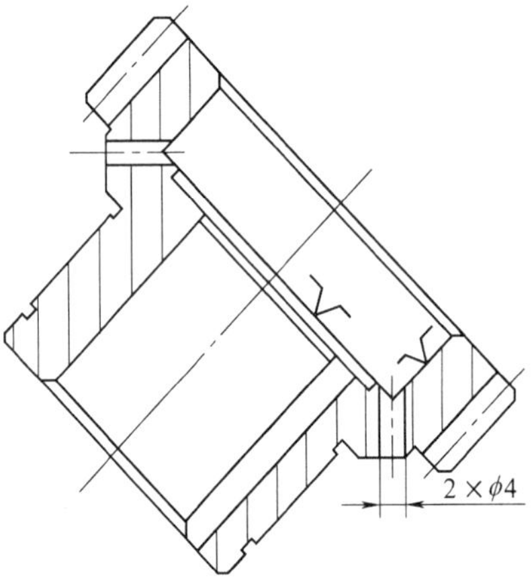	(钻模)
9	检	按图纸要求检验		

16.2.3 箱体类零件加工

1. 零件各主要部分的功用和技术要求

箱体是机器中箱体部件装配时的基准零件,由它将有关轴、套、齿轮、轴承及其他零件组装在一起,使它们保持正确的相互位置,彼此按照一定的传动关系正常地运转。

箱体的结构特点是:构造比较复杂,中空壁薄。加工面多为平面和孔。它既有许多尺寸精度、位置精度和表面粗糙度要求较高的孔,也有许多精度较低的紧固用的孔。因此,其工艺过程是比较复杂的。以卧式车床床头箱箱体为例,图 16.2.3 所示为卧式车床主轴箱简图,其主要技术要求如下:

(1)作为箱体部件装配基准的底面和导向面,其平面度要求允差 0.02mm,粗糙度为 Ra0.8μm。

(2)主轴轴承孔孔径精度为 IT6,粗糙度为 Ra0.8μm;其余轴承孔的精度为 IT7～IT6,粗糙度为 Ra1.6μm;其他非配合紧固用的孔精度较低,粗糙度为 Ra6.3～12.5μm。

(3)孔的圆度和圆柱度公差 0.05mm。

(4)各相关孔轴线间平行度允差 0.01/100mm。各相关孔轴线对基准孔的跳动公差为 0.01～0.03mm。

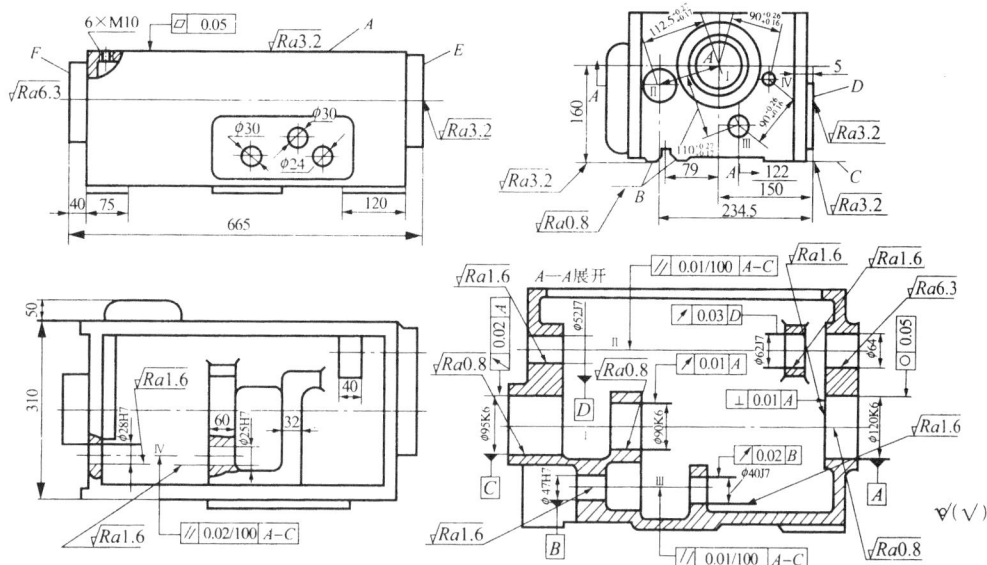

图 16.2.3　卧式车床主轴箱简图

(5)工件材料取 HT200,毛坯为铸件。

2. 工艺分析

箱体在铸造后需经清理处理,在机械加工之前需经人工时效处理,以消除铸造过程中产生内应力。加工余量一般为:底面 8mm,顶面 9mm,侧面和端面 7mm,孔径 7mm。粗加工后,会引起工件内应力的重新分布,为了使内应力分布均匀,以防变形,还需经适当的时效处理。在单件小批生产条件下,该床头箱箱体的主要工艺过程应考虑以下几个方面:

(1)底面、顶面、侧面和两端面可采用粗刨——精刨工艺。因为底面和导向面是定位基准和装配基准,精度和粗糙度要求较高,所以在精刨后,还应进行精细加工——刮研。

(2)直径小于 40～50mm 的孔,一般不铸出,可采用钻——扩(或半精镗)——铰(或精镗)的工艺。对于已铸出的孔,可采用粗镗——半精镗——精镗的工艺。由于箱体的轴承孔,尤其主轴轴承孔精度和粗糙度要求较高,故在精镗后,还要用浮动镗刀进行精细镗。

(3)其余要求不高的紧固孔、螺纹孔及油塞油标孔等,可以放在最后加工。目的在于避免主要面或孔在加工过程中出现气孔、夹沙或加工超差时,已花费了这部分的工时。

(4)整个工艺过程分为粗加工和精加工两个阶段,以保证箱体主要表面精度和粗糙度的要求,避免粗加工时由于切削量较大引起工件变形、走动、装夹变形或可能划伤已加工表面。

(5)为了保证各主要表面位置精度的要求,不管粗加工或精加工时,都应采用同一的定位基准。一个平面上所有主要孔应在一次安装中加工完成。在普通镗床上加工可采用镗模夹具,以保证各孔位置精度。

(6)无论是粗加工还是精加工,都应遵循"先面后孔"的原则。即先加工平面,后以平面定位,再加工孔。这是因为平面常常是箱体的装配基准和定位基准,其次平面的面积较大,加工孔时以平面定位,装夹稳定,定位可靠,有利于提高定位精度和加工精度。

3. 定位基准选择

（1）粗基准选择

在单件小批生产中，首先要保证各轴承孔，尤其主轴轴承孔的加工余量分布均匀，常常以主轴轴承孔和与之相距最远的一个孔为基准；同时还要保证装入箱体中的齿轮和拨叉之类零件与箱体的内壁有足够的空隙，并且兼顾导向面和底面的余量，对箱体毛坯进行画线。然后，在粗加工中按画线找正粗加工顶面，实际上就是以主轴轴承孔和与之相距最远的一个孔为粗基准。

（2）精基准选择

以该箱体的底面和导向面为精基准，加工各纵向孔、侧面和端面，因为该二平面为装配基准，同时符合基准同一和基准重合的原则，有利于加工精度提高。既然底面和导向面作为精加工的定位精基准，那么其一定要有相当高的精度。所以在粗加工和时效处理后，以精加工后的顶面为基准，对底面和导向面进行精刨，最后还要进行刮研，这样进一步提高了精加工的定位基准精度，有利于保证精加工的精度。

4. 工艺过程

根据上述分析，在单件小批生产中，车床床头箱箱体的工艺过程可按表 16.2.3 进行。

表 16.2.3　车床床头箱箱体的工艺过程简表

序号	工序名称	工序内容	工序简图（略）	设备
1	铸	清理处理		
2	热	时效处理		
3	钳	划出各平面加工线		
4	刨	粗刨顶面，留精刨余量 2mm		龙门刨床
5	刨	粗刨底面和导向面，留精刨余量 2～2.5mm		龙门刨床
6	刨	粗刨前面和两端面，留精刨余量 2mm		龙门刨床
7	镗	粗镗纵向各孔，主轴承孔留半精镗、精镗余量 2～2.5mm，其余各孔留半精镗、精镗余量 1.5～2mm（小直径孔钻出，大直径孔用镗刀加工）		卧式镗床
8	热	时效处理		
9	刨	精刨顶面至尺寸		龙门刨床
10	刨	精刨底面和导向面，留刮研余量 0.1mm		龙门刨床
11	钳	刮研底面和导向面至尺寸		
12	刨	精刨侧面和两端面至尺寸		龙门刨床
13	镗	① 半精镗各纵向孔，主轴轴承孔和其他轴承孔，留精镗余量 0.8～1.2mm，其余各孔留精镗余量 0.1～0.2mm（小孔用扩孔钻，大孔用镗刀加工） ② 精镗各纵向孔至尺寸，各轴承孔留精镗余量 0.1～0.2mm（小孔用铰刀，大孔用浮动镗刀加工） ③ 精细镗主轴轴承孔和其他轴承孔（用浮动镗刀加工）		卧式镗床
14	钳	① 钻螺纹底径孔，紧固孔及放油孔等至尺寸 ② 攻丝，去毛刺		
15	检	按图纸要求检验		

思考与练习题

16.1 什么是生产过程、工艺过程、工序、安装、工步和走刀？

16.2 对于加工质量要求较高的零件，为什么要划分加工阶段？

16.3 常用的工艺文件有哪几种？各适用于什么场合？

16.4 加工轴类零件时，常以什么作为统一的精基准？为什么？

16.5 如何保证套类零件外圆、内孔及端面的位置精度？

16.6 安排箱体类零件的工艺时，为什么一般要依据"先面后孔"加工原则？

16.7 试对实习中的零件编写一份机械加工工艺过程的文件。

16.8 对下图传动轴零件编写一份机械加工工艺过程的文件。

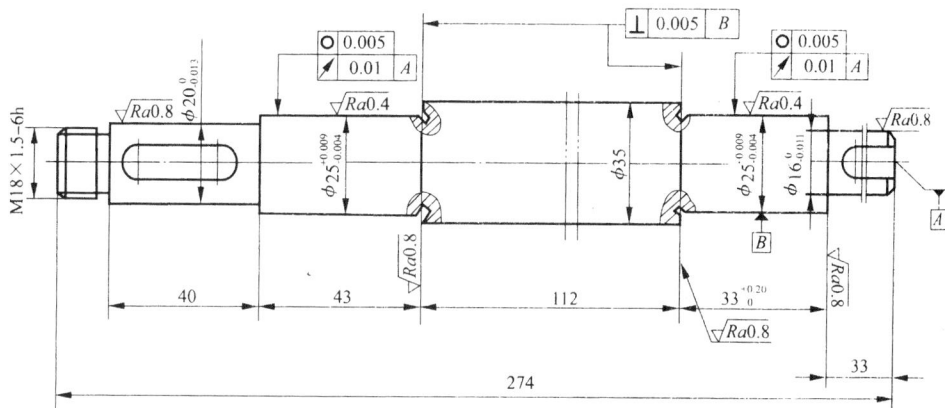

技术要求
材料45钢,经淬火至硬度48~52HRC

16.9 对下图固定套零件编写一份机械加工工艺过程的文件。

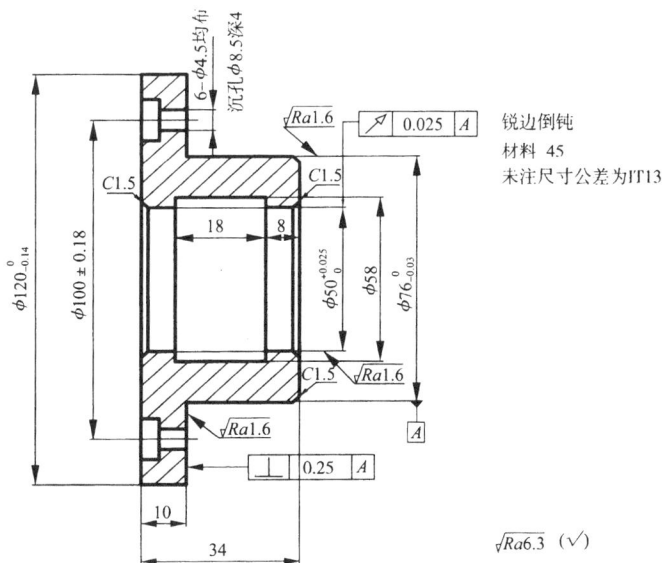

锐边倒钝
材料 45
未注尺寸公差为IT13

第17章 生产技术管理知识

企业管理是对企业的生产经营活动进行组织、计划、指挥、监督和调节等一系列职能的总称,包括计划管理、生产和调度管理、物资管理、质量管理、安全技术管理、产品技术管理、设备工具管理、产品物流管理、人事管理、营销管理、现场管理、信息化管理等许多内容。本章就与生产一线的技术人员和管理人员相关度较大的生产管理、技术管理、"6S"现场管理的基本内容作一些介绍。

17.1 车间生产管理基本内容

生产管理是工厂管理的重要内容,是指工厂生产活动的计划、组织、指挥、控制和协调的总称,是搞好工厂管理的基础,也是提高工厂生产技术和经济效益的关键。

生产管理的基本内容按其职能划分,可分为计划、组织、准备、生产过程控制四个方面。

17.1.1 计划

计划是指生产计划与生产作业计划。包括工厂生产的品种、质量、产量和进度等计划,以及保证实现计划的技术组织措施。

1. 生产计划

工厂的生产计划,是工厂综合经营计划的重要部分,通常是对工厂在计划年度内的生产任务作出统筹安排,规定工厂在计划期内生产的品种、质量、产量和进度等指标。生产计划是根据工厂的综合计划和生产能力编制的。

根据工厂要求,生产计划的主要指标有产品品种、产品产量、产品质量、产值和工时等。

产品品种指标是计划期内,工厂应该生产的产品的品种数,反映工厂生产品种方面满足国家和社会所需状况,也反映工厂生产技术水平和管理水平。

产品产量指标是工厂在计划期内,预计生产的可供销售的合格产品的实物数量(或工业性劳务量)。产品产量体现了工厂的基本生产成果,是安排生产作业计划和组织日常生产活动的重要依据,是分析技术经济指标的基础。

产品质量指标是计划期内,工厂的各种产品应该达到的质量标准。质量标准应按照国家标准或部颁标准检查考核,包括力学性能、工作精度、使用寿命、使用中的经济性及外形、颜色、装潢等外观质量。

产值指标是用货币形式表示的产量指标,可分商品产值、总产值和净产值三种。

产值指标能综合反映工厂生产成果的功能。总产值是以货币形式表现工厂计划年度内应完成的工作总量,一般采用不变价格(可比价格)计算。它是衡量工厂生产增长速度,以及工厂编制劳资计划、财务计划、物质供应计划的重要依据,内容包括:

（1）工厂计划期内的全部商品产值；

（2）来料加工的材料价值；

（3）在制品、半成品、自制工具的期末与期初结存量差额的价值。

工时指标是计划期内，工厂完成总产值预计工时消耗的多少，是组织生产的基本依据。

工厂在编制生产计划时，首先落实产品的品种、产量、质量指标，然后据此以计算产值，防止出现空头产值指标。

2. 生产作业计划

生产作业计划是具体实施生产计划的执行计划，是具体地把工厂生产任务落实到车间、班组直至每个人，使每个工人在每月、每日、每班以至每小时，都有明确的生产目标。

生产作业计划编制工作的内容，包括制定先进合理的期量标准（生产作业标准）；根据各车间按季度分月投入出产计划规定各种产品的投入期、出产期、投入量、出产量，以及投入或出产的进度安排；将车间月度生产作业计划任务下达给各工段（或班组）、工作地，并规定在短期（旬、周、日）内完成的产品品种、出产与投入的数量、期限和进度，核算设备和生产面积的负荷，指定工厂内部的协作计划等。

17.1.2　组织

生产组织是指合理组织工厂生产过程的各阶段、各工序，在时间和空间上很好衔接协调起来，并正确处理劳动者之间、劳动者与劳动工具、对象、环境之间的关系。

1. 工厂生产过程的组成

工厂的生产过程一般由生产技术准备过程、基本生产过程、辅助生产过程和生产服务过程等部分组成。

（1）生产技术准备过程　这是指产品投入生产前所做的各种生产、技术准备工作，包括产品开发、研制、设计、工艺编制、工装设计与配制、制定定额（工时、材料、成本等）、人员配备及机床设备安排等。

（2）基本生产过程　这是指工人直接对产品进行加工的生产工程。这一过程既是工厂生产过程的最基本过程，也是工厂管理的主要内容。它直接影响经营效果和向市场直接提供工业商品。机械制造厂的基本生产过程有铸、锻、焊、热处理、机加工和装配等。

（3）辅助生产过程　指为保证基本生产过程正常进行所需的各种辅助生产活动。如机械制造厂的工具、夹具、模具、刀具、量具和专用机床的设计制造，各类工厂的设备维修和质量检验，都是辅助生产过程。

（4）生产服务过程　是指为基本生产过程和辅助生产过程服务的各种生产服务活动。如原材料、半成品、工具以及标准件、通用件的供应、运输和保管，产品的包装、发运，技术文件的编印、说明、修改等。

从生产过程的组成来看，基本生产过程是主体部分，其他过程都是围绕它而开展活动的。

2. 组织生产过程的基本要求

无论哪一种类型和性质的工厂生产过程组织，都是按照产品性质和加工程序制定工艺路线，再根据工厂设备和生产能力的具体情况，制定工艺流程或工艺过程，并分解成依次联系的工艺阶段和工序的。

例如机械制造厂一般将工艺过程分成毛坯制造、加工、装配等三个工艺阶段；而工序则

是组成工艺过程和生产过程的最基本单元,是合理安排生产的依据。为取得最佳经济效益,组织生产过程应保证如下几种特征:

(1)连续性 各工序的生产活动必须紧密衔接,处于不停顿状态,没有或很少发生停工待料的现象。

(2)比例性 比例性是指工厂的基本生产过程和其他生产过程之间、生产过程的各工艺阶段之间、各道工序之间,在生产能力上保持恰当的比例关系。也就是要求合理使用人力、物力、财力等,使生产过程协调,保证一定的连续性。

(3)均衡性 要求生产过程按计划有节奏地进行,保持在相等的时间间隔内生产数量相等或数量稳定上升的产品,不致出现时松时紧或前松后紧的现象。

(4)平行性 即生产过程中,为了缩短生产周期,应尽最大可能,同时开展各工艺阶段和各工序的生产活动,以实现整个生产过程的连续性和优化组合。

3. 生产过程的特点

根据产品不同,不同行业的工厂生产过程具有不同的特点。

机电工业企业的生产过程,系加工装配性生产过程。产品生产过程可分为毛坯制造、零部件加工和产品装配等三个工艺阶段。产品结构复杂,零部件数目多,工序多,各工序工作量差异大。由于机电产品的种类、型号、规格繁多,工序装备复杂,设备性能、精度要求范围广。因此,要求生产过程在时间上和不同地点上紧密衔接,相互配合、配套均衡地进行。但是,加工装配性生产过程,也可根据实际情况的变化,调整生产组织形式和生产计划,只要能保证生产任务的完成和生产资料的充分利用,具有一定的灵活性。

17.1.3 准备

生产准备是指生产技术、工艺、工装、人员、物料,和设备完好的准备。

1. 生产技术准备

无论是新产品试制,还是定型产品的再生产,都要对图样、技术文件、工艺设备、有关设备进行准备。有时还有必要对劳动组织进行恰当的调整,特别是接受新产品后,有关工作人员和操作者都有一个学习、掌握、熟悉的过程。这些工作就是生产技术准备。车间没有完善的技术准备工作,就不可能顺利地进行接受新产品的试制任务,甚至定性产品的再生产也会受到一定的影响。

2. 工艺准备

工艺文件是指导生产活动的最基本最主要的依据。产品定性生产前必须制定出能指导整个生产过程的工艺文件。生产中,贯彻工艺是操作者应尽的责任。它对安全文明生产,保质保量地完成生产任务关系极大。当工艺经企业技术部门审核批准下发后,所有人都要严格遵守与执行,任何人不得擅自修改与违反。在生产过程中,如因设备、工装、材料等发生变更,需改变工艺时,要经过原审批程序批准。当然,由于科学技术的发展,工艺也不是一成不变的,应作必要的整顿、修改与补充。另外,由于群众性的技术革新和合理化建议的实验成功,对原来的工艺需要进行修改时,必须在其成果经过技术鉴定和生产验证,证明它在技术上可行、经济上合理后,并按正常管理渠道正式审批,纳入工艺文件或形成新的工艺文件后,才能正式贯彻执行。

3. 工装准备

主要是对工装的验证。在正式投产前,车间要组织有关人员对制造完成的工装进行生产验证,操作者必须参加验证工作,以便准确地提出改进意见,由制造部门及时解决存在的问题,使其符合质量、效率、操作、寿命、安全的要求。生产过程中应加强对工装的技术监督,按规定正确合理地使用,使工装经常处于完好的技术状态,操作者要管理好工装,按规定领用,用完后及时送还,工具箱整齐清洁,箱内工、检、量具要分别存放,做到不磕不碰、不损坏、不丢失,以免影响使用。

4. 人员准备

一切劳动工具都是由劳动者去使用的。让使用者既相互分工又密切配合,协调一致有效地进行生产,是一项十分复杂的管理工作。因此,恰当地配备人员设备,科学地制定劳动定额,明确岗位职责与工作规范;根据工作规范开展职工技能培训,组织技术练兵,提高工人的技术素质和劳动生产率;严格执行劳动纪律,恰当地使用奖勤罚懒手段,调动广大职工的积极性,以及解决劳动制度改革中带来的有关问题等,都是人员准备的重要方面。

5. 物料准备

车间在生产过程中,需要消耗大量的物资。这些物资的品种、规格、型号繁多,供应来源广,而且缺一不可。加强管理,科学地、合理地组织好收发保管工作,满足生产需要,是保证车间生产活动正常进行的前提。车间要建立限额领料制度,以确保增产节约工作的开展,为企业创造更大的经济效益。

6. 设备完好准备

一个现代化企业,生产车间里有几十甚至几百台设备,如机械加工设备、动力设备、起重运输设备,还有各种检测计量仪器、仪表。因此,保持设备的完好状态是保证生产顺利进行的基础。要保持设备的完好状态,保证一定的完好率,必须有一套严格的管理规章制度。生产工人要严格执行操作规程,要正确使用、维护、保养和修理设备,将设备事故停机率降到最低程度。

17.1.4　生产过程控制

生产过程控制是指对生产全过程进行全面控制,包括对生产的组织、设备、进度、质量、原材料消耗、生产费用、库存量和资金占用的控制。通常是通过生产调度实现对生产过程的直接控制和调节。

17.2　专业技术管理基本内容

企业的技术管理是所有与生产技术有关的管理工作的总称,是工业企业管理中的重要组成部分。它的主要任务是调动企业的一切技术力量,合理地组织企业的技术工作并建立良好的生产技术工作秩序,不断提高企业的技术水平,为开发新产品,生产优质廉价、满足用户要求的产品创造条件。企业技术管理按专业划分主要包括以下几方面的内容。

1. 科学研究管理

对企业来说,科研主要是指应用研究和开发研究。前者的任务是探讨基础研究成果应用的可能性,为企业提供长远的技术储备;后者则是利用应用研究的成果,进一步进行工业性中间试验、设计试制,以至小批试生产,核定工艺和流程等,是促进企业技术持续发展的关键因素。

2. 产品开发管理

新产品开发是从社会需要出发,以基础研究和应用研究成果为基础而进行的研制新产品、新系统的创造性活动。它是企业中重大战略问题之一,也是企业技术管理工作的核心。新产品开发决策后就要进行生产技术准备工作。

3. 标准化工作的管理

标准化工作是企业技术进步和质量管理的重要基础工作,在企业技术管理工作中处于十分重要的地位。企业的标准化工作包括技术标准化和管理标准化两方面。技术标准化是核心,管理标准化是关键。标准化包括标准的制订、标准的贯彻执行、标准的修改等方面。从技术管理的角度上来说,企业主要应抓好"三化",即产品的系列化、零部件的通用化和产品质量的标准化。贯彻"三化"是国家既定的一项重要的技术经济政策。

4. 产品的质量管理

质量是产品的生命,是企业赖以生存和发展的支柱。抓好产品质量管理是企业管理中的关键举措。采用先进管理方法来保证产品质量是企业技术管理中的一项重要的核心内容。质量管理的基本要求是全员参加进行全过程的质量管理。

(1)基本生产工人的现场质量管理基本生产工人是实现工序加工,执行工艺方法的直接操作者,是影响产品质量的最直接的因素。为了最大限度地提高工序加工的合格率和一次送检合格率,以优异的工作质量保证产品质量,使下道工序或用户满意,基本生产工人要认真履行本岗位的质量职责,坚持"质量第一、用户第一、预防第一"增强质量意识,努力学习质量管理的基本理论,掌握预防缺陷、自我保证、自我控制质量的管理方法。其具体职责有下列各项。

1)熟悉图纸、掌握标准、分析和理解每一项要求,严格遵守工艺纪律,核对原材料、半成品,检查、调整加工设施。

2)掌握和提高操作技能技巧,练好基本功。

3)严格按图纸、按工艺、按标准进行操作,认真做好"三自一控"和"三分析"。即自己检查产品,自己区分合格品、不合格品,自己做好各项标记(打工号);自己控制正确率(一次合格率),力求达到100%;出了质量问题,要及时向班组反映,组织分析会,分析危害性、分析原因、分析应采取的措施。

4)坚持文明生产,做好加工设备的日常维护、保养,保持设备整洁完好,工具、产品存放井然有序,工作场地清洁、整齐。

5)坚持安全生产、均衡生产、不违章作业,不为赶任务而不顾安全、不顾质量。在保证质量的前提下,争取尽快地完成生产任务。

6)做好不合格品的管理、存放和记录工作,对合格品、废品和经返修、返工或可回用的产品均应做好明显标志,分门别类地存放。

7)加强工序管理和控制,积极参加质量管理小组的活动,认真做好原始记录,努力完成质量考核指标。对工序质量有严重影响的关键部位和关键质量特性值的影响因素进行重点控制,使工序处于良好的控制状态。

(2)"GB/T19000—2000 质量管理和质量保证"简介。ISO9000 族标准是国际标准化组织颁布的在全世界范围内通用的关于质量管理和质量保证方面的系列标准,目前已被近百个国家等同或等效采用。我国在推行全面质量管理(TQC)的基础上,正在大力宣传、贯彻和实施等同采用 ISO9000 族标准的 GB/T19000《质量管理和质量保证》系列标准。这对加强产品质量管理,提高产品质量具有重要意义。企业应为不断提高产品质量而不懈努力。

GB/T19000 的特点和优点包括:

1)GB/T19000 标准是一系统性的标准,涉及的范围、内容广泛,且强调对各部门的职责权限进行明确划分、计划和协调,而使企业能有效地、有秩序地开展各项活动,保证工作顺利进行。

2)强调管理层的介入,明确制订质量方针及目标,并通过定期的管理评审达到了解企业的内部体系运作情况,及时采取措施,确保体系处于良好的运作状态的目的。

3)强调纠正及预防措施,消除产生不合格品的潜在原因,防止不合格品的再产生,从而降低成本。

4)强调不断的审核及监督,达到对企业的管理及运作不断地修正及改良的目的。

5)强调全体员工的参与及培训,确保员工的素质满足工作的要求,并使每一个员工有较强的质量意识。

6)强调文化管理,以保证管理系统运行的正规性、连续性。如果企业有效地执行这一管理标准,就能提高产品(或服务)的质量,降低生产(或服务)成本,建立客户对企业的信心,提高经济效益,最终提高企业在市场上的竞争力。

ISO9000 新标准 2000 年版中引入了质量管理的八项原则,即:以顾客为中心原则、领导作用原则、全员参与原则、过程方法原则、系统管理原则、持续改进原则、基于事实的决策方法原则和互利的供需关系原则。

5. 设备与工具管理

设备与工具是企业必备的劳动手段,落后的工艺装备不可能生产出高品质的产品。保持设备的完好状态和在技术进步的基础上不断完善和更新设备与工具,是确保企业生产达到先进水平的重要物质基础。

6. 计量管理

计量工作是实现产品零、部件互换,保证产品质量的重要手段和方法。计量工作的重要任务是统一计量单位(贯彻法定计量单位),组织量值传递,保证量值统一,以实现对工艺过程的正常控制,加强对能源和物资的管理。这对提高产品质量,降低消耗,增加效益等都有重要的实际意义。

7. 安全技术管理

生产过程中保证生产工人和生产设备的安全,是企业进行正常活动的前提条件。安全技术是指为防止劳动者在生产中发生伤亡事故,保障职工的生命安全和设备安全,运用安全系统工程学的方法,分析事故原因,找出事故发生规律,从技术上、设备上、组织制度上、教育上、个人防护上采取一整套措施。改善劳动条件,保护劳动者在生产中的安全健康,是我国的一项重要政策,也是企业管理的基本原则之一。

8. 科技档案和技术情报管理

科技档案是指企业在产品开发和生产制造等技术工作中所形成和保存的科技文件、图样、资料的总称。技术情报是指来自企业外部可供企业科技工作参考用的各种技术资料和信息。对企业来说,这两者都是企业技术工作者必不可少的资料。做好科技档案和技术情报的管理工作,充分发挥这些资料的作用是工业企业技术管理的一项十分重要的基础工作。

9. 技术改造工作的管理

技术改造是指企业在现有的基础上,用先进技术来代替落后技术,用先进工艺和装备来代替落后的工艺和装备,以求得企业的技术进步,实现以内涵为主的扩大再生产。它包括设备的更新改造、生产工艺的改革、产品的更新换代、企业厂房与其他生产性建筑的翻新改建、燃料及原材料的节约和综合利用以及"三废"的治理等内容。工业企业的技术改造是企业实现技术进步的主要手段和方法。

10. 技术培训工作的管理

技术培训是对企业中的职工进行智力开发的重要手段。根据企业各级、各类人员的现有文化和技术水平及业务的要求,有计划、有步骤地做好技术培训是提高企业技术素质的关键性措施。

17.3 "6S"管理的基本知识

"6S"管理最早起源于日本,是指整理(SEIRI)、整顿(SEITON)、清扫(SEISO)、清洁(SEIKETSU)、素养(SHITSUKE)、安全(SAFETY)六个项目,因这六个词的日文罗马注音均以"S"开头,简称6S,它是企业现场管理的一项基础工作。作为精益生产体系中生产现场的有力管理工具,"6S"管理被不同行业、不同规模以及不同性质的企业引进。

17.3.1 "6S"管理起源

通常来说,6S管理是在5S管理的基础上增加1S(安全)活动的扩展,为了更好地了解6S管理,必须先从5S管理活动谈起。

5S管理是为现场服务的,它是一种研究人、物、现场三者关系的科学方法,目的是为了安全生产、文明操作,提高产品质量和生产效率。它提出的目标简单、明确,就是要为员工创造一个干净、整洁、舒适、科学合理的工作场所和空间环境,并通过5S管理有效的实施,最终提升人的品质,为企业造就一个高素质的优秀群体。

早在1955年,日本就提出了"安全始于整理整顿,终于整理整顿"的宣传口号。当时他们只推行了前两个S,即"整理、整顿",其目的仅为了确保作业空间和安全。后因生产和品质控制的需要而又逐步提出了后面的3S,也即清扫、清洁、素养,形成了今天的5S管理活动,从而使应用空间及适用范围进一步拓展。1986年日本的5S管理著作逐渐问世,对整个现场管理模式起到了冲击的作用,并由此掀起了5S管理的热潮。二战后许多日本企业通过导入5S管理活动使得产品质量得以迅猛提升,丰田汽车公司是最具代表性的企业。随着管理的要求及水准的提升,后来有些企业又增加了其他S,如:安全(safety)成为6S管理,再加"节约"称7S,再增加"习惯化""服务"及"坚持"称作10S。

17.3.2 "6S"管理的基本内涵

6S管理的思路简单朴素,就是针对企业中每位员工的日常行为方面提出要求,倡导从小事做起,力求使每位员工都养成事事"讲究"的习惯,从而达到提高整体工作质量的目的。

1. 整理(SEIRI)

在工作场所将必需物品与非必需物品区分开,在岗位上只放置必需物品。

目的——◇ 扩大空间、减少库存

◇ 有用则留、无用弃之

2. 整顿（SEITON）

把必要的物品定点、定位放置，并放置整齐，必要时加以标识，任何人都能取到。整顿也就是五顿：定品（定物）、定位置、定量、定方法（放置的方法）、定标（表示和标识）

定品：就是明确需要整顿的物品，而且一种物品只能有一个名称。

定位：就是确定位置。如给现场的指定场所编上门牌号码，把应放的物品放在它应该住的家中。定位要做到推、拉都不动的状态。

定量：随时能表示出减少物品的状态。确定必需品的最高限额，确定订货时间。

定方法：就是明确储存物品的方法。

定标：包括定表示和标识。表示是用规定的唯一的名称表示一个物品，避免误解。标识是对物品的场所和区域进行标识。

目的——◇ 工作场所一目了然

◇ 消除找寻物品的时间

◇ 整整齐齐的工作环境

3. 清扫（SEISO）

将工作场所及工作用的设备清扫干净，保持工作场所干净亮丽。清扫并非只是打扫干净而已，清扫的行为是关心物品、爱护物品，并检查发现物品的缺陷并加以修复改进的过程，所以清扫也是一个保证物品完好的过程。

目的——◇ 保持良好工作情绪

◇ 提高设备完好率

◇ 稳定品质

4. 清洁（SEIKETSU）

就是制定相关的制度和标准，将上面 3S 取得的成果制度化、规范化、标准化，使这样的成果成为"日常化"，而不是靠突击、运动取得的短期效果。因此，在这里清洁是指重复不断的整理、整顿、清扫后应该有的状态。标准化就是对于每一项任务，将目前认为最好的实施（处理）方法作为标准，让所有做这项工作的人都执行这个标准，在执行标准的过程中善于发现问题，及时补充修正，整个不断完善的过程就是标准化。

目的——是标准化的基础，企业文化开始形成。

5. 素养（SHITSUKE）

通过各种教育、培训，以及推动遵守规章制度等各种激励活动，从穿戴工作服、扫地、打招呼等细琐、简单的日常工作和行为出发，潜移默化地改变气质，培养员工养成遵守规则做事的良好习惯和主动积极的工作态度。

目的——◇ 做遵守制度的好员工

◇ 养成好习惯

◇ 营造良好的团队精神

6. 安全（SAFETY）

要求在进行生产和其他活动时，把安全工作放在的首要位置，当生产和其他工作与安全发生矛盾时，要以安全为主。在工作中积极排查安全隐患，确保人身、设备、设施安全。

目的——◇ 树立"安全第一、预防为主"的观念

◇ 减少安全隐患

◇ 安全就是最大的效益

17.3.3 "6S"管理的作用

实施 6S 管理,能为企业带来巨大的好处,它能有效地解决工作场所凌乱、无序的状况,改善企业的品质。能有效的确保安全生产并不断增强员工的士气,提高工具、物品、器械的管理效率,使工序简洁化、人性化、标准化,节约时间,提升工作效率,有效提升团队业绩。我们可以具体从以下六个方面来概括推行 6S 管理的作用。

1. 提升企业形象

整齐清洁的工作环境,不仅能使企业员工的士气得到激励,还能增强顾客的满意度,从而吸引更多的顾客与企业进行合作,并能迅速提升企业知名度,在同行业中脱颖而出。因此,良好的现场管理是吸引顾客、增强客户信心的最佳广告。由于口碑的相传,企业成为其他企业学习的榜样,因此 6S 管理也被称作是"最佳的推销员"。

2. 提升效率

6S 管理还可以帮助企业提升整体的工作效率。优雅的工作环境,良好的工作氛围以及有素养的工作伙伴,都可以让员工心情舒畅,更有利于发挥员工的工作潜力。另外,物品的有序摆放及清晰的标识,减少了物料的查找与搬运时间,工作效率自然能得到提升。了解与掌握 6S 管理的精髓,可以使得 6S 管理成为收效最快的一种管理方法。

3. 降低成本

企业实施 6S 管理的目的之一是降低生产成本。工厂中各种不良现象的存在,在人力、场所、时间、士气、效率等多方面给企业造成了很大的浪费。企业通过对 6S 管理的实施可以达到:降低不必要的材料及工具的浪费,减少"寻找"的浪费,减少工作差错、降低成本,其直接结果就是为企业增加利润。因此我们说 6S 管理是"节约能手"。

4. 安全保障的基础

6S 管理的实施,可以使工作场所显得宽敞明亮。地面上不随意摆放不应该摆放的物品,通道通畅,各项安全措施落到实处。并且 6S 管理的长期实施,可以培养工作人员认真负责的工作态度,使得工厂的生产现场有条不紊,意外事件的发生自然就少了。所以我们也把6S 管理说成"安全专家"。

5. 品质保障的基础

再好的机器设备也靠人去操作与维护,杜绝马虎的工作态度、做任何事情都有认真的态度是产品品质保障的基础。实施 6S 管理就是为了消除工厂中的不良现象,防止工作人员马虎行事,养成认真对待每一件小事的习惯,这是产品品质得到可靠的保障的基础。例如,在一些生产太阳能电池板、柔性线路板、手机等企业中,对工作环境的要求是非常苛刻的,空气中若混入灰尘就会造成产品品质下降,因此在这些企业中彻底实施 6S 管理尤为必要。

6. 提升员工归属感

6S 管理的实施可以形成让员工心情舒畅的工作环境,改善员工的情绪,提升员工的归属感,成为有较高素养的人员。在干净、整洁的环境中工作,员工的尊严和成就感可以得到一定程度的满足。由于 6S 管理要求进行不断的改善,因而可以增强员工进行改善的意愿,使员工更愿意为工作现场付出爱心和耐心,进而培养"企业就是我的家"的感情。

17.3.4 "6S"管理的推行步骤

6S 管理要求开展的工作都是很简单、琐碎的事，都不难，它最大的难点是要把这些简单、琐碎的事坚持每天、每月、每年的持续做下去，所以推行 6S 管理需要一些行之有效的推进步骤。

1. 成立推行组织

推行 6S 管理的第一个步骤是成立推行组织。仅仅给车间主任配备几本教材、给每个干部员工上几堂课，并不能做好 6S 管理。6S 管理本身是一种企业行为，因此，6S 管理的推行一定要以企业为主体。

从建立组织开始，由企业厂长亲自担当推行委员会的主任，下面可另设副主任职务。在 6S 推行委员会中，推行办公室是个相当重要的职能部门，它负责对整个 6S 推行过程进行控制，负责制定相应的标准、制度、竞赛方法和奖惩条件等。

2. 拟订推行方针及目标

推行 6S 管理的第二个步骤是拟订推行 6S 管理的推行方针与终极目标。一些知名企业的 6S 推行方针例如：海尔的"日事日清、日清日高"，杭州汽车发动机厂的"干就干精品、争就争第一"等。对于推行目标，每个推行部门可以考虑为自身设置一些阶段性的目标，脚踏实地地实现这些目标，从而达到企业的整体目标。

3. 拟订推行计划和日程

推行 6S 管理的第三个步骤是拟订实施计划与相应的日程，并将计划公布出来，让所有的人都知道实施细节。制定详细的日程与计划表，让相关部门的负责人以及所有员工都知道应该在什么时间内完成什么工作。

4. 说明及教育

要想推行好 6S 管理，首先必须解释到位。说明及教育是推行 6S 管理的第四个重要步骤。很多企业都邀请一些专家或老师去讲课，但是，能够听课的毕竟是企业中的少数人，绝大多数现场的一线工人没有机会听课。因此，企业应该通过各种有效途径向全体人员解释说明实施 6S 管理的必要性以及相应的内容。例如，企业可以利用晨会的时间进行说明，还可以通过宣传栏、板报等多种形式进行宣传教育。

5. 导入实施

推行 6S 管理的第五个步骤是导入实施。前期作业准备（责任区域明确、用具和方法准备）、样板区推行、定点摄影、公司彻底的"洗澡"运动、区域划分与划线、红牌作战、目视管理以及明确 6S 管理推行时间等，都是导入实施过程中所需要完成的工作。

导入实施的各项内容包括很细致的规定。以区域划分与划线为例：主通道的宽度、区划线的宽度、红黄绿三种颜色的使用场合、实线与虚线的使用方法，都需要推行办公室与各个车间进行协商，最后由推行办公室制定出统一的规则。

6. 考评方法确定

在确定评估考核方法的过程中需要注意的是，必须要有一套合适的考评标准，并在不同的系统内因地制宜地使用合适的标准：对企业内所有生产现场的 6S 考评都依照同一种现场标准进行打分，对办公区域则应该按照另一套标准打分。

对某些污染很严重、实施难度很大的车间，仅靠一套标准是不合理的。这时候可以考虑采用加权系数：根据各个区域的差异情况设定困难度系数、人数系数、面积系数和修正系数，将这四个系数加权平均后得到各个部门的加权系数,各个部门的加权系数乘上考核评分就等于这个部分的最终得分。

7. 评比考核

要想使评比考核具有可行性与可靠性,制定科学的考核与评分标准就显得十分重要。有的企业制定的考核标准没有量化(如"铁屑要定时清理",却没有规定是每天还是每周),从而使标准失去了可操作性,6S 管理的推行也因此陷入困境。因此,企业制定一套具有高度可行性、科学性的 6S 管理考评标准是非常必要的。

8. 评分结果公布及奖惩

6S 管理推行的第八个步骤是公布评分结果,并进行相应的奖励和惩罚。每个月进行两次 6S 考核与评估,并在下一个月 6S 管理推行初期将成绩公布出来,对表现优秀的部门和个人给予适当的奖励,对表现差的部门和个人给予一定的惩罚,使他们产生改进的压力。

9. 检讨修正、总结提高

6S 管理推行的第九个步骤是检讨修正进而总结提高。问题是永远存在的,每次考核都会遇到问题。因此,6S 管理是一个永无休止、不断提高的过程。随着 6S 管理水平的提高,可以适当修改和调整考核的标准,逐步加严考核标准。此外,还可以增加一些质量控制(QC)手法与工业工程(IE)工程改善的内容,这样就能使企业的 6S 管理水平达到更高层次。

10. 纳入定期管理活动中

通过几个月、甚至一年的 6S 管理推行,逐步实施 6S 管理的前九个步骤,促使 6S 管理逐渐走向正规之后,此时就要考虑将 6S 纳入定期管理活动之中。例如,可以导入一些 6S 管理加强月(包括红牌作战月、目视管理月等):每三个月进行一次红牌作战,每三个月或半年进行一次目视管理月。通过这些好的方法,可以使企业的 6S 管理得到巩固和提高。

17.3.5 "6S"管理推行的有效工具

6S 管理活动的实施,关键在于企业人员的意识改革与过程控制。企业领导者和普通员工能够全面、准确地理解 6S 活动的意义,是推行 6S 的前提条件。此外,在 6S 管理的具体推行过程中,执行者还应该注意掌握一些有效推进 6S 管理的工具,有针对性、有策略地开展6S 活动,从而收到事半功倍的效果。下面介绍推进 6S 管理的两种有效工具:红牌作战和定点摄影。

1. 红牌作战

所谓红牌,是指用红色的纸做成的 6S 问题揭示单。其中,红色代表警告、危险、不合格或不良。6S 问题揭示单记录的内容包括责任部门、对存在问题的描述和相应的对策、要求完成整改的时间、完成的时间以及审核人等。

红牌作战经常贯穿应用于 6S 管理的整个实施过程中,对于预先发现和彻底解决工作现场的问题具有十分重要的意义。因此,企业的管理者应该掌握红牌作战的实施方法,在 6S 管理的实施过程中加以灵活运用。

在红牌作战的整个过程中,往往由执行办公室来牵头贴红牌(如图 17.3.1),相关部门在要求的时间内进行整改,最后由执行办公室验收合格后再将红牌撤销。每次红牌作战都要进行详细地记录:第几次红牌作战、在哪个部门发行的红牌等。

在 6S 管理中实施红牌作战的目的就是不断地寻找出所有需要进行改善的事物和过程,并用醒目的红色标牌来标识问题的所在,然后通过不断地增加或减少红牌,从而达到发现问题和解决问题的目的。

因此,红牌作战侧重于寻找工作场所中所存在的问题,一旦发现问题,即使用相应的红牌进行醒目的标记,防止由于时间的拖延而导致问题被遗漏,并且要时时提醒和督促现场的工作人员去解决问题,直至摘掉红牌。

图 17.3.1　红牌作战实例

2. 定点摄影

定点摄影主要是通过对现场情况的前后对照和不同部门的横向比较,给各部门造成无形的压力,促使各部门做出整改措施。仅仅将定点摄影简单地理解为拍照是错误的,这表明推行者并没有掌握定点摄影的精髓。

在定点摄影的运用过程中,每个车间、每个部门只需要贴出一些有代表性的照片(如图17.3.2),并在照片上详细标明存在的问题、责任部门、违反了 6S 管理的什么规定等信息。这样,就能将问题揭露得清清楚楚,这对存在问题的部门产生的整改压力是相当大的。改善前的现场照片促使各个部门为了本部门形象与利益而采取解决措施,而改善后的现场照片能让各部门的员工获得成就感与满足感,从而形成进一步改善的动力。

目前国内有不少企业意识到 6S 的重要作用,并且已经开始推行 6S 活动。但是,由于企业领导和员工对 6S 管理的理解不够,对 6S 管理的推行往往流于形式,忽略了对 6S 管理的过程控制,很难收到很好的效果。因此,6S 管理的关键是掌握其推行步骤,全方位、有计划地对管理过程实施控制,增强员工对 6S 活动的信心,激发员工参与 6S 的热情。

企业中所有人员的意识进步是 6S 活动实施的关键。无论是企业的领导者还是普通员工,都应该正确理解 6S 管理的意义,从而确保 6S 活动的推行。在 6S 管理的具体推行过程中,掌握有效的推进工具是必不可少的,这样才能收到事半功倍、立竿见影的效果。

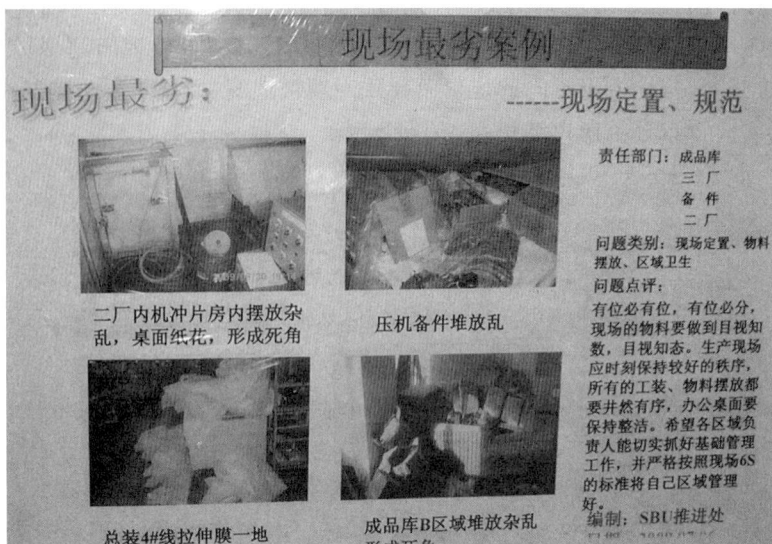

图 17.3.2　定点摄影实例

思考与练习题

17.1　企业内车间一级开展的生产管理主要涉及哪些内容？

17.2　车间中常见的管理文件有哪些？

17.3　假设你成为一名车间主任，将如何管理一个车间？

17.4　简述"6S"管理的基本内涵和推行步骤。

参 考 文 献

［1］肖龙.黄淑敏.机械制造基础.郑州:郑州大学出版社,2008

［2］宋昭祥.机械制造基础(第2版).北京:机械工业出版社,2010.03

［3］方海生.金工实习和机械制造基础.北京:化学工业出版社,2007

［4］鞠鲁粤.机械制造基础(第5版).上海:上海交通大学出版社,2009

［5］孙学强.机械制造基础(第2版).北京:机械工业出版社,2011

［6］乔世民.机械制造基础.北京:高等教育出版社,2003

［7］肖智清.机械制造基础(第2版).北京:机械工业出版社,2011

［8］王晓军.机械工程专业概论.北京:国防工业出版社,2011

［9］姚建华.机械工程导论.杭州:浙江科技出版社,2009

［10］于文强.张丽萍.机械制造基础.北京:清华大学出版社,2010

［11］陈长生.机械基础(第2版).北京:机械工业出版社,2010

［12］孙敬华.机械设计基础.北京:机械工业出版社,2007

［13］王荣声,陈玉琨.工程材料及机械制造基础(实习教材).北京:机械工业出版社,1997